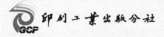

印刷工业出版分社

 普通高等教育"十四五"包装本科规划教材

PACKAGING

果蔬
包装学

董峰 | 编 著

GUOSHU

BAOZHUANGXUE

 文化发展出版社
Cultural Development Press
· 北京 ·

图书在版编目（CIP）数据

果蔬包装学 / 董峰编著. — 北京：文化发展出版社，2024.1

ISBN 978-7-5142-3753-5

Ⅰ．①果… Ⅱ．①董… Ⅲ．①水果－食品包装②蔬菜－食品包装 Ⅳ．①TS255.3

中国版本图书馆CIP数据核字(2022)第082508号

果蔬包装学

编 著：董 峰

出 版 人：宋 娜

责任编辑：朱 言　　　　　　责任校对：岳智勇

责任印制：邓辉明　　　　　　责任设计：韦思卓

出版发行：文化发展出版社（北京市翠微路2号 邮编：100036）

发行电话：010-88275993　　010-88275710

网　　址：www.wenhuafazhan.com

经　　销：全国新华书店

印　　刷：北京捷迅佳彩印刷有限公司

开　　本：787mm×1092mm　　1/16

字　　数：491千字

印　　张：23.5

彩　　插：16P

版　　次：2024年1月第1版

印　　次：2024年1月第1次印刷

定　　价：68.00元

ＩＳＢＮ：978-7-5142-3753-5

◆ 如有印装质量问题，请与我社印制部联系　电话：010-88275720

前言 / PREFACE

由于水果和蔬菜具有较高的营养价值并且有益健康，因此人们对新鲜水果和蔬菜的需求也在增加。大多数采后水果和蔬菜在运输和贮藏过程中容易发生质量损失和病害。每年有大量的水果和蔬菜因为微生物感染、环境因素与贮藏条件而导致水分和维生素、矿物质、膳食纤维、碳水化合物等营养物质的流失，以及发生生化变化。生化变化包括可溶性固形物、可滴定酸度、pH 值、酚类物质、黄酮类物质、抗氧化酶活性、颜色值、感官特性、硬度、防御反应相关酶活性发生变化等。因此，开发采后包装技术，通过降低水果和蔬菜的腐败程度而不影响其质量来延长水果和蔬菜的货架期，是一个巨大的挑战。

本书由重庆工商大学资助出版，作者所在单位重庆工商大学机械工程学院给予了大力支持，作者表示深深的感谢。本书作者结合自己多年来的研究成果，并参阅国内外相关文献，以深受群众喜欢的果蔬产品为对象，详细介绍了近年来广泛研究的气调包装技术、辐照技术、真空包装技术、药剂保鲜技术、涂膜技术和涂层—抗菌剂联合使用技术等在果蔬采后包装和保鲜方面的研究成果。

尽管作者在本书的编写过程中始终保持着认真谨慎的态度，注重研究成果的前沿性和实用性，但由于书中内容涉及较多学科，新成果和新技术层出不穷，加之作者的水平和时间有限，书中难免有疏漏和不妥之处，敬请广大读者不吝指正。

作　者
2022 年 4 月于重庆工商大学

目录

CONTENTS

第1章 绪 论

　　水果和蔬菜中含有碳水化合物、脂肪、蛋白质、有机酸、芳香物质和鞣酸等多种人体必需的营养成分，在健康营养方面发挥着重要作用。除水分外，果蔬中的干物质还包括以糖、果胶、有机酸、多元醇、鞣酸和水溶性维生素为主的水溶性干物质，以纤维素、半纤维素、淀粉、脂肪、色素、矿物质和有机盐类为主的非水溶性物质。在贮藏过程中，这些营养成分会因为环境、气象、生物和外力等作用而发生不同变化，进而影响果蔬的感官品质和营养价值。

　　水果和蔬菜是有生命的植物体，采后会经历成熟和衰老的过程，在这个过程中，其植物组织会通过呼吸持续交换气体，导致乙烯的产生、呼吸速率的增加、糖含量的变化等。同时，成熟过程中线粒体传输产生的活性氧自由基会导致细胞损伤，降低水果和蔬菜的质量和整体可接受性。采后的机械损伤和物流操作不当会触发与衰老相关的酶反应，加速生化变化和真菌等微生物对水果和蔬菜的浸染。

　　水果和蔬菜采后货架期较短，易发生生理生化腐烂。因此，为了保持水果和蔬菜的采后质量，延长其货架期，人们已经开发了许多包装和保鲜方法，主要分为物理法和化学法。

1.1 物理法

1.1.1 气调包装技术

气调包装（MAP）技术是改变包装内的气氛，使新鲜果蔬处于不同于空气组分的气氛环境中而延长其货架期的一种包装技术。气调包装通常在冷藏的基础上，将新鲜果蔬密封在具有一定透气性的包装内，果蔬通过呼吸作用消耗包装内的氧气并释放二氧化碳，导致包装内部的氧气分压（或浓度）逐渐降低，二氧化碳分压（或浓度）逐渐升高，包装内外形成分压差（或浓度差）。在分压差（或浓度差）的作用下，包装外部的氧气渗透扩散至包装内部，而包装内部的二氧化碳渗透扩散至包装外部。在贮藏初期，包装内外的气体分压差（或浓度差）较小，氧气的消耗速率大于渗入速率，二氧化碳的释放速率大于渗出速率。随着贮藏时间的延长，包装内外的气体分压差（或浓度差）增大，气体的渗透速率也相应加快，而低氧高二氧化碳的包装内部环境会抑制果蔬的呼吸作用，氧气的消耗速率和二氧化碳的释放速率将有所减弱。当氧气的消耗速率等于渗入速率且二氧化碳的释放速率等于渗出速率时，包装内建立起低氧高二氧化碳的气调动态平衡环境[1]。

气调包装包括自发气调包装和充气气调包装两类。自发气调包装主要依靠果蔬与包装薄膜的相互作用，自发地建立气调环境；充气气调包装则是先将包装内的空气抽走，再充入特定比例的混合气体（O_2、CO_2 和 N_2），形成目标气调环境。

气调包装技术仅利用大气的天然成分，不使用合成化学物质，也没有在产品上留下有毒残留物，已经获得了公众的认可。对新鲜果蔬进行不同于大气的气体比例改变，用所需气体成分置换空气来去除或排除氧气，可以抑制氧化速率，降低呼吸速率，延迟果实成熟，并减缓味道和颜色成分的降解速率。同时还能有效地防止厌氧呼吸，抑制微生物生长，并能有效地减少新鲜果蔬的腐烂。氧气浓度升高会增加活性氧（超氧化物、过氧化氢、羟基自由基等）的产生，抑制多种代谢活动[2]。

1.1.2 辐照技术

辐照技术是利用电子射线、X 射线、γ 射线等照射食品，杀灭害虫，消除病原微生物及其他腐败菌或抑制食品中某些代谢反应和生物活性，以达到延长货架期的目的。辐照技术具有杀菌效果显著、实施剂量可调，保护果蔬外形、组织结构、原有的色香味和营养成分的作用，同时具有方法简单、无污染、无残留等优点[3]。射线辐照基本原理是利用电离辐射或放射性元素（^{60}Co、^{137}Cs）等产生的 γ 射线、β 射线、X 射线以及电子加速器产生的高能电子束等辐照处理果蔬，抑制其生理代谢活动，减少乙烯的产生，杀灭害虫，消除果蔬中的病原微生物及其他腐败细菌，从而达到果蔬贮藏保鲜的目的。

γ 射线辐照技术是用钴等放射性元素产生的 γ 射线，利用其较强的穿透力，辐照果蔬后可影响其生理生化变化，同时保持其原有的风味和营养成分，破坏微生物内部的 DNA、RNA 或蛋白质等有机分子，从而使细菌、病毒、微生物死亡，以达到延长果蔬货架期的目的 [4]。

电子束辐照技术的原理是利用电子加速器产生的高能电子束射线辐照果蔬，通过高能脉冲直接作用使微生物发生一系列理化反应，从而抑制呼吸活动、内源乙烯的产生及酶活性，防止腐烂，并能延缓果蔬成熟，延长货架期 [5]。

1.1.3　紫外光照技术

紫外光根据波长的不同分为 UV-A（315 ~ 400nm）、UV-B（280 ~ 315nm）和 UV-C（100 ~ 280nm）。由于核酸对紫外光的吸收、反应波峰分别为 260 ~ 265nm、260 ~ 269nm，常用 UV-C 给食品进行杀菌。紫外光具有光子能量大、响应速度快、可靠性高、紫外光灯使用寿命长等优点。紫外光杀菌的原理是当细菌 DNA 在吸收紫外线能量后，2 个相互邻近的嘧啶会形成嘧啶二聚体，致使密码子错乱，DNA 无法在转录中有效表达，进而导致 mRNA 无法合成有效的生存所需的蛋白质和酶，最终达到灭菌的效果 [6]。

1.1.4　脉冲光技术

脉冲光（PL）指利用惰性气体（氙气为主）闪光灯，在紫外光、可见光和红外光的频率区域内（200 ~ 1100nm）产生短时间、高功率的广谱光脉冲，其辐射能量可使细胞表面局部升温至 50 ~ 150℃，破坏细菌细胞壁，使细胞液蒸发，破坏细胞结构，导致细菌死亡。脉冲光技术具有成本低廉、环保节能、方便灵活、短时高效等优点 [7]。

1.1.5　低温等离子体技术

等离子体被称为固体、液体、气体之外的物质第四态。它是由带电粒子（自由电子、阴阳离子）、中性粒子（基态或激发态的原子和分子）、各种自由基、电磁场、光子（可见光和紫外光）组成的高度电离的气体。因为在电离过程中正离子和电子总是成对出现，所以等离子体中正离子和电子的总数大致相等，总体呈现准电中性，称为等离子体 [8]。

目前，在食品工业中使用的低温等离子体的产生主要由电、磁场提供能量。低温等离子体的产生方式有介质阻挡放电、大气压等离子体射流、电晕放电、滑动电弧放电、微波放电、辉光放电、电晕放电等离子体射流等 [9]。低温等离子体产生的杀菌机理是由多种效应（紫外光子、带电粒子、活性氧和活性氮）协同作用产生的。不同的杀菌物质作用于细胞的不同部位造成细胞破坏或者生物体死亡。其大致的杀菌机理可从对细胞的蚀刻作用、细胞膜穿孔与静电干扰、大分子氧化三个方面进行解释 [10]。

1.1.6 加压惰性气体技术

加压惰性气体是指在一定的温度和压力下，惰性气体（氮气、氩气和氙气等）与果蔬组织中的水分子形成气体水合物，使得组织中的水分子被"结构化"，即游离水分子以氢键相连形成笼状结构，惰性气体分子则被填充在其中，形成稳定的惰性气体水合物。水分子的"结构化"限制了水的流动性，从而降低代谢底物的扩散速率，抑制果蔬的生理代谢反应，起到保鲜的作用 [11]。

1.2 化学法

1.2.1 含氯杀菌剂

果蔬中常用的含氯杀菌剂有 Cl_2、$NaClO$、$Ca（ClO）_2$ 和 ClO_2 等，一般要求有效氯含量为 $100 \sim 200mg/kg$，溶液中形成的次氯酸易分解，产生新生态氧，起到杀菌消毒作用 [12]。但是残余的氯对人体和环境会造成一定的伤害和影响。

1.2.2 电解水

电解水又称电生功能水、氧化还原电位水，是在一种特殊的装置中采用低压直流电电解一定浓度的稀盐或稀酸溶液，使溶液的 pH 值、氧化还原电位、有效氯浓度等指标发生变化而产生的具有特殊理化性质的水溶液。根据 pH 值的不同，又分为酸性电解水、弱酸性电解水和碱性电解水。其中弱酸性电解水由于能够产生有效的氯化合物，包括 ClO^-，高氯酸和 Cl_2，从而具有良好的杀菌效果 [13]。

1.2.3 多糖基可食涂层

多糖是天然存在的聚合物，包括果胶、纤维素衍生物、淀粉、壳聚糖、海藻酸盐等，以及它们的衍生物。多糖基涂层是以天然多糖为原料，通过分子间氢键形成的一种薄膜，可以控制氧气、二氧化碳和水分的传递来控制与延长果蔬的货架期，并且具有可被人体消化吸收和可降解的优点。

1.2.3.1 淀粉基涂层

淀粉是一种天然高分子材料，由于其来源丰富、廉价、可降解、可食用的特性，人们对其进行了广泛的研究。淀粉存在于多种植物中，包括小麦、玉米、大米、豆类和土豆等。根据植物来源的不同，淀粉颗粒在形状、大小、结构和化学成分上有所不同。淀粉颗粒主要由两种多糖组成，即直链淀粉和支链淀粉。淀粉颗粒还含有微量的其他成分，如脂质和蛋白质。直链淀粉是淀粉成膜特性的关键。支链淀粉是一种高支链聚合物，分子量非常高。直链淀粉与支链淀粉在结构和分子量上的差异导致了它们在分子性质和成膜性质上的差异。大多数淀粉是半结晶物质，结晶度为15%～45%，取决于直链淀粉/支链淀粉的比例（通常为20%～25%/75%～80%）。支链淀粉中的短支链形成结晶区，直链淀粉和支链淀粉中的分支点形成无定形区。淀粉颗粒不溶于冷水，当淀粉在水中受热时，晶体结构被破坏，水分子与直链淀粉和支链淀粉的羟基相互作用，导致淀粉部分溶解。将淀粉溶解，然后将成膜液通过浸渍、涂刷或喷涂在果蔬上形成涂层。淀粉涂层由于直链淀粉和支链淀粉具有高度有序的氢键网络结构，在交替层中形成了结晶区和非结晶区，因此具有良好的氧气阻隔性能。因此，淀粉结晶度的增加或支链淀粉含量的增加可以改善淀粉涂层的阻隔性能。与传统的合成聚合物相比，淀粉基薄膜有一些缺点，如抗拉强度较高，但伸长率较低，力学性能较差。虽然淀粉膜是亲水材料，但具有较高结晶结构的淀粉膜对温度和环境相对湿度的敏感性较低。直链淀粉形成无定形区是导致淀粉膜力学性能差的主要原因。这就是需要加入增塑剂来克服由于分子间作用力造成的薄膜脆性，从而提高柔韧性和延伸性。另一种改进方法是将淀粉与其他生物基聚合物或合成聚合物混合，在提高机械性能的同时保持其生物降解性 [14～18]。

1.2.3.2 纤维素基涂层

纤维素是自然界中最丰富的多糖资源，因其可再生，低成本，无毒，良好的生物相容性、生物降解性和化学稳定性而被广泛用作生物降解膜的原料。纤维素可以从木材、棉花、大麻和植物原料中分离出来，也可以由被囊动物和微生物合成。纤维素在极性溶剂中是不溶的，纤维素在水中的不溶性一直是许多研究的重点，一种假设认为纤维素的不溶性是由于纤维素分子链相对较长，并通过大量氢键紧密堆积所致。可用碱浸泡纤维素使其结构膨胀，增加其水溶性，然后与氯乙酸、氯甲基或环氧丙烷反应生成羧甲基纤维素（CMC）、甲基纤维素（MC）、羟丙基甲基纤维素（HPMC）或羟丙基纤维素（HPC）。随着化学处理后溶解性的增加，这些纤维素衍生物可以被用作原料制备可生物降解的薄膜。由这些纤维素衍生物制成的薄膜一般具有透明、水溶性、无臭、无味、柔韧、强度适中、耐脂等优点，在商业上已广泛生产，并已被用作各种水果和蔬菜的食用涂层。它们提供水分、氧气和二氧化碳的阻隔，并改善涂层配方对果蔬表面的附着力。甲基纤维素是最亲水的水溶性纤维素衍生物，它也更经济，更容易获得。由羟丙基纤维素和甲基纤维素制成的薄膜是非常有效的氧气、二氧化碳和脂质阻隔材料，但对水蒸气的阻隔能力很差。可以通过在成膜溶液中加入疏水材料如脂类，来改善水蒸气的阻隔性能。羧甲基纤维素（CMC）是最重要的水溶性纤维素衍生物，在食品工业中有许多应用，产量也很高。CMC基涂层由于其结构中含有丰富的羟基和羧基，具有良好的水结合和吸湿性能。CMC涂层具有致密有序的氢键网络结构和低溶解度，具有良好的阻氧、阻香、阻油性能。CMC涂层在香蕉、杧果、木瓜、鳄梨等呼吸跃变型水果中具有抗衰老作用，延缓了果实成熟过程，保持了果实原有的硬度。该涂层还应用于果实采收过程中，对果实与环境之间的气体交换起到了阻隔作用，成功地用于调节氧和水的转移。因此，CMC 涂层是保持果蔬品质和延长货架期的良好选择[19～23]。

1.2.3.3 壳聚糖基涂层

自然界中仅次于纤维素的第二丰富的多糖是甲壳素。甲壳素经脱乙酰化得到壳聚糖。甲壳素存在于甲壳类动物和一些昆虫的外骨骼中。由于这个原因，壳聚糖可以从大量的可再生资源中获得，主要是贝类的废料。壳聚糖无毒、可生物降解、生物相容性好。此外，壳聚糖对各种真菌、酵母菌和细菌具有抗菌活性。虽然壳聚糖的抗菌作用机理尚不清楚，但有一些假说。最被接受的假说是由于壳聚糖结构上带正电的胺类与微生物细胞上带负电的胺类分子间的相互作用破坏了膜的结构和完整性，导致细胞内成分和电解质泄漏到外界环境中，因细胞膜破裂导致微生物死亡。壳聚糖的抗菌性能也和分子量有关，低分子量壳聚糖能够有效地穿透微生物细胞膜，进入细胞质，阻碍 DNA 和 RNA 的合成及其功能的发挥，导致微生物细胞死亡。而高分子量的壳聚糖可以包裹在细胞表面，抑制营养物质进入微生物细胞，使细胞挨饿而死亡。壳聚糖不溶于水和普通有机溶剂，壳聚糖在 pH 值低于 6.3 的酸性溶液中很容易溶解。但当浓度超过 2% 时，溶液变得非常黏稠。壳聚糖良好的成膜性能使其生产的薄膜和涂层材料具有良好的机械性能和对 CO_2 和 O_2 的选择渗透性。然而，壳聚糖薄膜对水蒸气的高度渗透限制了其在食品中的应用。为此，人们提出了几种改善壳聚糖膜性能的方法。例如，与其他组分（蛋白质或多糖）混合可以改善壳聚糖膜的性能。壳聚糖基涂层对木瓜、番茄、杧果、胡萝卜、石榴、香蕉等均具有良好的保鲜效果，涂膜后成功地提高了贮藏稳定性和延长了货架期[24～32]。

1.2.3.4 果胶基涂层

果胶是植物细胞的主要成分之一，在一些果实的果皮细胞壁中，占干重的第三位。只有少数植物被用作商业生产果胶的原料，主要是苹果皮和柑橘皮。尽管还没有完全了解，但果胶的性质完全与微观结构有关。关于果胶的结构，有一种观点认为，果胶至少由三种多糖结构组成：均半乳糖醛酸、鼠李半乳糖醛酸 -I 和鼠李半乳糖醛酸 -II，但均半乳糖醛酸是果胶多糖的主要成分。半乳糖醛酸单元的羧基与甲醇酯化后，根据其与甲醇的酯化程度，果胶可分为高甲氧基果胶（含有 50% 以上的酯化羧基）和低甲氧基果胶。果胶具有良好的成膜特性、无毒、可生物降解、生物相容性好、选择透气性好、透明、耐油脂等特点。其亲水性，使其具有较高的水蒸气透过率，保持了水果和蔬菜的感官特性和品质。但是果胶没有抗菌特性，用纯果胶制作的涂层促进了微生物的生长，因为果胶是真菌和细菌的碳源。果胶在市场上可以买到，价格便宜，因此可作为涂层应用于水果和蔬菜表面[33～37]。

1.2.3.5 海藻酸盐涂层

海藻酸盐是从褐藻科的棕色海藻中提取的，是一种经济、生物相容、生物可降解、溶于水和无毒的生物大分子。海藻酸盐最重要的性质是它们能与二价和三价阳离子反应形成膜。钙离子作为胶凝剂比镁、锰、铝、亚铁和铁离子更有效。海藻酸盐具有凝胶性能，在溶剂蒸发后可形成高质量的涂层用于果蔬采后处理，以保持果蔬的品质。还可以添加钙通过交联来改善涂层的力学性能和阻隔性能。尽管海藻酸盐涂层的防潮性较差，但它们的吸湿性减缓了所涂果蔬的脱水，延缓了果蔬的成熟，延长了货架期。

1.2.4　多糖胶基涂层

多糖胶是由天然产物形成的或从可再生资源获得的一种多糖，它们在水中可形成凝胶或稳定的乳液体系。多糖胶涂层是一种新的果蔬包装方法，可以有效控制果蔬采后病害，延长果蔬货架期。由多糖胶制成的可食用涂层不仅能保护果蔬品质，而且对环境友好。随着人们对功能性、环保性涂层材料的需求不断增加，多糖胶涂层越来越受到研究者的关注。常用的多糖胶涂层包括阿拉伯胶、黄原胶、瓜尔豆胶、结冷胶、扁桃仁胶、亚麻籽胶、塔拉胶、黄芪胶、刺槐豆胶、桃胶、卡拉胶、角叉菜胶等。

1.2.5　蛋白基涂层

以蛋白质为基础的涂层被认为是非常有效的氧气阻滞剂，各种类型的蛋白质已经被用来制造涂层以保鲜果蔬，包括大豆蛋白、酪蛋白、玉米醇溶蛋白、小麦面筋蛋白和乳清蛋白等。

1.2.6　复合涂层

考虑到防止在食品中使用化学添加剂，研究人员越来越倾向于使用具有抗氧化和抗微生物特性的天然食品添加剂，这些添加剂对人类健康没有任何负面影响。最近，人们对植物提取物、植物精油等进行了深入的研究，并将其作为果蔬涂层的添加剂。由于它们的脂质特性，可以帮助降低亲水涂层中水蒸气的渗透性。此外，果蔬涂层中加入了抗菌剂（如精油）和抗氧化 / 抗褐变剂（如抗坏血酸、肉桂酸、各种植物提取物）后，它们对薄膜的其他性能（如结构、光学和拉伸性能）以及抗菌或抗氧化效果也有重要的影响。

参考文献：

[1] 郭风军 , 张长峰 , 姜沛宏 , 等 . 果蔬保鲜包装技术及其研究进展 [J]. 保鲜与加工, 2019, 19(6): 197–203, 210.

[2] BELAY Z A, CALEB O J, OPARA U L. Influence of Initial Gas Modification on Physicochemical Quality Attributes and Molecular Changes in Fresh and Fresh-cut Fruit During Modified Atmosphere Packaging[J]. Food Packaging and Shelf Life, 2019, 21, Article 100359.

[3] 刘泽松，史君彦，王清，等 . 辐照技术在果蔬贮藏保鲜中的应用研究进展 [J]. 保鲜与加工，2020, 20(4): 236–242.

[4] 许佳，肖欢，焦新安，等 . 辐照技术对食源性病原菌的影响研究 [J]. 食品安全质量检测学报, 2018, 9(19): 5029–5033.

[5] 王强，梁宏斌，张玉宝，等 . 电子加速器辐射加工原理、应用及检测研究 [J]. 科技创新与应用, 2013(16): 30–31.

[6] KUMAR A, GHATE V, KIM M J, et al. Kinetics of bacterial inactivation by 405nm and 520nm light emitting diodes and the role of endogenous coproporphyrin on bacterial susceptibility[J]. Journal of Photochemistry & Photobiology B Biology, 2015(149): 37–44.

[7] 翟娅菲，田佳丽，相启森，等 . 非热加工技术在果蔬保鲜中的应用 [J]. 食品工业，2021, 42(5): 327–332.

[8] 史展，王周利，岳田利，等 . 低温等离子体杀灭食源性致病菌的研究进展 [J]. 食品工业科技, 2021, 42(6): 363–370, 382.

[9] Dasan B G, BOYACI I H. Effect of Cold Atmospheric Plasma on Inactivation of Escherichia coli and Physicochemical Properties of Apple, Orange, Tomato Juices, and Sour Cherry Nectar[J]. Food and Bioprocess Technology, 2018(11): 334–343.

[10] 章建浩，黄明明，王佳媚，等 . 低温等离子体冷杀菌关键技术装备研究进展 [J]. 食品科学技术学报, 2018, 36(4): 8–16.

[11] WU Z S, ZHANG M, ADHIKARI B. Effects of high pressure argon and xenon mixed treatment on wound healing and resistance against the growth of Escherichia coli or Saccharomyces cerevisiae in fresh-cut apples and pineapples[J]. Food Control, 2013, 30(1): 265–271.

[12] Fu M R, Zhang X M, Jin T, et al. Inhibitory of grey mold on green pepper and winter jujube by chlorine dioxide (ClO_2) fumigation and its mechanisms[J]. LWT- Food Science and Technology, 2018 (100): 335–340.

[13] 谢慧琳，唐金艳，林育钏，等 . 电解水技术在采后果蔬保鲜中的应用研究进展 [J]. 盐城工学院学报 (自然科学版), 2020, 33(1): 61–66.

[14] MOLAVI H, BEHFAR S, SHARIATI M A, et al. A review on biodegradable starch based film[J]. Journal of Microbiology Biotechnology & Food Sciences, 2018(4): 456–461.

[15] JIMÉNEZ A, FABRA M J, TALENS P, et al. Edible and biodegradable starch films: A review[J]. Food and Bioprocess Technology, 2012, 5(6): 2058–2076.

[16] PERESSINI D, BRAVIN B, LAPASIN R, et al. Starch-methylcellulose based edible films: Rheological properties of film-forming dispersions[J]. Journal of Food Engineering, 2003, 59(1): 25–32.

[17] MALI S, GROSSMANN M V E, GARCIA M A, et al. Barrier, mechanical and optical properties of plasticized yam starch films[J]. Carbohydrate Polymers, 2004, 56(2): 129–135.

[18] BERTUZZI M A, CASTRO VIDAURRE E F, ARMADA M, et al. Water vapor permeability of edible starch based films[J]. Journal of Food Engineering, 2007, 80(3): 972–978.

[19] WANG S, LU A, ZHANG L. Recent advances in regenerated cellulose materials[J]. Progress in

Polymer Science, 2016(53): 169–206.

[20] XU Q, CHEN C, ROSSWURM K, et al. A facile route to prepare cellulose-based films[J]. Carbohydrate Polymers, 2016(149): 274–281.

[21] DHALL R K. Advances in edible coatings for fresh fruits and vegetables: A review[J]. Critical Reviews in Food Science and Nutrition, 2013, 53(5): 435–450.

[22] ERDOHAN Z O, TURHAN K N. Barrier and mechanical properties of methylcellulose-whey protein films[J]. Packaging Technology and Science, 2005, 18(6):295-302.

[23] VILLALOBOS R, CHANONA J, HERNÁNDEZ P, et al. Gloss and transparency of hydroxypropyl methylcellulose films containing surfactants as affected by their microstructure[J]. Food Hydrocolloids, 2005, 19(1): 53–61.

[24] KIM K M, SON J H, KIM S K, et al. Properties of chitosan films as a function of pH and solvent type[J]. Journal of Food Science, 2006, 71(3): E119–E124.

[25] DUTTA P K, TRIPATHI S, MEHROTRA G K, et al. Perspectives for chitosan based antimicrobial films in food applications[J]. Food Chemistry, 2009, 114(4): 1173–1182.

[26] AMARAL D S D, CARDELLE-COBAS A, NASCIMENTO B M S D, et al. Development of a low fat fresh pork sausage based on chitosan with health claims: Impact on the quality, functionality and shelf-life[J]. Food Function, 2015, 6(8): 2768–2778.

[27] NO H K, MEYERS S, PRINYAWIWATKUL W, et al. Applications of chitosan for improvement of quality and shelf life of foods: A review[J]. Journal of Food Science, 2007, 72(5): R87–R100.

[28] VAN DEN BROEK L A M, KNOOP R J I, KAPPEN F H J, et al. Chitosan films and blends for packaging material[J]. Carbohydrate Polymers, 2015(116): 237–242.

[29] KAUR S, DHILLON G S. The versatile biopolymer chitosan: Potential sources, evaluation of extraction methods and applications[J]. Critical Reviews in Microbiology, 2014, 40(2): 155–175.

[30] YEUL V S, RAYALU S S. Unprecedented chitin and chitosan: A chemical overview[J]. Journal of Polymers and the Environment, 2012, 21(2): 606–614.

[31] AIDER M. Chitosan application for active bio-based films production and potential in the food industry: Review[J]. LWT-Food Science and Technology, 2010, 43(6): 837–842.

[32] ELSABEE M Z, ABDOU E S. Chitosan based edible films and coatings: A review[J]. Materials Science and Engineering C, 2013, 33(4): 1819–1841.

[33] CASAS-OROZCO D, VILLA A L, BUSTAMANTE F, et al. Process development and simulation of pectin extraction from orange peels[J]. Food and Bioproducts Processing, 2015(96): 86–98.

[34] MUNARIN F, TANZI M C, PETRINI P. Advances in biomedical applications of pectin gels[J]. International Journal of Biological Macromolecules, 2012, 51(4): 681–689.

[35] DE CINDIO B, GABRIELE D, LUPI F R. Pectin: Properties determination and uses[M]. In Encyclopedia of food and health, 2016, (pp. 294-300). Oxford: Academic Press.

[36] ESPITIA P J P, DU W X, AVENA-BUSTILLOS R D J, et al. Edible films from pectin: Physical-mechanical and antimicrobial properties - A review[J]. Food Hydrocolloids, 2014(35): 287–296.

[37] GUTIERREZ-PACHECO M M, ORTEGA-RAMIREZ L A, CRUZ-VALENZUELA M R, et al. Chapter 50-Combinational approaches for antimicrobial Packaging: Pectin and cinnamon leaf oil[M]. In Antimicrobial food packaging, 2016, (pp. 609-617). San Diego: Academic Press.

第2章 苹果的包装保鲜方法

2.1 具有双层底结构的抗菌包装盒包装苹果

2.1.1 引言

苹果作为一种常见的温带水果，为了延长保质期，便于全年食用，通常需要在冷藏室中长期保存。冷藏虽然能延缓苹果的失重，但是却不能阻止由青霉菌引起的腐烂[1]。巴西农业和畜牧部推荐使用含有咪唑和二甲酰亚胺类的抗菌剂来防止由青霉菌引起的腐烂，但是这些抗菌剂中所含的抗菌成分不符合当前消费者对健康和生态食品的期望和愿望，而且还有增加微生物耐药性的风险，这些缺点引起了需要找到替代物来解决苹果因青霉菌引起的腐烂问题的思考[2]。植物精油做抗菌剂，不仅对多种真菌和细菌具有抗菌能力，还具有生物安全性、可生物降解性、致病菌耐药风险低等特点[3]。此外，植物精油被美国食品和药物管理局认定归类为安全的，并允许在有机农业上使用[4]。然而，植物精油具有强烈的气味、挥发性和容易氧化的特点，会改变食品的感官和理化特性，这些都限制了其直接添加到食品中[5]。为了弥补植物精油的这些缺点，可行的策略是使用具有捕获植物精油中挥发成分的材料来控制挥发成分的释放速率，可使用的材料包括环糊精、涂层、膜和纳米纤维[6]。抗菌包装通常采用的是各种聚合物膜材料，然而，在含有植物精油抗菌剂的聚合物树脂膜的生产中，在膜挤出成型过程中的高温会导致抗菌活性成分的显著损失。因此，需要一种新的方法来设计抗菌包装。本试验的目的是开发一种具有双层底结构的抗菌包装盒，两层底之间放置已封装的玫瑰草精油和大茴香精油复合物，这两种精油能够抑制青霉菌的生长，从而延长苹果的保质期。

2.1.2 试验部分

2.1.2.1 试验原料

玫瑰草精油和大茴香精油购于巴西某公司，β- 环糊精购于美国某公司，试验中使用的其他试剂均为分析纯级别，购于美国某公司。

红苹果于当年 8 月从超市购买，然后置于 6℃ ±2℃的冷库中几小时。将苹果从冷库中取出，用 0.5%（v/v）次氯酸盐溶液消毒 120s，再用自来水冲洗，最后风干备用。

从一个外观明显腐烂的苹果上分离出青霉菌，将分离物置于马铃薯葡萄糖琼脂培养基上于 23℃下培养，14d 后收集青霉菌孢子并添加到无菌蒸馏水中。用于体外检测和原位检测的青霉菌孢子悬液的浓度分别为 10^5 个 /mL 和 10^4 个 /mL。

2.1.2.2 制备精油封装复合物

360mg 真空干燥的 β- 环糊精（β-CD）加入 70℃、20mL 去离子水中，在 200r/min 的加热搅拌器（MS-H-pro Circular top LCD Digital，SCILOGEX LLC，Connecticut，U.S.A.）中充分搅拌 300s。然后冷却溶液至室温，分别将浓度都是 3%（v/v）的玫瑰草精油和大茴香精油加入前述溶液中。然后将 β- 环糊精与精油混合液在 200r/min 的磁力搅拌器中搅拌 2h，然后在 23℃下将前述混合液离心操作 1h，最终得到 250g 离心浓缩物备用。将离心浓缩物置于 60℃的干燥箱中干燥 24h，得到封装有精油的 β- 环糊精复合物，其中封装玫瑰草精油复合物（ICp）中精油含量为 63.7%；封装大茴香精油复合物（ICsa）中精油含量为 70.7%。将两种封装精油复合物密封在玻璃杯中保存于冰箱中备用 [6]。

2.1.2.3 体外抗菌试验

将 25L、浓度为 10^5 个 /mL 的青霉菌孢子悬浮液（P. expansum）滴在马铃薯葡萄糖琼脂培养基（PDA）上，将 350mg 的 ICp 或 ICsa 和含有青霉菌孢子悬浮液的培养基密封于玻璃罐中在 23℃下培养 5d。只包含 PDA，PDA 和 P. expansum，以及 PDA，P. expansum 和 β-CD 的玻璃罐作对照组和空白组。每天用尺子在不打开罐子的情况下测定菌落的直径。所有试验均重复 3 次，结果以 cm 表示 [6]。

青霉菌的活力是通过它的呼吸活动来确定的。每天使用 SGE 气密注射器（Supelco Analytical，California，U.S.A.）从每个玻璃罐中抽取 50μL 的顶空气体样本，将前述抽取的气体注入气相色谱仪中进行分析。每天使用仪器（DVB/CAR/PDMS SPME fiber，Bellefonte，California，U.S.A.）定量分析 ICp 和 ICsa 中进入玻璃罐顶空间的精油含量。

2.1.2.4　具有双层底结构的包装盒结构

图 2-1 为具有双层底结构的包装盒结构图，刚性的盒体尺寸为 7cm×7cm×10cm，两层底之间的距离为 2cm，上层底均布有 0.06mm 的孔若干，PET 易撕盖膜的厚度为 50μm。根据前述体外抗菌试验的结果，下层放置的药品质量分别为 1g 的 β-CD，1g 的 ICp 和 1g 的 ICsa。

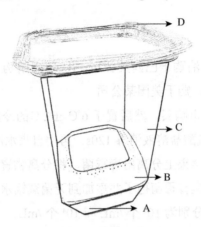

图 2-1　双层底包装盒 [6]

A—下层底；B—上层底；C—盒体；D—易撕盖膜

注：所有材料都是 PET 聚酯

2.1.2.5　苹果抗菌试验

在苹果周身中间处用针扎出两个伤口，将其沉入青霉菌悬浮液（10^4 个 /mL）中 2min，然后立即将苹果放置在上述包装盒中，将易撕盖膜热封。其中：包装盒中未放置抗菌剂样品 + 苹果未接菌的记为 Non-inoculated；包装盒中未放置抗菌剂样品 + 苹果接菌的记为 Inoculated；包装盒中放置 β-CD+ 苹果接菌的记为 Inoculated+β-CD；包装盒中放置 ICp+ 苹果接菌的记为 Inoculated+ICp；包装盒中放置 ICsa+ 苹果接菌的记为 Inoculated+ICsa。最后，将各处理组包装盒在 23℃下避光保存 12d。每个取样日，每个处理样品随机选取 3 个重复进行分析。

病变生长速度（LGR）测试通过用尺子每隔 4d 测量每个苹果周身上的两个伤口直径的变化，结果用 cm/day 表示。第 12 天试验结束时，用出现青霉菌病症损伤的总次数除以果实的损伤总次数，计算发病率，结果用百分数表示。

2.1.2.6　苹果参数测试

本试验所有测试项目参照文献 [6] 的描述，项目包括失重率测试，单位为 %；硬度测试，单位为 N/mm^2；pH 值测试；可溶性固形物含量测试，单位为 °Brix%。

2.1.3 结果与分析

2.1.3.1 ICp 和 ICsa 对青霉菌的体外抗菌活性分析

从图 2-2（a）和图 2-2（b）中可以看出，24h 内封装玫瑰草精油的复合物在玻璃罐中释放了大约 57ppm 浓度的精油分子，完全可以抑制青霉菌的生长，120h 时精油释放的浓度达到了 140ppm，和未添加精油的对照组相比，微生物的生长减少了 90%。基于以上试验结果，玫瑰草精油对青霉菌的抗菌能力相比大茴香精油更强，因为要达到同样的抗菌效果下，大茴香精油的浓度需要达到 1000ppm[7]。

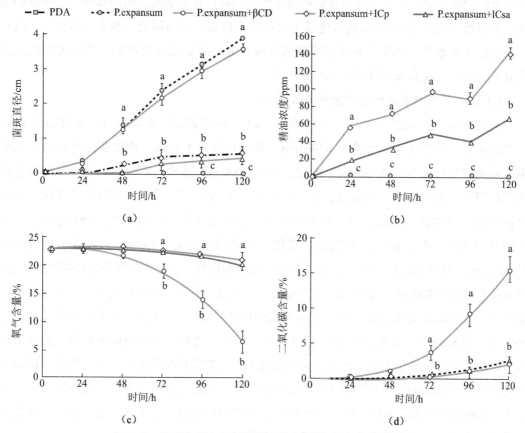

图 2-2 玫瑰草精油和大茴香精油在室温下体外抗菌效果 [6]

（a）青霉菌斑的直径；（b）释放的精油浓度；（c）青霉菌呼吸产生的氧气含量；（d）青霉菌呼吸产生的二氧化碳含量
各曲线上不同的小写字母表示不同处理间的差异显著性（P ≤ 0.05）

48h 时封装大茴香精油的复合物对青霉菌生长的抑制比封装玫瑰草精油的复合物抑制效果更好。在 72 ～ 120h，抑制微生物生长数值相同的情况下，玻璃罐中精油的释放浓度少了一半。120h 后，大约 70ppm 的大茴香精油就可以将微生物的生长繁殖减少 90%。据报道，80 ～ 90ppm 大茴香精油可以减缓番茄链孢霉菌、小麦镰刀菌和番茄根核菌菌丝的生长 [8]。这说明相比上述微生物，大茴香精油对青霉菌具有更强的抑制效果。这可能是由于青霉菌的细胞壁和细胞质膜等结构对大茴香精油化合物的亲和力高于其他微生物。这些结果还表明，β- 环糊精本身并不能抑制青霉菌的体外生长，因为在含有 β- 环糊精的玻璃罐中青霉菌的生长速度与空瓶子中是相同的。玫瑰草精油和大茴香精油的抑菌能力可能与它们的主要成分香叶醇和反式 - 乙基醇有关，因为这两种成分都有很强的抑菌活性 [9, 10]。

从图 2-2（c）和图 2-2（d）可以看出，含有封装精油复合物的玻璃罐中菌落呼吸产生的氧气和二氧化碳含量在整个观察期内的变化少于 2%。而 β- 环糊精组玻璃罐中氧气含量减少了大概 16%，二氧化碳含量增加了大概 15%。表明两种精油对于青霉菌的生长有明显的抑制作用，降低了青霉菌的呼吸作用。同时，在封装精油的玻璃罐中，菌落的颜色一直保持白色，而 β- 环糊精玻璃罐中菌落的颜色则呈现出绿色。基于上述结果，选择 ICp 或 ICsa 的数量以实现包装顶空精油的目标数量。由于 ICsa 在控制青霉菌方面的效果是 ICp 的两倍，故 ICsa 的用量是 ICp 的一半。

2.1.3.2 具有双层底的包装盒抗菌活性分析

从图 2-3（a）和图 2-3（b）可以看出，12 天储存期后，在装有 ICp 和 ICsa 的包装盒中的苹果，其病变生长速度为 0.09cm/d，病变直径为 1.08cm。而对照组包装盒中的苹果，其病变生长速度为 0.23cm/d，病变直径为 2.88cm。因此，室温条件下两种抗菌包装盒能在两周内抑制苹果上青霉菌的生长。从图 2-3（c）可以看出，从第 4 天开始，包装盒内开始有精油分子从包封复合物中散出来，这是由于开始的几天内环境的 pH 值不够理想导致的 [2]。在第 12 天，包装盒中玫瑰草精油的浓度是 2.1ppm，大茴香精油的浓度是 33.7ppm。这些数值低于图 2-2（b）中体外试验的数据，这主要归因于易撕盖膜的渗漏、苹果本身或微生物吸收了部分精油分子导致的。有报道表明，炭疽菌对肉桂醛有吸收和代谢能力，从而降低其抑菌活性 [11]。包装草莓中的 2- 壬酮含量增加，就是由于草莓对抗菌剂的吸收引起的 [12]。从图 2-3（d）可以看出，保存在装有精油抗菌剂包装盒中的苹果呼吸产生的乙烯浓度低于未装精油抗菌剂包装盒的苹果呼吸产生的乙烯。装有玫瑰草精油复合物的包装盒和装有 β- 环糊精的包装盒中的乙烯浓度是装有大茴香精油复合物包装盒的 2 倍，是对照组含量的 4 倍。装大茴香精油复合物的包装盒中乙烯含量低的原因可能是大茴香精油中的某些化合物具有与乙烯受体结合的能力 [13]。

2.1.3.3 包装盒中氧气含量和二氧化碳含量分析

从图 2-4(a)可以看出，12 天时各包装盒中氧气的含量值为 0.8% ～ 2.9%，差异不显著。从图 2-4（b）可以看出，β- 环糊精组包装盒和空白组包装盒中接菌苹果呼吸产生的二氧化碳含量约为 14%，差不多是大茴香精油包装盒中二氧化碳含量的两倍。乙烯能提高苹果的呼吸速率，产生更多的二氧化碳，而且青霉菌的呼吸也会提高二氧化碳含量。

2.1.3.4 苹果理化参数分析

从图 2-5（a）可以看出，在未放置精油抗菌剂的包装盒中，接菌苹果的失重率在

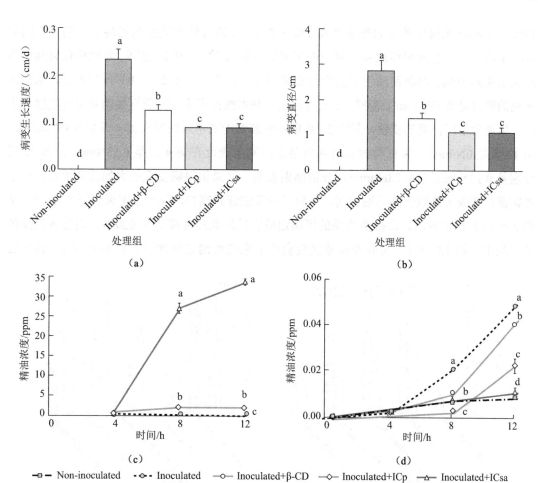

图 2-3　包装盒中玫瑰草精油和大茴香精油在室温下的抗菌活性 [6]

（a）病变生长速度；（b）病变直径；（c）包装盒中精油的释放浓度；（d）苹果呼吸产生的乙烯浓度

注：各图上不同的小写字母表示不同处理间的差异显著性（$P \leqslant 0.05$）

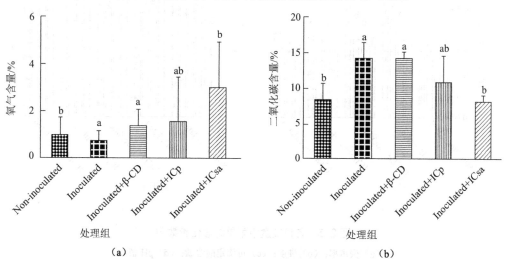

图 2-4　各包装盒中氧气和二氧化碳含量 [6]

（a）氧气含量；（b）二氧化碳含量

注：柱状图上不同的小写字母表示不同处理间的差异显著性（$P \leqslant 0.05$）

13%～18%，未接菌苹果的失重率在1%～3%。在装有精油抗菌剂包装盒中的苹果的失重率下降了，装有两种精油包装盒中的苹果失重率为7%～9%，而β-环糊精包装盒中苹果失重率为16%。两种精油包装盒中的数据差异不显著。从图2-5（b）可以看出，未接菌苹果的硬度是0.53N/mm²，整个12天储存期内基本维持不变。而所有接菌苹果的硬度均下降，呈现出不同程度的变软，其中β-环糊精包装盒中的苹果硬度在第4天是0.35N/mm²，第12天是0N/mm²。装有两种精油的包装盒中苹果硬度在第4天是0.53N/mm²，第12天分别是0.19N/mm²和0.23N/mm²。分析结果表明，苹果伤口病变直径大的硬度更软，由于青霉菌在苹果上繁殖分泌的酸和酶，降解了苹果的营养底物，导致了苹果组织变软[14]。从图2-5（c）可以看出，未接菌苹果的可滴定酸含量从0.33%降到了0.28%，而在各组接菌的苹果中，第12天时，大茴香精油包装盒中苹果的可滴定酸含量升高到0.34%，其他处

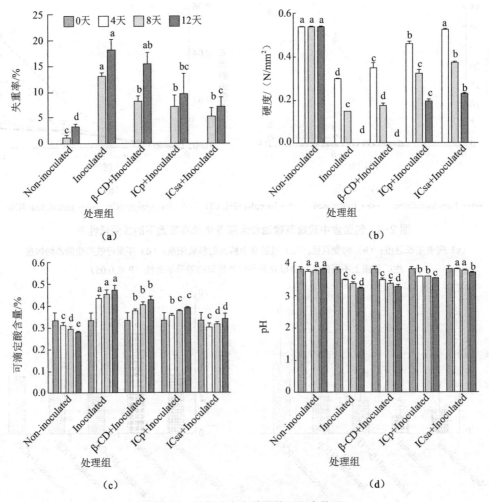

(a)　(b)

(c)　(d)

图2-5　各包装盒中苹果的理化参数[6]

（a）失重率；（b）硬度；（c）可滴定酸含量；（d）pH值

注：各柱状图上不同的小写字母表示不同处理间的差异显著性（P≤0.05）

理组苹果的可滴定酸含量均升高很多，空白组包装盒中苹果的可滴定酸含量为 0.48%，玫瑰草精油包装盒中可滴定酸含量为 0.39%。由此表明大茴香精油能延缓苹果的后熟。从图 2-5（d）可以看出，在整个储存期内，大茴香精油包装盒中接菌苹果的 pH 值在 3.73～3.83，而空白盒中接菌苹果的 pH 值最大为 3.23，玫瑰草精油包装盒中接菌苹果的 pH 值最大为 3.57。

从表 2-1 可以看出，β- 环糊精包装盒或空白包装盒中的接菌苹果的可溶性固形物含量从第 4 天开始升高，而玫瑰草精油包装盒中的接菌苹果的可溶性固形物含量直到第 12 天才开始明显升高，大茴香精油包装盒中的接菌苹果的可溶性固形物含量在整个储存期内没有明显的变化。比较某一具体的观察天，不同包装盒内接菌苹果的可溶性固形物含量最高的是 β- 环糊精包装盒或空白包装盒，另外，含有两种精油的包装盒内接菌苹果的可溶性固形物含量差异不显著。原因可能是失水率越大，苹果中的可溶性固形物浓度越大。与对照组相比，除含精油包装盒减缓了接菌苹果的重量损失和后熟外，被抑制的青霉菌繁殖也降低了酶反应活性，减少了糖的分解作用，这有助于保持苹果的可溶性固形物含量。

表 2-1　各包装盒中苹果可溶性固形物含量 [6]

处理组	可溶性固形物含量 /°Brix			
	0 天	4 天	8 天	12 天
Non-inoculated	12.8+0.2Aa	12.9+0.2Aa	13.1+0.1Aa	13.2+0.2Aa
Inoculated	12.8+0.2Aa	14.0+0.3Cb	14.1+0.3Bb	14.3+0.2Bb
β-CD	12.8+0.2Aa	13.3+0.2Bb	13.8+0.1Bc	14.2+0.3Bc
ICp	12.8+0.2Aa	12.9+0.1Aa	13.0+0.2Aab	13.4+0.2Ac
ICsa	12.8+0.2Aa	12.3+0.5Aa	12.8+0.3Aa	13.0+0.2Aa

注：表中不同的小写字母表示整个贮藏期内某一处理组内数据的差异显著性（$P \leqslant 0.05$），不同的大写字母表示某一天时不同处理组间数据的差异显著性（$P \leqslant 0.05$）

2.1.4　小结

具有双层底结构的包装盒中放入封装玫瑰草精油或大茴香精油抗菌剂，是一种新型高效的抗菌包装形式，有利于抑制苹果青霉菌的繁殖。体外试验结果表明这种包装形式中的两种精油成分完全能够抑制青霉菌对苹果的影响。对比开发的两种抗菌包装盒，含大茴香精油的双层底包装盒在降低苹果乙烯产量、呼吸速率、软化速率、可滴定酸增加、pH 值降低方面优于含玫瑰草精油的双层底包装盒。

2.2 热水浸泡和电解水浸泡保鲜苹果

2.2.1 引言

在空气气氛或控制气氛包装的条件下，苹果在低温下可以贮藏较长时间。贮藏期间，引起苹果品质逐渐劣变的主要原因是和酶化学反应、氧化反应、代谢变化以及微生物病变等因素有关。全球范围内，发展中国家的苹果采后损失为20%～50%，南非为25%～50%[15]。因此，在长期贮藏前对苹果进行各种预处理预防苹果的冷害、褐变和腐烂已成为通行的方法。在过去的几十年里，次氯酸钠、氯化钙或二苯胺、硫化氢等化学预处理方法被用于提高苹果的贮藏质量[16]。然而，存留在苹果和环境中的化学残留物会引起很严重的公共健康问题，这促使研究人员开发替代方法，这些方法就包括安全有效的热水浸泡和电解水浸泡技术[17]。

利用热水浸泡处理技术延长采后苹果贮藏期的研究有很多，如利用49℃、51℃和53℃的热水分别浸泡"Ingrid Marie"苹果1min、2min和3min后，将苹果存放于正常空气条件下，在2℃条件下可以保存4个月[18]。此外，还有利用50～52℃的热水先浸泡2min，再用54～56℃的热水浸泡3min保鲜"Elastar"苹果[19]；利用51℃的热水浸泡2min保鲜"Topaz"苹果[20]；利用45℃的热水浸泡10min保鲜"Red Delicious"苹果[21]。基于以上试验研究，热水浸泡对于"Elastar"苹果的硬度和糖含量的保持没有明显的效果，但是对于颜色参数的提高有明显效果。另外，热水浸泡对于"Topaz"苹果的硬度、可溶性固形物含量和可滴定酸含量的保持没有明显效果。热水浸泡可以明显提高"Red Delicious"苹果的红色色度值。以上研究结论的差异主要是由热水浸泡的温度、浸泡时间和苹果品种的差异引起的。

电解水浸泡是一种新兴的技术方法，具有良好的成本效益和环境友好性，该方法具有很强的杀菌效果和自由基清除能力。利用电解水浸泡控制采后果蔬的微生物感染已经取得了很多成果，比如利用浓度为400mg L^{-1}的电解水浸泡"Cripps Pink"苹果后，在1℃条件下其保质期长达4个月[22]。

灰霉病是导致苹果采后品质损失的主要病原菌[23]。但应用电解水抑制"Granny Smith"苹果灰霉病的研究尚无相关报道。因此，本试验提出以下假设：①降低热水温度和延长浸泡时间不会影响果实品质；②选用的弱碱性电解水的浓度在果实体内对灰霉菌有抑制作用。因此，本研究进行了两个独立的试验。在第一个试验中，热水浸泡（HW）处理的反应条件是：温度为45℃，浸泡时间分别为5min、10min和15min，将"Granny Smith"苹果贮藏在10℃下观察21天。在第二个试验中，电解水浸泡（EW）处理的反应条件是：电解水的pH=10～11，电解水的浓度分别为50mg/L、100mg/L、200mg/L、

300mg/L、400mg/L 和 500mg/L，浸泡时间分别为 5min、10min 和 15min。将 "Granny Smith" 苹果分别贮藏在 5℃和 24℃下观察 3 周。

2.2.2 材料和方法

2.2.2.1 材料

成熟、无伤的 "Granny Smith" 苹果购于市场，在冷藏运输条件下送至实验室，用浓度为 70% 的酒精消毒后，将苹果贮藏在 0℃的保鲜柜中备用。

2.2.2.2 热水浸泡试验

（1）苹果预处理和贮藏

将苹果分成 4 份，每份 36 个，其中 3 份苹果分别浸泡在热水槽中（Brookfield TC500），热水温度为 45℃，浸泡时间分别为 5min、10min 和 15min。第 4 份苹果未进行热水浸泡，作为对照组。浸泡后，所有的苹果经风干后贮藏在 10℃、相对湿度为 95% 的保鲜柜中观察 21 天，每隔 7 天进行一次苹果的理化指标测试。

（2）苹果参数测试

本试验所有测试项目参照文献 [15] 的描述，项目包括果芯温度测试，单位为℃；失重率测试，单位为 %；硬度测试，单位为 N；果皮颜色（色调角 h^o 和色彩度值 C^*）测试；可溶性固形物含量测试，单位为 °Brix；可滴定酸含量测试，单位为 g 100mL^{-1}。

2.2.2.3 电解水浸泡试验

（1）灰霉菌分离

灰霉菌由南非农业研究理事会植物保护研究所提供。灰霉菌在 25℃下培养在马铃薯葡萄糖琼脂培养基上，3 天产生菌丝，7 天产生孢子。将培养基上的菌落最终稀释成浓度为 10^4 个 /mL 的菌悬液备用。

（2）电解水的制备

使用电解水发电机制备电解水，电机中电解液由稀盐酸和氢氧化钠组成，电解液流速为 2mL/min，电压为 3.8 ～ 3.9V，电流为 10A。自来水流速为 4L/min，制备的电解水中余氯浓度为 500ppm。

（3）苹果预处理和贮藏

苹果被随机分成 7 个处理组，每组包含 3 份苹果，每份 150 个。用打孔器在 "Granny Smith" 苹果上扎出伤口，将前述菌悬液接菌在苹果上，将各组苹果用黑色塑料袋包裹，再用外套湿毛巾来保证足够的环境湿度，贮藏在 20℃的环境中 20h 进行灰霉菌培养繁殖。然后，拆掉外包装将各组苹果风干 6h，最后，将各处理组苹果放入电解水中浸泡，电解水的浓度分别为 50mg/L、100mg/L、200mg/L、300mg/L、400mg/L 和 500mg/L，浸泡时间分别为 5min、10min 和 15min。各组苹果分别贮藏在 5℃下 3 周和 24℃下 3 周，每隔 7

天取样观察苹果病变伤口的尺寸和颜色变化等。热水浸泡和电解水浸泡试验参数如表 2-2 所示。

表 2-2　热水浸泡和电解水浸泡试验参数 [15]

热水浸泡试验		电解水浸泡试验	
处理组	热水浸泡时间 /min	处理组	电解水浓度 /（mg/L）
HW-1	5	EW-1	50
HW-2	10	EW-2	100
HW-3	15	EW-3	200
Control	0	EW-4	300
		EW-5	400
		EW-6	500
		Control	0

注：HW 是热水浸泡，EW 是电解水浸泡，Control 是对照组

（4）苹果感官质量分析

接菌苹果经过不同浓度电解水浸泡后，其表面感官质量通过 1800 万像素的佳能摄像机（Canon 650D DSLR Camera）拍照完成，图片分析处理软件选自尼康公司（Nikon E100 NIS）。

2.2.3　结果与分析

2.2.3.1　果芯温度分析

从图 2-6 可以看出，贮藏第 1 天，浸泡 15min 热水的苹果其内部果芯温度最高，为（34.13±0.21）℃，而浸泡 5min 热水的苹果内部果芯温度为（20.07±0.25）℃，未浸泡热水的对照组苹果果芯温度最低，为 16.67℃。随着贮藏时间的延长，各处理组苹果果芯温度逐渐下降，从第 7 天开始，各处理组间的数据没有显著性差异。贮藏第 21 天，浸

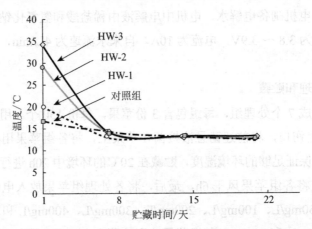

图 2-6　热水浸泡对 "Granny Smith" 苹果果芯温度的影响 [15]

泡 15min 热水的苹果其内部果芯温度为 13℃，浸泡 10min 热水的苹果其内部果芯温度为 12.67℃，而浸泡 5min 热水的苹果和对照组苹果的果芯温度值近似，为 12℃。这些数值略高于贮藏环境温度（10℃），这是由于苹果后熟过程中呼吸作用产生的呼吸热导致的。

2.2.3.2 失重率分析

从表 2-3 可以看出，对照组苹果在整个贮藏期内失重达到 20%，而所有处理组苹果的失重率在整个贮藏期仅有微小的升高，但是差异不显著。由文献 [24] 可知，用 45℃ 热水浸泡"Golden Delicious"苹果 10min 后，贮藏在温度为 2℃，相对湿度为 90% 的环境中 50 天发现，苹果的平均失重质量为（11.12±0.23）g。

表 2-3　热水浸泡对"Granny Smith"苹果理化参数的影响 [15]

参数	贮藏时间 / 天	处理组			
		HW-1	HW-2	HW-3	Control
失重率	0	239.00±25.71b	239.00±25.71b	239.00±25.71b	239.00±25.71b
	7	269.00±4.58ab	277.33±6.11a	278.00±4.56a	203.67±5.04b
	14	263.00±29.82ab	269.00±7.21a	259.67±3.21b	191.67±11.93b
	21	259.00±11.91a	269.67±14.15a	269.33±11.72a	208.00±5.71b
硬度	0	80.81±0.82a	80.81±0.82a	80.81±0.82a	80.81±0.82a
	7	83.56±0.92a	68.45±0.35c	68.55±0.35c	71.78±0.46bc
	14	78.06±0.68ab	66.19±0.22c	69.14±0.39bc	74.14±0.27a
	21	69.23±0.63b	68.25±0.32b	79.82±0.32a	81.20±0.26a
颜色参数					
L*	0	64.38±1.79a	64.38±1.79a	64.38±1.79a	64.38±1.79a
	7	64.95±3.53ab	62.61±1.62b	60.99±2.26b	66.86±0.24a
	14	64.45±2.30b	61.22±2.07c	60.53±0.68c	67.88±2.67a
	21	65.87±0.76b	61.36±0.44c	66.32±1.51ab	66.96±2.62ab
a*	0	-17.86±2.27a	-17.86±2.27a	-17.86±2.27a	-17.86±2.27a
	7	-18.52±1.04b	-18.72±0.09b	-19.63±1.02ab	-17.97±1.82b
	14	-18.05±1.11a	-18.82±1.31a	-18.82±1.08a	-17.90±2.42a
	21	-18.07±0.51a	-17.49±0.62a	-17.49±0.45a	-17.95±0.55ab
h°	0	118.81±1.66a	118.81±1.66a	118.81±1.66a	118.81±1.66a
	7	113.85±1.61a	113.72±0.58a	113.94±0.86a	113.14±0.29a
	14	113.85±1.03a	113.91±1.16a	113.39±0.52a	111.43±1.89a
	21	113.09±0.68a	113.67±0.80a	111.43±1.53b	111.21±0.84b
C*	0	47.84±3.03a	47.84±3.03a	47.84±3.03a	47.84±3.03a
	7	45.86±1.87a	46.59±0.85a	46.48±2.21a	47.44±2.26a
	14	45.19±4.48a	46.04±2.01a	47.34±1.79a	48.86±2.80a
	21	46.10±2.21b	48.63±0.32a	47.55±4.03a	49.64±0.55a

注：每个测试进行 3 次，结果取平均值，用平均值 ± 标准差表示，不同的小写字母表示差异显著性（P<0.05），Control 为对照组

2.2.3.3 硬度分析

从表 2-3 可以看出，各处理组苹果的硬度变化很大。贮藏第 21 天，HW-1 组苹果硬度值从 80.81N 降为 69.23N，HW-2 组苹果硬度值从 80.81N 降为 68.25N，而 HW-3 组苹果和对照组苹果的硬度值明显高于其他两组苹果。文献[25]表明，用 45℃和 60℃热水浸泡"Granny Smith"苹果，在 28 天贮藏期内，果实硬度降低。

2.2.3.4 表皮颜色分析

从表 2-3 可以看出，各处理组中，HW-3 组苹果具有最高的明度值。在整个贮藏期内，各处理组苹果的红绿值没有显著差异，与对照组数值近似。各组苹果的色调角均有小幅度的增大，对比其他组，HW-1 组苹果的色彩度值减小得最多，HW-2 组苹果的色彩度值微量增大，HW-3 组苹果的色彩度值变化不大，但是对照组苹果的色彩度值变化明显。综合来看，HW-2 处理对于保持"Granny Smith"苹果表皮颜色是最好的方法。

2.2.3.5 可溶性固形物含量分析

从表 2-4 可以看出，贮藏第 21 天，对照组苹果的可溶性固形物含量最高，原因是对照组苹果水分损失最多，导致果实体内营养底物浓度变大。而 HW-1 和 HW-2 处理组苹果的可溶性固形物含量较少。贮藏第 21 天，对照组苹果的可滴定酸含量减少，HW-2 组苹果和 HW-3 组苹果的可滴定酸含量微量升高，但是 HW-1 组苹果的可滴定酸含量升高较多。根据文献[26]，利用苹果酸作为呼吸作用的营养底物，会导致果实体内可滴定酸含量的下降。果实呼吸越旺盛，营养底物消耗越多，体内的可滴定酸含量就越少。根据文献[27]，用 38℃热水浸泡"Gala"苹果 4 天，在 0℃条件下贮藏 8 周，结果表明苹果的可滴定酸含量下降，可溶性固形物含量升高。

表 2-4 热水浸泡对"Granny Smith"苹果可溶性固形物和可滴定酸含量的影响[15]

| 参数 | 贮藏时间/天 | 处理组 | | | |
		HW-1	HW-2	HW-3	Control
可溶性固形物	0	13.00±0.00b	13.00±0.00b	13.00±0.00b	13.00±0.00b
	7	12.63±0.46b	12.77±0.05b	12.50±0.00b	13.93±0.05a
	14	13.23±0.05b	13.20±0.10b	12.63±0.23c	14.20±0.10a
	21	12.67±0.05b	12.67±0.05b	13.40±0.17a	13.53±0.05a
可滴定酸	0	1.01±0.00a	1.01±0.00a	1.01±0.00a	1.01±0.00a
	7	1.24±0.03a	1.02±0.02b	1.20±0.06a	1.05±0.03b
	14	1.35±0.02a	1.04±0.02c	1.15±0.06b	1.03±0.02c
	21	1.40±0.12a	1.03±0.00b	1.03±0.02b	0.85±0.00c

注：每个测试进行 3 次取平均值，结果用平均值±标准差表示，不同的小写字母表示差异显著性（P<0.05），Control 为对照组

2.2.3.6 感官质量分析

从图2-7（a）～（c）和图2-8可以看出，在5℃下贮藏两周后，三种浸泡时间下的EW-1组和EW-2组苹果上的菌斑病变面积基本翻倍了。当电解水浓度大于200mg/L后，各处理苹果的菌斑病变面积均比较小，最有效的浓度是500mg/L。从对照组的数据可以看出，浸泡时间的差异对苹果菌斑病变面积的变化没有明显影响，数值没有显著差异。文献[28]表明，用浓度为50～100mg/L的中性电解水可以100%地灭活桃子和葡萄上的灰霉菌，对比自来水浸泡的果实，中性电解水浸泡的果实表面没有余氯化合物残留。

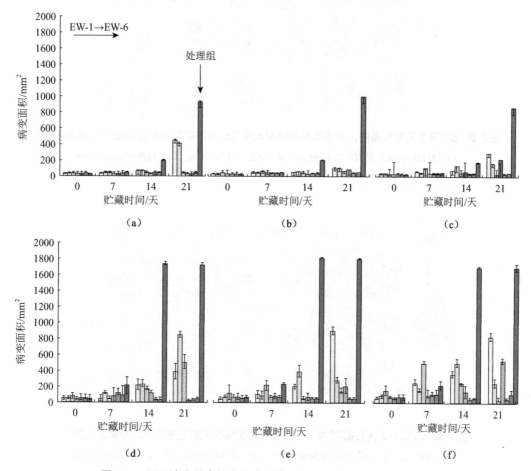

图2-7 不同浓度的电解水浸泡对接菌苹果上病变面积的影响[15]

（a）浸泡时间为5min，储存温度为5℃；（b）浸泡时间为10min，储存温度为5℃；

（c）浸泡时间为15min，储存温度为5℃；（d）浸泡时间为5min，储存温度为24℃；

（e）浸泡时间为10min，储存温度为24℃；（f）浸泡时间为5min，储存温度为24℃

从图2-7（d）～（f）和图2-9可以看出，在24℃贮藏条件下，三种浸泡时间下的EW-1组苹果的菌斑病变面积分别变大了80%、75%和70%，EW-2组苹果也有近似的变化。而对照组苹果的菌斑病变面积变大了95%以上。这些结果表明电解水浸泡有助于控制灰霉菌对苹果的霉变。文献[29]表明，用浓度为100mg/L的中性电解水浸泡"Granny Smith"和"Fuji"苹果2分钟，然后贮藏在室温下48小时，结果表明该处理能有效抑制李斯特菌的活性。

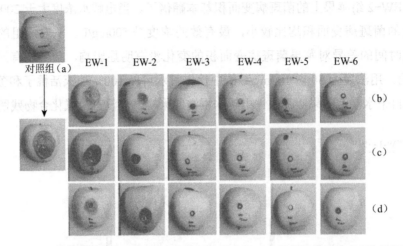

图2-8　5℃下3周贮藏期内，不同浓度的电解水浸泡处理下苹果的菌斑病变[15]（后附彩图）
（a）对照组；（b）浸泡时间为5min；（c）浸泡时间为10min；（d）浸泡时间为15min

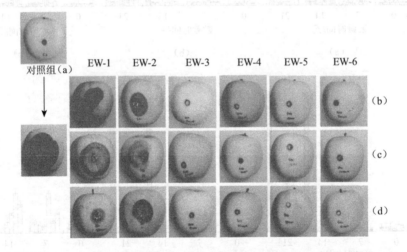

图2-9　24℃下3周贮藏期内，不同浓度的电解水浸泡处理下苹果的菌斑病变[15]
（a）对照组；（b）浸泡时间为5min；（c）浸泡时间为10min；（d）浸泡时间为15min

2.2.4　小结

本试验使用热水浸泡和弱碱性电解水浸泡维持采后"Granny Smith"苹果的品质，抑制灰霉菌对苹果的霉变腐烂。试验结果表明：将苹果在45℃热水中浸泡15min的处理方法有利于保持苹果的理化参数。低浓度（50mg/L和100mg/L）电解水浸泡不能控制苹果上灰霉菌的生长繁殖。低温贮藏环境中，浓度为200mg/L的电解水浸泡对于抑制苹果灰霉菌的生长繁殖有积极的效果。

2.3　壳聚糖—纳米二氧化钛—荔枝皮提取物涂膜液保鲜苹果

2.3.1　引言

在一些亚洲国家，糖芯苹果由于独特的果肉形态和甜味而特别受欢迎，其售卖价格也很贵。然而，果肉容易褐变导致糖芯苹果的货架寿命变短，因此糖芯苹果的贮藏需要特殊的方法[30, 31]。近年来的研究表明，糖芯"Fuji"苹果在冷藏过程中，其内部的褐变会逐渐消散，表明冷藏是保持糖芯苹果品质的有效方法[32]。然而，也有研究表明，如果不进行其他处理，长期冷藏可能会使苹果表面变黑，并引起生理紊乱[33]。因此，单靠冷藏不足以维持糖芯苹果的品质。

活性涂膜液是保持苹果贮藏品质的常用手段，涂膜材料可以调节水、气交换，改善苹果外观，减少机械损伤和病原菌的浸染[34]。在众多的活性涂膜材料中，壳聚糖（CS）因其无毒、生物相容性好和可降解性而被广泛应用于保鲜苹果[35]。但是壳聚糖膜的机械强度差、阻隔性不强，其涂膜保鲜效果有限，其在食品包装膜和水果保鲜中的应用受到严重限制[36]。为了提高壳聚糖膜的性能，人们进行了许多尝试。

最近的研究表明，纳米颗粒和壳聚糖的结合可以提高壳聚糖基材料的力学性能、阻隔性能和热性能[37]。在众多的纳米颗粒中，纳米二氧化钛（nano-TiO$_2$）因其无毒、稳定、抗菌等特性在食品领域得到了广泛的应用[38]。纳米二氧化钛具有良好的乙烯清除能力，可以延缓果实的成熟过程[39]。文献[40]表明，纳米二氧化钛的加入可以增强壳聚糖膜的力学、水蒸气阻隔和透气性，壳聚糖/纳米二氧化钛涂膜液有效地提高了银杏种子的贮藏品质。文献[41]表明，壳聚糖/纳米二氧化钛涂膜液在贮藏过程中保持了杧果的质量，延缓了杧果的后熟。然而，由于纳米二氧化钛的抗氧化能力不足，壳聚糖/纳米二氧化钛复合膜在食品生产和保鲜中的应用仍然受到很多限制。

众所周知，许多植物提取物（如多酚和精油）具有优异的抗氧化活性，一些已被添加到聚合物膜中用来改善膜的抗氧化性能[42]。荔枝是一种具有较高商业价值的亚热带水果，因其鲜美的口感和诱人的外观而受到人们的喜爱[43]。荔枝皮一般作为废物丢弃。然而，荔枝皮提取物（LPE）含有许多酚类化合物（如原花青素、黄酮和花青素），这些都是熟知的抗氧剂[44]。LPE 在活性包装膜材料中的应用研究较少，值得进一步研究。本试验将LPE 和 nano-TiO$_2$ 添加到 CS 中，开发新型活性涂膜液，最大限度地利用荔枝副产物。试验研究了 CS、CS+TiO$_2$（CT）、CS+LPE（CL）和 CS+TiO$_2$+LPE（CTL）4 种涂膜液对"Fuji"苹果在（0±1）℃下，贮藏 180d 的过程中理化性质、生物活性成分和酶活性的影响，用蒸馏水浸泡的苹果用作对照组，记为 CK。

2.3.2 材料和方法

2.3.2.1 材料和试剂

壳聚糖（分子量为 100 ～ 300kDa，脱乙酰度为 95%）购于青岛（BZ Oligo Biotech Co. Ltd.，Qingdao，China），纳米二氧化钛（粒径为 25nm，纯度 ≥ 99.8%）购于上海（Aladdin Biochemical Co. Ltd.，Shanghai，China）。荔枝皮提取物（50% 乙醇提取液中的固液比为 10∶1，提取 2 次，每次提取时间为 2h）购于广西（Guilin Yitiancheng Biochemical Co. Ltd.，Guangxi，China）。其他试剂均为分析纯级别。

糖芯苹果产自新疆阿克苏，采摘后的苹果于 24h 内运输送进实验室中。选择大小均匀、无病害、无机械损伤的苹果 600 个（每个重 300 ～ 350g）。首先预冷 24h，其次将苹果浸泡在浓度为 100ppm 的次氯酸钠溶液中消毒 2min，最后用无菌蒸馏水清洗，风干后将苹果贮藏，贮藏温度为在（0±1）℃，相对湿度为 85% ～ 90%。

2.3.2.2 涂膜液的制备

CS 加入 v=1% 醋酸溶液中形成 w/v=2% 的壳聚糖溶液，再加入 30% 的甘油做塑化剂。将基于壳聚糖重量的 w=0.3% 的 nano-TiO$_2$ 和 w=0.3% 的 LPE 加入前述溶液中，经过充分搅拌和超声脱气后备用。

2.3.2.3 涂膜操作

将苹果分为 5 组，每组 120 个，分别为 CK（对照组）、CS、CTCL 和 CTL 组。苹果分别在 5L 前述的涂膜液中浸泡 1min，苹果重量（g）与涂膜液体积（mL）的比值为 0.06 ～ 0.07∶1。涂膜后的苹果在室温下风干，然后放在托盘上装入商用瓦楞纸箱（每箱 30 个苹果），贮藏在冷库中，温度为（0±1）℃，相对湿度为 85% ～ 90%。

2.3.2.4 苹果的质量参数测试

本试验所有测试项目参照文献[45]的描述，项目包括腐烂率测试，单位为 %；失重率测试，单位为 %；呼吸速率测试，单位为 mg CO$_2$ kg^{-1}h^{-1}；硬度测试，单位为 kg cm^{-2}；可溶性固形物含量测试，单位为 %；多酚氧化酶（PPO）活性测试，单位为 U g^{-1}min^{-1}；过氧化物酶（POD）活性测试，单位为 U g^{-1}min^{-1}；电导率测试，单位为 %；丙二醛含量测试，单位为 μ mol kg^{-1}。

2.3.3 结果与讨论

2.3.3.1 苹果外观分析

从图 2-10 可以看出，第 180 天时，对照组的全果外观皱缩，半果果芯褐变。而涂膜的四组苹果基本没有出现外观的皱缩或果芯的褐变现象。结果表明，四种涂膜液可以有效提高苹果的外观质量和减少果芯的褐变。

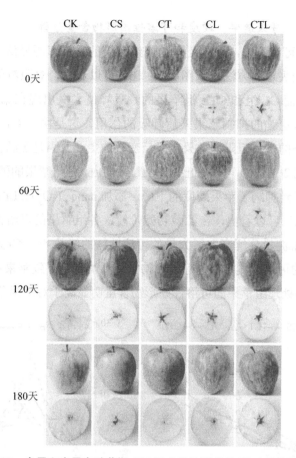

图 2-10　全果和半果在贮藏期 180 天内的外观变化 [45]（后附彩图）

2.3.3.2　腐烂率分析

从图 2-11 可以看出，贮藏 180 天后，对照组苹果的腐烂率为 8.89%±1.92%，明显高于涂膜组的苹果。虽然各涂膜组间差异不显著，但 CT 组、CL 组、CTL 组苹果的平均腐烂率低于 CS 组，说明 CS、nano-TiO$_2$ 和 LPE 中的多酚化合物之间存在的协同作用可以显著降低苹果的腐烂率。

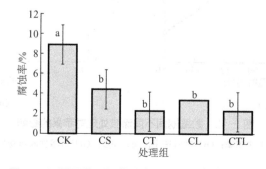

图 2-11　不同处理组苹果在 180 天时的腐烂率 [45]

2.3.3.3 失重率、呼吸速率、硬度和可溶性固形物含量分析

从图 2-12（a）可以看出，涂膜处理的四组苹果的失重率明显低于对照组苹果，CTL 处理是最有效的抑制失重的方法。从图 2-12（b）可以看出，对照组的苹果的呼吸峰值大概出现在第 50 天，而 CL 组和 CTL 组苹果的呼吸峰值大概出现在第 60 天。结果表明，CL 和 CTL 处理具有更强的抑制苹果采后呼吸的作用，这是由于 CT、CL 和 CTL 膜具有更致密的结构和更强的气体阻隔性。果实采后变软的主要原因是蒸腾作用、呼吸作用和细胞壁的水解[46]。从图 2-12（c）可以看出，整个贮藏期内，各组苹果的硬度均出现持续下降，但是，涂膜处理明显地抑制了苹果硬度的下降。添加 nano-TiO$_2$ 或 LPE 有助于保持苹果的硬度。从图 2-12（d）可以看出，在贮藏初始阶段，各组苹果的可溶性固形物含量均出现上升趋势，这是由于淀粉分解产生了大量的可溶性糖的缘故[47]。60 天后，苹果缺少有机物质的供应，自身的可溶固体将作为呼吸底物被逐渐消耗，导致苹果可溶性固形物含量下降。180 天时各涂膜处理组苹果的可溶性固形物含量明显高于对照组苹果。

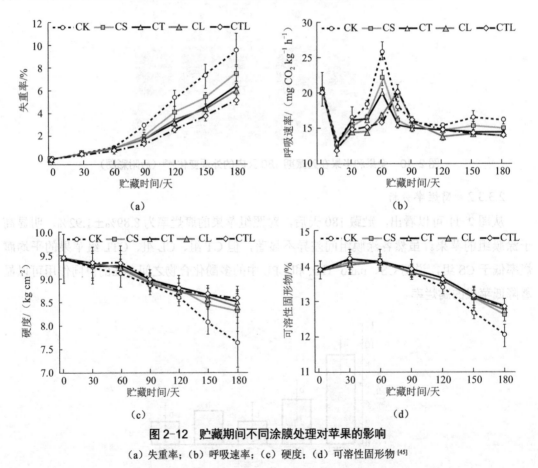

（a）   （b）

（c）   （d）

图 2-12　贮藏期间不同涂膜处理对苹果的影响

（a）失重率；（b）呼吸速率；（c）硬度；（d）可溶性固形物[45]

2.3.3.4 PPO 活性、POD 活性、MDA 含量和电导率分析

从图 2-13（a）和图 2-13（b）可以看出，PPO 活性的峰值出现在第 30 天和第 120 天，

而 POD 活性的峰值出现在第 120 天。各涂膜组苹果的 PPO 活性明显低于对照组苹果,这是由于涂膜处理后的苹果的呼吸速率下降导致的[48]。CTL 处理具有最强的抑制 PPO 活性、提高 POD 活性的能力,这是由 CS、nano-TiO$_2$ 和 LPE 协同作用的结果。从图 2-12(c)和图 2-13(d)可以看出,整个贮藏期内,各组苹果的 MAD 含量和电导率呈现出逐渐增加的趋势,但是对照组增加得更多,CTL 组增加得最少。MDA 含量是氧化细胞损伤的常用指标,而相对电导率表示细胞膜损伤程度[49]。贮藏过程中因低温或其他原因引起的疾病或损伤可导致各种代谢失衡,导致细胞损伤、MDA 含量和相对电导率增加[50]。四种涂膜处理显著延缓了细胞损伤和 MDA 的积累。结果表明,涂膜诱导了苹果的防御系统,涂膜处理可以抑制 MDA 积累和相对电导率的增加。添加 nano-TiO$_2$ 增强了 CS 的阻隔性能,并可能减少了毛霉和链格孢菌的感染,从而进一步延缓了 MDA 的积累和相对电导率的增加。与 CS 处理相比,CL 处理进一步抑制了 MDA 积累和相对电导率,表明 LPE 可以通过降低细胞膜氧化损伤来延缓苹果衰老。

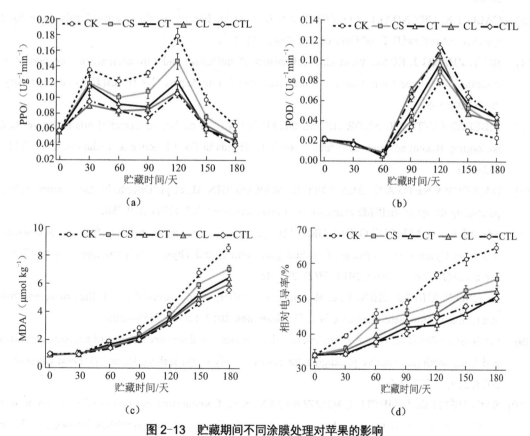

图 2-13 贮藏期间不同涂膜处理对苹果的影响

(a)PPO 活性;(b)POD 活性;(c)MDA 含量;(d)相对电导率[45]

2.3.4 结论

本试验首次报道了一种基于壳聚糖、纳米二氧化钛和荔枝皮提取物的新型抗氧化苹果保鲜液。四种涂膜液均能显著抑制苹果的呼吸速率、失重、果实软化和腐烂，并抑制 PPO 活性、电解质泄漏和 MDA 的积累。添加 nano-TiO$_2$ 和 LPE 的 CS 涂膜液是延缓糖芯苹果衰老最有效的处理方法。

参考文献：

[1] BAERT K, VALERO A, DE MEULENAER B, et al. Modeling the Effect of Temperature on the Growth Rate and Lag Phase of Penicillium Expansum in Apples[J]. International Journal of Food Microbiology, 2007, 118(2): 139–150.

[2] DA ROCHA NETO A C, LUIZ C, MARASCHIN M, et al. Efficacy of salicylic acid to reduce Penicillium expansum inoculum and preserve apple fruits[J]. International Journal of Food Microbiology, 2016(2021): 54–60.

[3] CALO J R, CRANDALL P G, O'BRYAN C A, et al. Essential oils as antimicrobials in food systems—A review[J]. Food Control, 2015(54): 111–119.

[4] HU Y, ZHANG J, KONG W, et al. Mechanisms of antifungal and anti-aflatoxigenic properties of essential oil derived from turmeric (Curcuma longa L.) on Aspergillus flavus[J]. Food Chemistry, 2017(220): 1–8.

[5] RIBEIRO-SANTOS R, ANDRADE M, DE MELO N R, et al. Use of essential oils in active food packaging: Recent advances and future trends[J]. Trends in Food Science & Technology, 2017(61): 132–140.

[6] DA ROCHA NETO A C, BEAUDRY R, MARASCHIN M, et al. Double-bottom antimicrobial packaging for apple shelf-life extension[J]. Food Chemistry, 2019(279): 379-388.

[7] NGUEFACK J, TAMGUE O, DONGMO J B L, et al. Synergistic action between fractions of essential oils from Cymbopogon citratus, Ocimum gratissimum and Thymus vulgaris against Penicillium expansum[J]. Food Control, 2012, 23(2): 377–383.

[8] HUANG Y, ZHAO J, ZHOU L, et al. Antifungal activity of the essential oil of Illicium verum fruit and its main component trans-an-ethole[J]. Molecules, 2010, 15(11): 7558–7569.

[9] CAVOSKI I, WIECZYŃSKA J. Antimicrobial, antioxidant and sensory features of eugenol, carvacrol and trans-anethole in active packaging for organic ready-to-eat iceberg lettuce[J]. Food Chemistry, 2018, 259(1): 251–260.

[10] SACCHETTI G, MAIETTI S, MUZZOLI M V, et al. Comparative evaluation of 11 essential oils of different origin as functional antioxidants, antiradicals and antimicrobials in foods[J]. Food Chemistry, 2005, 91(4): 621–632.

[11] BALAGUER M P, FAJARDO P, GARTNER H, et al. Functional properties and antifungal activity of films based on gliadins containing cinnamaldehyde and natamycin[J]. International Journal of Food Microbiology, 2014(173): 62–71.

[12] ALMENAR E, CATALA R, HERNANDEZ-MUÑOZ P, et al. Optimization of an active package for wild strawberries based on the release of 2-nonanone[J]. LWT – Food Science and Technology, 2009, 42(2): 587–593.

[13] LI J, LEI H, SONG H, et al. 1-methylcyclopropene (1-MCP) suppressed postharvest blue mold of apple fruit by inhibiting the growth of Penicillium expansum[J]. Postharvest Biology and Technology, 2017(125): 59–64.

[14] BARAD S, HOROWITZ S B, KOBILER I, et al. Accumulation of the mycotoxin patulin in the presence of gluconic acid contributes to pathogenicity of Penicillium expansum[J]. Molecular and Plant Microbe Interactions, 2014, 27(1): 66–77.

[15] NYAMENDE N E, DOMTCHOUANG F R, BELAY Z A, et al. Alternative postharvest pre-treatment strategies for quality and microbial safety of 'Granny Smith' apple[J]. Heliyon, 2021,7(e7): 1104.

[16] CHEN C, JIANG A L, LIU C H, et al. Hydrogen sulfide inhibits the browning of fresh-cut apple by regulating the antioxidant, energy and lipid metabolism[J]. Postharvest Biology and Technology, 2021(175): 111–487.

[17] USALL J, IPPOLITO A, SISQUELLA M, et al. Physical treatments to control postharvest diseases of fresh fruits and vegetables[J]. Postharvest Biology and Technology, 2016(122): 30–40.

[18] MAXIN P, HUYSKENS-KEIL S, KLOPP K, et al. Control of postharvest decay in organic grown apples by hot water treatment[J]. In: V International Postharvest Symposium, 2004(682): 2153–2158.

[19] MAXIN P. Improving Apple Quality by Hot Water Treatment. 2012, PhD dissertation[D]. University of Aarhus, Aarslev, Denmark.

[20] NEUWALD D, KITTEMANN D. Influence of hot water dipping on the fruit quality of organic produced 'Topaz' apples[J]. Acta Horticulture, 2016(1144): 355–358.

[21] LÓPEZ-LÓPEZ M, VEGA-ESPINOZA A, AYÓN-REYNA L, et al. Combined effect of hot water dipping treatment, N-acetylcysteine and calcium on quality retention and enzymatic activity of fresh-cut apple[J]. Journal of Food Agriculture & Environment, 2013(11): 243–248.

[22] FERRI V, YASEEN T, RICELLI A, et al. Effects of electrolyzed water on apples: field treatment and postharvest application[J]. Acta Horticulture, 2016(1144): 439–445.

[23] MBILI N C, OPARA U L, LENNOX C L, et al. Citrus and lemongrass essential oils inhibit Botrytis cinerea on 'Golden Delicious', 'Pink Lady' and 'Granny Smith' apples[J]. Journal of Plant Diseases and Protechtion, 2017, 124 (5): 499–511.

[24] MOSCETTI R, CARLETTI L, MONARCA D, et al. Effect of alternative postharvest control treatments on the storability of 'Golden Delicious' apples[J]. Journal of the Science of Food and Agriculture, 2013, 93(11): 2691–2697.

[25] LI L, LI X, WANG A, et al. Effect of heat treatment on physiochemical, colour, antioxidant and microstructural characteristics of apples during storage[J]. International Journal of Food Science and Technology, 2013, 48 (4): 727–734.

[26] CHERIAN S, FIGUEROA C R, NAIR H. 'Movers and shakers' in the regulation of fruit ripening. A cross-dissection of climacteric versus non-climacteric fruit[J]. Journal of Experimental Botany, 2014, 65 (17): 4705–4722.

[27] SHAO X F, TU K, TU S, et al. A combination of heat treatment and chitosan coating delays ripening and reduces decay in "Gala" apple fruit[J]. Journal of Food Quality, 2012, 35 (2): 83–92.

[28] GUENTZEL J L, LAM K L, CALLAN M A, et al. Postharvest management of gray mold and brown rot on surfaces of peaches and grapes using electrolyzed oxidizing water[J]. International Journal of Food Microbiology, 2010, 143(1–2): 54–60.

[29] SHENG L, SHEN X, ULLOA O, et al. Evaluation of JC9450 and neutral electrolyzed water in controlling Listeria monocytogenes on fresh apples and preventing cross-contamination[J]. Frontiers in Microbiology, 2020(10): 3128.

[30] KASAI S, ARAKAWA O. Antioxidant levels in watercore tissue in 'Fuji' apples during storage[J]. Postharvest Biology and Technology, 2010(55): 103–107.

[31] BOWEN J H, WATKINS C B. Fruit maturity, carbohydrate and mineral content relationships with watercore in 'Fuji' apples[J]. Postharvest Biology and Technology, 1997(11): 31–38.

[32] KWEON H J, KANG I K, KIM M J, et al. Fruit maturity, controlled atmosphere delays and storage temperature affect fruit quality and incidence of storage disorders of 'Fuji' apples[J]. Scientia Horticulture, 2013(157): 60–64.

[33] MDITSHWA A, FAWOLE O A, OPARA U L. Recent developments on dynamic controlled atmosphere storage of apples–a review[J]. Food Packaging and Shelf Life, 2018(16): 59–68.

[34] ZHANG W, LI X, JIANG W. Development of antioxidant chitosan film with banana peels extract and its application as coating in maintaining the storage quality of apple[J]. International Journal of Biological Macromolecules, 2020(154): 1205–1214.

[35] ZHANG W, ZHAO H, ZHANG J, et al. Different molecular weights chitosan coatings delay the senescence of postharvest nectarine fruit in relation to changes of redox state and respiratory pathway metabolism[J]. Food Chemistry, 2019(289): 160–168.

[36] ELSABEE M Z, ABDOU E S. Chitosan based edible films and coatings[J]. Materials Science & Engineering C-Materials for Biological Applications, 2013(33): 1819–1841.

[37] QIN Y, LIU Y, YUAN L, et al. Preparation and characterization of antioxidant, antimicrobial and pH-sensitive films based on chitosan, silver nanoparticles and purple corn extract[J]. Food Hydrocolloids, 2019(96): 102–111.

[38] LI W, ZHENG K, CHEN H, et al. Influence of nano titanium dioxide and clove oil on chitosan-starch film characteristics[J]. Polymers, 2019(11): 1418.

[39] ZHANG X, LIU Y, YONG H, et al. Development of multifunctional food packaging films based on chitosan, TiO_2 nanoparticles and anthocyanin-rich black plum peel extract[J]. Food Hydrocolloids, 2019(94): 80–92.

[40] TIAN F, CHEN W, WU C, et al. Preservation of Ginkgo biloba seeds by coating with chitosan/nano-TiO$_2$ and chitosan/nano-SiO$_2$ films[J]. International Journal of Biological Macromolecules, 2019(126): 917–925.

[41] XING Y, YANG H, GUO X, et al. Effect of chitosan/Nano-TiO$_2$ composite coatings on the postharvest quality and physicochemical characteristics of mango fruits[J]. Scientia Horticulture, 2020(263): 109–135.

[42] NGUYEN T T, THI DAO U T, THI BUI Q P, et al. Enhanced antimicrobial activities and physiochemical properties of edible film based on chitosan incorporated with Sonneratia caseolaris (L.) Engl. leaf extract[J]. Progress in Organic Coatings, 2020(140): 105–487.

[43] LI S, XIAO J, CHEN L, et al. Identification of A-series oligomeric procyanidins from pericarp of Litchi chinensis by FT-ICR-MS and LC-MS[J]. Food Chemistry, 2012(135): 31–38.

[44] LIU L, XIE B, CAO S, et al. A-type procyanidins from Litchi chinensis pericarp with antioxidant activity[J]. Food Chemistry, 2007(105): 1446–1451.

[45] LIU Z T, DU M J, LIU H P. Chitosan films incorporating litchi peel extract and titanium dioxide nanoparticles and their application as coatings on watercored apples[J]. Progress in Organic Coatings, 2021(151): 103–106.

[46] ALI U, BASU S, MAZUMDER K, Improved postharvest quality of apple (Rich Red) by composite coating based on arabinoxylan and beta-glucan stearic acid ester[J]. International Journal of Biological Macromolecules, 2020(151): 618–627.

[47] BOWEN J H, WATKINS C B. Fruit maturity, carbohydrate and mineral content relationships with watercore in 'Fuji' apples[J]. Postharvest Biology and Technology, 1997(11): 31–38.

[48] ALI K G, BADII F, HASHEMI M, et al. Effect of nanochitosan based coating on climacteric behavior and postharvest shelf-life extension of apple cv. Golab Kohanz [J]. LWT- Food Science and Technology, 2016(70): 33–40.

[49] LIU X, LU Y Z, YANG Q, et al. Cod peptides inhibit browning in fresh-cut potato slices: a potential anti-browning agent of random peptides for regulating food properties[J]. Postharvest Biology and Technology, 2018(46): 36–42.

[50] LIU X, WANG T, LU Y Z, et al. Effect of high oxygen pretreatment of whole tuber on anti-browning of fresh-cut potato slices during storage[J]. Food Chemistry, 2019(301): 125–287.

第3章　草莓的包装保鲜方法

3.1　聚乙烯醇 / 茶多酚复合膜保鲜草莓

3.1.1　引言

草莓因其独特的香气、多汁的质地、高营养价值和高含量的生物活性化合物而受到人们的喜爱。草莓也很容易腐烂，保质期有限。草莓因为果皮薄容易受到机械损伤和微生物感染，感染可以通过使用喷雾杀菌剂来控制，但是残留在草莓上的残留物和喷雾杀菌剂的环境问题限制了它们的使用[1]。由于最近的资源限制以及围绕传统塑料使用中出现的环境和食品安全问题，可再生、可回收、可生物降解的生物基包装材料已成为研究的焦点。与可食用膜相比，生物基包装材料具有更低的水蒸气渗透率和更低的人类过敏风险[2]。

聚乙烯醇（PVA）是一种无毒、生物相容、可生物降解、水溶性的聚合物。由于其与许多生物聚合物的相容性和优良的成膜性能，聚乙烯醇广泛应用于纺织工业、生物医学行业和包装工业[3]。

为了应对微生物和氧化变质对食品质量的影响，抗氧剂和抗菌物质也被加入包装材料中。茶多酚（TP）是一种直接从茶树中提取的工业产品，是一种具有生物相容性和可生物降解性的天然聚合物[4]。TP具有低成本、无毒和抗氧化的功能，作为天然防腐剂和抗氧化剂广泛用于食品、医药和医疗保健行业中。由于多酚具有捕获活性氧和螯合金属离子的能力，研究人员得出结论，在高分子材料中添加TP可以有效地提高薄膜的抗菌性和抗氧

化性 [5, 6]。

PVA 膜和 TP 膜用于食品包装和保鲜的研究已见报道，但据作者了解，PVA/TP 复合膜在草莓保鲜领域的研究尚未见报道。本试验的目的是测试 PVA/TP 复合膜对草莓保质期延长的效果。制备了五种比例的 PVA/TP 复合膜包装草莓，在（25±2）℃和（74±5）%的相对湿度下贮藏 5 天。随后，作者根据草莓的失重率、腐烂率、硬度、pH 值、可滴定酸含量和可溶性固形物含量来评估 PVA/TP 复合膜对草莓的保鲜效果。

3.1.2 材料和方法

3.1.2.1 材料

PVA（Mw=7.6kDa，Mw/Mn=1.32）购于深圳（Shenzhen Esun Industrial Co.，Ltd.）。TP（纯度为 98%）为实验室自制，制备方法参照文献 [7]。其他所有的试剂均为分析纯，购于成都（Chengdu Kelong Reagent Co., Ltd.）

3.1.2.2 复合膜的制备

在室温下将 10g PVA 加入 90g 去蒸馏水中润胀 1h 后，将上述混合物逐渐加热至 90℃。然后称量 TP 粉末加入上述混合物中，得到体积比为 10/0、9/1、8/2、7/3、6/4 和 5/5 的 5 组 PVA/TP 混合液，加入甘油（4mL/100mL）做增塑剂。将上述混合物在 800rpm 下持续搅拌 15min。最后，将所得混合物倒在平板上，在 50℃下干燥 48h，得到不同比例的 PVA/TP 复合膜。

3.1.2.3 草莓包装

草莓采自中国四川省成都市的当地农场，清晨采摘的草莓先经过预冷，温度为 4℃，相对湿度为 80%。然后进行初选，选取表面没有物理损伤和腐烂的、大小重量均匀、颜色和成熟度适中（3/4 的表面显示红色）的草莓经冷藏运输到实验室。草莓被装入 25cm×25cm 的前述 PVA/TP 复合膜制成的袋子里，标签为 PVA/TP-10/0、PVA/TP-9/1、PVA/TP-8/2、PVA/TP-7/3、PVA/TP-6/4 和 PVA/TP-5/5，未包装草莓作为对照组。每个包装袋中包含 70 个草莓，所有的草莓都贮藏在温度为（25±2）℃，相对湿度为（74±5）%的环境下。所有包装和未包装（对照组，记为 Control）的草莓在贮藏期间每天进行评估。

3.1.2.4 草莓质量参数测试

本试验所有测试项目参照文献 [8] 的描述，包括失重率测试，单位为 %；腐烂率测试，单位为 %；硬度测试，单位为 N；pH 值测试；可滴定酸含量（TA）测试，单位为 g citric acid/100g；可溶性固形物含量（TSS）测试，单位为°Brix%。

3.1.3 结果与分析

3.1.3.1 失重率分析

从图 3-1（a）可以看出，所有包装中的草莓在贮藏第 1 天后的失重率均无统计学差异。

贮藏 2 天后，未包装组（对照组）草莓的失重率明显高于其他包装组草莓。随着 TP 含量的增加，PVA/TP 包装组草莓的失重率减小。PVA/TP-8/2 组草莓的失重率为（3.03±0.47）%，明显低于 PVA/TP-10/0 组的（6.46±0.53）%。这可能是由于纯 PVA 膜的氧气透过性高于 PVA/TP 复合膜的氧气透过性导致的。此外，TP 的抗菌性还可以抑制霉菌的损害，延缓草莓的病理性失水。贮藏 5 天后，PVA/TP-8/2 组草莓的失重率是在所有 PVA/TP 复合膜中最

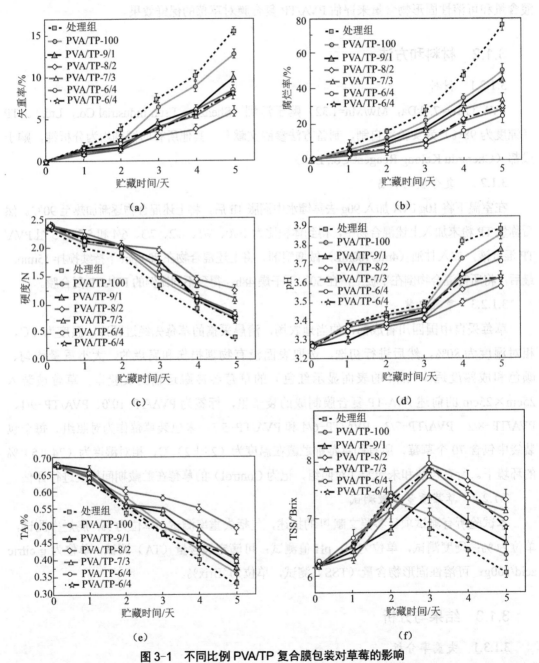

图 3-1　不同比例 PVA/TP 复合膜包装对草莓的影响

（a）失重率；（b）腐烂率；（c）硬度；（d）pH；（e）可滴定酸含量；（f）可溶性固形物含量[3]

低的。当继续增加复合膜中 TP 的含量，复合膜中过量的 TP 又会团聚影响复合膜的致密性和均匀性，进而导致复合膜的透湿率升高，加速霉菌的繁殖[9]。

3.1.3.2 腐烂率分析

从图 3-1（b）可以看出，在 5 天的贮藏期内，各组草莓的腐烂程度都有所增加。第 5 天，未包装组（对照组）草莓的腐烂率最高，为（76.02±3.22）%，而 PVA/TP-8/2 组草莓的腐烂率最低，为（24.25±3.05）%。从图 3-2 可以看出，未包装组（对照组）草莓上出现了霉变，而 PVA/TP-10/0 组草莓在贮藏 3 天后才出现霉变。贮藏 5 天后，一半以上的未包装组（对照组）草莓和 PVA/TP-10/0 组草莓的表面被霉菌感染。相比之下，PVA/TP 复合膜包装的草莓，果实霉变率不足一半。用 PVA/TP-8/2、PVA/TP-7/3 和 PVA/TP-6/4 复合膜包装的草莓，只有不超过 1/3 的果实被霉菌浸染。按照文献[10]标准，即草莓被霉菌感染的面积超过自身表面积的 1/3 以上是不可接受的，本试验中包装在 PVA/TP-8/2、PVA/TP-7/3 和 PVA/TP-6/4 复合膜中的草莓仍然是可以接受的。与未包装组（对照组）或 PVA/TP-10/0 组草莓相比，PVA/TP 组草莓的腐烂程度都降低了，这表明 PVA/TP 复合膜的抗菌性是由于 TP 的存在。此外，TP 的抗氧化性可以清除草莓中的自由基，延长草莓的保质期[11]。

3.1.3.3 硬度分析

从图 3-1（c）可以看出，贮藏期间，各组草莓的硬度均呈现下降的趋势，失重率越大，硬度越低。未包装组（对照组）草莓在第 5 天的硬度最低，为（0.42±0.09）N。PVA/TP-10/0 组草莓的硬度在第 3 天急剧下降，在第 5 天仍然低于其他 PVA/TP 复合膜包装的草莓。在各组 PVA/TP 复合膜包装的草莓中，以 PVA/TP-8/2 组草莓的硬度值最高，为（1.25±0.08）N。

3.1.3.4 pH 值分析

从图 3-1（d）可以看出，贮藏期间，各组草莓的 pH 值均呈现上升的趋势。在 5 天的贮藏期内，未包装组（对照组）草莓的 pH 值从（3.27±0.03）升高到了（3.88±0.04），而 PVA/TP-8/2 组草莓的 pH 值从（3.27±0.03）升高到了（3.59±0.02）。贮藏 3 天后，未包装组（对照组）草莓的 pH 增长率为 16.82%，PVA/TP-10/0 组草莓的 pH 增长率为 14.07%，明显高于其他 PVA/TP 复合膜组草莓的 pH 增长率（11.62%、9.17%、8.56%、11.31% 和 10.40%）。TP 的抗菌性能降低了草莓的呼吸速率，PVA/TP 复合膜对氧气的阻隔性能也降低了草莓自身营养底物的消耗速率。结果表明，PVA/TP 复合膜组草莓的 pH 值低于未包装组（对照组）草莓的 pH 值。其中，PVA/TP-8/2 组草莓在贮藏 5 天后的 pH 值的增幅最少。这可能是由于复合膜的阻隔性较好地保持了草莓的水分含量，减少失水会使草莓的 pH 值更稳定[12]。

3.1.3.5 可滴定酸含量分析

从图 3-1（e）可以看出，在 5 天的贮藏期里，各组草莓的可滴定酸含量都降低了。未包装组（对照组）草莓的 TA 为 52.17%，PVA/TP-10/0 组草莓的 TA 为 43.49%，相比较而言，

PVA/TP 复合膜包装组草莓的 TA 降低的速率较低，分别为 43.47%、26.09%、40.58%、40.58% 和 39.13%。在各组 PVA/TP 复合膜中，PVA/TP-8/2 组草莓在贮藏 5 天后仍然具有较高的可滴定酸含量。PVA/TP 复合膜材料可以改变果实周围的气氛，减缓 TA 的降低[13]。此外，TP 的抗菌特性可能会降低代谢过程中有机酸的消耗，有机酸的含量是导致水果衰老的主要原因[14]。

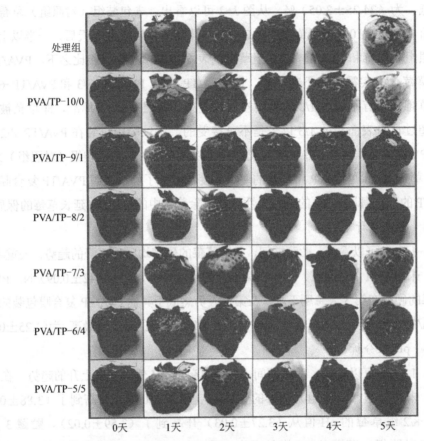

图 3-2 贮藏期间各组草莓的腐烂照片[8]（后附彩图）

3.1.3.6 可溶性固形物含量分析

从图 3-1（f）可以看出，贮藏期间，各组草莓的 TSS 含量呈先增加后减少的趋势。草莓最初的代谢过程是将碳水化合物转化为糖和其他可溶性化合物，导致草莓中的可溶性固形物含量增加。接下来蔗糖水解，从而导致草莓中的可溶性固形物含量降低。所有包装中的 TSS 在贮藏第 1 天后均无统计学差异。包装中存在的高浓度的 O_2 会加速草莓的成熟过程，导致 TSS 的增加[9]。贮藏 2 天后，与未包装组（对照组）草莓和 PVA/TP-10/0 组草莓的 TSS 相比，PVA/TP 复合膜包装的草莓的 TSS 更高。PVA/TP 复合膜的抗菌性和阻氧性能可以减缓果实中腐败细菌的生长和呼吸作用[15]。PVA/TP-8/2 复合膜在 5 天的贮藏期内提供了最高的 TSS。

3.1.4　结论

为了延长草莓的保质期，以草莓为原料，制备了 PVA/TP 复合抗菌膜。结果表明，TP 的加入可以改善 PVA 材料的理化性能，并提高其抗菌性能。在温度为（25±2）℃、相对湿度为（74±5）% 的条件下，PVA/TP 复合膜具有显著延长草莓保质期的潜力，其中 PVA/TP-8/2 膜包装的草莓与未包装组（对照组）的草莓相比，腐烂率较低。

3.2　保温箱结合气调包装保鲜草莓

3.2.1　引言

在中国，易腐败水果由于采后品质损失速度快和运输成本高，其配送问题是高速发展的水果快递行业正面临的关键挑战。农产品供应链的五个关键环节分别是农业生产、采后处理和贮藏、加工、分销和消费 [16]。农产品供应链和其他供应链之间的根本区别是农产品在整个系统中的质量一直是持续而显著变化的。众所周知，在农产品供应过程中，重要因素之一就是温度的波动会导致产品质量下降，最终导致消费者失去购买意愿 [17]。因此，温度控制对于保持新鲜农产品的风味和质量是至关重要的 [18]。因此，冷链配送是将优质新鲜农产品从农场送到消费者手中的根本保证。

包装在果蔬沿着供应链向消费者移动的过程中起着至关重要的作用，因为包装可以在一段时间内保持其温度恒定，从而确保农产品的最佳安全性和高质量的货架期 [19, 20]。有不同的方法可以加强包装对热量的保持，如利用隔热容器进行高热防护 [21]，或通过添加热储能材料等 [22]。相变材料（PCM）是一种具有较高熔化热的材料，其可以在特定温度下熔化或冻结，并具有去除或产生高热量的能力，PCM 可以在几乎恒定的温度下熔化吸收大量的热量 [23]。在中国，发泡聚苯乙烯箱（EPS）被大量地用于储存和运输新鲜农产品。EPS 材料通常是白色的，由聚苯乙烯颗粒和高达 98% 的空气气泡通过模压成型。装有 PCM 的 EPS 保温箱可以提高温度敏感农产品的质量，使冷链管理更加灵活 [24]。

通过改变水果周围的气体组成，可以进一步提高水果的贮藏质量。通过降低包装内 O_2 和（或）提高 CO_2 的浓度形成改善气调包装（MAP），与适当的冷藏结合起来可以保持草莓的质量并延长其保质期 [25]。文献 [26] 研究表明，在 11% ～ 14% O_2 和 9% ～ 12% CO_2 的气体条件下，可以较好地保持 Honeoye 和 Korona 草莓的品质。文献 [27] 研究表明，草莓贮藏的最适宜气体条件是 7.5% 的 O_2 和 15% 的 CO_2。文献 [28] 研究表明，气调包装（24% CO_2 和 1% O_2）和冷藏组合处理在草莓保鲜方面取得了令人鼓舞的结果。然而，草莓贮藏时推荐的气体组成在不同学者的研究之间有很大的差异。这可以部分归因于草莓品种间有差异。此外，生长条件、成熟度、贮藏温度和品质参数的选择对最佳贮藏气体组成的确定也起着重要作用。

本试验的创新之处在于 MAP 与简单制冷系统的结合，其中的制冷系统是将 PCM 置于 EPS 箱中。这种包装系统不仅可以在运输过程中保持草莓的新鲜度，还可以在装卸和等待装载区等环境温度没有得到很好控制的情况下保持草莓的新鲜度。

3.2.2 材料和方法

3.2.2.1 材料

2017 年 12 月和 2018 年 4 月的两个草莓连续收获期，在中国杭州进行贮藏试验。达到商业成熟度要求（3/4 全红，无任何缺陷）的草莓在当地农场由人工采收后，在 2 小时内立即用敞篷卡车运至实验室，在室温下过夜。将草莓置于聚对苯二甲酸乙二醇酯（PET）塑料盒中（每盒装 1kg 草莓），用厚度为 75μm 的聚乙烯膜（370mm×300mm）裹包封合，PET 盒内的气体组成为 10% O_2+0% CO_2+90% N_2（本实验室确定的草莓 MAP 的最佳气体组成）。

聚乙烯薄膜（PE）的密度为 0.910～0.925g cm^{-3}，O_2 渗透率为 24.5±0.15cm^3 m^{-2}·24h^{-1}，CO_2 渗透率为 110±1.67CO_2 cm^3 m^{-2}·24h^{-1}，水蒸气渗透率为 2.21±0.31g m^{-2}·24h^{-1}。EPS 包装箱尺寸为 370mm×250mm×205mm，EPS 密度为 0.020～0.025g cm^{-3}，热导率为 0.037～0.041W mK^{-1}。

PCM 材料购于浙江储能科技有限公司，将三包 PCM 在 -18℃ 下冷冻 24 小时，放在 EPS 包装箱顶部。包装箱示意图如图 3-3 所示。

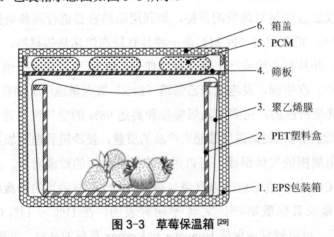

6. 箱盖
5. PCM
4. 筛板
3. 聚乙烯膜
2. PET塑料盒
1. EPS包装箱

图 3-3 草莓保温箱[29]

3.2.2.2 包装箱设计

为了模拟实际的零售条件，对草莓进行短链配送。2017 年 12 月采收的草莓的贮藏条件：温度为 10℃、相对湿度为 70%、贮藏时间为 4 天，2018 年 4 月采收的草莓的贮藏条件：

温度为 20℃、相对湿度为 62%、贮藏时间为 2 天。采用 3 种包装方式，具体包装方法见表 3-1。

表 3-1 草莓贮藏的 3 种包装方式 [29]

包装方式	气体组成	PE 裹包	PCM	EPS 箱
A	$10\% O_2 + 0\% CO_2 + 90\% N_2$	有	有	有
B	$21\% O_2 + 0\% CO_2$	无	有	有
Control	$21\% O_2 + 0\% CO_2$	无	无	无

注：表中 Control 是对照组，草莓直接放在 PET 盒中，敞开置于空气中

3.2.2.3 包装箱内顶空气体组成、实时温度和相对湿度测试

在整个贮藏期间，使用 O_2 和 CO_2 分析仪（Checkmate 3，PBI Dansensor Co.，Denmark）测试包装箱内的顶空气体浓度，每 24h 测试 1 次。使用温湿度记录器（RC-4HC，Elitech Technology Co.，China）对包装内的温度和相对湿度进行了监测，每 10min 记录 1 次。

3.2.2.4 苹果质量参数测试

本试验所有测试项目参照文献 [29] 的描述，包括失重率测试，单位为 %；硬度测试，单位为 N；可溶性固形物含量（TSS）测试，单位为 °Brix；外观颜色测试（a 为红度值，L 为亮度值）；呼吸速率测试，单位为 $mg\ kg^{-1}h^{-1}$；相对电导率测试，单位为 %；感官评定，具体的评价标准见表 3-2。

表 3-2 感官评价标准 [29]

分值	颜色和光泽度	质地	皱缩	花萼	气味
9 分（完美）	红	硬实饱满	无	绿色	非常喜欢
7 分（良好）	红	硬实	轻微	绿色	中等喜欢
5 分（中等）	轻微暗红	轻微软	中度	绿色	一般
3 分（一般）	中度暗红	中度软	中重度	轻微萎蔫	不太喜欢
1 分（差）	重度暗红	特别软	重度	中度萎蔫	非常不喜欢

3.2.3 结论与讨论

3.2.3.1 气体组成分析

从图 3-4 可以看出，包装内的气体浓度取决于最初充入的气体浓度、包装材料的透气性和采后草莓的呼吸作用消耗的氧气和产生的二氧化碳。因此，包装内的气体浓度始终处于动态变化状态，即 O_2 浓度降低，CO_2 浓度增加。如预期的那样，在两种温度贮藏期间，包装中的 O_2 浓度降低，CO_2 浓度增加。可以看出，有裹包膜和没有裹包膜的包装内的气体浓度之间存在显著差异。包装 A 中 O_2 浓度迅速下降，10℃时贮藏 4 天后下降到了 1.25%，20℃时贮藏 2 天后下降到了 2.07%。10℃时贮藏 4 天后，CO_2 浓度达到 8.9%，20℃时贮藏

2天后，CO_2浓度达到9.3%。相反，贮藏期间，包装B中的气体浓度只有轻微的变化。10℃时贮藏4天后O_2下降到了17.0%，20℃时贮藏2天后下降到了18.5%。而CO_2的浓度在10℃时贮藏4天后升高到2.9%，20℃时贮藏2天后，CO_2浓度升高到1.3%。包装A和B之间的差异实际上是初始气体浓度、聚乙烯膜和EPS箱的透气性与顶空气体体积的不同的综合结果。实际上，包装A是主动气调包装，包装B是被动气调包装。

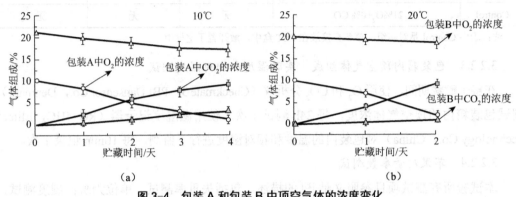

图3-4　包装A和包装B中顶空气体的浓度变化

（a）贮藏温度为10℃；（b）贮藏温度为20℃[29]

3.2.3.2　包装箱内的温度分析

从图3-5中可以看出，在贮藏的最初10h内，包装箱内的温度迅速下降。贮藏温度为10℃时，包装箱内的温度维持在低于贮藏温度的时间约为3天。贮藏温度为20℃时，包装箱内的温度维持在低于贮藏温度的时间约为1.5天。两种贮藏温度下，包装A中的最低温度分别为4℃和8℃，包装B中的最低温度分别为3℃和6℃。结果表明，在EPS箱的保护下，PCM可以有效地冷却包装内部空间。

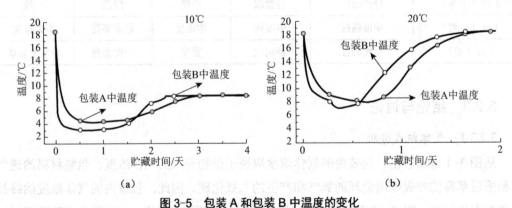

图3-5　包装A和包装B中温度的变化

（a）贮藏温度为10℃；（b）贮藏温度为20℃[29]

3.2.3.3　包装箱内的相对湿度分析

从图3-6可以看出，所有包装顶部空间的相对湿度都迅速增加，包装A中的相对湿度始终低于包装 B。包装箱在 10℃下贮藏 5 天后内部的相对湿度接近饱和，在 20℃贮藏 1 天后内部的相对湿度接近饱和。包装内相对湿度的增加是由于草莓水分蒸腾和温度的变化造成的。贮藏初期，随着温度的急剧下降，果实水汽迅速积累，空气保持水分的能力降低，导致包装内相对湿度迅速升高[30]。包装 A 相对于包装 B 的相对湿度更低，可能是由于 EPS 具有闭孔结构，是非渗透的，疏水的，而聚乙烯薄膜的透湿率高于 EPS 导致的[31]。

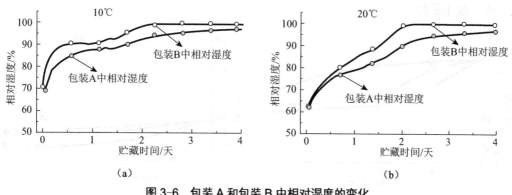

图 3-6　包装 A 和包装 B 中相对湿度的变化

（a）贮藏温度为 10℃；（b）贮藏温度为 20℃[29]

3.2.3.4　失重率分析

草莓表皮很薄，蒸腾作用会导致自身重量下降和萎蔫[32]。从图 3-7 可以看出，两种贮藏温度下，草莓的失重率随贮藏时间的延长而增加。失重率升高的主要原因是脱水。贮藏期间，包装组的草莓比对照组的草莓失重率小。EPS 箱和 / 或裹包膜可以最大限度地减少草莓与周围空气的接触，抑制水蒸气的扩散，减弱草莓表面的蒸腾作用，从而形成一个高湿度的密闭空间。在两种贮藏温度下，包装 A 中草莓的重量损失均最低。这一结果表明，与对照组草莓相比，包装可以保持草莓的重量，并且 MAP 在贮藏过程中显著降低了草莓的失重率。

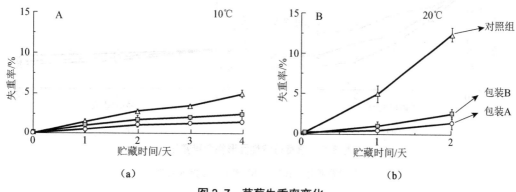

图 3-7　草莓失重率变化

（a）贮藏温度为 10℃；（b）贮藏温度为 20℃[29]

3.2.3.5 硬度分析

从图 3-8 可以看出，在两种贮藏温度下，所有草莓的硬度均持续下降。硬度与失重率曲线呈高度的负相关，表明硬度的下降与草莓的水分蒸腾作用密切相关。此外，细胞壁多糖（纤维素、半纤维素和果胶）的降解也会导致草莓果实的软化[33]。在保持草莓硬度方面，包装 A 是最佳的包装方式，也就是活性 MAP 和装有 PCM 的 EPS 箱的组合在保持草莓硬度方面，效果最好。

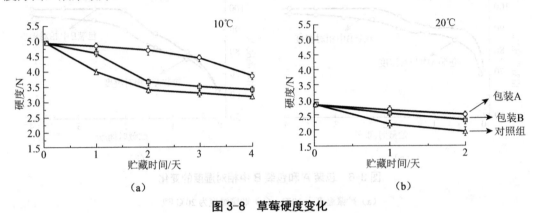

图 3-8 草莓硬度变化

（a）贮藏温度为 10℃；（b）贮藏温度为 20℃ [29]

3.2.3.6 可溶性固形物含量分析

从图 3-9 可以看出，三组草莓的 TSS 含量随贮藏时间的延长都呈现出相同的下降趋势，这是由于在草莓衰老过程中，草莓自身营养底物开始水解，释放出能量以保持正常的呼吸作用导致 TSS 的下降。贮藏温度为 10℃时，包装 A 有效地保持了较高的 TSS 值，表明活性 MAP 可以减少草莓 TSS 的损失，延缓草莓的衰老过程。

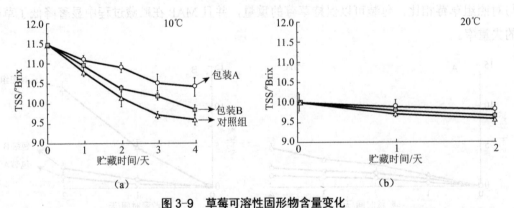

图 3-9 草莓可溶性固形物含量变化

（a）贮藏温度为 10℃；（b）贮藏温度为 20℃ [29]

3.2.3.7 颜色分析

从图 3-10 和图 3-11 可以看出，贮藏期间草莓的红度值增加，亮度值降低，表明草莓随贮藏时间的延长逐渐呈暗红色。三组包装中草莓的亮度值在两个采收贮藏期存在显著差异，活性包装 A 组的草莓亮度最好，而对照组草莓的颜色明显变暗，亮度值最低。结果表明，活性 MAP 和装有 PCM 的 EPS 箱结合冷藏条件可以有效保持草莓的鲜艳颜色。

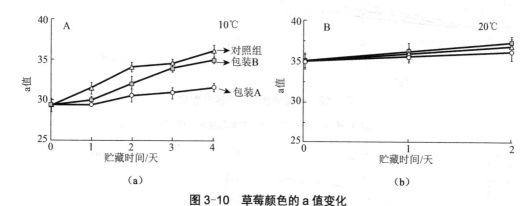

图 3-10　草莓颜色的 a 值变化

（a）贮藏温度为 10℃；（b）贮藏温度为 20℃ [29]

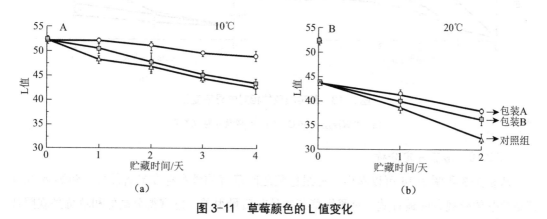

图 3-11　草莓颜色的 L 值变化

（a）贮藏温度为 10℃；（b）贮藏温度为 20℃ [29]

3.2.3.8　呼吸速率分析

从图 3-12 可以看出，两种贮藏温度下，包装组和对照组草莓的呼吸速率都在不断增加。贮藏温度为 10℃时草莓的呼吸速率远低于贮藏温度为 20℃时草莓的呼吸速率。装有 PCM 的 EPS 箱的包装能显著降低草莓呼吸速率的增加，特别是包装 A 的效果更明显。

3.2.3.9　相对电导率分析

从图 3-13 可以看出，两种贮藏温度下，草莓的相对电导率随贮藏时间的延长而增加。相反，在两期收获的草莓包装试验中，与其他组相比，包装 A 中草莓的相对电导率值最低。因此可以认为，装有 PCM 的 EPS 箱的包装结合冷藏条件可以有效地保持草莓细胞膜的完整性。

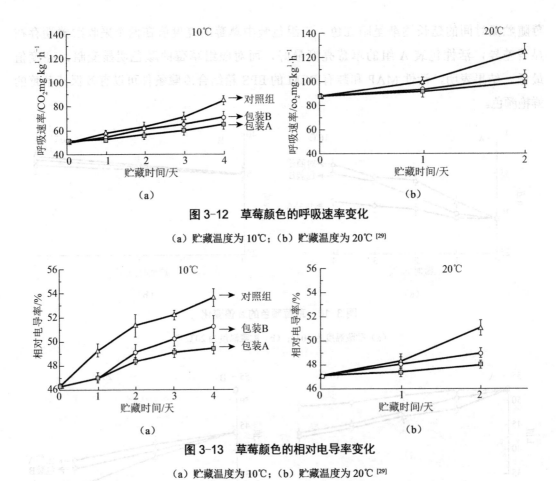

图 3-12　草莓颜色的呼吸速率变化

（a）贮藏温度为 10℃；（b）贮藏温度为 20℃ [29]

图 3-13　草莓颜色的相对电导率变化

（a）贮藏温度为 10℃；（b）贮藏温度为 20℃ [29]

3.2.3.10　感官评定分析

从表 3-3 和图 3-14 可以看出，三组包装之间草莓的外观存在显著差异。包装 A 在保持草莓总体外观方面最有效，对照组草莓的外观质量很差。感官得分高低和草莓外观照片的质量基本一致。对照组草莓的质地值和亮度值得分较低。在 10℃下贮藏 4 天后，对照组草莓色泽暗淡，呈暗红色，有轻微腐烂。而包装组草莓，特别是包装 A 组草莓的颜色和光泽度仍保持得非常鲜艳。在 20℃下贮藏 2 天的结果也基本一致。

表 3-3　感官评分结果 [29]

包装方式	贮藏时间 / 天					
	2017 年 12 月					
	0	1	2	3	4	平均值
A	9.00±0.00a	8.87±0.35a	8.33±0.62b	7.67±0.49c	7.53±0.52cd	8.28±0.74A
B	9.00±0.00a	8.20±0.41b	7.80±0.41c	7.27±0.46de	6.07±0.46f	7.51±1.05B
对照组	9.00±0.00a	7.67±0.49c	7.00±0.38e	5.93±0.26f	5.13±0.64g	6.81±1.41C
平均值	9.00±0.00A	8.24±0.64B	7.71±0.72C	6.96±0.85D	5.76±1.13E	

续表

包装方式	贮藏时间 / 天			
	2018 年 4 月			
	0	1	2	平均值
A	9.00±0.00a	8.60±0.50b	8.20±0.56c	8.60±0.53A
B	9.00±0.00a	7.27±0.45d	6.73±0.45e	7.67±1.04B
对照组	9.00±0.00a	6.20±0.56f	4.33±0.49g	6.51±1.98C
平均值	9.00±0.00A	7.36±1.11B	6.42±1.68C	

注：结果用平均值 ± 标准差表示，不同的小写字母表示差异显著性（$P<0.05$），不同的大写字母表示差异显著性（$P<0.01$）

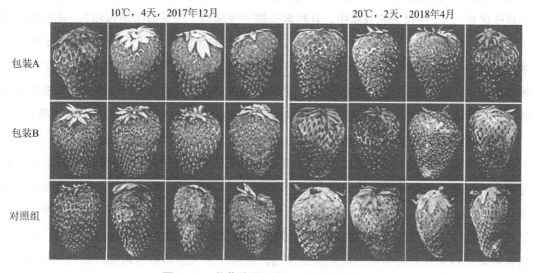

图 3-14　草莓外观照片 [29]（后附彩图）

3.2.4　结论

尽管运输条件对保持草莓的新鲜质量很重要，但目前还没有建立标准的包装方法。因此，本试验评估了在收获季节的运输过程中，配备 MAP 和装有 PCM 的 EPS 箱是否能够将温度条件和气体浓度保持在可接受的范围内。整体结果表明，基于本试验设计的包装系统对草莓的失重率、颜色、硬度、可溶性固形物含量、相对电导率、总体外观和呼吸速率都有积极的影响。本试验提出了一种新的用于草莓的快递包装设计。

3.3 玉米醇溶蛋白超细纤维包封异硫氰酸烯丙酯保鲜草莓

3.3.1 引言

草莓采摘后的货架期很短，其品质损失主要是由于较高的新陈代谢活性和易感真菌类微生物导致腐烂引起的。草莓由于质地柔软，缺乏保护性的外皮而容易失水、擦伤和机械损伤 [34, 35]。很多研究已经提出了控制草莓采后品质损失和抑制致病菌的方法，如强制气冷、热冲击、渗透处理、辐照、气调包装和可食涂膜保鲜等 [36]。使用活性包装与冷藏相结合的技术可以保持草莓质量和减少贮藏期间的损失。活性包装可以通过添加一些试剂，如天然化合物（精油）、纳米颗粒（银化合物）、抗菌剂、抗氧化剂、酶等来消除贮藏时食品质量的不良变化 [37~39]。在过去的几年中，几种聚合物—壳聚糖、玉米醇溶蛋白和 β—环糊精已被用于固定如精油、酶、纳米颗粒等化合物，静电纺丝技术也被应用于食品包装领域 [40]。玉米醇溶蛋白（Zein）是一种很有前途的静电纺丝材料，其形成纤维的能力已被研究 [41]。玉米醇溶蛋白还具有优异的氧气阻隔性能，相对高的耐热性，低吸水率，化合物的可控传递性能等 [42]。因此，本试验选择玉米醇溶蛋白作为基材制备功能食品包装材料用于保鲜草莓。

在活性包装中使用异硫氰酸烯丙酯（AITC）已经有很多实际应用的例子，一直是近来研究的方向。文献 [44] 将 AITC 包封于高岭土中装入聚丙烯酸酯的袋子里，制备了一种可用于抑制食物腐败菌的抗菌剂。文献 [45] 研究表明，AITC 对黑麦面包上的寄生曲霉有抑制作用，加入含有 AITC 的抗菌剂有利于黑麦面包货架期的延长。文献 [46] 研究表明，可以在抗菌膜中使用 AITC 和碳纳米管来包装熟鸡肉切块。文献 [47] 研究表明，AITC 对提高蓝莓抗氧化性和抑制果实腐烂有积极的作用。目前，玉米醇溶蛋白超细纤维包封 AITC 对草莓采后货架寿命和品质的影响尚不清楚。这种材料可以作为保持草莓货架寿命和提高质量的替代品。因此，本试验的目的是用玉米醇溶蛋白超细纤维包封 AITC 作为活性包装在低温下贮藏保鲜草莓，并评价其对草莓采后品质的影响。

3.3.2 材料和方法

3.3.2.1 材料

在当地农场采摘处于商业成熟期的草莓，挑选形状均匀、颜色鲜红、没有物理损伤、没有真菌感染的草莓用于试验。包装前，用次氯酸钠溶液（10mg/L）清洗草莓，并用纸巾擦拭干净。玉米醇溶蛋白和异硫氰酸烯丙酯购于 Sigma-Aldrich 公司。

3.3.2.2 方法

1. 制备玉米醇溶蛋白溶液

将 3g 玉米醇溶蛋白溶于 10mL、70% 乙醇（v/v）中，室温下搅拌 1h，制得玉米醇溶蛋白溶液。根据初步试验确定了 AITC 的最大浓度，在玉米醇溶蛋白溶液中加入不同浓度（0%、4% 和 8%，w/w）的 AITC。在静电纺丝操作前，前述溶液需要在磁力搅拌机上搅拌大约 1h。

2. 静电纺丝法制备玉米醇溶蛋白超细纤维

玉米醇溶蛋白超细纤维的制备过程参照文献[48]的方法。将上述聚合物溶液注入 3mL 的注射器中，注射器前端连有一个直径为 0.7mm 的针头。使用注射器输液泵（KD Scientific，Model 100，Holliston，England）控制聚合物溶液的流速，流速为 1mL/h。静电纺丝过程是将直流电源（INSTOR，INSES-HV30，Brazil）的正极（+20kV）连接到针头上，负极（-3.0kV）连接到用铝箔包覆的不锈钢收集器上。输液泵与针尖水平距离为 15cm。在此过程中，控制环境温度为（23±2）℃，相对湿度为（45±5）%。

3. 包装应用

首先，将 3mL 含 0%、4% 和 8% AITC 的静电纺丝溶液通过静电纺丝机沉积在 15cm×20cm 的铝箔上获得超细纤维膜材料，将超细纤维膜置于包装盒的顶部（如图 3-15 所示）。为了评价玉米醇溶蛋白的控释能力，试验在滤纸上刷涂了相同浓度的 AITC（4% 和 8%）制备纸材料，并将其添加到包装顶部作对比。将各处理组草莓贮藏在 4℃ 的保鲜柜中，贮藏时间为 20d，每 5d 测试 1 次。

图 3-15　保鲜材料在包装中的放置 [49]

具体的处理组如下：

Control：未处理，未放置任何保鲜材料；

Zein Fiber-AI（4%）：4% AITC 包封于玉米醇溶蛋白超细纤维中；

Zein fiber-AI（8%）：8% AITC 包封于玉米醇溶蛋白超细纤维中；

Filter paper-AI（4%）：4% AITC 刷涂在滤纸表面上；

Filter paper-AI（8%）：8% AITC 刷涂在滤纸表面上。

3.3.3　草莓质量参数测试

本试验所有测试项目参照文献[49]的描述，包括失重率测试，单位为 %；硬度测试，单位为 N；可滴定酸含量（TA）测试，单位为 %；可溶性固形物含量（TSS）测试，单位为 °Brix；pH 测试；总酚含量测试，单位为 g GAE g⁻¹；抗氧化能力测试包括，DHHP 自由基抑制率和 ABTS 自由基抑制率，单位为 %；总花青素含量测试，单位为 mg 100g⁻¹。

3.3.4　结论与讨论

3.3.4.1　失重率分析

从图 3-16 可以看出，对照组草莓的重量损失最大，贮藏 15 天结束时的失重率超过了 14%。Zein fiber-AI（4%）、Zein fiber-AI（8%）、Filter paper-AI（4%）和 Filter paper-AI（8%）四组草莓在 20 天的贮藏期内，失重率从 2% 变为 6%。从 AITC 使用的浓度来看，无论是 Zein fiber-AI（4%）还是 Filter paper-AI（4%），当 AITC 使用浓度为 4% 时，草莓的失重率都低于使用浓度为 8% 的两个处理组。与对照组草莓相比，各处理组草莓的失重率较低，这可能是由于草莓呼吸速率降低减慢了草莓细胞壁的降解和细胞水分的流失导致的。文献 [40] 研究了静电纺丝法制备聚乙烯醇 / 肉桂精油 /β- 环糊精复合材料对草莓贮藏的影响，对于失重率的研究也得到了相似的结论。

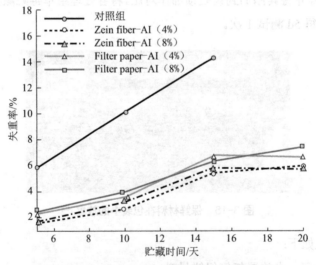

图 3-16　各组草莓在贮藏期间的失重率变化 [49]

3.3.4.2　硬度分析

从表 3-4 可以看出，对照组草莓的硬度明显高于各处理组草莓。果实硬度的增加可能是由于水分流失导致的。文献 [50] 研究表明，草莓在贮藏过程中硬度的增加是由于果实细胞中水分含量损失导致果实皱缩干硬，进而使用探针穿破果皮所需的力量增加。在含有 AITC 的各处理组中，尽管草莓的硬度降低了，但玉米醇溶超细纤维包封操作还是较好地保持了草莓的硬度，而且包封处理后，草莓硬度较对照组延长了 5 天。各处理组草莓在贮藏过程中，重量损失的减少表明更多的水分被保留，以及老化导致的细胞结构软化的现象被减弱，尽管草莓在贮藏 20 天后硬度下降，但仍然完好无损，没有溃烂的迹象。

表 3-4　各组草莓在贮藏期间的硬度值 [49]

处理组	硬度 /N				
	贮藏时间 / 天				
	0	5	10	15	20
Control	91.38±29.01A	88.39±16.39aA	87.07±14.68aA	92.23±16.92aA	—
Zein fiber-AI（4%）	91.38±29.01A	74.19±13.91abA	86.09±8.66aA	75.62±17.26Aa	58.93±8.70aA
Zein fiber-AI（8%）	91.38±29.01A	55.15±16.86bcB	64.25±12.08bAB	35.89±6.51bB	40.18±5.26bB
Filter paper-AI（4%）	91.38±29.01A	61.52±8.32bcA	48.12±6.27bB	40.28±9.13bB	40.92±11.52bB
Filter paper-AI（8%）	91.38±29.01A	42.02±9.70cB	63.94±13.71bAB	50.77±13.28bB	55.03±2.55aB

注：不同大写字母表示同一行数据间的差异显著性（$P<0.05$），不同小写字母表示同一列数据间的差异显著性（$P<0.05$）

3.3.4.3　颜色分析

从表 3-5 可以看出，对照组和 Zein fiber-AI（4%）组草莓在 5～15 天的贮藏期内表现出 a 值增加，这意味着由于果实的持续成熟，草莓在贮藏期内一直呈现红色。Zein fiber-AI（4%）组草莓在贮藏 15 天后，a 值出现下降。Zein fiber-AI（8%）组草莓也观察到了同样的情况，而 Filter paper-AI（4%）和 Filter paper-AI（8%）两组草莓在贮藏过程中红色逐渐减少，原因是由于多酚氧化酶的作用，草莓中的酚类化合物被氧化引起了褐变，导致颜色损失 [51]。文献 [52] 研究表明，AITC 性质不稳定，未经包封的 AITC 直接添加到食品中，其可能与食品成分中的水、多肽和氨基酸等发生反应或结合，最终可能导致全部或部分 AITC 的性质退化或没有效果。Filter paper-AI（4%）和 Filter paper-AI（8%）两组草莓在贮藏期间 a 值逐渐减少，可能就是由于 AITC 与草莓成分发生了反应或结合，AITC 成分失效降低了其抗氧化的效果。

表 3-5　各组草莓在贮藏期间的颜色值 [49]

处理组	参数	贮藏时间 / 天				
		0	5	10	15	20
Control		42.78±2.52A	42.35±1.97aA	45.35±1.11aA	42.35±1.69aA	—
Zein fiber-AI（4%）		42.78±2.52A	42.93±1.82aa	40.68±1.12bA	40.15±1.89abA	42.19±1.91aA
Zein fiber-AI（8%）	L	42.78±2.52A	40.73±0.68aAB	39.77±1.26bB	38.42±0.91bB	38.42±1.00aB
Filter paper-AI（4%）		42.78±2.52A	41.31±1.45aAB	37.31±1.93cC	37.93±2.89bBC	38.98±2.60aABC
Filter paper-AI（8%）		42.78±2.52A	41.23±1.42aAB	35.33±0.90cC	40.91±1.69abAB	38.84±0.75aB
Control	a	34.81±0.82C	38.78±1.79aAB	40.05±1.13aA	38.00±0.84aB	—

续表

处理组	参数	贮藏时间 / 天				
		0	5	10	15	20
Zein fiber-AI（4%）	a	34.81±0.82B	39.28±0.77aA	36.89±1.17bAB	38.47±2.03aA	32.08±2.31aC
Zein fiber-AI（8%）		34.81±0.82AB	37.03±1.33aa	31.91±2.59cBC	28.68±1.58bCD	25.62±2.02bD
Filter paper-AI（4%）		34.81±0.82A	29.60±1.47cBC	30.91±1.35cdB	26.90±2.17bCD	23.96±2.51bD
Filter paper-AI（8%）		34.81±0.82A	33.42±1.46ba	28.78±1.08dB	26.49±2.69bBC	24.65±2.04bC
Control	b	27.08±3.98C	33.31±1.72aAB	36.61±2.45aa	28.99±2.09aBC	—
Zein fiber-AI（4%）		27.08±3.98B	33.77±2.43aa	29.06±1.54bB	29.07±2.78aB	24.89±1.46aB
Zein fiber-AI（8%）		27.08±3.98A	28.91±1.32ba	27.41±2.02ba	25.08±2.38abAB	21.86±1.72bB
Filter paper-AI（4%）		27.08±3.98A	25.38±2.55cA	20.47±1.50cB	18.78±2.67cBC	15.22±1.86cC
Filter paper-AI（8%）		27.08±3.98A	24.39±2.05cAB	18.59±0.84cC	23.21±2.19bAB	20.40±1.66bBC

注：不同大写字母表示同一行数据间的差异显著性（$P<0.05$），不同小写字母表示同一列数据间的差异显著性（$P<0.05$）

3.3.4.4　TA、TSS 和 pH 分析

从表 3-6 可以看出，Zein fiber-AI（4%）组草莓贮藏 20 天后的 TA 值和 Filter paper-AI（8%）组草莓在贮藏 5 天和 10 天的 TA 值与初始 TA 值差异较大外，其他组草莓在贮藏期间的 TA 值较稳定，与初始 TA 值相差不大。这种微小的差异可以归因于草莓成熟度的不同。TA 的微小变化也是草莓在呼吸过程中自身有机酸的代谢变化过程 [53]。

表 3-6　各组草莓在贮藏期间的 TA、TSS 和 pH 变化 [49]

处理组	参数	贮藏时间 / 天				
		0	5	10	15	20
Control	TA	1.08±1.44A	1.03±0.06abA	1.07±0.05aA	0.90±0.04bA	—
Zein fiber-AI（4%）		1.08±1.44A	1.19±0.03aA	1.05±0.17aA	0.85±0.04bAB	0.74±0.01cB
Zein fiber-AI（8%）		1.08±1.44A	1.00±0.02bA	1.14±0.05aA	1.00±0.05abA	0.98±0.04bA
Filter paper-AI（4%）		1.08±1.44A	0.99±0.04bA	1.11±0.05aA	1.12±0.11aA	1.10±0.03aA
Filter paper-AI（8%）		1.08±1.44A	0.88±0.03cB	0.96±0.03aAB	1.13±0.06aA	1.13±0.06aA
Control	TSS	8.78±0.28A	8.08±0.86bA	8.16±0.30bA	8.54±0.52aA	—
Zein fiber-AI（4%）		8.78±0.28B	9.66±0.33aAB	9.88±0.58aA	7.24±0.82aC	7.60±0.33aC
Zein fiber-AI（8%）		8.78±0.28A	8.72±0.84abA	8.32±0.68bAB	7.22±0.94aB	7.00±0.60aB
Filter paper-AI（4%）		8.78±0.28AB	7.80±0.51bBC	9.70±0.73aA	7.96±1.22aBC	7.00±0.43aC
Filter paper-AI（8%）		8.78±0.28A	8.36±0.53bBC	9.88±0.69aA	8.36±0.77aBC	7.30±0.38aC
Control	pH	3.61±0.04A	3.63±0.06aA	3.31±0.11aB	3.58±0.06aB	—
Zein fiber-AI（4%）		3.61±0.04A	3.63±0.01aA	3.30±0.05aB	3.58±0.03aA	3.84±0.05aA

处理组	参数	贮藏时间 / 天				
		0	5	10	15	20
Zein fiber–AI（8%）	pH	3.61±0.04A	3.66±0.03aA	3.12±0.05bB	3.59±0.01aA	3.63±0.03b
Filter paper–AI（4%）		3.61±0.04A	0.63±0.06aA	3.20±0.02abC	3.45±0.02bB	3.48±0.01cB
Filter paper–AI（8%）		3.61±0.04B	3.71±0.03aA	3.16±0.03abD	3.53±0.03abC	3.54±0.01cC

注：不同大写字母表示同一行数据间的差异显著性（P<0.05），不同小写字母表示同一列数据间的差异显著性（P<0.05）

对照组草莓在 15 天贮藏期内 TSS 含量基本保持稳定，而 Zein fiber–AI（4%）组草莓的 TSS 含量持续增加到贮藏的第 10 天，之后开始下降至贮藏期 20 天结束。文献[54]研究表明，TSS 的增加可能是由于细胞壁中存在的半纤维素的水解和蒸腾作用造成的水分流失导致的。此外，呼吸过程中糖被分解也可能会导致 TSS 的降低[55]。

草莓的 pH 值并没有呈现线性行为，这可能是由于果实成熟度的差异导致的。通常在果实成熟过程中，有机酸浓度会降低。在果实发育到成熟后期的呼吸作用中，有机酸发挥作用会增加果实的含糖量，同时也会增加 pH 值[56, 57]。

3.3.4.5 多酚含量、DHHP 和 ABTS 抗氧化性分析

从表 3-7 可以看出，贮藏 15 天后，各处理组草莓的总酚含量均显著低于对照组草莓。Zein fiber–AI（8%）、Filter paper–AI（4%）和 Filter paper–AI（8%）三组草莓的总酚含量降幅最大。AITC 在草莓冷藏中的应用研究尚未见文献报道。但是，文献[47]研究了 AITC 对蓝莓贮藏的影响，结果表明，与对照组蓝莓相比，AITC 组蓝莓在贮藏 14 天期间总酚含量降低了。本试验中，在含有 AITC 的各处理组中，Zein fiber–AI（4%）组草莓的总酚含量最高。Zein fiber–AI（8%）、Filter paper–AI（4%）和 Filter paper–AI（8%）三组的结果无显著差异。目前还没有研究报告使用了更高浓度的 AITC 去保鲜草莓，高浓度 AITC 或自由释放 AITC 可能对草莓细胞有一定的损伤作用，而低浓度 AITC 和可控释放 AITC 在保持草莓总酚含量方面应该更有效。

表 3-7　各组草莓在第 15 天时的多酚含量、总花青素含量、DHHP 和 ABTS 抗氧化性变化[49]

参数	处理组				
	Control	Zein fiber–AI（4%）	Zein fiber–AI（8%）	Filter paper–AI（4%）	Filter paper–AI（8%）
总酚含量 /（g GAE/g）	2.24±0.06a	1.86±0.02b	1.16±0.02c	1.20±0.05c	1.25±0.03c
ABTS 抑制率 /%	13.50±1.99c	13.58±1.43c	23.81±3.09a	21.88±2.24ab	17.34±2.79bc
DPPH 抑制率 /%	10.84±0.40c	15.21±0.15c	35.46±1.75ab	36.51±3.24a	31.20±1.84b
总花青素含量 /（mg/100g）	52.22±0.25b	57.02±0.25a	38.75±0.13d	37.91±0.38d	44.04±0.57c

注：不同小写字母表示同一行数据间的差异显著性（P<0.05）

Zein fiber-AI（8%）和 Filter paper-AI（4%）组草莓的抗氧化活性最高。这可能是跟AITC 的可控释放有关，AITC 的可控释放在阻止或消除草莓机体中的活性氧方面起到了长效作用。另外，草莓的高抗氧化活性也和 AITC 有关，AITC 是一种挥发性化合物并具有可量化的抗氧化能力，AITC 可以迁移到果实中，进而增加草莓的抗氧化活性。总体而言，除 Zein fiber-AI（4%）组草莓外，各处理组草莓的抗氧化能力均明显高于对照组草莓。

与对照组草莓相比，Zein fiber-AI（4%）组草莓的花青素含量最高。文献[58] 研究表明，草莓在采后和贮藏期间，即使在低温下其花青素的生物合成过程仍然活跃。但是当草莓处于气调环境中时，其花青素的含量可能会受到影响，比如包装中存在 AITC 的气调环境，就会影响草莓花青素的含量。这可能就是 Zein fiber-AI（8%）、Filter paper-AI（4%）和 Filter paper-AI（8%）三组草莓花青素含量降低的原因。文献[59] 研究了 AITC 处理对采后桑葚果的抗氧化活性和品质的影响，结果表明 AITC 对桑葚果实中所有的酚类化合物和花青素都有抑制作用。

3.3.5　结论

AITC 在低温贮藏条件下可有效地降低草莓的失重率。用玉米醇溶蛋白超细纤维包封 4% 的 AITC 具有最好的草莓保鲜效果，当 AITC 浓度增加到 8% 可能会使基材中的抑制剂过饱和，从而降低了对草莓的保鲜效果。此外，含有 AITC 的所有处理组都显著降低了草莓的硬度和红色下降的趋势。包封 AITC 和不包封 AITC 操作均降低了草莓的总酚含量。用玉米醇溶蛋白超细纤维包封 4% 的 AITC 后，草莓的花青素含量得到较多的保留。

3.4　芦荟凝胶 / 罗勒精油复合液保鲜草莓

3.4.1　引言

草莓富含维生素，营养丰富，但采后寿命很短，0 ～ 4℃下草莓的货架期通常只有 5 天。草莓果皮缺乏对物理冲击或微生物伤害的防护导致草莓易失水和擦伤，引起草莓品质下降，影响其商业价值[61, 62]。在过去的几十年里，人们做了大量的研究来延长草莓的货架期以满足消费者的需求。研究出了多种延长草莓货架期的保鲜技术，包括热处理、冷冻、气调包装、渗透处理、超声波、各种化学保鲜剂和可食涂层材料等[63]。近年来，由于人们对使用天然防腐剂（非化学防腐剂）的兴趣日益浓厚，可食涂层材料在食品工业中引起了广泛的关注。这种环境友好的保鲜方法与气调包装一样，可以有效地保持水果的品质，但成本更低，更方便[64]。

可食涂层材料的定义是一层薄薄的可食用材料，该材料基于脂类、多糖、蛋白质或它们的复合物[65]。由于在水果表面涂膜了这一层阻隔材料，所以水果与外界环境的气体交换和水分蒸发减少，降低了水果呼吸作用、软化、水分流失和有害微生物对水果的影响[67, 68]。

芦荟凝胶是一种典型的可用于采后水果的涂层材料，对猕猴桃、番茄、桃、石榴、橘子、木瓜等水果具有较高的采后品质维持能力[63]。芦荟凝胶具有抗癌、抗氧化、抗菌、抗过敏、抗炎、免疫调节、保肝、抗糖尿病等多种特性[68]。芦荟的这些特性源于其富含多糖、可溶性糖、蛋白质、维生素和矿物质，但其脂质含量相对较低，只有 0.07% ~ 0.42%[69]。脂质可以提高可食涂层材料的疏水性和阻隔性[70]。增加可食涂层材料脂质含量的一个很有效的方法是在实施过程中添加富含脂肪酸的精油。这种处理方法对控制生鲜商品的腐烂和提高其整体质量及延长货架寿命具有重要作用[71]。在可行的精油资源中，富含脂肪酸的罗勒精油（0.64g/100g）是一个不错的选择，其在食品工业中广泛用作抗菌剂和抗氧剂[72, 73]。

为了最大限度地提高涂层材料的保鲜效果，本试验提出了基于多糖和脂类组合的设想，在芦荟凝胶中加入罗勒精油作为一种新型涂层材料，评价其在草莓冷藏过程中对草莓采后品质参数的保鲜效果。

3.4.2 材料和方法

3.4.2.1 材料

盆栽芦荟购于日本当地农户。芦荟凝胶的制作方法参照文献[74]，切开芦荟取下果肉部分，在打浆机（IFM-700G，Iwatani，Japan）中打浆 2min。然后用粗棉布过滤芦荟混合物，去除纤维组织。罗勒精油（100% 纯度）购于（Yuwn Inc.，Tokyo）公司。草莓（750 个）购于（JA Itoshima，Japan）市场，所选草莓需符合尺寸（10 ~ 13g 和 3 ~ 4cm）、形状、颜色、成熟度均匀且无创伤。

3.4.2.2 方法

将草莓分为 5 组，分别是未处理的对照组（Control），蒸馏水组（DW）、芦荟凝胶组（AV）、芦荟 +500μL/L 罗勒精油组（AVBO1）和芦荟 +1000μL/L 罗勒精油组（AVBO2）。为了解决罗勒精油在芦荟凝胶中的溶解问题，需要添加 Tween-80［0.001%（v/v）］，然后将前述混合液在均质机（Ultra-Turrax T-25，IKA Japan Cooperation）中以 20000rpm 的速度进行均质 2min。20℃下将草莓浸入上述各组溶液中浸泡 5min，捞出后于 20℃下自然干燥。然后，所有草莓在 4℃ 和 85% 的相对湿度下贮藏 12 天。

3.4.2.3 草莓质量参数测试

本试验所有测试项目参照文献[63]的描述，包括呼吸速率测试，单位为 mg CO_2 $kg^{-1}h^{-1}$；失重率测试，单位为%；硬度测试，单位为 N；颜色参数（L*，a*，b*）测试和色相角计算；可溶性固形物含量（TSS）测试，单位为%；总酸度测试，单位为%；风味指数（TSS/TA）计算；感官评定。

3.4.3 结论与讨论

3.4.3.1 呼吸速率分析

从表 3-8 可以看出，涂膜组草莓的呼吸速率显著低于对照组和 DW 组。对照组和 DW 组草莓的呼吸速率最高，分别为 18.7mg CO_2 $kg^{-1}h^{-1}$ 和 18.1mg CO_2 $kg^{-1}h^{-1}$。AV 组为 9.3mg CO_2 $kg^{-1}h^{-1}$，AVBO1 组为 9.25mg CO_2 $kg^{-1}h^{-1}$，AVBO2 组为 8.88mg CO_2 $kg^{-1}h^{-1}$。AVBO2 组草莓的呼吸速率最低，数据间无显著差异。呼吸速率是促进果实成熟的重要参数，从植物中提取的可食用涂层材料主要通过封闭果实表面的气孔来阻止气体交换实现降低果实的呼吸速率[75, 76]。对照组和 DW 组草莓呼吸速率的增加可能与果实衰老有关。也就是说，涂膜组草莓呼吸速率的降低是气孔透气性降低的结果，气孔透气性降低导致膜内空间氧气减少和二氧化碳升高。

表 3-8　各组草莓在贮藏期间的呼吸速率变化[63]

处理组	贮藏时间 / 天					
	1	3	5	7	9	12
Control	10.26±1.00aC	11.64±0.83bC	11.80±2.14abC	18.00±0.48aAB	15.20±1.21bB	18.70±0.34aA
DW	10.00±1.77aD	12.60±1.35abCD	14.00±1.94aB	17.77±3.20aA	17.10±1.01aAB	18.10±0.80aA
AV	8.05±1.15aC	15.40±1.97aA	11.30±1.64abB	9.61±0.22bBC	9.53±0.40cBC	9.30±0.05bBC
AVBO1	10.84±1.78aAB	13.00±1.50abA	13.60±2.50aA	10.50±0.18aAB	12.50±0.52bcAB	9.25±0.32bB
AVBO2	8.34±0.93aB	15.00±1.8aA	10.30±0.70bB	11.20±0.79bB	12.10±2.04bcAB	8.88±0.68bB

注：同一行数字上的不同大写字母表示基于 LSD 测试的差异显著性（P<0.05），同一列数字上的不同小写字母表示 LSD 测试的差异显著性（P<0.05）

3.4.3.2 失重率分析

从图 3-17 可以看出，贮藏结束时，AVBO1 和 AVBO2 组草莓的失重率分别为 4.47% 和 3.36%，低于 AV 组（5.17%）、DW 组（5.49%）和对照组（5.45%）。失重主要是由于果实的蒸腾作用和呼吸作用引起的。AVBO1 和 AVBO2 组草莓失重率的减少可能与应用多糖和脂类结合的涂层材料取得的有益保鲜效果有关。由于这种结合，芦荟凝胶的疏水阻隔性能提高了。

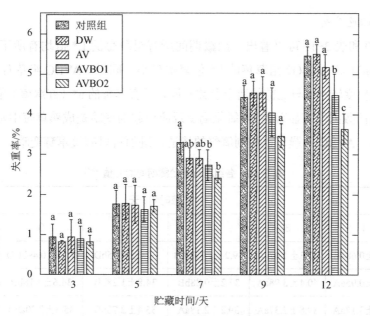

图 3-17　各组草莓在贮藏期间的失重率变化 [63]

3.4.3.3　硬度分析

从表 3-9 可以看出，贮藏期间对照组和 DW 组草莓的硬度值都低于涂膜组草莓的硬度。这是因为应用芦荟凝胶涂膜可以抑制草莓的脱水，导致草莓机体对细胞壁的降解产生了抵抗力。也就是说，芦荟凝胶涂膜后，果实的水分含量高导致果实细胞壁的膨胀压力得以维持 [77, 78]。AVBO2 组草莓的硬度略高，这可能是由于该处理具有较高的疏水性能。文献 [79] 的研究表明，单独使用芦荟胶或使用芦荟胶和抗坏血酸复合保鲜草莓，草莓变软的速率降低了。文献 [80] 使用芦荟胶与罗勒种子凝胶复合保鲜杏，也获得了相似的硬度值变化趋势。

表 3-9　各组草莓在贮藏期间的硬度变化 [63]

处理组	贮藏时间 / 天					
	1	3	5	7	9	12
Control	5.1±0.0aA	5.2±0.5aA	5.3±0.2aA	5.4±0.4aA	5.1±0.2bA	4.9±0.7cA
DW	5.1±0.1aA	5.2±0.2aA	5.2±0.4aA	5.5±0.5aA	5.1±0.4bA	5.0±0.5bcA
AV	5.1±0.2aB	5.2±0.9aB	5.2±0.5aB	5.9±0.5aA	5.8±0.5abAB	5.6±0.3abcAB
AVBO1	5.1±0.1aB	5.3±0.2aB	5.4±0.7aAB	6.1±0.2aA	5.7±0.2abAB	5.7±0.5abAB
AVBO2	5.1±0.2aB	5.3±0.9aB	5.6±0.2aAB	6.1±0.2aA	6.0±0.1bB	6.0±0.6aAB

注：同一行数字上的不同大写字母表示基于 LSD 测试的差异显著性（P<0.05），同一列数字上的不同小写字母表示 LSD 测试的差异显著性（P<0.05）

3.4.3.4 颜色分析

从表 3-10 和表 3-11 可以看出，贮藏期间所有组草莓的 L* 值均有所下降，截至第 9 天，其中 AVBO1 和 AVBO2 组草莓的 L* 值降幅最小。同样，AVBO 组草莓的色相角不断降低，且降低幅度较小。与之前的两个参数不同，所有草莓的 a*（红绿值）值都有所增加，各处理组之间的数据没有显著差异。氧化褐变反应引起的变暗是成熟草莓中常见的现象[81]。试验结果表明，AVBO 涂膜可以抑制氧气的渗透，进而可以减缓草莓变暗。

表 3-10 各组草莓在贮藏期间的 L 值 *[63]

处理组	贮藏时间 / 天					
	1	3	5	7	9	12
Control	38.3±0.68aB	42.3±1.02aA	39.2±1.77aAB	32.6±0.05bD	33.1±0.49bCD	36.3±1.57aBC
DW	40.5±0.95aA	40.4±3.98aA	35.2±0.88bB	34.8±1.28bB	34.6±1.18bB	34.6±1.64aB
AV	41.3±3.17aA	39.8±2.37aA	39.2±2.18aA	35.4±2.70bB	35.3±2.70abB	35.1±1.80aB
AVBO1	39.4±0.28aA	39.2±2.32aA	39.2±2.90aA	38.8±3.57aA	36.7±1.91aA	36.5±2.98aA
AVBO2	40.9±1.05aA	42.1±2.91aA	39.5±1.45aAB	39.3±1.54aAB	37.1±2.37aB	36.2±1.86aB

注：同一行数字上的不同大写字母表示基于 LSD 测试的差异显著性（P<0.05），同一列数字上的不同小写字母表示 LSD 测试的差异显著性（P<0.05）

表 3-11 各组草莓在贮藏期间的色相角 [63]

处理组	贮藏时间 / 天					
	1	3	5	7	9	12
Control	2.27±0.12aA	1.85±0.15aB	1.47±0.06aCD	1.42±0.27aD	1.19±0.00bD	1.31±0.02aD
DW	2.26±0.05aA	1.93±0.14aB	1.48±0.06aCD	1.66±0.05aC	1.37±0.05abD	1.32±0.02aD
AV	2.26±0.10aA	2.00±0.17aB	1.60±0.22aC	1.64±0.06aC	1.42±0.04abC	1.43±0.05aC
AVBO1	2.31±0.12aA	1.95±0.09aB	1.66±0.07aC	1.56±0.09aC	1.56±0.07aC	1.48±0.03aC
AVBO2	2.28±0.13aA	1.84±0.10aB	1.69±0.06aBC	1.56±0.06aC	1.53±0.15aC	1.46±0.07aC

注：同一行数字上的不同大写字母表示基于 LSD 测试的差异显著性（P<0.05），同一列数字上的不同小写字母表示 LSD 测试的差异显著性（P<0.05）

3.4.3.5 TA 和风味指数分析

贮藏期间，各处理组草莓的可溶性固形物（TSS）含量持续增加，对照组和各涂膜组间的数据没有显著差异（文献 [63] 未提供 TSS 数据）。从表 3-12 和表 3-13 可以看出，所有组草莓的总酸度（TA）在贮藏结束时都有所下降，但 AVBO 涂膜缓解了 TA 下降趋势。TA 的减少可以解释为果实代谢的变化，这是由呼吸过程中有机酸的消耗引起的[82]。芦荟凝胶与罗勒精油混合后可以起到气体阻隔的作用，降低了草莓的呼吸速率，抑制氧化反应。风味指数（TSS/TA）是评价果实口感的主要指标，该指数与果实甜度增加、酸味降低有关。风味指数随贮藏时间的延长而显著提高，对照组草莓的最高值为 21.1，涂膜处改善了草莓的风味指数。AVBO1 组风味指数为 14.8，AVBO2 组风味指数为 14.4，这是由于在贮藏期间，AVBO 组草莓 TA 的减少量低于其他组。总的来说，贮藏期间风味指数的增加可能是由于在贮藏期间有机酸的消耗比呼吸作用中糖消耗得快导致的[83]。

表 3-12　各组草莓在贮藏期间的 TA 值[63]

处理组	贮藏时间 / 天					
	1	3	5	7	9	12
Control	0.725±0.074aA	0.777±0.016abA	0.725±0.074aA	0.704±0.000aA	0.640±0.064aAB	0.555±0.037bB
DW	0.682±0.074aA	0.682±0.074bA	0.725±0.037aA	0.682±0.074aA	0.682±0.037aA	0.546±0.064bB
AV	0.725±0.074aAB	0.832±0.169aA	0.661±0.148aB	0.725±0.037aB	0.704±0.128aAB	0.661±0.074aB
AVBO1	0.768±0.064aA	0.789±0.161abA	0.746±0.037aA	0.725±0.074aA	0.725±0.074aA	0.725±0.040aA
AVBO2	0.810±0.195aA	0.768±0.000abA	0.768±0.128aA	0.746±0.037aA	0.746±0.037aA	0.725±0.074aA

注：同一行数字上的不同大写字母表示基于 LSD 测试的差异显著性（P<0.05），同一列数字上的不同小写字母表示 LSD 测试的差异显著性（P<0.05）

表 3-13　各组草莓在贮藏期间的风味指数（TSS/TA）[63]

处理组	贮藏时间 / 天					
	1	3	5	7	9	12
Control	13.0±2.25a	12.0±0.89a	13.9±1.99a	14.7±0.82a	17.3±1.73a	21.1±2.18a
DW	12.7±1.60a	13.8±1.97a	13.8±0.86a	14.2±1.30a	15.7±2.62ab	18.4±2.62ab
AV	12.0±1.50a	11.4±1.53a	15.6±3.08a	14.5±2.87a	15.3±1.76ab	17.4±3.01ba
AVBO1	12.2±0.55a	12.1±1.85a	13.4±0.68a	13.9±2.13a	14.8±2.13ab	14.8±2.13c
AVBO2	11.2±1.12a	12.4±0.65a	13.3±2.24a	13.4±0.68a	13.4±0.68b	14.4±2.40c

注：同一行数字上的不同大写字母表示基于 LSD 测试的差异显著性（P<0.05），同一列数字上的不同小写字母表示 LSD 测试的差异显著性（P<0.05）

3.4.3.6　感官评定分析

从图 3-18 和图 3-19 可以看出，在草莓的外部视觉方面，单独使用 AV、AVBO1 和 AVBO2 涂膜的草莓得分最高，分值分别为 3.4、3.4 和 3.2。而 DW 组和对照组草莓得分分别为 2.6 和 2.6。根据评定小组成员的评估，涂膜组草莓的颜色没有显著改变，有光泽度的外观是草莓获得高分的主要原因，这归因于涂膜操作对草莓的有效保护。结果表明，AV 涂膜和 AVBO 涂膜均可较好地保持草莓的外观颜色。

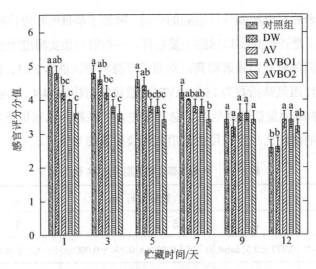

图 3-18 贮藏期间各组草莓感官评定得分 [63]

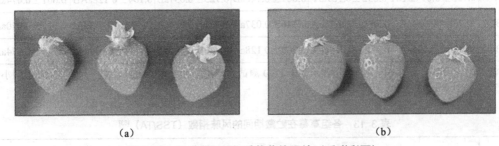

(a)   (b)

图 3-19 贮藏第 12 天时草莓的照片（后附彩图）

（a）对照组；（b）AVBO2 组 [63]

3.4.4 结论

本试验研究了富含罗勒精油的芦荟凝胶作为一种新型可食用涂层材料对采后草莓品质的影响。在草莓表面施用该涂层材料可降低草莓在冷藏过程中的失重率，抑制软化和呼吸速率，延缓衰老。此外，在芦荟凝胶中添加罗勒精油对保持草莓的 TA、风味品质和色泽均有较好的效果。最后，感官分析证实，涂膜水果的视觉接受度高于未涂膜组草莓。

参考文献：

[1] FELIZIANI E, LANDI L, ROMANAZZI G. Preharvest Treatments with Chitosan and Other Alternatives to Conventional Fungicides to Control Postharvest Decay of Strawberry[J]. Carbohydrate Polymers, 2015(132): 111–117.

[2] VELICKOVA E, WINKELHAUSEN E, KUZMANOVA S, et al. Impact of chitosan-beeswax edible coatings on the quality of fresh strawberries (Fragaria ananassa cv Camarosa) under commercial storage conditions[J]. LWT- Food Science and Technology, 2013, 52(2): 80–92.

[3]　YE M, MOHANTY P, GHOSH G. Morphology and properties of poly vinyl alcohol (PVA) scaffolds: Impact of process variables[J]. Materials Science and Engineering: C, 2014, 42(42): 289–294.

[4]　XU X J, HUANG S M, ZHANG L H. Biodegradability, antibacterial properties, and ultraviolet protection of polyvinyl alcohol-natural polyphenol blends[J]. Polymer Composites, 2010, 30(11): 1611–1617.

[5]　FENG M, YU L, ZHU P, et al. Development and preparation of active starch films carrying tea polyphenol[J]. Carbohydrate Polymers, 2018(196): 162–167.

[6]　OSMAN A M. Multiple pathways of the reaction of 2,2-diphenyl-1-picrylhydrazyl radical (DPPH·) with (+)-catechin: Evidence for the formation of a covalent adduct between DPPH· and the oxidized form of the polyphenol[J]. Biochemical and Biophysical Research Communications, 2011, 412(3): 473–478.

[7]　LI P, WANG Y, MA R, et al. Separation of tea polyphenol from Green Tea Leaves by a combined CATUFM-adsorption resin process[J]. Journal of Food Engineering, 2005, 67(3): 253–260.

[8]　LAN W J, ZHANG R, AHMED S, et al. Effects of various antimicrobial polyvinyl alcohol/tea polyphenol composite films on the shelf life of packaged strawberries[J]. LWT-Food Science and Technology, 2019, 113, Article 108297.

[9]　YUN X, WANG Y, LI M, et al. Application of permselective poly (ε-caprolactone) film for equilibrium-modified atmosphere packaging of strawberry in cold storage[J]. Journal of Food Processing and Preservation, 2017, 41, e13247.

[10]　SANZ C, PEREZ A G, OLIAS R, et al. Quality of strawberries packed with perforated polypropylene[J]. Journal of Food Science, 2010, 64(4): 748–752.

[11]　ALMAJANO M P, CARBÓ R, JIMÉNEZ J A L, et al. Antioxidant and antimicrobial activities of tea infusions[J]. Food Chemistry, 2008, 108(1): 55–63.

[12]　YAN Y S, DUAN S Q, ZHANG H L, et al. Preparation and characterization of Konjac glucomannan and pullulan composite films for strawberry preservation[J]. Carbohydrate Polymers, 2020, 243, Article 116446.

[13]　LIU Y, WANG S, LAN W, et al. Fabrication and testing of PVA/Chitosan bilayer films for strawberry packaging[J]. Coatings, 2017, 7(8): 109.

[14]　KHALIFA I, BARAKAT H, EL-MANSY H A, et al. Improving the shelf-life stability of apple and strawberry fruits applying chitosan-incorporated olive oil processing residues coating[J]. Food Packaging & Shelf Life, 2016, 9: 10–19.

[15]　GHOLAMI R , AHMADI E , FARRIS S. Shelf life extension of white mushrooms (Agaricus bisporus) by low temperatures conditioning, modified atmosphere, and nanocomposite packaging material[J]. Food Packaging and Shelf Life, 2017, 14: 88–95.

[16]　PORAT R, LICHTER A, TERRY L A, et al. Postharvest losses of fruit and vegetables during retail and in consumers' homes: Quantifications, causes, and means of prevention[J]. Postharvest Biology and Technology, 2018, 139: 135–149.

[17]　JOSHI K, WARBY J, VALVERDE J, et al. Impact of cold chain and product variability on quality

attributes of modified atmosphere packed mushrooms (Agaricus bisporus) throughout distribution[J]. Journal of Food Engineering, 2018, 232: 44–55.

[18] TIETEL Z, LEWINSOHN E, FALLIK E, et al. Importance of storage temperatures in maintaining flavor and quality of mandarins[J]. Postharvest Biology and Technology, 2012, 64(1): 175–182.

[19] ORÓ E, GRACIA A D, CABEZA L F. Active phase change material package for thermal protection of ice cream containers[J]. International Journal of Refrigeration, 2013, 36(1): 102–109.

[20] VERGHESE K, LEWIS H, LOCKREY S, et al. Packaging's role in minimizing food loss and waste across the supply chain[J]. Packaging Technology and Science, 2015, 28(7): 603–620.

[21] MARGEIRSSON B, GOSPAVIC R, PÁLSSON H, et al. Experimental and numerical modelling comparison of thermal performance of expanded polystyrene and corrugated plastic packaging for fresh fish[J]. International Journal of Refrigeration, 2011, 34(2): 573–585.

[22] ORÓ E, GRACIA A D, CASTELL A, et al. Review on phase change materials (PCMs) for cold thermal energy storage applications[J]. Applied Energy, 2012, 99(6): 513–533.

[23] ZSEMBINSZKI G, SOLÉ C, CASTELL A, et al. The use of phase change materials in fish farms: A general analysis[J]. Applied Energy, 2013, 109(2): 488–496.

[24] LEDUCQ D, NDOYE F T, ALVAREZ G. Phase change material for the thermal protection of ice cream during storage and transportation[J]. International Journal of Refrigeration, 2015, 52: 133–139.

[25] BARRIOS S, LEMA P, MARRA F. Modelling passive modified atmosphere packaging of strawberries: Numerical analysis and model validation[J]. International Food Research Journal, 2014, 21(2): 506–515.

[26] NIELSEN T, LEUFVEN A. The effect of modified atmosphere packaging on the quality of Honeoye and Korona strawberries[J]. Transplantation Proceedings, 2008, 107(3): 1053–1063.

[27] AFIFI E H, RAGAB M E, EL-GAWAD H G A, et al. Effect of active and passive modified atmosphere packaging on quality attributes of strawberry fruits during cold storage[J]. Arab Universities Journal of Agricultural Sciences, 2016, 24(1): 157–168.

[28] BHAT R, STAMMINGER R. Impact of combination treatments of modified atmosphere packaging and refrigeration on the status of antioxidants in highly perishable strawberries[J]. Journal of Food Process Engineering, 2016, 50(3): 1123–1134.

[29] ZHAO X X, XIA M, WEI X P, et al. Consolidated cold and modified atmosphere package system for fresh strawberry supply chains[J]. LWT-Food Science and Technology, 2019, 109: 207–215.

[30] JALALI A, SEIIEDLOU S, LINKE M, et al. A comprehensive simulation program for modified atmosphere and humidity packaging (MAHP) of fresh fruits and vegetables[J]. Journal of Food Engineering, 2017, 206: 88–97.

[31] NOR H R S, SITI A S M, Muhammad K A R. Application of expanded polystyrene (EPS) in buildings and constructions: A review[J]. Journal of Applied Polymer Science, 2019, 47529, 1–11.

[32] ROBINSON J E, BROWNE K M, BURTON W G. Storage characteristics of some vegetables and soft fruits[J]. Annals of Applied Biology, 2010, 81(3): 399–408.

[33] AZODANLOU R, DARBELLAY C, LUISIER J L, et al. Changes in flavour and texture during the

ripening of strawberries[J]. European Food Research and Technology, 2004, 218(2): 167–172.

[34] GOL N B, PATEL P R, RAO T R. Improvement of quality and shelf-life of strawberries with edible coatings enriched with chitosan[J]. Postharvest Biology and Technology, 2013, 85: 185–195.

[35] GUERREIRO A C, GAGO C M L, FALEIRO M L, et al. Raspberry fresh fruit quality as affected by pectin- and alginate-based edible coatings enriched with essential oils[J]. Scientia Horticulturae, 2015, 194: 138–146.

[36] VELICKOVA E, WINKELHAUSEN E, KUZMANOVA S, et al. Impact of chitosan-beeswax edible coatings on the quality of fresh strawberries (Fragaria ananassa cv Camarosa) under commercial storage conditions[J]. LWT-Food Science and Technology, 2013, 52: 80–92.

[37] ALIZADEH-SANI M, KHEZERLOU A, EHSANI A. Fabrication and characterization of the bionanocomposite film based on whey protein biopolymer loaded with TiO_2 nanoparticles, cellulose nanofibers and rosemary essential oil[J]. Industrial Crops and Products, 2018, 124: 300–315.

[38] SUNG S, TIN L, TAN A, et al. Antimicrobial agents for food packaging applications[J]. Trends in Food Science & Technology, 2013, 33: 110–123.

[39] TAKMA D K, KOREL F. Active packaging films as a carrier of black cumin essential oil: Development and effect on quality and shelf-life of chicken breast meat[J]. Food Packaging and Shelf Life, 2019, 19: 210–217.

[40] WEN P, ZHU D H, WU H, et al. Encapsulation of cinnamon essential oil in electrospun nanofibrous film for active food packaging[J]. Food Control, 2016, 59: 366–376.

[41] ALEHOSSEINI A, GÓMEZ-MASCARAQUE L G, MARTÍNEZ-SANZ M, et al. Electrospun curcumin-loaded protein nanofiber mats as active/bioactive coatings for food packaging applications[J]. Food Hydrocolloids, 2019, 87: 758–771.

[42] DEHCHESHMEH M A, FATHI M. Production of core-shell nanofibers from zein and tragacanth for encapsulation of saffron extract[J]. International Journal of Biological Macromolecules, 2019, 122: 272–279.

[43] WANG H, HAO L, WANG P, et al. Release kinetics and antibacterial activity of curcumin loaded zein fibers[J]. Food Hydrocolloids, 2017, 63: 437–446.

[44] MARUTHUPANDY M, SEO J. Allyl isothiocyanate encapsulated halloysite covered with polyacrylate as a potential antibacterial agent against food poilage bacteria[J]. Materials Science and Engineering: C, 2019, 105: 1–9.

[45] Saladino F, QUILES J M, LUCIANO F B, et al. Shelf life improvement of the loaf bread using allyl, phenyl and benzyl isothiocyanates against Aspergillus parasiticus[J]. LWT-Food Science and Technology, 2017, 78: 208–214.

[46] DIAS M V, SOARES N F F, BORGES S V, et al. Use of allyl isothiocyanate and carbon nanotubes in an antimicrobial film to package shredded, cooked chicken meat[J]. Food Chemistry, 2013, 141: 3160–3166.

[47] WANG S Y, CHEN C, YIN J. Effect of allyl isothiocyanate on antioxidants and fruit decay of

blueberries[J]. Food Chemistry, 2010, 120: 199–204.

[48] ANTUNES M D, DANNENBERG G S, FIORENTINI A M, et al. Antimicrobial electrospun ultrafine fibers from zein containing eucalyptus essential oil/cyclodextrin inclusion complex[J]. International Journal of Biological Macromolecules, 2017, 104: 874–882.

[49] COLUSSI R, DA SILVA W M F, BIDUSKI B, et al. Postharvest quality and antioxidant activity extension of strawberry fruit using allyl isothiocyanate encapsulated by electrospun zein ultrafine fibers[J]. LWT-Food Science and Technology, 2021, 143, Article 111087.

[50] CHEN F, LIU H, YANG H, et al. Quality attributes and cell wall properties of strawberries (*Fragaria ananassa Duch.*) under calcium chloride treatment[J]. Food Chemistry, 2011, 126: 450–459.

[51] YANG F M, LI H M, LI F, et al. Effect of nano-packing on preservation quality of fresh strawberry (*Fragaria ananassa Duch. Cv Fengxiang*) during storage at 4℃[J]. Journal of Food Science, 2010, 75(3): 236–240.

[52] LASHKARI E, WANG H, LIU L, et al. Innovative application of metal-organic frameworks for encapsulation and controlled release of allyl isothiocyanate[J]. Food Chemistry, 2017, 221: 926–935.

[53] SOGVAR O B, SABA M K, EMAMIFAR A. Aloe vera and ascorbic acid coatings maintain postharvest quality and reduce microbial load of strawberry fruit[J]. Postharvest Biology and Technology, 2016, 114: 29–35.

[54] HERNÁNDEZ-MUNOZ P, ALMENAR E, DEL VALLE V, et al. Effect of chitosan coating combined with postharvest calcium treatment on strawberry (*Fragaria×ananassa*) quality during refrigerated storage[J]. Food Chemistry, 2008, 110(2): 428–435.

[55] NGUYEN V T B, NGUYEN D H H, NGUYEN H V H. Combination effects of calcium chloride and nano-chitosan on the postharvest quality of strawberry (*Fragaria×ananassa* Duch.)[J]. Postharvest Biology and Technology, 2020, 162: 1–8.

[56] BOSE S K, HOWLADER P, JIA X C, et al. Alginate oligosaccharide postharvest treatment preserve fruit quality and increase storage life via abscisic acid signaling in strawberry[J]. Food Chemistry, 2019, 283: 665–674.

[57] KAFKAS E, KOSAR M, PAYDAS S, et al. Quality characteristics of strawberry genotypes at different maturation stages[J]. Food Chemistry, 2007, 100: 1229–1236.

[58] CORDENUNSI B R, OLIVEIRA DO NASCIMENTO J R, GENOVESE M L, et al. Influence of cultivar on quality parameters andchemical composition of strawberry fruits grown in Brazil[J]. Journal of Agricultural and Food Chemistry, 2002, 50(9): 2581–2586.

[59] CHEN H, GAO H, FANG X, et al. Postharvest biology and technology effects of allyl isothiocyanate treatment on postharvest quality and the activities of antioxidant enzymes of mulberry fruit[J]. Postharvest Biology and Technology, 2015, 108: 61–67.

[60] LI D, YE Q, LEI J, et al. Effects of nano-TiO$_2$-LDPE packaging on postharvest quality and antioxidant capacity of strawberry (*Fragaria ananassa* Duch.) stored at refrigeration temperature[J]. Journal of the Science of Food & Agriculture, 2017, 97(4): 1116–1123.

[61] DHITAL R, MORA N B, WATSON D G, et al. Efficacy of limonene nano coatings on post-harvest shelf life of strawberries[J]. LWT-Food Science and Technology, 2018, 97: 124–134.

[62] VICENTE A R, COSTA M L, MARTÍNEZ G A, et al. Effect of heat treatments on cell wall degradation and softening in strawberry fruit[J]. Postharvest Biology and Technology, 2005, 38(3): 213–222.

[63] MOHAMMADI L, RAMEZANIAN A, TANAKA F, et al. Impact of Aloe vera gel coating enriched with basil (Ocimum basilicum L.) essential oil on postharvest quality of strawberry fruit[J]. Journal of Food Measurement and Characterization, 2021, 15: 353–362.

[64] CHOI W S, SINGH S, LEE Y S. Characterization of edible film containing essential oils in hydroxypropyl methylcellulose and its effect on quality attributes of 'Formosa' plum (Prunus salicina L.)[J]. LWT-Food Science and Technology, 2016, 70: 213–222.

[65] JAFARZADEH S, NAFCHI A M, SALEHABADI A, et al. Application of bio-nanocomposite films and edible coatings for extending the shelf life of fresh fruits and vegetables[J]. Advances in Colloid and Interface Science, 2021, 291, Article 102405.

[66] NAVARRO-TARAZAGA M L, SOTHORNVIT R, PÉREZ-GAGO M B. Effect of plasticizer type and amount on hydroxypropyl methylcellulose-beeswax edible film properties and postharvest quality of coated plums (cv. Angeleno)[J]. Journal of Agricultural & Food Chemistry, 2008, 56(20): 9502–9509.

[67] HASSAN B, CHATHA S, HUSSAIN A I, et al. Recent advances on polysaccharides, lipids and protein based edible films and coatings: A review[J]. International Journal of Biological Macromolecules, 2018, 109, 1095–1107.

[68] SÁNCHEZ-MACHADO D I, LÓPEZ-CERVANTES J, SENDÓN R, et al. Aloe vera: Ancient knowledge with new frontiers[J]. Trends in Food Science & Technology, 2017, 61: 94–102.

[69] MAAN A A, NAZIR A, KHAN M, et al. The therapeutic properties and applications of Aloe vera: A review[J]. Journal of Herbal Medicine, 2018, 12:1–10.

[70] MARTÍNEZ-ROMERO D, ZAPATA P J, GUILLÉN F, et al. The addition of rosehip oil to Aloe gels improves their properties as postharvest coatings for maintaining quality in plum[J]. Food Chemistry, 2017, 217: 585–592.

[71] PALADINES D, VALERO D, VALVERDE J M, et al. The addition of rosehip oil improves the beneficial effect of Aloe vera gel on delaying ripening and maintaining postharvest quality of several stonefruit[J]. Postharvest Biology & Technology, 2014, 92: 23–28.

[72] KAROUI R, HASSOUN A. Efficiency of Rosemary and Basil Essential Oils on the Shelf-Life Extension of Atlantic Mackerel (Scomber scombrus) Fillets Stored at 2℃[J]. Journal of AOAC International, 2017, 100(2): 335–344.

[73] FALOWO A B, MUKUMBO F E, IDAMOKORO E M, et al. Phytochemical Constituents and Antioxidant Activity of Sweet Basil (Ocimum basilicum L.) Essential Oil on Ground Beef from Boran and Nguni Cattle[J]. International Journal of Food Science, 2019, 9:1–8.

[74] JIWANIT P, PITAKPORNPREECHA T, PISUCHPEN S, et al. The use of Aloe vera gel coating supplemented with Pichia guilliermondii BCC5389 for enhancement of defense-related gene expression and secondary metabolism in mandarins to prevent postharvest losses from green mold rot[J]. Biological Control, 2018, 117: 43–51.

[75] NCAMA K, MAGWAZA L S, MDITSHWA A, et al. Plant-based edible coatings for managing postharvest quality of fresh horticultural produce: A review[J]. Food Packaging and Shelf Life, 2018, 16: 157–167.

[76] BAL E. Influence of Chitosan-Based Coatings with UV Irradiation on Quality of Strawberry Fruit During Cold Storage[J]. Turkish Journal of Agriculture-Food Science and Technology, 2019, 7(2): 275–281.

[77] HAZRATI S, KASHKOOLI A B, HABIBZADEH F, et al. Evaluation of Aloe vera Gel as an Alternative Edible Coating for Peach Fruits During Cold Storage Period[J]. Gesunde Pflanzen, 2017, 69(13): 1–7.

[78] PINZON M I, SANCHEZ L T, GARCIA O R, et al. Increasing shelf life of strawberries (Fragaria ssp) by using a banana starch-chitosan-Aloe vera gel composite edible coating[J]. International Journal of Food Science & Technology, 2020, 55: 92–98.

[79] SOGVAR O B, SABA M K, EMAMIFAR A. Aloe vera and ascorbic acid coatings maintain postharvest quality and reduce microbial load of strawberry fruit[J]. Postharvest Biology and Technology, 2016, 114: 29–35.

[80] NOUROZI F, SAYYARI M. Enrichment of Aloe vera gel with basil seed mucilage preserve bioactive compounds and postharvest quality of apricot fruits[J]. Scientia Horticulturae, 2020, 262: 109041–109047.

[81] NUNES M, BRECHT J K, MORAIS A M B, et al. Possible Influences of Water loss and polyphenol oxidase activity on anthocyanin content and discoloration in fresh ripe strawberry (cv. oso grande) during storage at 1℃ [J]. Journal of Food Science, 2005, 70(1): S79–S84.

[82] RASOULI M, SABA M K, RAMEZANIAN A. Inhibitory effect of salicylic acid and Aloe vera gel edible coating on microbial load and chilling injury of orange fruit[J]. Scientia Horticulturae, 2019, 247: 27–34.

[83] KHORRAM F, RAMEZANIAN A, HOSSEINI S. Shellac, gelatin and Persian gum as alternative coating for orange fruit[J]. Scientia Horticulturae, 2017, 225: 22–28.

第4章 杧果的包装保鲜方法

4.1 MAP 结合精油保鲜杧果

4.1.1 引言

改善气调包装（MAP）是近年来广泛使用的一种用于延长新鲜水果和蔬菜货架期的保鲜技术。MAP 系统是利用包装内部的气体（CO_2 浓度增加和 O_2 浓度减少）和包装材料的透气性之间的结合来保鲜农产品。MAP 技术可以延缓果实成熟过程中的生理生化过程和衰老、减少病害发生和乙烯的产生，一段时间内有助于保持果实的品质、新鲜度和微生物的安全性 [1, 2]。MAP 已被用于控制几种食品中的细菌数量，特别是即食的新鲜农产品，因为包装中气氛成分的变化可能导致水果和蔬菜呼吸作用的减慢，从而延长它们的货架期。此前，一些研究人员已经报道了 MAP 用于保鲜石榴、香蕉、鳄梨和杧果等，文献 [3] 利用 MAP（5% CO_2 和 10% O_2）结合微孔聚乙烯膜包装杧果，先贮藏在 12℃下 3 周，然后贮藏在 20℃下 1 周，结果表明该方法能有效降低杧果的冷害损伤。

杧果是重要的热带水果作物之一，有 100 多个不同的品种。全球有 90 个国家种植杧果，在世界水果作物总产量中排名第五。杧果营养丰富，香味诱人，味道宜人。富含类胡萝卜素、维生素 C、有机酸、碳水化合物和矿物质。然而，采后杧果对一些致病菌是高度敏感的，容易染病腐烂。采后贮藏和运输过程中的腐败被认为是造成杧果采后损失的主要因素，给整个供应链将造成重大的经济损失 [4]。

多菌灵是一种全效杀菌剂，广泛应用于杧果等水果和蔬菜的采后病害管理，可通过采前喷雾、采后喷雾或浸泡热杀菌液等方式施用。多菌灵的推荐浓度是 0.05%。目前，多菌灵在欧盟被视为有害物质，在美国和澳大利亚已被禁止使用。然而，在一些发展中国家，如印度、中国和巴西，它仍然被广泛使用。这促使人们寻找多菌灵的替代品去控制杧果采后病害[4]。

植物精油（EOs）是一类具有生物活性的化合物，具有安全、易挥发、消费者接受度高、生物可降解、环境友好等特点。这使得 EOs 成为化学合成杀菌剂的替代品。最近，许多研究人员报道了 EOs 挥发物在水果和蔬菜采后贮藏过程中可以有效地抑制微生物的腐败[5, 6]。气相 EOs 施用浓度低，比液相 EOs 效率高，而且气相 EOs 不会改变食物的营养、功能和感官特性。已有很多文献研究了从百里香、肉桂、丁香、薄荷、香茅和柠檬草中提取的精油对采后病原菌的抑菌活性[7, 8]。

MAP 结合气相 EOs 天然抗菌剂是一项很有前途的新兴包装技术，主要通过抑制病原微生物的生长来提供高质量、安全的包装食品并延长其货架期。MAP 可以保持产品的货架质量，减少食品损失。但是 MAP 在减少损失方面的益处并没有得到很好的量化，特别是在采后供应链的实践方面。文献[9]开发了一种用于延长包装沙拉货架期的复合包装膜材料，该材料为乙烯—乙烯醇共聚物 / 聚丙烯 / 牛至 EOs 或乙烯—乙烯醇共聚物 / 聚丙烯 / 柠檬醛。文献[10]研究了 MAP 结合丁香 EOs/ 苄索氯铵复合物对鲜切小白菜的保鲜效果，结果表明，该技术可以降低微生物病害，提高食品安全性，延长鲜切小白菜的货架期。

许多研究人员已经报道了 EOs 和 MAP 联合应用的优势，通过最大限度地减少微生物腐烂的发生率，来保持贮藏食品的安全性和质量。但目前对 MAP 和 EOs 联合应用对水果的影响的研究较少，目前尚无 MAP 和 EOs 联合应用对杧果保鲜效果的报道。此外，对于以气相形式存在的 EOs 通过抑制腐败和延缓成熟过程来提高食品的货架期的影响，目前的研究还很有限。因此，MAP+EOs 在水果保鲜中的联合应用还需要进一步研究，这为本试验提供了理论依据。本试验探讨了气相 EOs 联合 MAP 对杧果采后病害防治的作用、抗氧化酶活性的变化及其理化和感官属性的变化。

在此之前，作者曾研究了 5 种不同的 EOs 在体外和杧果果实上对杧果病原体的拮抗作用[11]。以抗真菌活性为基础，选择百里香、丁香和肉桂三种精油做进一步研究。因此，本试验在 20℃贮藏温度下，对两个杧果品种（cv. Banganapalli 和 cv. Totapuri）采后贮藏期间的果实品质进行了检测。旨在评估 EOs 联合 MAP 对杧果的综合影响，包括病变发生率；质量参数（失重率、硬度、表皮颜色和感官属性）；生物活性化合物（总酚含量和黄酮含量）；DPPH 自由基的清除率；抗氧化酶活性（POD、SOD、CAT）。

4.1.2　材料和方法

4.1.2.1　材料

百里香精油、丁香精油和肉桂精油购于（Cyrus Enterprises，Chennai，Tamil Nadu，India）公司，在 4℃下保存待用。所有的生化分析试剂购于［Sisco Research Laboratories Pvt Ltd.（SRL），Mumbai，India］公司。多菌灵购于（Sulphur mills Ltd.，Mumbai，India.）公司。

4.1.2.2　方法

新鲜的杜果（cv. Banganapalli 和 cv. Totapuri）购于当地农场，挑选果实颜色和大小一致，无真菌感染和物理损伤的杜果用于试验。先用次氯酸钠（1%）洗涤 1min，蒸馏水冲洗，风干。

杜果分成 6 组，分别是：

第 1 组是未包装组，记为 Non-packed。

第 2 组是 MAP 联合定向聚丙烯膜组，记为 MAP+CARB：杜果用 0.05% 多菌灵浸泡 5min，定向聚丙烯膜的尺寸为 60cm×18cm，孔隙率为 0.00313%，氧气透过率为 20mL m^{-2} d^{-1} atm^{-1}，二氧化碳的透过率为 10000mL m^{-2} d^{-1} atm^{-1}。MAP 初始气体浓度为 5% CO_2+10% O_2。

第 3 组是只使用 MAP 技术，MAP 初始气体浓度为 5% CO_2+10% O_2，不含 EOs 和多菌灵，记为 MAP alone 组。

第 4 组是 MAP 联合含有百里香精油的滤纸条组，MAP 初始气体浓度为 5% CO_2+10% O_2，记为 MAP+TO。

第 5 组是 MAP 联合含有丁香精油的滤纸条组，MAP 初始气体浓度为 5% CO_2+10% O_2，记为 MAP+CLO。

第 6 组是 MAP 联合含有肉桂精油的滤纸条组，MAP 初始气体浓度为 5% CO_2+10% O_2，记为 MAP+CIN。

其中，第 4 ～ 6 组中的无菌滤纸条尺寸为 4cm×4cm，浸泡的精油浓度分别为 TO（75μL）、丁香精油（106μL）、肉桂精油（106μL）。精油的浓度是基于本试验作者之前的研究成果 [6]。将各组杜果贮藏在 20℃、80% ～ 85% 相对湿度下 25 天。

4.1.2.3　包装顶空气体分析

使用型号为 PBI danssensor CO_2/O_2 气体分析仪（Checkmate 9900，Denmark）分析贮藏期间包装内的 CO_2 和 O_2 浓度，单位为 %。将一块具有自黏性的小硅胶隔膜贴在包装膜上，探针穿过隔膜进入包装内抽取气体样本，然后注入分析仪中进行分析。

4.1.2.4　杜果质量参数测试

本试验所有测试项目参照文献 [4] 的描述，包括杜果的炭疽病发病率测试，单位为 %；

感染炭蛆病严重程度分析，严重程度在 1% ～ 10%，得 1 分；严重程度在 11% ～ 25%，得 2 分；严重程度在 26% ～ 50%，得 3 分；严重程度在 51% ～ 75%，得 4 分；严重程度在 75% ～ 100%，得 5 分。失重率测试，单位为 %；可溶性固形物含量（TSS）测试，单位为 %；可滴定酸含量（TA）测试，单位为 %；抗坏血酸（AC）测试，单位为 mg/100g；硬度测试，单位为 N；颜色参数测试，包括色相角 h° 和色度值 C；感官评定；总酚含量测试，单位为 mg GAE/g；黄酮含量测试，单位为 mg CE/g；DPPH 自由基清除率测试，单位为 %；过氧化物歧化酶（SOD）活性测试，单位为 U/mg protein；过氧化氢酶（CAT）活性测试，单位为 U/mg protein；过氧化物酶（POD）活性测试，单位为 U/mg protein。

4.1.3 结论和讨论

4.1.3.1 包装顶空气体成分分析

从表 4-1 和表 4-2 可以看出，在整个贮藏期间，所有处理组中，杧果（cv. Banganapalli 和 cv. Totapuri）包装内的 CO_2 浓度均有明显的升高，而 O_2 浓度则有明显的下降。CO_2 的积累和 O_2 的消耗与杧果果实成熟过程中的呼吸作用有关 [12]。MAP+EOs 组和 MAP+CARB 组杧果的呼吸速率均低于 MAP alone 组杧果的呼吸速率。第 25 天时，MAP+TO 组杧果（cv. Banganapalli）的 CO_2 和 O_2 浓度分别为 7.62% 和 5.45%。而 MAP+TO 组杧果（cv. Totapuri）20 天时的 CO_2 和 O_2 浓度为分别为 9.26% 和 3.28%。MAP+CARB 组杧果（cv. Banganapalli）的 CO_2 和 O_2 浓度分别为 7.34% 和 5.98%。气相 EOs 分子干扰了杧果的代谢模式，改变了其呼吸活动，EOs 对不同杧果品种的作用方式不同。在不同的采后处理组中，包装中的气体浓度有轻微的变化。MAP+TO 可以保持杧果的整体品质，而且包装内 CO_2 的浓度不超过 10%。MAP alone 组包装内 CO_2 的浓度超过 10%，与其他处理组相比，MAP alone 组杧果成熟得更快，这也会导致 MAP alone 组的杧果比 MAP+EOs 组的杧果更容易腐烂。

表 4-1　贮藏期间各处理组杧果（cv. Banganapalli）包装内的气体成分 [4]

处理组	贮藏时间 / 天					
	3		5		10	
	O_2/%	CO_2/%	O_2/%	CO_2/%	O_2/%	CO_2/%
MAP+TO	15.2±0.2d	3.86±0.2a	9.4±0.3e	5.29±0.41a	7.1±0.36d	6.25±0.11b
MAP+CLO	11.7±0.25b	6.3±0.29c	7.51±0.23c	6.82±1.55d	5.4±0.19b	8.45±0.26d
MAP+CIN	14.8±0.05c	4.27±0.06b	8.1±0.54d	6.13±0.34c	6.63±0.1c	6.74±0.41c
MAP+CARB	14.6±0.47c	3.94±0.18a	7.2±0.35b	5.84±0.27b	6.4±0.24c	6.01±0.23a
MAP alone	10.5±0.31a	9.81±0.34d	6.1±0.14a	11.92±0.03e	3.6±0.47a	13.16±0.38e

续表

处理组	贮藏时间 / 天					
	15		20		25	
	O_2/%	CO_2/%	O_2/%	CO_2/%	O_2/%	CO_2/%
MAP+TO	7.9±0.24e	5.1±0.29a	6.72±0.26e	6.54±0.25a	5.45±0.37d	7.62±0.03b
MAP+CLO	3.9±0.03b	9.08±0.45d	3.46±0.18a	9.41±0.51d	4.82±0.41b	12.09±0.6d
MAP+CIN	5.4±0.43c	5.97±0.31b	5.1±0.38c	6.89±0.18b	5.150.16c	8.94±0.59c
MAP+CARB	5.7±0.11d	6.38±0.17c	5.8±0.2d	7.87±0.64c	5.98±0.24e	7.34±0.33a
MAP alone	3.4±0.28a	13.33±0.36e	3.74±0.53b	14.71±0.42e	2.03±0.08a	14.85±0.47e

注：结果用平均值 ± 标准差表示，同一列数字上的不同小写字母表示基于 Tukey 测试的差异显著性（P<0.05）

表 4-2　贮藏期间各处理组杠果（cv. Totapuri）包装内的气体成分 [4]

处理组	贮藏时间 / 天					
	3		5		10	
	O_2/%	CO_2/%	O_2/%	CO_2/%	O_2/%	CO_2/%
MAP+TO	13.9±0.48e	4.62±0.40d	9.75±0.47e	8.46±0.72b	5.94±0.30c	8.81±0.61c
MAP+CLO	10.8±0.06b	4.57±0.62c	4.16±0.6b	9.37±0.34c	6.53±0.08d	10.1±0.42d
MAP+CIN	11.3±0.29c	3.96±0.07b	8.23±0.21c	8.14±0.41a	4.51±0.63b	7.8±0.67a
MAP+CARB	11.7±0.14d	5.13±0.15e	8.37±0.02d	9.89±0.55d	4.13±0.70a	8.37±0.32b
MAP alone	9.54±0.67a	3.28±0.34a	3.75±0.0a	11.67±0.30e	4.15±0.42a	14.9±0.24e

处理组	贮藏时间 / 天					
	15		20			
	O_2/%	CO_2/%	O_2/%	CO_2/%		
MAP+TO	5.16±0.35c	8.40±0.44b	3.28±0.57c	9.26±0.37a		
MAP+CLO	4.97±0.61b	9.20±0.56c	2.10±0.82b	11.63±0.23d		
MAP+CIN	4.80±0.03b	7.4±0.36a	4.83±0.21e	9.52±0.61b		
MAP+CARB	3.58±0.46a	8.20±0.47b	3.89±0.68d	9.81±0.11c		
MAP alone	3.61±0.59a	15.8±0.29d	1.32±0.3a	18.75±0.09e		

注：结果用平均值 ± 标准差表示，同一列数字上的不同小写字母表示基于 Tukey 测试的差异显著性（P<0.05）

4.1.3.2　炭疽病发病率分析

从图 4-1、表 4-1 和表 4-2 可以看出，MAP+EOs 和 MAP alone 组杠果的炭疽病发病率均显著低于未包装组杠果。EOs 的抗真菌性能与精油的成分和水果的品种有关。未包装组杠果（cv. Totapuri）的货架期最长可达 9 天，而未包装组杠果（cv. Banganapalli）的货架期为 10±1 天。贮藏 10 天后，未包装组杧果表现出明显的炭疽病症状，而 MAP alone 和 MAP+EOs 处理组的杧果，肉眼观察均未发现炭疽病发病和腐烂症状。MAP alone 组中，两种品种的杧果均在贮藏 15±2 天后开始发病。cv. Banganapalli 种杧果的发病率和严重程度低于 cv. Totapuri 种杧果，而未包装组杧果的严酷度评分得分更高。MAP alone 组杧果比未包装组杧果具有更长的货架期，这可能是因为 MAP 包装中存在较高的 CO_2 浓度，通过阻止叶绿素降解可以延缓杧果果实的成熟。贮藏期内，MAP+TO 组和 MAP+CARB 组杧果（cv. Banganapalli 和 cv. Totapuri）的病变率显著低于其他处理组和未包装组杧果。结果表明，MAP+TO 处理能有效地保持两个杧果品种的品质。

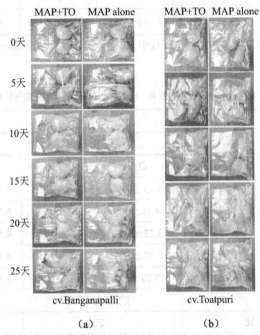

图 4-1　贮藏期间 MAP+TO 组和 MAP alone 组杧果（cv. Banganapalli 和 cv. Totapuri）的照片[4]（后附彩图）

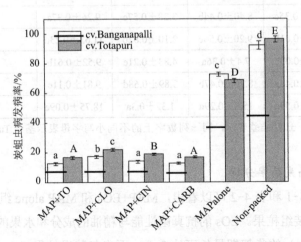

图 4-2　各处理组杧果（cv. Banganapalli 和 cv. Totapuri）在贮藏期间的炭疽病发病率[4]

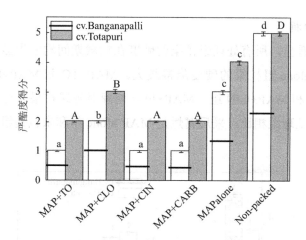

图 4-3　贮藏期间各处理组杜果（cv. Banganapalli 和 cv. Totapuri）的病变严酷度得分 [4]

MAP+TO 和 MAP+CIN 两个处理组中，两个杜果品种的炭疽病发病率均降低了 75% ～ 80%。MAP+CIN 和 MAP+CLO 处理能减少杜果的病原菌腐烂率。不同处理对杜果炭疽病发病的抑制力依次为：MAP+TO>MAP+CARB>MAP+CIN>MAP+CLO>MAP alone>Non-packed。两个杜果品种中，MAP+EOs 比 MAP alone 更有效地降低了炭疽病的发病率，可能是由于气相 EOs 的作用。本试验结果表明，适宜的百里香精油浓度为 66.7μL/L、肉桂精油的浓度为 106μL/L、丁香精油的浓度为 106μL/L。

4.1.3.3　失重率分析

从图 4-4 可以看出，在贮藏的最后一天，未包装组 cv. Banganapalli 种杜果的失重率为 8.16%，而 cv. Totapuri 种杜果的失重率为 11.36%，均高于 MAP alone 组 cv. Banganapalli 杜果的 7.05% 和 cv. Totapuri 杜果的 8.56%。与 MAP alone 组和未包装组相比，MAP+EOs 组杜果的失重率更少。EOs 与杜果表皮间的疏水性和相容性可能会导致表皮气孔关闭，从而防止杜果水分流失。总体来看，cv. Totapuri 种杜果的失重率明显高于 cv. Banganapalli 种杜果。

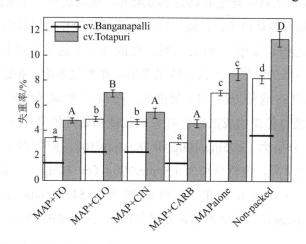

图 4-4　贮藏期间各处理组杜果（cv. Banganapalli 和 cv. Totapuri）的失重率变化 [4]

4.1.3.4 硬度分析

从图 4-5 可以看出，所有处理组杧果的硬度在贮藏期间均发生显著变化，其中未包装组杧果和 MAP alone 组杧果的硬度降幅最大。MAP+TO 和 MAP+CARB 组杧果的硬度优于 MAP+CLO 和 MAP+CIN 组。MAP+EOs 处理对延缓杧果软化、保持杧果硬度的效果最好。与其他处理组相比，采后腐烂是 MAP alone 组和未包装组杧果硬度损失的主要原因。

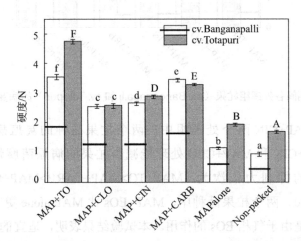

图 4-5　贮藏期间各处理组杧果（cv. Banganapalli 和 cv. Totapuri）的硬度变化 [4]

4.1.3.5 理化参数分析

从表 4-3 可以看出，贮藏期间，两种品种杧果的 TSS 显著增加，表明杧果的成熟过程持续进行。由于水果体内复杂的代谢过程和多种碳水化合物可分解为水溶性糖，都会增加水果的 TSS[13]。与其他处理组相比，未包装组杧果在贮藏末期的 TSS 值最大。贮藏期间杧果的 TA 值持续下降，未包装组杧果（cv. Banganapalli 和 cv. Totapuri）的 TA 值分别从 2.18% 和 2.34% 降至 0.46% 和 0.45%。结果表明，杧果的酸度值随贮藏时间的延长而降低，这可能是由于在贮藏过程中杧果的呼吸作用以及细胞利用有机酸作为贮藏能量的来源引起的。文献 [14] 研究表明，在改善气调包装下贮藏的杧果的 TA 值也表现出类似的持续下降的结果。本试验结果表明，在贮藏末期，相比于 MAP alone 组，MAP+EOs 组杧果的 TSS 含量更高，TA 值更低。在 MAP 贮藏过程中，抗坏血酸（AC）的损失增加，这可能与杧果的成熟过程有关。贮藏初始时杧果（cv. Banganapalli 和 cv. Totapuri）的 AC 值分别为 13.75mg/100g 和 18.92mg/100。而贮藏末期，MAP alone 组杧果的 AC 含量显著下降，数值分别为 9.80mg/100g（cv. Banganapalli）和 11.15mg/100g（cv. Totapuri）。未包装组杧果的 AC 值分别为 10.54mg/100g（cv. Banganapalli）和 12.73mg/100g（cv. Totapuri）。MAP+EOs 处理可以延迟杧果的成熟过程，也可以减慢杧果中 AC 的分解。

表4-3 贮藏期间各处理组杞果（cv. Banganapalli 和 cv. Totapuri）的理化参数 [4]

处理组	cv. Banganapalli			cv. Totapuri		
	TSS/%	TA/%	AC/(mg/100g)	TSS/%	TA/%	AC/(mg/100g)
初始值	8.8±0.3	2.18±0.1	13.75±0.5	8.2±0.3	2.34±0.05	18.92±0.4
最终值						
MAP+TO	17.6±0.05e	0.48±0.03ab	11.71±0.1d	14.4±0.4c	0.48±0.02bc	14.52±0.2e
MAP+CLO	16.4±0.4c	0.49±0.01bc	10.80±0.05c	14.0±0.3b	0.50±0.01cd	13.87±0.05d
MAP+CIN	15.8±0.1b	0.50±0.02bc	10.72±0.03c	14.2±0.5bc	0.49±0.05bc	13.61±0.03c
MAP+CARB	17.2±0.02d	0.48±0.04ab	11.81±0.1d	14.8±0.2d	0.47±0.03ab	14.62±0.14f
MAP alone	15.2±0.01a	0.51±0.02c	9.80±0.2a	13.6±0.1a	0.52±0.01d	11.15±0.2a
Non-packed	18.4±0.2f	0.46±0.05a	10.54±0.6b	15.6±0.3e	0.45±0.02a	12.73±0.1b

注：结果用平均值 ± 标准差表示，同一列数字上的不同小写字母表示基于 Tukey 测试的差异显著性（$P<0.05$）

4.1.3.6 颜色分析

从表4-4可以看出，未包装组杞果（cv. Banganapalli 和 cv. Totapuri）的 L* 值（颜色亮度）显著低于其他处理组，表明果皮发生了由炭疽病和腐烂引起的褐变和病变。MAP+EOs 组杞果 a* 值较 MAP alone 组和未包装组的杞果变化慢。相比于未包装组杞果，各处理组杞果的 hº 值变化显著。色相角表示的是人们感知的颜色，色相角 0º 表示红色，60º 表示黄色，120º 表示绿色。MAP+TO 组杞果显示出较高的 hº 值，表明杞果果皮颜色在光谱的黄绿范围内，色差 C 值表示杞果颜色的鲜亮程度。本试验中，MAP+TO 处理延迟了杞果的成熟过程，使杞果保持持久的绿色。所有处理组杞果的 a* 值在整个贮藏期间均呈下降趋势。在保持绿色方面，MAP+EOs 组杞果比未包装组和 MAP alone 组杞果呈现出更好的绿色。b* 值代表黄度，各处理组杞果的 b* 值呈上升趋势，cv. Banganapalli 种杞果从 13.3 上升到 39.97，cv. Totapuri 中杞果从 17.44 上升到 41.72。贮藏期间，杞果的软化和成熟对杞果的生长发育有一定的影响。由于果皮中的叶绿素减少或损失，杞果果皮的绿色在成熟过程中逐渐变成黄色，这可能跟类胡萝卜素的增加有关 [15, 16]。

表4-4 贮藏期间各处理组杞果（cv. Banganapalli 和 cv. Totapuri）的颜色参数 [4]

处理组	cv. Banganapalli				
	L*	a*	b*	C	hº
MAP+TO	52.88±2.45c	-7.59±0.25a	13.3±1.56a	31.25±2.7b	103.93±0.58f
MAP+CLO	59.53±3.1f	-2.15±0.29d	30.59±2.4d	38.01±3.2e	93.24±0.64c
MAP+CIN	57.99±1.59e	-3.06±0.31c	24.73±1.62c	10.09±2.89f	94.38±0.27d
MAP+CARB	54.66±2.7d	-3.75±0.68b	19.9±2.4b	35.1±1.82d	96.13±0.17e
MAP alone	45.48±1.18b	4.03±0.92e	34.95±1.58e	13.9±1.47a	73.1±0.25b
Non-packed	3824±2.78a	15.38±0.27f	39.97±2.7f	32.16±0.68c	61.42±0.47a

处理组	cv. Totapuri				
	L*	a*	b*	C	h°
MAP+TO	58.13±1.48f	−3.99±0.39a	17.44±0.93a	41.91±2.89f	95.46±2.8c
MAP+CLO	50.23±2.89c	−2.08±0.86d	21.06±0.69d	17.56±0.44a	96.80±2.69e
MAP+CIN	57.53±3.48d	−3.03±0.26c	19.15±0.57c	19.43±0.35c	98.97±1.52f
MAP+CARB	58.04±2.69e	−3.36±0.41b	18.13±0.79b	31.24±2.48d	96.17±2.36d
MAP alone	43.95±0.67b	−0.74±0.06e	35.73±3.7e	18.19±0.34b	92.33±2.85b
Non-packed	41.21±3.29a	7.52±0.28f	41.72±0.68f	40.43±1.7e	79.28±3.54a

注：结果用平均值 ± 标准差表示，同一列数字上的不同小写字母表示基于 Tukey 测试的差异显著性（P<0.05）

4.1.3.7 感官评定分析

从图 4-6 可以看出，贮藏期结束时，对两种杧果在颜色、口感、风味、质地、外观和总体可接受度方面进行评定，感官分析显示，各处理组杧果（cv. Banganapalli 和 cv. Totapuri）的总体可接受度得分没有很大的差异。在颜色方面，处理组杧果的评分分值变化很小，这表明 MAP+EOs 没有改变或破坏杧果的颜色。在风味方面，MAP alone 组和 MAP+EOs 组得分差异不大，MAP+EOs 组杧果的风味评分均高于 5 分。尽管评定小组成员的结论显示，MAP+TO 组和 MAP+CARB 组杧果的口感得分相当，但 MAP+TO 组杧果的表面颜色和总体可接受度更好。而且，打开包装后，MAP+TO 组杧果也没有不愉快的味道。

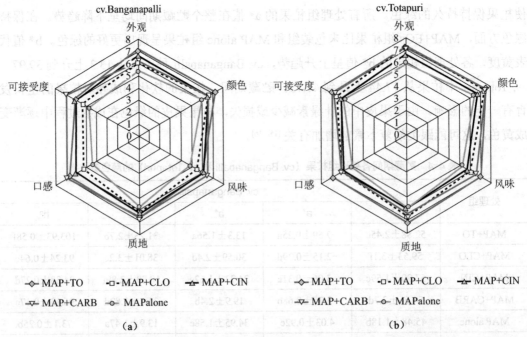

图 4-6 贮藏期间各处理组杧果（cv. Banganapalli 和 cv. Totapuri）的感官评分[4]

4.1.3.8　总酚含量、黄酮含量和 DPPH 自由基清除率分析

从图 4-7 可以看出，MAP+TO 组杞果的总酚含量和黄酮含量均显著高于 MAP+CARB 组、MAP alone 组和未包装组，不同品种间总酚含量变化幅度基本一致，但 cv. Totapuri 种杞果的黄酮含量高于 cv. Banganapalli 种杞果。MAP+TO 组杞果的总酚含量和黄酮含量越高，表明 MAP+TO 处理越有助于保留杞果总的活性物质。MAP+TO 组杞果的 DPPH 自由基清除率显著高于其他组，这可能是由于杞果的抗氧化活性很大程度上来自于自身的酚类化合物，精油成分也增强了杞果的抗氧化能力，也提高了果实组织对病原菌的抵抗力[17]。

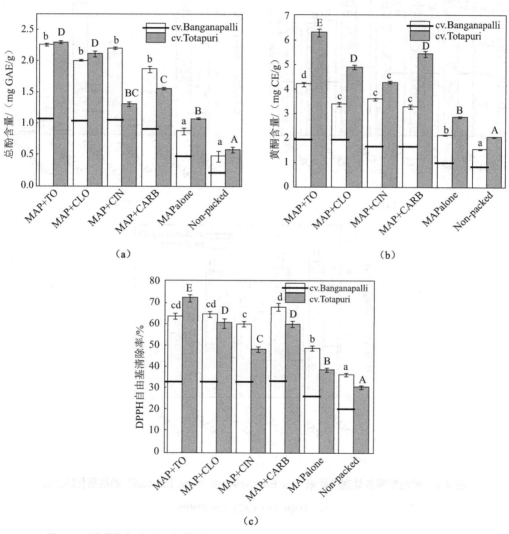

（a）　　　　　　　　　　（b）

（c）

图 4-7　贮藏期间各处理组杞果（cv. Banganapalli 和 cv. Totapuri）的总酚含量、
黄酮含量和 DPPH 自由基清除率[4]

4.1.3.9　SOD、CAT 和 POD 活性分析

从图 4-8 可以看出，MAP+TO 组杞果抗氧化酶的活性最高，未处理组杞果抗氧化酶

的活性最低。EOs 处理操作均显著提高了杧果的抗氧化酶活性。MAP+CARB 组杧果（cv. Banganapalli）的 SOD 活性最高，MAP+TO 组杧果（cv. Totapuri）的 SOD 活性最高。作者前期研究表明，使用浓度为 66.7μL/L 的气相 TO 处理后，杧果（cv. Banganapalli 和 cv. Totapuri）中的 POD、SOD、CAT 等抗氧化酶活性显著增强，有助于保持果实中酚类物质的含量。

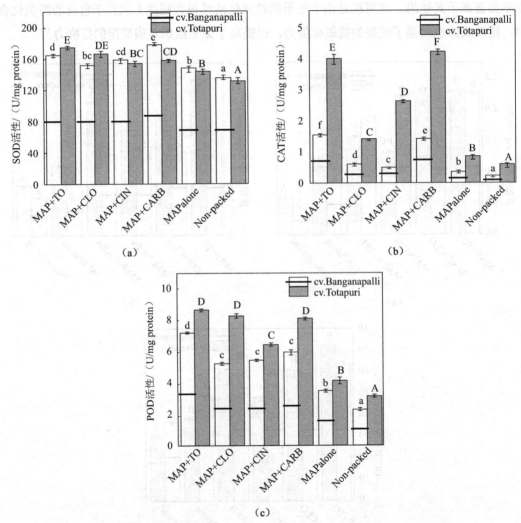

图 4-8 贮藏期间各处理组杧果（cv. Banganapalli 和 cv. Totapuri）的抗氧化酶活性

(a) SOD；(b) CAT；(c) POD[4]

MAP+TO 组杧果的 POD 活性最高，MAP+CARB 组次之。在 CAT 活性方面，MAP+TO 组杧果（cv. Banganapalli）和 MAP+CARB 组杧果（cv. Banganapalli）基本一致。而 MAP+CARB 组杧果（cv. Totapuri）略高于 MAP+TO 组杧果（cv. Totapuri）。EOs 处理的杧果果实对 DPPH 自由基的清除率显著高于未包装组和 MAP alone 组杧果。MAP+EOs 组杧果比

未包装组和 MAP alone 组杧果具有更高的抗氧化酶（SOD、POD 和 CAT）活性。众所周知，水果清除自由基的活性与抗氧化酶活性或总酚类和黄酮类化合物含量有关。EOs 可能刺激了抗氧化机制或次级代谢产物，从而增强了抗氧化能力。由此可见，EOs 对杧果抗氧化酶活性有一定的促进作用 [18]。

4.1.4　结论

本试验表明，气相 EOs 的使用能有效降低杧果采后病害的发生，显著提高杧果采后品质。经气相 EOs 处理的杧果的整体品质高于单独使用 MAP 处理组和未包装组。在 20℃贮藏期间，总体感官评分保持在可接受的范围内的 MAP+TO 处理操作，可使杧果（cv. Banganapalli）的无霉变贮藏期延长至 26±2 天，杧果（cv. Totapuri）的无霉变贮藏期延长至 23±2 天，可见 MAP+TO 处理对杧果的保鲜效果因品种而异。MAP+CIN 和 MAP+CLO 处理对延缓杧果采后腐烂和延长货架期也有显著作用。MAP+CIN 处理组杧果的货架期分别为 22±2 天（cv. Banganapalli）和 19±1 天（cv. Totapuri）。MAP+CLO 处理组杧果的货架期分别为 21±2 天（cv. Banganapalli）和 20±1 天（cv. Totapuri）。综上所述，MAP+EOs 作为一种新型的天然杀菌剂，可以用于延长杧果的货架期和维持其采后品质。

4.2　含二氧化氯微胶囊的抗菌膜保鲜杧果

4.2.1　引言

杧果生长在热带和亚热带地区，富含膳食纤维和维生素 C。杧果也是一种呼吸跃变型水果，采摘后由于各种代谢过程会出现变黄和变软的现象。此外，杧果易受微生物浸染和冷害的影响导致杧果变质。这些因素都影响杧果的食用价值和市场价值，因此需要新的安全的保存杧果的方法。

二氧化氯（ClO_2）因其较强的氧化能力和反应活性，被世界卫生组织确定为 A1 级高效杀菌剂。ClO_2 在食品加工杀菌和食品保鲜领域被广泛用作食品防腐剂，使用 ClO_2 杀菌的加工食品保持了食品原有的风味和外观 [19]。ClO_2 也是一种无毒的杀菌剂，通常低浓度的 ClO_2 可以直接对水果、蔬菜和肉类进行杀菌、消毒和保鲜。在新鲜食品的贮藏和运输过程中，发生在水果和蔬菜中的代谢过程如蛋白质代谢，会导致氧化和分解产生乙烯、二氧化碳和其他分解产物。乙烯影响水果和蔬菜的成熟和老化，而 ClO_2 可以阻止蛋白质等物质的新陈代谢 [20]。美国、西欧、加拿大、日本等国家和地区的多个组织，包括美国环境保护署、食品和药物管理局与农业部门，已经批准和推荐在食品、食品加工、饮用水消毒和食物保存中可以使用 ClO_2。2006 年前后，中国也开始推动 ClO_2 产品的应用。在 2006 年 6 月 1 日，中国确立了稳态 ClO_2 溶液的国家标准。中国卫生部还批准 ClO_2 可以作为消毒剂和食品添加剂[21]。

ClO_2 气体在减少食源性疾病、抑制微生物腐败、保持食品新鲜度、保持食品营养品质方面具有独特的优势。文献[22, 23]研究了 ClO_2 对番茄安全性的影响以及 ClO_2 对蓝莓的抗菌活性。此外，文献[24]研究了控制释放 ClO_2 气体对草莓新鲜度的影响，ClO_2 可以促进气孔关闭，降低失重率，减缓软化和腐烂。文献[25]研究发现，ClO_2 降低了青豆的呼吸速率，从而抑制了乙烯的产生，延缓了果实的衰老，提高了货架期。文献[26, 27]研究发现，ClO_2 处理有效地延缓了食物营养物质的流失，贮藏初期，ClO_2 处理桑葚果实中类黄酮和维生素 C 含量均低于对照组果实。经证实，如果贮藏时间较长，ClO_2 处理可以减缓黄酮类化合物和维生素 C 的损失。

虽然 ClO_2 已经被证明是一种强效水果保鲜剂，但 ClO_2 在杧果保鲜中的应用却很少被报道。本试验采用自制的含有 ClO_2 微胶囊的抗菌膜对杧果进行保鲜，并通过理化指标测定杧果在贮藏过程中的变化。

4.2.2　材料和方法

4.2.2.1　材料和试剂

草酸、2,6- 二氯靛酚、抗坏血酸、氢氧化钠、无水乙醇、PLA 膜（聚乳酸膜，定制，氧气透过率为 3500cm³ m⁻² 24h⁻¹，水蒸气透过率为 31.23g m⁻¹ 24h⁻¹），抗菌膜（自制，氧气透过率为 2800cm³ m⁻² 24h⁻¹，水蒸气透过率为 20.00g m⁻¹ 24h⁻¹）。

4.2.2.2　仪器和设备

分光光度计（CM-3600d；Japan Konica Minolta Company）、硬度计（GY-1 type；Zhejiang Top Instrument Co., Ltd.）、电子天平（PL601-L；METTLER TOLEDO Instrument Co., Ltd.）、数显阿贝折光仪（WYA-2S；Shanghai Shen Guang Instrument Co., Ltd.）、薄膜塑封机（SF-300；Wenzhou City Industrial Machinery Co., Ltd.）、人工气候箱（CLIMACELL404；Germany MMM Company）。

4.2.2.3　抗菌膜的制备

参照文献[28]的方法制备 ClO_2 微胶囊，胶囊壁材为 PLA，胶囊芯材为明胶 / 稳定态 ClO_2 溶液。制得的 ClO_2 微胶囊包埋率为 37.04%。将制备的微胶囊按 PLA 与酒石酸质量比的 20% 加入膜中制备抗菌膜。

4.2.2.4　杧果包装

选取大小均匀，无病虫害，无机械损伤，色泽和成熟度大致相同的杧果用于试验。

先用自来水清洗杜果，再用蒸馏水冲洗，风干后放在无菌台上，用紫外光灯照射消毒 5 分钟。将 PLA 膜和抗菌膜一并放在无菌台上用紫外光灯照射消毒 5 分钟。杜果包装示意图如图 4-9 所示。

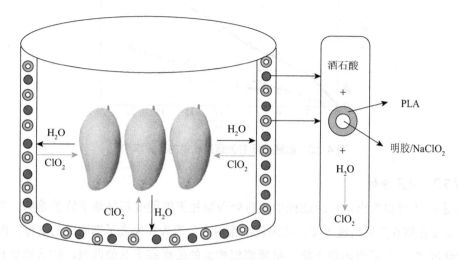

图 4-9　杜果包装 [21]

将杜果分为 3 组，分别为含 ClO_2 微胶囊抗菌膜包装组，简称抗菌膜组，记为 Antibacterial film；PLA 膜包装组，简称 PLA 组，记为 PLA film；对照组，不用任何包装，记为 Blank control。所有杜果贮藏在温度为 25℃、相对湿度为 50% 的气候箱中。在第 0、3、6、9、12、15、18 天和第 21 天，取出样品，测量相关指标。

4.2.2.5　杜果质量参数测试

本试验所有测试项目参照文献 [21] 的描述，包括杜果的失重率测试，单位为 %；硬度测试，单位为 kg/cm^2；色差变化；可溶性固形物含量（TSS）测试，单位为 %；维生素 C 含量测试，单位为 mg/100g；可滴定酸含量（TA）测试，单位为 %。

4.2.3　结论与讨论

4.2.3.1　失重率分析

从图 4-10 可以看出，贮藏过程中所有处理组杜果均出现重量损失，随贮藏时间的延长失重率呈线性增加。对照组杜果的失重率最大。第 21 天，对照组杜果的失重率约为 PLA 组的 2 倍，PLA 组杜果的失重率约为抗菌膜组的 1.5 倍。由于抗菌膜减少了杜果的水分蒸腾作用，阻止了水蒸气的散失，使杜果的失重率明显低于对照组。抗菌膜组杜果的失重率显著低于 PLA 组，这可能与抗菌膜释放出的 ClO_2 有一定关系，ClO_2 降低了杜果的呼吸强度 [24]。

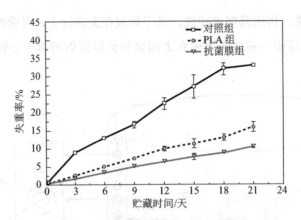

图 4-10　贮藏期间各处理组杞果的失重率 [21]

4.2.3.2　硬度分析

从图 4-11 可以看出，贮藏过程中所有处理组杞果的硬度都呈现下降的趋势。对照组杞果的硬度在第 6 天后迅速下降，原因是细胞内水分流失和失去了细胞壁的支撑。PLA 组杞果的硬度在 12 天后也迅速下降。抗菌膜组杞果的硬度高于其他两组，抗菌膜组杞果在第 21 天的硬度值比 PLA 组高 185.71%，比对照组高 566.67%。这可能是因为抗菌膜的阻隔作用能更好地阻止水蒸气的散失，而 ClO_2 气体的缓慢释放起到了抑制酶活性的作用，降低了代谢过程，抑制了果胶的产生和淀粉的水解，从而保持了细胞壁的完整性和杞果的硬度 [29]。

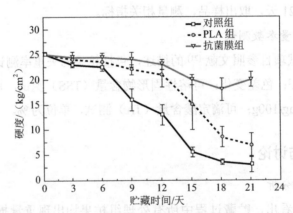

图 4-11　贮藏期间各处理组杞果的硬度 [21]

4.2.3.3　颜色分析

从图 4-12 可以看出，随着贮藏时间的延长，对照组杞果 b 值升高，果肉颜色逐渐变黄，在第 15 天达到最大值，数据表明杞果已经完全成熟了。第 12 天前，PLA 组和抗菌膜组杞果的 b 值变化不大。第 12 天后，b 值迅速增加。第 21 天，抗菌膜组杞果的 b 值比对照组和 PLA 组低了 31.25%，表明抗菌膜有效延缓了杞果变黄的时间。这可能是由于 PLA 薄膜在杜果表面产生了低氧条件，抑制了叶绿素的氧化分解。ClO_2 的抗菌性抑制了叶绿素酶的活性，使得抗菌膜组杜果的 b 值变化较小。

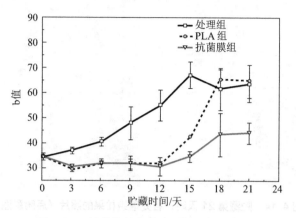

图 4-12　贮藏期间各处理组杜果的 b 值 [21]

从图 4-13 可以看出，对照组杜果的色差在贮藏过程中变化很大，从第 6 天到第 15 天，色差值迅速增加，且变化明显。在第 15 天到 21 天，颜色差值达到最大值，基本保持不变。这是因为随着贮藏时间的延长，杜果逐渐成熟，果肉变黄。PLA 组杜果的色差在第 9 天后迅速增加。第 21 天时色差值达到最大值，果肉呈现黄色，果皮出现黑斑，失去了商业价值。抗菌膜组杜果的色差较少，贮藏期间色泽稳定。第 21 天，抗菌膜组杜果的色差比 PLA 组和对照组分别降低了 72.26% 和 72.65%。抗菌膜缓慢释放的 ClO_2 气体导致酶活性降低，保护叶绿素不被水解和氧化，并保持了杜果的颜色。

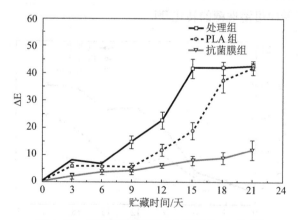

图 4-13　贮藏期间各处理组杜果的 ΔE 值 [21]

从图 4-14 可以看出，第 21 天，对照组杜果果皮颜色已经变黄，果皮表面出现了许多黑斑，表明杜果已经变质，失去了商业价值。此外，杜果内部的果肉也由白色变为黄色或黑色，表明由于微生物的浸染已失去食用价值。PLA 组杜果果皮颜色也变黄了，还有一些黑点，大部分果肉都变黄了。抗菌膜组杜果表皮呈现更多的绿色，皮肤颜色更深，果肉呈肉色，部分果肉轻微发黄，表明杧果仍具有商业价值和食用价值。

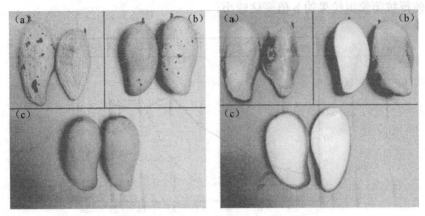

图 4-14　贮藏第 21 天时，各处理组杧果的照片（后附彩图）

（a）对照组；（b）PLA 组；（c）抗菌膜组 [21]

4.2.3.4　可溶性固形物（TSS）分析

从图 4-15 可以看出，各处理组杧果的 TSS 含量随着贮藏时间的延长而逐渐增加。对照组和 PLA 组杧果的 TSS 含量在第 6 天后急剧增加，在第 21 天达到最大值。这可能是由于随着贮藏时间的延长，果实中的大部分有机酸转化为可溶性糖，导致 TSS 含量增加。抗菌膜组杧果的 TSS 含量在贮藏期间保持相对稳定，第 21 天时，TSS 含量比 PLA 组低了 28.05%，比对照组低了 40.40%。这些结果可以解释为，ClO_2 可以抑制酰基辅酶 A 合成酶和酰基辅酶 A 氧化酶的合成，而这两种酶可以调节乙烯的生成，从而延缓杧果的成熟，抑制果实中某些有机酸向可溶性糖的转化 [30]。

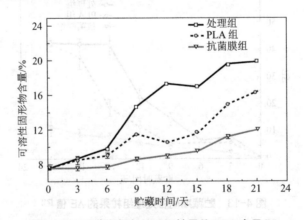

图 4-15　贮藏期间各处理组杧果的 TSS 含量 [21]

4.2.3.5　维生素 C 含量分析

从图 4-16 可以看出，随着贮藏时间的延长，各处理组杧果的维生素 C 含量均呈现先增加后降低的趋势。这可能是由于呼吸作用和酶的作用导致杧果的成熟，进而加速了维生素 C 的生成。之后维生素 C 含量的减少是由于在呼吸过程中维生素 C 被消耗。对照组和 PLA 组杭果的维生素 C 含量分别在第 6 天和第 9 天达到峰值，第 21 天降到最低。抗菌膜组杭果的维生素 C 含量变化缓慢，第 21 天比 PLA 组高了 182.30%，比对照组高了 520.74%。因此，抗菌膜对维持杭果维生素 C 含量有显著的作用，因为抗菌膜释放的 ClO_2 抑制了呼吸和乙烯的生成，从而降低了维生素 C 的氧化。

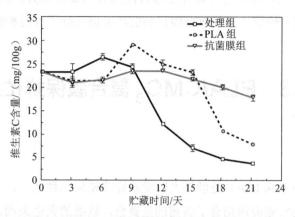

图 4-16　贮藏期间各处理组杭果的维生素 C 含量 [21]

4.2.3.6　可滴定酸含量（TA）分析

从图 4-17 可以看出，各处理组杭果的 TA 含量随贮藏时间的延长而降低。呼吸作用使有机酸含量增加。事实上，随着贮藏时间的延长，一些有机酸被转化为可溶性糖，一些被呼吸消耗，导致杭果果实中 TA 含量降低。PLA 组杭果的 TA 含量在第 12 天达到峰值，然后持续下降。对照组杭果的 TA 含量在第 9 天后显著降低，在第 21 天降到最低。抗菌膜组杭果的 TA 含量也发生了变化，在第 21 天，TA 含量比 PLA 组高了 125%，比对照组高了 718.18%。因此，抑菌膜有效地维持了杭果的 TA 含量，可能是通过阻止有机酸向可溶性糖的转化和释放的 ClO_2 抑制了杭果的呼吸引起的。

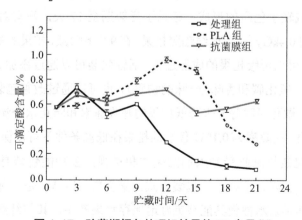

图 4-17　贮藏期间各处理组杭果的 TA 含量 [21]

4.2.4 结论

本试验的研究结果表明，未经处理的杧果易腐烂，遭受严重的重量损失和颜色变化，可溶性固形物含量明显增加，硬度、维生素 C 和可滴定酸含量降低。经抗菌膜处理的杧果上述指标均有显著改善。含有 ClO_2 微胶囊的抗菌膜有效延缓了杧果的腐烂，延长了杧果的货架期，在保持杧果营养和各种理化指标方面具有明显的优势。贮藏 21 天后，对照组杧果失去了食用和商业价值，而经抗菌膜包装的杧果仍保持了食用和商业价值。

4.3 PLA/CMC$_B$ 复合膜保鲜杧果

4.3.1 引言

泰国杧果（Nam Dok Mai）是世界上较受欢迎的杧果品种之一，它也是一种特别受欢迎的出口水果，因为它完美地结合了美丽的金黄色，软甜的黄色果肉，极佳的风味，诱人的香味、口感和营养特性[31]。它的高营养价值使其成为抗坏血酸、类胡萝卜素、酚类化合物以及其他膳食抗氧化剂的良好来源[32]。但杧果是一种具有高呼吸速率的跃变型水果，采后会引起物理和化学特性的变化以及容易发生采后质量损失。根据文献[33]的研究发现，呼吸速率增加会激发杧果重量损失以及高浓度乙烯的产生，这会导致软化、颜色变化和香气挥发物的散失。

杧果在运输过程中需要很好的保护以延长保质期。为了达到这一目标，采用了多种采后技术来延缓杧果的成熟过程，如化学药剂浸泡、涂膜、熏蒸、辐照、改善气调包装、活性包装、降低呼吸速率以及抑制乙烯产生等方法。文献[34]在温度 13℃、相对湿度 90% 的环境中使用 20% 芦荟胶结合 1% 壳聚糖涂膜保鲜杧果，结果表明，该成膜液对杧果提供了良好的保护效果，减轻了色斑的形成，延长了货架期至 12 天，没有对杧果的成熟产生负面影响。文献[35]使用 0.4kGy 的 γ 射线辐照杧果，在 9℃下贮藏，杧果的货架期延长至 41 天，结果表明，辐照处理可以延缓杧果的成熟过程。活性包装可以通过添加吸附剂或吸收剂（吸收氧、乙烯、水分、二氧化碳和香味 / 气味的物质），也可以通过改善包装膜的阻隔性能（薄膜涂覆、薄膜层合、微孔薄膜等）来降低杧果的呼吸速率和防止水分流失。例如，文献[36]使用低密度聚乙烯膜（孔隙率为 0.1%）包装的杧果在低温条件下可以保持长达 3 周的品质。

如今，多功能包装越来越受到人们的关注和重视，多功能包装是一种结合了活性包装和环保包装（可生物降解塑料）的包装方式。聚乳酸（PLA）是一种具有一定阻水性的生物塑料替代品。其半亲水性使其能够更好地保存水果产品，其与纤维素材料（天然纤维素和纤维素衍生物）间良好的相互作用也有利于多功能包装膜的开发[37]。例如，在 PLA 中添加由漂白甘蔗渣浆制备的羧甲基纤维素（CMC$_B$），利用两者分子间的相互作用可以获得机械性能更好和柔韧性更大的多功能包装膜[38]。CMC 是一种纤维素衍生物，吸湿性好，在水中溶解度高，具有成膜能力。它含有许多羟基和羧基基团可以形成水凝胶网络，使混合 CMC 的复合膜具有吸水性能，进而使得复合膜的吸水率提高，生物降解性变好。研究人员在利用 CMC 的亲水性和聚电解质特性来获得水蒸气控制和水分吸收方面已经做了大量研究，在聚合物基材中添加 CMC 会诱发水蒸气的吸附，从而导致水蒸气渗透率的增加[39]。

综上所述，在 PLA 膜中添加 CMC$_B$ 来控制水分吸收和水蒸气扩散，来延长新鲜水果和蔬菜的货架期的研究还未见报道。因此，本试验的目的是生产可生物降解的活性包装膜，并在包装中控制相对湿度，这是延长杙果货架期和防止炭疽病真菌浸染的关键机制。采用 PLA/CMC$_B$ 包装膜包装和贮藏杙果，并对其延长杙果货架期的能力进行了评价。

4.3.2　材料和方法

4.3.2.1　材料

PLA（4042D）购于（NatureWorks LLC，Minnetonka，Minnesota，USA）公司，颗粒状，表观密度为 1.26g/cm^3，熔体流动指数为 4～8g/10min，数均分子量为 120000g/mol，玻璃化转变温度为 52℃，熔点为 150℃。CMC$_B$ 粉末为实验室自制，其取代度为0.79，密度为 0.87g/cm^3，平均分子直径为 15μm，数均分子量为 755200g/mol。增塑剂为异山梨醇二酯（Polysorb ID 37），扩链剂为芳香族聚碳化二亚胺（BioAdimide 500XT），两者购于（Optimal Tech Co.，Ltd.）公司。出口级杙果（cv. Nam Dok Mai）购于（Shine Forth Co.，Ltd.，Pathumthani，Thailand.）公司，平均重量在 400～450g，七成熟，无质量缺陷。

4.3.2.2　PLA/CMC$_B$ 复合膜的制备

将 PLA、CMC$_B$（0%、1%、2% 和 4%w/w）、增塑剂（15%w/w）和扩链剂（0.5% w/w）混合，将上述混合物装入双辊塑炼机（Mach group band，model PI 140）中，在 160℃下混合 20min。然后，在研磨机（Carver，Inc.，USA）中研磨混合物。使用型号为 LabTech 95 的单螺杆挤出机［LTE20-30，L/D=40∶1（D=20mm，L=800mm）］生产 PLA/CMC$_B$ 复合膜。螺杆转速为 60r/min，环形模外径为 70mm，内径为 68.5mm，模口直径为 0.89mm，吹胀比为 2∶1。挤出吹膜的工作温度分布为 140℃–160℃–170℃–170℃。得到 PLA/CMC$_B$ 复合膜的厚度为 75μm。

4.3.2.3　杙果包装

将 450g 杙果装进 4 种不同比例的 PLA/CMC$_B$ 包装袋中，分为记为 PLA、PLA/CMC$_B$ 1%、PLA/CMC$_B$ 2% 和 PLA/CMC$_B$ 4%，包装袋的尺寸为宽 17.7cm× 长 27.9cm× 厚 0.0075cm，加热密封，包装顶空体积约为 1363cm^3。未包装杙果为对照组，记为 Control。本试验共使

用 425 个杧果，其中 300 个杧果用于品质测试，每组杧果 60 个：其中失重率测试用果 50 个，包装内相对湿度和温度测试用果 25 个，呼吸速率和乙烯生成量测试用果 50 个。杧果的贮藏条件为温度 13℃、相对湿度为 90% ～ 95%，进行品质测试时从每组中选取 3 个杧果，每 3 天测试 1 次。

4.3.2.4 杧果质量参数测试

本试验所有测试项目参照文献 [40] 的描述，包括杧果的失重率测试，单位为 %；硬度测试，单位为 N；颜色测试，包括 L*（亮度值）、a*（红度值）和 b*（黄度值）；可溶性固形物（TSS）含量测试，单位为 ºBrix；可滴定酸（TA）含量测试，单位为 %；呼吸速率测试，单位为 mg CO_2/kg/h；乙烯生成量测试，单位为 µL/kg/h；包装内相对湿度（RH）和温度测试；感官评定。

4.3.3 结果与讨论

4.3.3.1 包装内相对湿度和温度分析

从图 4-18 和图 4-19 可以看出，贮藏期间，各复合膜内的 RH 一直处于动态变化中。PLA 和 PLA/CMC_B 膜内的 RH 值前 3 天在 86%% ～ 87% 附近轻微波动，之后，PLA 膜的 RH 在 12 天内开始急剧增加到 95% 左右，在 30 天内逐渐增加到 96%。相反，PLA/CMC_B 膜的 RH 在第 5 天略有下降至 85%，然后缓慢上升。PLA/CMC_B1% 膜在 15 天后 RH 增加到 88%，在 33 天后增加到 95%。显而易见，添加了 2% 和 4% CMC_B 的 PLA 膜比添加 1% CMC_B 的 PLA 膜（PLA/CMC_B1% 膜在 24 天时，RH 为 89%）更能延缓 RH 的增加，PLA/CMC_B2% 膜的 RH 在第 36 天增至 94%，而 PLA/CMC_B4% 膜的 RH 在第 39 天才增至 94%。从第 27 天开始，PLA/CMC_B2% 膜和 PLA/CMC_B4% 膜之间的 RH 增加无显著性差异。这明显地证实了 PLA/CMC_B 膜可以较长时间地维持包装内的低水分条件（取决于 CMC_B 的用量）。需要注意的是，由于 PLA 膜的吸水率较低，其水蒸气渗透率小于 PLA/CMC_B 膜（数据参照文献 [40]），这说明 CMC_B 可以吸水，导致 PLA/CMC_B 包装膜内 RH 增加较慢，所以 PLA/CMC_B 包装膜内几乎没有水珠凝结，防雾度较好。而 PLA 膜是半亲水膜，其膜内快速升高的 RH 值，会使 PLA 膜内产生水珠凝结，防雾度较差（见图 4-18）。微生物在高 RH 条件下生长也会加快，进而加速腐烂 [41]。

从图 4-20 可以看出，各包装内温度波动幅度很小。PLA 膜内的温度升高得最多，而各 PLA/CMC_B 膜内的温度相对低一些，但各复合膜内的温度分布无显著差异。各 PLA/CMC_B 膜内温度在贮藏的第 24 天时大幅度升高，从 13.5℃升到 14.5℃，这是由于杧果的呼吸速率不断增加导致的。表明包装内部的低温控制依赖于 CMC_B 的添加量。降低贮藏温度会降低杧果的呼吸作用，而提高贮藏温度则会加速杧果的衰老，这与文献 [42] 的研究结论一致。

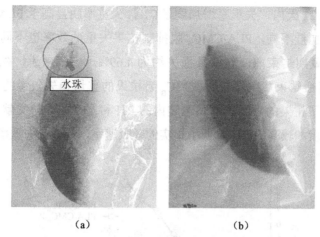

（a）　　　　　　　　　（b）

图4-18　包装膜的清晰度和防雾效果

（a）PLA 膜；（b）PLA/CMC$_B$4%[40]

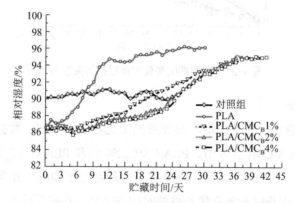

图4-19　贮藏期间各处理组包装内的相对湿度 [40]

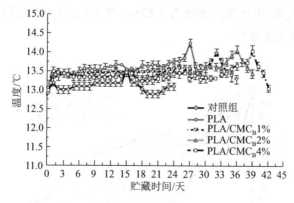

图4-20　贮藏期间各处理组包装内的温度 [40]

4.3.3.2　失重率分析

从图4-21可以看出，随着贮藏时间的延长，各处理组杜果的失重率持续增加，特别是对照组杞果，在 21 天内，失重率增加到了 7%，失重率明显高于 PLA 组和 PLA/CMC$_B$ 组杞果。CMC$_B$ 添加量不同，PLA/CMC$_B$ 膜抑制杞果失重的效率也不同。PLA/CMC$_B$ 4% 组杞果在 42 天贮藏期结束前，其重量损失约为 4.69%。一般来说，杞果重量下降 10% 既被认为是货架寿命结束 [43]。各 PLA/CMC$_B$ 组杞果的重量损失较慢的原因是由于 PLA/CMC$_B$ 复合膜控制了杞果的呼吸速率和包装内的 RH 和温度。这与文献 [44] 的研究结论是一致的，较低的温度和较高的 RH 降低了果实的呼吸速率，是果实失重率降低的原因。

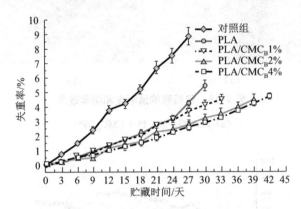

图 4-21　贮藏期间各处理组杞果的失重率 [40]

4.3.3.3　硬度分析

从图 4-22 可以看出，各处理组杞果硬度的变化在 3 ～ 50N，数据间存在显著差异。对照组、PLA 组、PLA/CMC$_B$1% 组，PLA/CMC$_B$2% 组和 PLA/CMC$_B$4% 组杞果，分别在贮藏的第 6、15、24 天和第 33 天时，硬度值下降均超过了 50%。杞果在贮藏过程中硬度的降低表明其质地从收获时的非常硬到成熟时的非常软。在杞果成熟过程中，杞果细胞壁的降解和细胞膜的高渗透性导致果胶、纤维素和半纤维素等多糖的加速降解使得杞果变软。第 42 天时 PLA/CMC$_B$4% 组杞果的硬度为 3.22N，PLA/CMC$_B$ 复合膜组杞果的软化速度比对照组和 PLA 膜的软化速度慢。

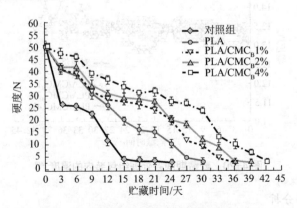

图 4-22　贮藏期间各处理组杞果的硬度 [40]

4.3.3.4 颜色分析

从图 4-23 可以看出，贮藏初期，杠果皮和果肉以鲜黄色为主。随着贮藏时间的延长，各处理组杠果果皮颜色黄度值 b* 的最大值分别出现在：对照组为贮藏的第 12 天，PLA 组、PLA/CMC$_B$1% 组和 PLA/CMC$_B$2% 组为 24 天，而 PLA/CMC$_B$4% 组为 36 天。而各处理组杠果果肉颜色黄度值 b* 的最大值分别出现在：对照组为贮藏的第 18 天，PLA 组为 27 天，PLA/CMC$_B$1% 组为 30 天，PLA/CMC$_B$2% 组为 33 天，PLA/CMC$_B$4% 组为 36 天。杠果果皮的 b* 值从 24.12 增加到 39.13，果肉的 b* 值从 20.75 增加到 47.49。文献 [45] 的研究表明，用杠果果皮和果肉的黄度值（b* 值）来告知消费者，当 b* 值达到 34.02 时，杠果成熟可以食用。随着贮藏时间的延长，杠果果皮和果肉中 b* 值的含量呈上升趋势，这与杠果果皮中叶黄素含量高以及 β 胡萝卜素含量增加有关 [46]。各处理组杠果的果皮和果肉 L* 值的降低趋势相似。相比 PLA 组和 PLA/CMC$_B$ 组，对照组杠果的 L* 下降速度更快。对照组杠果的 L* 值在贮藏初期（前 9 天）急剧下降，因为果肉和果皮中的黄色素由淡黄色急剧转变为暗黄色，而 PLA 组和 PLA/CMC$_B$ 组杠果的 L* 值在贮藏 21 天后才下降，PLA/CMC$_B$ 复合膜较 PLA 膜具有更强的延缓杠果皮和果肉变黄的能力。

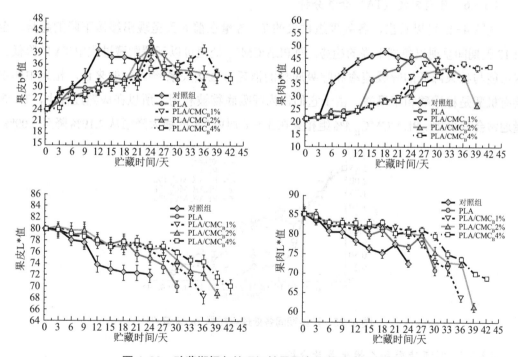

图 4-23 贮藏期间各处理组杠果果皮和果肉的颜色 [40]

4.3.3.5 可溶性固形物（TSS）含量分析

从图 4-24 可以看出，对照组杠果的 TSS 含量在 10.6～15.5ºBrix，而其他四组杠果的 TSS 含量在 10.6～16ºBrix。贮藏结束时，各处理组杠果的最高 TSS 含量分为出现在第

21、27、33、36天和第42天。显然，PLA/CMC_B处理在延缓杜果TSS的变化方面是非常有效的。对照组杜果从第6天到第24天的TSS含量变化明显不同于PLA组和PLA/CMC_B组杜果，尤其是PLA/CMC_B 4%组杜果，TSS含量呈现出缓慢增加的趋势。这意味着该处理可以延缓杜果的物理化学变化。杜果在贮藏过程中TSS含量的增加主要是由于在成熟期间淀粉水解为单糖，从而导致了TSS含量增加[47]。

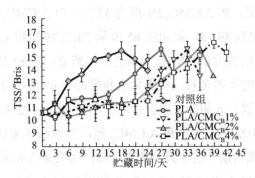

图4-24　贮藏期间各处理组杜果的TSS含量[40]

4.3.3.6　可滴定酸（TA）含量分析

从图4-25可以看出，各处理组杜果的TA含量在前6天呈现出缓慢下降的趋势，至第12天期间呈现出急剧下降的趋势。而PLA/CMC_B处理可以延缓贮藏过程中TA的降低。这可能与杜果降低的呼吸速率和呼吸底物的消耗有直接关系[48]。一般来说，杜果中的主要有机酸是柠檬酸和苹果酸，由于它们作为呼吸底物被利用，所以在成熟过程中，TA含量通常会减少[49]。PLA/CMC_B 4%组杜果在3～6周内TA的最大降幅从2.19%降至0.09%。

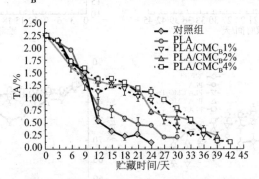

图4-25　贮藏期间各处理组杜果TA含量[40]

4.3.3.7　呼吸速率和乙烯生成量分析

从图4-26可以看出，贮藏期间，各处理组包装内的O_2含量均呈现下降趋势，从20.01%下降到16.69%，而CO_2含量则持续上升，从1.16%上升到8.06%。PLA组内O_2含量低于PLA/CMC_B组。贮藏过程中O_2含量较低，表明PLA组杜果的呼吸速率较高。这也是乙烯生成量增加的原因，呼吸速率和乙烯生成量随贮藏时间的变化趋势相似。随着贮藏时间的增加，杕果继续发育，呼吸速率和乙烯生成量持续增加直到绝对成熟期之后两者的变化趋于下降。乙烯气体能加速呼吸作用使杕果成熟、软化、衰老。PLA 组和 PLA/CMC$_B$ 组杕果的呼吸速率和乙烯生成量分别为 556 ~ 658mg CO_2/kg/h 和 1.0 ~ 1.4μL/kg/h。PLA/CMC$_B$4% 组杕果比其他组杕果的呼吸速率和乙烯生成量都要低，该组杕果的成熟期延迟长达 39 天。结果表明，PLA/CMC$_B$ 处理可以延长杕果货架期，主要是通过降低呼吸速率和蒸腾失水，调节影响果实代谢和乙烯生成实现的 [50]。

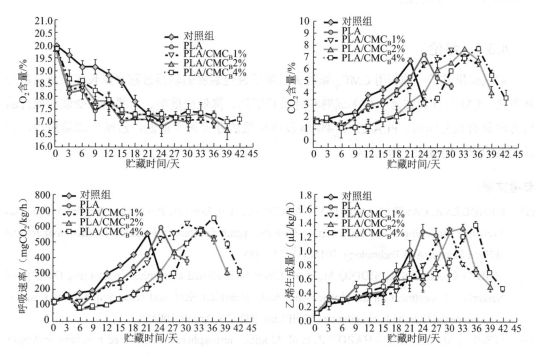

图 4-26　贮藏期间各包装内的气体含量、杕果的呼吸速率和乙烯生成量 [40]

4.3.3.8　感官评定分析

从表4-5可以看出，每个处理组杕果在贮藏结束时，得分均较高，得分范围在 4.0 ~ 4.2，即总体可接受性相似，且无显著差异。第 21 天时，PLA 组和各 PLA/CMC$_B$ 组杕果的得分大多在 2.6 ~ 3.5，这意味着轻微不喜欢或既不喜欢也不讨厌，可能是因为 PLA/CMC$_B$ 处理使得杕果的成熟阶段被延迟，杕果果皮的颜色不够亮黄，质地的软化程度较低导致的。

表 4-5　各处理组杕果的感官评定得分 [40]

处理组	总体可接受得分				
	21 天	27 天	33 天	36 天	42 天
Control	4.22±0.30c	—	—	—	—
PLA	3.57±0.13b	4.18±0.13b	—	—	—
PLA/CMC$_B$1%	2.62±0.23a	4.03±0.20b	4.00±0.15a	—	—

处理组	总体可接受得分				
	21 天	27 天	33 天	36 天	42 天
PLA/CMC$_B$2%	2.80±0.20a	3.57±0.06a	4.05±0.07a	4.05±0.28	—
PLA/CMC$_B$4%	2.85±0.17a	3.15±0.11a	3.92±0.16a	4.18±0.08	4.06±0.15

注：结果用平均值 ± 标准差表示，同一列数字上的不同小写字母表示基于 Duncan 测试的差异显著性（$P<0.05$），"—"表示无数据

4.3.4 结论

本试验报道了一种利用 CMC$_B$ 颗粒去控制活性包装膜的阻湿过程来延长杧果货架期的新方法。CMC$_B$ 含量在延缓杧果成熟和延长货架期、降低失重率、延缓质地变软和保持品质方面具有重要作用。PLA/CMC$_B$4% 包装内杧果的呼吸速率最低，乙烯生成量最少，因此杧果的货架期最长，为 42 天。

参考文献：

[1] MENDOZA R, CASTELLANOS D A, GARCIA J C, et al. Ethylene Production, Respiration and Gas Exchange Modelling in Modified Atmosphere Packaging for Banana Fruits[J]. International Journal of Food Science And Technology, 2016(51): 777–788.

[2] SIDDIQ R, AURAS R, SIDDIQ M, et al. Effect of modified atmosphere packaging (MAP) and NatureSeal® treatment on the physico-chemical, microbiological, and sensory quality of fresh-cut d'Anjou pears[J]. Food Packaging and Shelf Life, 2020,23, Article 100454.

[3] PESIS E, AHARONI D, AHARON Z, et al. Modified atmosphere and modified humidity packaging alleviates chilling injury symptoms in mango fruit[J]. Postharvest Biology and Technology, 2000, 19: 93–101.

[4] PERUMAL A B, NAMBIAR R B, SELLAMUTHU P S, et al. Use of modified atmosphere packaging combined with essential oils for prolonging post-harvest shelf life of mango (cv. Banganapalli and cv. Totapuri)[J]. LWT-Food Science and Technology, 2021,148, Article 111662.

[5] ATIF M, ILAVENIL S, DEVANESAN S, et al. Essential oils of two medicinal plants and protective properties of jack fruits against the spoilage bacteria and fungi[J]. Industrial Crops and Products, 2020, 147, Article 112239.

[6] ANAND BABU P, PERIYAR SELVAM S, RESHMA B N, et al. Effects of essential oil vapour treatment on the postharvest disease control and different defence responses in two mango (Mangifera indica L.) cultivars[J]. Food and Bioprocess Technology, 2017, 10: 1131–1141.

[7] ANAND BABU P, PERIYAR SELVAM S, RESHMA B N, et al. Antifungal activity of five different essential oils in vapour phase for the control of Colletotrichum gloeosporioides and Lasiodiplodia theobromae in vitro and on mango[J]. International Journal of Food Science and Technology, 2016,

51: 411–418.

[8] PERIYAR SELVAM S, MPHO M, SIVAKUMAR D, et al. Thyme oil vapour and modified atmosphere packaging reduce anthracnose incidence and maintain fruit quality in avocado[J]. Journal of the Science of Food and Agriculture, 2013, 93: 3024–3031.

[9] MURIEL-GALET V, CERISUELO J P, LÓPEZ-CARBALLO G, et al. Evaluation of EVOH-coated PP films with oregano essential oil and citral to improve the shelf-life of packaged salad[J]. Food Control, 2013, 30(1): 137–143.

[10] PARK J B, KANG J H, SONG K B. Clove bud essential oil emulsion containing benzethonium chloride inactivates Salmonella Typhimurium and Listeria monocytogenes on fresh-cut pak choi during modified atmosphere storage[J]. Food Control, 2019, 100: 17–23.

[11] PERIYAR SELVAM S, SIVAKUMAR D, SOUNDY P. Antifungal activity and chemical composition of thyme, peppermint and citronella oils in vapour phase against avocado and peach postharvest pathogens[J]. Journal of Food Safety, 2013, 33: 86–93.

[12] SILVEIRAA A C, MOREIRA G C, ARTES F, et al. Vanillin and cinnamic acid in aqueous solutions or in active modified packaging preserve the quality of fresh-cut Cantaloupe melon[J]. Scientia Horticulturae, 2015, 192: 271–278.

[13] MACORIS M S, DE MARCHI R, JANZANTTI N S, et al. The influence of ripening stage and cultivation system on the total antioxidant activity and total phenolic compounds of yellow passion fruit pulp[J]. Journal of the Science of Food and Agriculture, 2012, 92(9): 1886–1891.

[14] KIM Y, BRECHT J K, TALCOTT S T. Antioxidant phytochemical and fruit quality changes in mango (Mangifera indica L.) following hot water immersion and controlled atmosphere storage[J]. Food Chemistry, 2007, 105: 1327–1334.

[15] KHOO H E, PRASAD K N, KONG K W, et al. Carotenoids and their isomers: Color pigments in fruits and vegetables[J]. Molecules, 2011, 16: 1710–1738.

[16] MA G, ZHANG L, YUNGYUEN W, et al. Accumulation of carotenoids in a novel citrus cultivar "Seinannohikari" during the fruit maturation[J]. Plant Physiology and Biochemistry, 2018, 129: 349–356.

[17] WANG Y, BAI J, LONG L E. Quality and physiological responses of two late-season sweet cherry cultivars 'Lapins' and 'Skeena' to modified atmosphere packaging (MAP) during simulated long distance ocean shipping[J]. Postharvest Biology and Technology, 2015, 110: 1–8.

[18] MITTLER R. Oxidative stress, antioxidants and stress tolerance[J]. Trends in Plant Science, 2002, 7: 405–410.

[19] GIÃO M S, PEREIRA C I, PINTADO M E, et al. Effect of technological processing upon the antioxidant capacity of aromatic and medicinal plant infusions: from harvest to packaging[J]. LWT-Food Science and Technology, 2013, 50: 320–325.

[20] DU J, HAN Y, LINTON RH. Efficacy of chlorine dioxide gas in reducing Escherichia coli O157:H7 on apple surfaces[J]. Food Microbiology, 2003, 20: 583–591.

[21] ZHANG B D, HUANG C X, ZHANG L Y, et al. Application of chlorine dioxide microcapsule sustained-release antibacterial films for preservation of mangos[J]. Journal of Food Science and Technology, 2019, 56: 1095–1103.

[22] SUN X, BAI J, FERENCE C, et al. Antimicrobial activity of controlled-release chlorine dioxide gas on fresh blueberries[J]. Journal of Food Protection, 2014, 77: 1127–1132.

[23] SUN X, ZHOU B, LUO Y, et al. Effect of controlled-release chlorine dioxide on the quality and safety of cherry/grape tomatoes[J]. Food Control, 2017, 82: 26–30.

[24] WANG Z, NARCISO J, BIOTTEAU A, et al. Improving storability of fresh strawberries with controlled release chlorine dioxide in perforated clamshell packaging[J]. Food and Bioprocess Technology, 2014, 7: 3516–3524.

[25] JIANG L, FENG W, LI F, et al. Effect of one-methylcyclopropene (1-MCP) and chlorine dioxide (ClO$_2$) on preservation of green walnut fruit and kernel traits[J]. Journal of Food Science and Technology, 2015, 52: 267–275.

[26] CHEN Z. Development of a preservation technique for strawberry fruit *(Fragaria × ananassa* Duch.) by using aqueous chlorine dioxide[J]. Journal of Microbiology Biotechnology & Food Sciences, 2015, 5: 45–51.

[27] CHEN Z, ZHU C, HAN Z. Effects of aqueous chlorine dioxide treatment on nutritional components and shelf-life of mulberry fruit (*Morus alba* L.)[J]. Journal of Bioscience & Bioengineering, 2011, 111: 675–681.

[28] HUANG C, ZHANG B, WANG S, et al. Moisture-triggered release of self-produced ClO$_2$ gas from microcapsule antibacterial film system[J]. Journal of Materials Science, 53:12704–12717.

[29] TOMÁS-CALLEJAS A, LÓPEZ-GÁLVEZ F, SBODIO A, et al. Chlorine dioxide and chlorine effectiveness to prevent Escherichia coli O157:H7 and Salmonella cross-contamination on fresh-cut Red Chard[J]. Food Control, 2012, 23: 325–332.

[30] GUO Q, WU B, PENG X, et al. Effects of chlorine dioxide treatment on respiration rate and ethylene synthesis of postharvest tomato fruit[J]. Postharvest Biology and Technology, 2014, 93: 9–14.

[31] ARAUZ F L. Mango Anthracnose: Economic Impact and Current Options For Integrated Managaement[J]. Plant Disease, 2000, 84(6): 600–611.

[32] TALCOTT S T, MOORE J P, LOUNDS-SINGLETON A J, et al. Ripening associated phytochemical changes in mangos (Mangifera indica) following thermal quarantine and low-temperature storage[J]. Journal of Food Science, 2005, 70: 337–341.

[33] MEINDRAWAN B, SUYATMA N E, WARDANA A A, et al. Nanocomposite coating based on carrageenan and ZnO nanoparticles to maintain the storage quality of mango[J]. Food Packaging and Shelf life, 2018, 18: 1401–46.

[34] MUANGDECH A. Research on using natural coating materials on the storage life of mango fruit cv. Nam Dok Mai and technology dissemination[J]. Walailak Journal of Science & Technology, 2016, 13: 205–220.

[35] YADAV M K, KIRTIVARDHAN S P, SINGH P. Irradiation and storage temperature influence the

physiological changes and shelf life of mango (Mangifera indica L.)[J]. American Journal of Plant Biology, 2017, 2: 5–10.

[36] GILL P, JAWANDHA S, KAUR N, et al. Influence of LDPE packaging on postharvest quality of mango fruits during low temperature storage[J]. The Bioscan, 2015, 10: 1177–1180.

[37] RHIM J W, KIM J H. Properties of poly (lactide)-coated paperboard for the use of 1-way paper cup[J]. Journal of Food Science, 2009, 74: 105–111.

[38] KAMTHAI S, MAGARAPHAN R. Thermal and mechanical properties of polylactic acid (PLA) and bagasse carboxymethyl cellulose (CMCB) composite by adding isosorbide diesters[J]. Paper presented at the AIP Conference Proceedings, 2015, 1664,060006.

[39] ROY N, SAHA N, HUMPOLICEK P, et al. Permeability and biocompatibility of novel medicated hydrogel wound dressings[J]. Soft Materials, 2010, 8(4): 338–357.

[40] KAMTHAI S, MAGARAPHAN R. Development of an active polylactic acid (PLA) packaging film by adding bleached bagasse carboxymethyl cellulose (CMCB) for mango storage life extension[J]. Packaging Technology and Science, 2019, 32(2): 103–116.

[41] GARCÍA-GARCÍA I, TABOADA-RODRÍGUEZ A, LÓPEZ-GOMEZ A, et al. Active packaging of cardboard to extend the shelf life of tomatoes[J]. Food and Bioprocess Technology, 2013, 6(3): 754–761.

[42] WANG CY. Chilling injury of fruits and vegetables[J]. Food Reviews International, 1989, 5(2): 209–236.

[43] PAL R, ROY S, SRIVASTAVA S. Storage performance of Kinnow mandarins in evaporative cool chamber and ambient condition[J]. Journal of Food Science and Technology, 1997, 34: 200–203.

[44] LAM PF. Respiration rate, ethylene production and skin color change of papaya at different temperatures[J]. ISHS Acta Horticulturae, 1990, 269: 257–266.

[45] SOTHORNVIT R, RODSAMRAN P. Effect of a mango film on quality of whole and minimally processed mangoes[J]. Postharvest Biology and Technology, 2008, 47(3): 407–415.

[46] ORNELAS-PAZ J, YAHIA E M, GARDEA A A. Changes in external and internal color during postharvest ripening of 'Manila' and 'Ataulfo' mango fruit and relationship with carotenoid content determined by liquid chromatography-APcl+-time-of-flight mass spectrometry[J]. Postharvest Biology and Technology, 2008, 50(2-3): 145–152.

[47] ZHONG Q P, XIA W S, JIANG Y M. Effects of 1-methylcyclopropene treatments on ripening and quality of harvested sapodilla fruit[J]. Food Technology and Biotechnology, 2006, 44: 535–539.

[48] AZENE M, WORKNEH T S, WOLDETSADIK K. Effect of packaging materials and storage environment on postharvest quality of papaya[J]. Journal of Food Science and Technology, 2014, 51: 1014–1055.

[49] MEDLICOTT A P, THOMPSON A K. Analysis of sugars and organic acids in ripening mango fruits (Mangifera indica L. var Keitt) by high performance liquid chromatography[J]. Journal of the Science of Food & Agriculture, 1985, 36(7): 561–566.

[50] BEN-YEHOSHUA S. Individual seal packaging of fruits and vegetables in plastic film- a new postharvest technique[J]. Journal of the American Society for Horticultural Science, 1985, 20: 32–37.

第5章　香蕉的包装保鲜方法

5.1　芦荟胶／大蒜精油复合物保鲜香蕉

5.1.1　引言

香蕉是较受欢迎的热带水果之一，对当地市场和全球出口都具有重要的经济意义。它是一种极易腐烂的水果，采摘后由于不利的生理变化会快速变质[1]。在贮藏和销售过程中香蕉对各种病原菌非常敏感。炭疽病是香蕉采后主要浸染的病害之一，会导致重大的经济损失[2]。田地里浸染了该病菌的未成熟香蕉，在成熟后期会出现炭疽病症状，如褐色的凹陷或黑色的斑点病变[3]。

香蕉采后病害一般采用化学杀菌剂防治。然而，化学杀菌剂的广泛应用造成了环境污染，在水果表面残留的杀菌剂对消费者的健康构成了很大的风险。化学杀菌剂的这些不良影响导致需要找到替代品去防治香蕉的采后疾病，以减少对环境和人类健康的危害。近年来，天然植物提取物由于具有预防病原菌浸染和延长水果货架期的能力而受到广泛关注。与化学杀菌剂相比，它们对环境的影响微不足道，对人类健康的风险也很小。天然植物提取物含有次生代谢物，如酚类、黄酮类、生物碱或萜类，多年来一直被用作控制水果的采后真菌感染[4]。

芦荟胶是一种生物可降解的天然防腐剂，具有抑制微生物生长和保持新鲜农产品品质的功效。芦荟胶对胃肠道、溃疡、肾脏和心血管问题都有很好的疗效[5]。芦荟胶的化学成分主要由多糖、可溶性糖、酚类化合物、酶、维生素、氨基酸、蒽醌类和皂苷类组成[6]。当用作可食用涂层时，芦荟胶应用在葡萄、树莓和酸樱桃中显示出了抗真菌和抑制腐烂的特性[7]。

从植物中获得的精油对水果和蔬菜的采后病害具有抗菌和杀菌特性[8]。精油由于其消费者可接受性和环保特性而越来越受欢迎[9]。许多研究也表明，应用精油处理可以抑制水果中的炭疽病。大蒜作为传统药物被用于改善免疫系统，控制胆固醇水平，并可用作抗癌治疗。大蒜含有 200 多种化合物，其中一些是酶、维生素、蛋白质、矿物质、皂苷和类黄酮[10]。文献[11]研究表明，大蒜提取物对辣椒的炭疽病有防治作用。

众所周知，在聚合物涂层中加入精油可以防止微生物的生长。文献[12]研究表明，将肉桂精油添加到阿拉伯胶和蜂胶可食用涂层中，可抑制辣椒的炭疽病变。文献[13]研究表明，百里香精油和壳聚糖的联合应用提高了鳄梨低温贮藏过程中，果实对炭疽病的抵抗性。植物提取物和精油是生物杀菌剂的丰富来源，能有效地控制水果和蔬菜中的多种真菌。因此，本试验旨在探讨芦荟胶（AV）和大蒜精油（GO）对香蕉贮藏过程中炭疽病的发生和采后品质的影响。

5.1.2 材料和方法

5.1.2.1 材料

香蕉采自（Lasbela University of Agriculture，Water and Marine Science，Uthal，Balochistan，Pakistan）果园，将处于硬绿阶段的香蕉摘下立即送至实验室。香蕉没有表面缺陷，大小、颜色和成熟度都一致。

芦荟胶的制备方法参照文献[14]，将新鲜芦荟叶较厚的外层表皮去除，用搅拌器研磨并过滤去除纤维组织。大蒜精油购于［Malkani oil products（Pvt）Karachi，Pakistan］公司。试验分为四个处理组，分别为：纯净水作为对照组，记为 Control；芦荟胶组，记为 AV；芦荟胶 + 大蒜精油（0.05%），记为 AV+GO 0.05%；芦荟胶 + 大蒜精油（0.1%），记为 AV+GO 0.1%。香蕉的贮藏温度为 6℃，贮藏时间为 15 天。

5.1.2.2 抗菌测试

AV 和 AV+GO 复合成膜液抗真菌测试的方法参照文献[7]的描述，体外测试包括菌丝长度测试，单位为 mm；孢子萌发抑制率测试，单位为 %。体内测试包括病变率测试，单位为 %；病变严重度测试，单位为分。

5.1.2.3 香蕉质量参数测试

本试验所有测试项目参照文献[7]的描述，包括失重率测试，单位为 %；硬度指数测试；可溶性固形物（TSS）含量测试，单位为 °Brix；可滴定酸（TA）含量测试，单位为 %；总酚含量测试，单位为 mg/g；DPPH 自由基清除率测试，单位为 %。铁还原能力（FRAP）

测试，单位为 μmol/g；ABTS 自由基清除能力测试，单位为 μmol/g。

5.1.3　结果和讨论

5.1.3.1　体外抗菌试验分析

从图 5-1 可以看出，AV+GO 0.1% 处理对菌丝生长的抑制率最大（87.7%），其次是 AV+GO 0.05% 处理（69.4%）和 AV 处理（32.7%）。AV+GO 0.1% 处理和 AV+GO 0.05% 处理在 7 天培养期内对病菌的抑制率无显著差异。GO 在浓度较高（0.1%）时对炭疽病菌的抑菌活性更明显。体外测试结果表明，单独使用 AV 和 AV+GO 处理均能显著抑制孢子萌发。AV+GO 处理对炭疽病菌孢子萌发的抑制效果较单独使用 AV 或对照组更显著。AV+GO 0.1% 处理对孢子萌发的抑制率达 91.2%，其次是 AV+GO 0.05% 处理和 AV 处理，抑制率分别为 80.1% 和 55.5%。

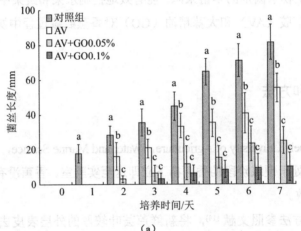

（a）

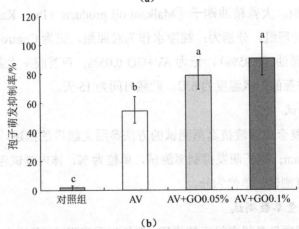

（b）

图 5-1　各成膜液对 25℃下培养 7 天的香蕉炭疽病菌的体外抑菌效果

（a）菌丝直径；（b）孢子萌发抑制率样条上的不同小写字母表示基于 Duncan 测试的差异显著性（P<0.05）[7]

芦荟胶具有无毒、高稳定性、亲水性和成膜能力等优点。有研究表明，AV 涂层能够抑制 Colletotrichum coccodes、Fusarium oxysporum 和 Rhizoctonia solani 三种菌的菌丝生长[15]。文献[13] 研究表明 AV 涂层联合百里香精油处理能显著抑制 Colletotrichum gloeosporioides 的菌丝生长，添加百里香精油能增强 AV 涂层的性能，并能减少贮藏期间鳄梨果实的炭疽病发病率。众所周知，AV 可以抑制细菌、真菌和病毒。AV 中的主要生物活性成分之一是芦荟苷，AV 的抗真菌活性与该化合物有关[16]。

精油对多种真菌都有抑菌活性，百里香精油可以在体外条件下控制香蕉炭疽病菌菌丝的生长，降低贮藏期间香蕉果实的疾病严重程度[17]。文献[18] 研究表明，GO 对三种真菌，即 Fusarium oxysporum、Aspergillus niger 和 Penicillium cyclopium 的活性有抑制作用。同样，GO 对 Colletotrichum sp.、Phytophthora infestans 和 Fusarium oxysporum 的抑制效果也很好[19]。精油是由多种成分组成的复杂混合物，很难将其抗真菌作用模式归因于某一种特定的机制。它们可能引起细胞膜破坏、离子渗透、蛋白质消耗、酶失活和遗传物质的破坏[20]。大蒜的抗真菌和抗菌特性归因于其活性成分的存在，如大蒜素、蒜素、大蒜烯、二硫素和二烯丙基硫化物[10]。在本试验中，AV+GO 对真菌的抑制作用可能是由于其生物活性物质的存在，抑制了炭疽病菌菌丝的生长和孢子的萌发。

5.1.3.2 体内抗菌试验分析

从图 5-2 可以看出，随着贮藏时间的延长，所有组香蕉的炭疽病症状逐渐加重。然而，与对照组相比，处理组香蕉在整个贮藏期间显著抑制了炭疽病症状的发展。贮藏末期，AV 组、AV+GO 0.05% 组和 AV+GO 0.1% 组香蕉的炭疽病发病率分别比对照组降低了25.1%、78.7% 和 92.5%。单独使用 AV 或 AV+GO 均表现出比对照组更高的杀菌活性。贮藏末期，AV、AV+GO 0.05% 和 AV+GO 0.1% 处理显著降低了香蕉的病害严重程度，分值分别降低了 30.0%、60.1% 和 81.0%。AV+GO 处理在整个贮藏期间的抑菌效果最好。所有组香蕉的外观照片如图 5-3 所示。

可食性涂层材料可抑制不良病原菌的生长，可用于防治果实采后病害。文献[21] 研究表明，阿拉伯树胶涂层与柠檬草精油和肉桂精油联合使用对木瓜和香蕉炭疽病病原菌具有杀菌效果。芦荟胶杀菌的具体作用方式尚未完全了解，但其抗真菌活性可能与芦荟大黄素、芦荟素等活性成分有关[22]。文献[23] 研究表明，体外试验中 GO 可以抑制辣椒炭疽菌菌丝生长，显著降低辣椒疾病的严重程度。精油的抗真菌特性取决于多种因素，如提取方法、化学成分、溶解度和微生物种类。目前已有不同的机制，但支持最多的是与植物次生代谢产生的挥发油化合物有关，这些化合物可以控制真菌病原体。本试验表明，AV+GO 具有良好的抗氧化性能和防治香蕉炭疽病的潜力。

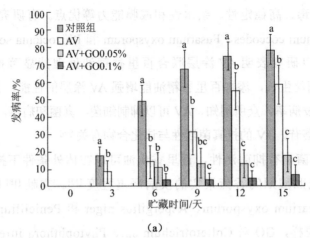

(a)

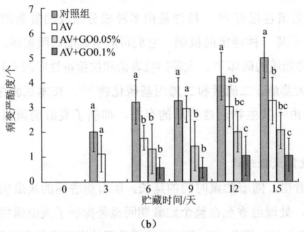

(b)

图 5-2　各成膜液对香蕉炭疽病菌的体内抑菌效果

其中：（a）发病率；（b）病变严酷度样条上的不同小写字母表示基于 Duncan 测试的差异显著性（P<0.05）[7]

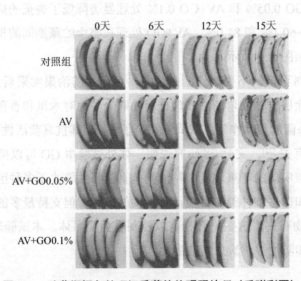

图 5-3　贮藏期间各处理组香蕉的外观照片[7]（后附彩图）

5.1.3.3 失重率分析

从图 5-4 可以看出，所有组香蕉在整个贮藏期间的失重率增加。贮藏 15 天后，AV+GO 0.05% 组香蕉的失重率为 13.6%，AV+GO 0.1% 组香蕉的失重率为 11.2%，显著低于其他处理组。除第 9 天外，对照组和 AV 组香蕉在整个贮藏期间的失重率无显著差异。AV 涂层的效果与其他可食用涂层相似，都可以减缓水果的水分流失，抑制呼吸速率。文献 [13, 24] 研究表明，在 AV 涂层中添加百里香精油和玫瑰果精油可改善牛油果和李子的采后品质。AV 主要由多糖组成，是一种高效的保湿剂。众所周知，在多糖中添加油脂类物质可以提高阻水的效果，增加脂质的含量，可以减少水分流失。AV+GO 可以在香蕉表面形成一层薄薄的薄膜，从而密封小伤口，减少水分流失。

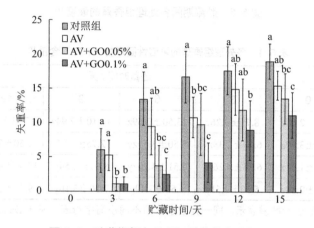

图 5-4　贮藏期间各处理组香蕉的失重率 [7]

5.1.3.4 硬度分析

从图 5-5 可以看出，贮藏期间所有组香蕉由于成熟变得柔软。贮藏末期，AV+GO 0.1% 组香蕉的硬度比对照组香蕉高了 50.6%，AV+GO 0.05% 组硬度比对照组高了 41.2%，AV 组硬度比对照高了 28.8%。香蕉果实的质地变化和软化决定了果实的货架期、贮藏性和病害发生率。众所周知，质地的变化与水果表面的水分流失有关，水分流失降低了细胞的膨胀压力。据报道，香蕉果实的软化过程与聚半乳糖醛酸酶、果胶甲基酯酶、果胶裂解酶和 β- 半乳糖苷酶的活性增加有关 [25]。香蕉硬度维持的原因可能与涂膜后较低的失重率有关。另外，也不排除 AV+GO 对软化香蕉的细胞壁水解酶有抑制作用。

5.1.3.5 可溶性固形物含量分析

从表 5-1 可以看出，所有组香蕉的 TSS 含量在整个贮藏期内逐渐增加，而各处理组香蕉的 TSS 含量增加的趋势被延迟。与对照组相比，AV 和 AV+GO 0.1% 处理显著降低了 TSS 含量。但在整个贮藏期间，对照组与其他处理组间 TSS 含量无显著差异。TSS 含量增加可能是由于碳水化合物转化为单糖和葡萄糖的原因。处理组香蕉较低的 TSS 含量可能是由于呼吸速率和代谢速率降低，减少了淀粉向糖的转化。

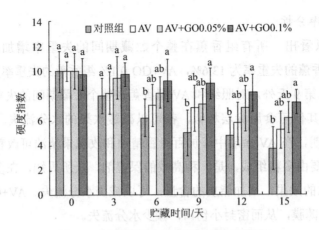

图 5-5　贮藏期间各处理组香蕉的硬度 [7]

表 5-1　各处理组香蕉的可溶性固形物（TSS）含量 [7]

处理组	贮藏时间 / 天					
	0	3	6	9	12	15
Control	4.51±2.08z	8.75±2.26z	13.50±3.69z	16.10±2.94z	17.25±2.75z	20.07±2.22z
AV	4.25±3.29z	6.50±2.38zy	8.50±3.51zy	12.75±3.86z	13.50±2.37zy	15.01±2.70y
AV+GO 0.05%	4.75±1.71z	6.25±1.26zy	7.51±4.20zy	8.07±2.54y	12.45±4.43zy	13.12±3.11y
AV+GO 0.1%	4.42±2.88z	5.50±2.51y	6.52±3.49y	7.50±3.10y	9.75±3.19y	12.25±2.87y

注：结果用平均值 ± 标准差表示，同一列数字上的不同小写字母表示基于 Duncan 测试的差异显著性（P<0.05）

5.1.3.6　可滴定酸含量分析

从表 5-2 可以看出，所有组香蕉的 TA 含量首先增加，直至第 9 天，其次下降到贮藏期结束。TA 含量下降最高的是对照组香蕉。在整个贮藏期间，AV+GO 组香蕉的 TA 含量显著高于对照组香蕉。对照组香蕉的 TA 含量降低得更快，可能是由于果实呼吸速率的增加，从而使有机酸被消耗得更多。AV+GO 组香蕉 TA 含量较高，可能是由于呼吸过程减缓和代谢减慢导致的。

表 5-2　各处理组香蕉的可滴定酸（TA）含量 [7]

处理组	贮藏时间 / 天					
	0	3	6	9	12	15
Control	0.27±0.06z	0.34±0.04y	0.37±0.07y	0.42±0.08y	0.37±0.05y	0.30±0.08y
AV	0.28±0.07z	0.35±0.08y	0.43±0.04zy	0.50±0.08zy	0.43±0.08zy	0.39±0.07zy
AV+GO 0.05%	0.27±0.06z	0.37±0.03zy	0.51±0.04z	0.52±0.05zy	0.50±0.06zy	0.42±0.05zy
AV+GO 0.1%	0.29±0.04z	0.44±0.04z	0.53±0.08z	0.56±0.06z	0.53±0.07z	0.46±0.06z

注：结果用平均值 ± 标准差表示，同一列数字上的不同小写字母表示基于 Duncan 测试的差异显著性（P<0.05）

5.1.3.7　总酚含量分析

从表 5-3 可以看出，所有组香蕉的总酚含量均先升高后逐渐下降。对照组和处理组香蕉的总酚含量分别在第 6 天和第 9 天达到峰值。在整个贮藏期间，AV+GO 组香蕉的总酚含量均高于对照组和 AV 组。植物多酚通过干扰植物致病酶的活性，影响病原菌生理，刺激寄主植物的抗性，在保护寄主免受病原菌侵袭方面发挥着重要作用[26]。文献[13] 研究表明，在 AV 涂层中添加百里香精油显著提高了鳄梨果实酚类成分的含量。本试验结果表明，AV+GO 处理可以通过提高香蕉的总酚含量来提高香蕉对炭疽病的抵抗能力。

表 5-3　各处理组香蕉的总酚含量 [7]

处理组	贮藏时间 / 天					
	0	3	6	9	12	15
Control	0.26±0.06z	0.31±0.06x	0.46±0.03zy	0.34±0.04x	0.27±0.04x	0.21±0.06x
AV	0.24±0.03z	0.33±0.05x	0.38±0.05y	0.49±0.05y	0.39±0.03y	0.30±0.07yx
AV+GO 0.05%	0.24±0.04z	0.44±0.04z	0.47±0.06zy	0.57±0.06zy	0.46±0.07zy	0.36±0.05zy
AV+GO 0.1%	0.27±0.05z	0.39±0.07z	0.54±0.04z	0.59±0.05z	0.55±0.06z	0.41±0.04z

注：结果用平均值 ± 标准差表示，同一列数字上的不同小写字母表示基于 Duncan 测试的差异显著性（$P < 0.05$）

5.1.3.8　抗氧化能力分析

从表 5-4 和图 5-6 可以看出，在整个贮藏期间，DPPH 自由基清除率最低的是对照组，最高的是 AV+GO 组香蕉。从第 9 天至第 15 天，AV 组或 AV+GO 组香蕉的 DPPH 自由基清除活性高于对照组。对照组和 AV 组香蕉的 FRAP 活性分别在第 6 天和第 9 天达到峰值，而 AV+GO 组香蕉的 FRAP 活性在第 12 天达到峰值。起初，AV 组、AV+GO 0.05% 组和对照组香蕉的 ABTS 活性增加至第 6 天，AV+GO 0.1% 组香蕉的 ABTS 活性增加至第 9 天，之后 ABTS 活性下降直至贮藏结束。文献[6] 的研究表明，AV 中含有多种生物活性物质，但芦荟大黄素被认为是有助于抗氧化活性的关键成分之一。另外，酚类化合物、类胡萝卜素和花青素是主要的天然植物抗氧化剂，可增强抗病能力。从这个意义上说，处理后的香蕉具有较高的抗氧化活性，可能是 AV+GO 抑制了香蕉炭疽病的原因。

表 5-4　各处理组香蕉的 DPPH 自由基清除率 [7]

处理组	贮藏时间 / 天					
	0	3	6	9	12	15
Control	15.23±4.64z	28.75±5.37zy	42.69±6.34zy	41.25±7.41y	26.32±7.63y	14.50±6.41y
AV	16.25±5.59z	32.50±5.74z	47.38±5.17z	45.19±5.36z	34.18±6.64y	19.25±5.80y
AV+GO 0.05%	17.02±4.19z	21.25±7.13y	31.48±4.98x	53.41±6.45zy	46.73±5.39z	34.68±7.84z
AV+GO 0.1%	14.55±6.81z	23.53±4.35zy	36.50±8.03yx	56.24±6.21z	54.52±6.19z	44.81±4.99z

注：结果用平均值 ± 标准差表示，同一列数字上的不同小写字母表示基于 Duncan 测试的差异显著性（$P < 0.05$）

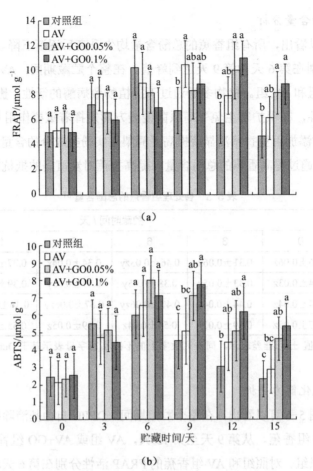

(a)

(b)

图 5-6　贮藏期间各处理组香蕉的抗氧化能力[7]

5.1.4　结论

植物杀菌剂能有效防治香蕉果实采后病害。AV+GO 处理可抑制香蕉的新陈代谢，增强对炭疽病的抵抗力。AV+GO 处理提高了香蕉的总酚含量和抗氧化活性，降低了香蕉采后失重、可溶性固形物含量、硬度和可滴定酸度的变化，改善了香蕉的采后品质属性。

5.2　天然溶血磷脂酰乙醇胺/大豆卵磷脂复合溶液保鲜香蕉

5.2.1　引言

磷脂和溶血磷脂作为潜在的植物生长调节剂已被广泛报道。溶血磷脂酰乙醇胺（LPE）等溶血磷脂的应用能促进成熟和加速与成熟相关的变化。例如，在收获前用 LPE 处理可以提高蔓越莓、苹果、红辣椒、葡萄和番茄果实的颜色 [27~30]。LPE 处理可以使番茄果实正常成熟，同时保持果实的硬度，延长果实的货架期，延缓果实和叶片的衰老 [31]。LPE 延缓衰老和延长货架期的确切机制尚不清楚。LPE 已被发现以一种高度特异性的方式抑制磷脂酶 D 的活性 [32]。已知的是磷脂酶 D 可以在乙烯诱导衰老的过程中被激活 [33]，这种激活会导致细胞膜破坏。因此，LPE 可能通过在果实衰老过程中保持细胞膜的健康来延长货架期。

香蕉是呼吸跃变型水果，采后一系列生理和生化变化会导致果实变软。在香蕉成熟过程中，一些主要的变化包括细胞膜的渗透性增加（渗漏），果肉硬度下降，淀粉减少，糖含量增加，果皮变薄，以及颜色和香味的变化 [34]。

商业销售中，香蕉于绿熟阶段被采摘，贮藏在改善气调室中，并在销售前用乙烯气体处理 [35]。这种气体处理方法可以使香蕉在几天内均匀成熟。在成熟过程中，果皮颜色的变化与叶绿素的分解和其他色素如类胡萝卜素的转化有关。只要果皮颜色大部分为黄色，很少有棕色斑点，香蕉就被认为是适合销售的。香蕉成熟后在 1～3 天就会从适销变为滞销。因此，将香蕉的货架期延长几天可以显著增加商业价值。

众所周知，果实成熟是由植物激素乙烯控制的 [36]。一些采后处理方法通过调节乙烯的作用或合成来延长香蕉的货架期。例如，已经发现 1-MCP 气体处理可以阻断乙烯受体，防止乙烯对水果组织的影响，延长货架期 [37, 38]。1-MCP 处理虽然保持了果实的硬度，延长了货架期，但延缓了鲜果的成熟，产生了不良的效果。这些不良效果包括颜色不均匀和风味化合物的减少，因而 1-MCP 处理不适合用来延长香蕉的货架期 [34]。

生长素和乙烯被认为是协同作用的，并能影响植物的许多方面，包括果实成熟。早期的研究报道表明，生长素如 2,4-D（2,4- 二氯苯氧乙酸）或 IAA（吲哚 -3- 乙酸）能够推迟香蕉呼吸跃变的发生。已有研究表明，内源性生长素对果实的成熟具有抑制作用，必须在果实成熟过程开始前被灭活。IAA 可抑制香蕉果实软化过程，抑制细胞壁降解酶的活性，如由乙烯刺激产生的聚葡萄糖醛酸酶、果胶甲基酯酶、果胶裂解酶和鼠李糖半乳糖醛酸酶。此外，还有研究报道了应用 IAA 调节淀粉酶活性和延缓淀粉降解 [39]。文献 [40] 研究表明，2,4-D 处理促进了香蕉果实乙烯的生成和果肉的成熟，但抑制了果皮的成熟，导致果皮出现异常褪绿现象。

最近的研究表明，采后香蕉浸泡 LPE（500mg/L）可以使香蕉的货架期延长 1 天 [41]。由于 LPE 是一种昂贵的化学物质，施用高浓度 LPE 将限制其延长香蕉货架期的商业价值。卵磷脂（Lecithin）已被发现可以提高 LPE 在水中的分散性 [42]。在本试验中，将 LPE 分散在 Lecithin 中降低其浓度和提高其有效性以延长香蕉的货架期。同时比较了采后浸泡 LPE 处理和人工合成生长素 NAA（1- 萘乙酸）处理对成熟过程中香蕉的影响。

5.2.2　材料和方法

5.2.2.1　原料和复合溶液制备

香蕉购于埃及当地超市，表皮75%为绿色。运往美国后，在配送中心被喷洒乙烯。测试前先用0.05%的漂白剂清洗香蕉果柄，再用蒸馏水冲洗三次，然后把水吸干备用。

按照重量和形状将香蕉分类，为了尽量减少差异性，选取相同数量、尺寸均匀的香蕉分别浸入三种溶液中30min。溶液分为LPE+Lecithin组、100μM NAA组和对照组（水）。为了更好地将LPE分散在水中，将LPE（提取自大豆卵磷脂，Doosan Serdary Research Laboratories，Englewood，N.J.）混入经脱油酶改性的大豆卵磷脂（Solae Company；St. Louis，MO，63188）中。据生产厂家介绍，该卵磷脂（Lecithin）分别含有5.5%、12.8%、17%、14.2%和9.3%的磷脂酸（PA）、磷脂酰乙醇胺（PE）、磷脂酰胆碱（PC）、磷脂酰肌醇（PI）和溶血磷脂酰胆碱（LPC）。在混合LPE之前，将Lecithin与乳酸乙酯、乙醇胺和辛酸混合，制得水稳定的卵磷脂分散体，这三种成分在分散体溶液中的最终浓度分别为15mM、5mM和4.4mM。最终的复合溶液中，LPE的浓度为100mg/L和200mg/L，Lecithin的浓度为500mg/L。单独使用Lecithin作为对照处理，比较单独使用Lecithin与LPE混合前后的效果。

5.2.2.2　香蕉质量参数测试

本试验所有测试项目参照文献[34]的描述，包括香蕉的适销性评价，单位为%；果皮离子渗透率测试，单位为%；果皮厚度测试，单位为mm；硬度测试，单位为N；表皮颜色测试，包括果皮色相角，叶绿素a和叶绿素b含量，单位为$mg\,kg^{-1}$；乙烯释放速率测试，单位为$ng\,kg^{-1}\,s^{-1}$；CO_2呼出速率测试，单位为$mg\,kg^{-1}\,s^{-1}$。

5.2.3　试验结果

5.2.3.1　香蕉适销性分析

是否适销的判断标准为以20%的果皮表面积长出棕色斑点的香蕉被认为是不适于销售的。从图5-7可以看出，在整个10天贮藏期内，LPE 200+Lecithin组香蕉的外观质量是最好的。与对照组相比，LPE 200+Lecithin处理大概延长了3天的额外货架期。对照组香蕉在第5天时的适销性约为47%，而LPE 200+Lecithin组香蕉在第8天后适销性下降，适销性达到57%。与对照组相比，单独使用Lecithin处理的香蕉的货架期更长。LPE 200处理组和LPE 500处理组分别比对照组香蕉延长了1～2天的货架期。与Lecithin组相比，LPE 500处理的香蕉货架期更长。LPE 200处理的货架期与Lecithin相似，特别是在贮藏的前6天（见表5-5）。

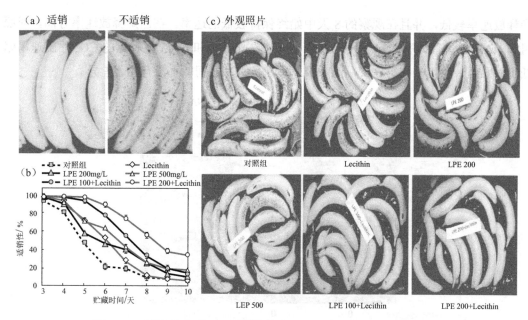

图 5-7　贮藏期间各处理组香蕉的适销性和外观照片 [34]（后附彩图）

表 5-5　室温条件下，贮藏第 7 天时各处理组香蕉的相关质量参数 [34]

处理组	适销性 /%	果皮厚度 /mm	果皮离子渗透率 /%	叶绿素 a 含量 /（mg/kg）	叶绿素 b 含量 /（mg/kg）	果肉硬度 /N
Control	163.+1.25d	3.0+0.14b	65.2+1.14a	0.54+0.11c	0.29+0.15b	3.8+0.06b
Lecithin	28.6+1.43c	3.6+0.25ab	61.5+1.41a	1.67+0.20b	1.10+0.28a	3.2+0.11b
LPE 100mg/L+Lecithin	83.7+1.67b	4.1+0.2a	50.7+0.68b	4.85+0.66a	1.26+0.39a	4.9+0.16a
LPE 200mg/L+Lecithin	91.8+1.58a	4.4+0.16a	45.9+1.12b	4.90+0.52a	1.04+0.06a	5.4+0.03a

注：结果用平均值 ± 标准差表示，同一列数字上的不同小写字母表示基于 Duncan 测试的差异显著性（P<0.05）

5.2.3.2　不同处理对香蕉质量参数的影响分析

从图 5-8 可以看出，LPE+Lecithin 组香蕉呈现出成熟的表面和正常的黄色，而 NAA 组约有 76% 的香蕉呈现出不均匀的褪绿现象。这种不均匀的褪绿现象在 10 天贮藏期内持续存在。对照组香蕉虽然未出现不均匀的褪绿现象，但对照组香蕉失去适销性更快。

从贮藏的第 4 天开始，对水果进行适销性评价。同时测定了浸泡处理后 10 天贮藏期香蕉果皮的颜色、果肉硬度、乙烯释放速率和 CO_2 呼出速率的变化。从图 5-9 可以看出，正如预期的那样，对照组香蕉很快就失去了适销性，贮藏 7 天后，只有不到 10% 的香蕉还具有适销性，LPE+Lecithin 组有近 70% 的香蕉具有适销性，而 NAA 组只有约 20% 的香蕉具有适销性。在整个 10 天的贮藏期内，LPE+Lecithin 组和 NAA 组香蕉比对照组香蕉更硬实。从第 7 天开始，LPE+Lecithin 组香蕉的色度角数值最高。从第 8 天开始，NAA 组香蕉的色相角数值高于对照组，但仍低于 LPE+Lecithin 组香蕉。LPE+Lecithin 组香蕉乙烯释放速率较低，并且在观察的 8 天中始终保持较低的速率。在乙烯释放速率方面，对照组和 NAA 组香蕉似乎差异不大。虽然 LPE+Lecithin 组和 NAA 组香蕉的 CO_2 呼出速率略低于对照组，特别是在第 6 天，但呼吸速率在各处理之间似乎没有显著差异。

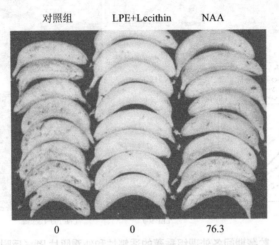

图 5-8　室温条件下，贮藏第 5 天时各处理组香蕉的外观照片 [34]（后附彩图）

其中：Control 组为水；NAA 组浓度为 100μM；LPE（200mg/L）+Lecithin（500mg/L）；浸泡时间为 30min

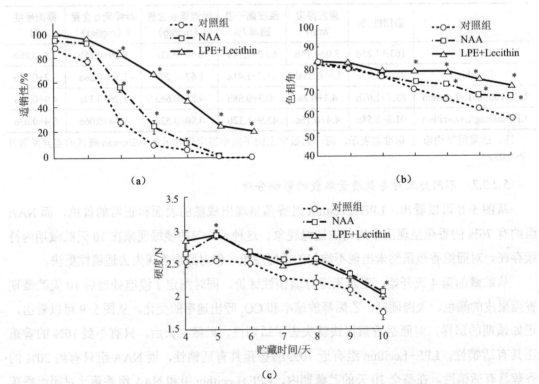

(a)

(b)

(c)

图 5-9　室温条件下，贮藏期间各处理组香蕉的适销性、色相角和硬度 [34]

其中：Control 组为水；NAA 组浓度为 100μM；LPE（200mg/L）+Lecithin（500mg/L）；浸泡时间为 30min

* 表示数据间的差异显著性（P ≤ 0.05）

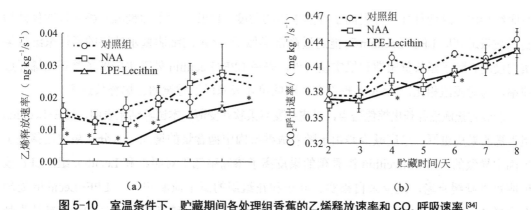

图 5-10　室温条件下，贮藏期间各处理组香蕉的乙烯释放速率和 CO_2 呼吸速率 [34]

其中：Control 组为水；NAA 组浓度为 100μM；LPE（200mg/L）+Lecithin（500mg/L）；浸泡时间为 30min

* 表示数据间的差异显著性（P ≤ 0.05）

5.2.4　讨论分析

LPE+Lecithin 处理可显著延长香蕉的货架期。与对照组相比，LPE+Lecithin 处理延长了额外的 3 天货架期。然而，这种处理并没有影响香蕉正常的成熟过程。香蕉一旦开始成熟，其货架期就很短。因此，将香蕉的货架期延长 3 天可以增加香蕉的商业价值。本试验结果表明，LPE+Lecithin 处理对提高香蕉的货架期具有潜在的商业价值。

与对照组相比，Lecithin 处理也可以延长香蕉的货架期。然而，这种货架期的延长远远小于 LPE+Lecithin 处理。Lecithin 不溶于水，但能更好地分散 LPE。本试验中发现，当 LPE 分散在 Lecithin 中时，LPE 和 Lecithin 对延长货架期有叠加作用。这表明，在 Lecithin 存在的情况下，LPE 能够更好地渗透，或者 Lecithin 和 LPE 以某种方式相互作用增强了 LPE 的效果，延长了香蕉 3 天的货架期。由于 Lecithin 是磷脂的粗混合物，这些脂类有可能与 LPE 相互作用，增强其积极作用。

需要指出的是，目前还没有商业上可行的措施可以提高香蕉的货架期。许多研究发现采后 1-MCP 处理可以提高香蕉的货架期 [43～45]。虽然 1-MCP 处理保持了果实的硬度，但它也抑制了颜色的变化以及香气和风味的形成。因此，这种方法在商业上不可行。

本试验的结果表明，与对照组相比，NAA 处理显示出了货架期的改善。但是 NAA 组香蕉呈现出异常的褪绿现象。文献 [40] 研究表明，2,4-D 溶液处理可以促进香蕉的乙烯生成和果肉成熟，但果皮中存在的生长素抑制了果皮的成熟，导致出现异常的褪绿。水果的颜色和外观是决定水果适销性的最重要的因素。当香蕉果实变黄，果皮上有棕色斑点时，就失去了适销性。因此，虽然采后使用生长素或 1-MCP 处理可以延缓褐斑的出现，但不能使果皮呈现正常的黄色。因此，这些处理方法在商业上延长香蕉货架期是不可行的。

本试验的结果表明，采后 LPE+Lecithin 处理的某些效果与 NAA 处理相似。例如，与对照组相比，这两种处理都提高了香蕉果肉的硬度。LPE 对聚葡萄糖醛酸酶活性的体外抑制已被报道 [46]。LPE+Lecithin 可能通过降低类似于 NAA 的细胞壁水解酶的活性来维持果实的硬度。除了延长货架期和果实硬度外，采后 LPE+Lecithin 处理也降低了香蕉乙烯释放速率。与对照组相比，NAA 处理仅在贮藏的第 4 天降低了香蕉的乙烯释放速率。

随着香蕉成熟并长出棕色斑点，果皮会变得柔软并变薄。本试验结果表明，LPE+Lecithin 组香蕉的果皮更厚，厚度减少是由于随着成熟果肉中糖含量的增加，水分从果皮迁移进了果肉中导致的。LPE+Lecithin 组香蕉的果皮离子渗漏率低于对照组和 Lecithin 组，LPE 被证明可以延缓衰老，减少来自果实、叶子和花组织的离子泄漏 [31, 47]。LPE+Lecithin 处理在衰老过程中减少离子渗透率的确切机制尚不清楚。然而，磷脂酶 D 活性的增加被认为是乙烯在衰老过程中触发一些细胞变化的机制 [33]。据报道，外源应用 LPE 可抑制该酶的活性 [32]，表明 LPE 对膜稳定性的保护可能延缓组织衰老。本试验的结果表明 LPE+Lecithin 处理可以在衰老过程中保持膜的完整性。

本试验结果表明，LPE+Lecithin 处理能够使香蕉的适销性延长 3 天以上，且对果实品质没有明显的不良影响。

5.3 低温结合真空包装保鲜香蕉

5.3.1 引言

香蕉又名芭蕉，是世界上重要的水果作物之一，也是马来西亚非常受欢迎的热带水果之一。在世界贸易排名中，香蕉是第五大最重要的商品，排在谷物、糖、咖啡和可可之后 [48]。2018 年最大的香蕉生产国是厄瓜多尔，产量为 665 万吨，其次是印度，产量为 295 万吨。这两个国家的产量主要服务于本国国内市场。根据马来西亚水果作物统计，2018 年，香蕉种植面积约为 30455.45 公顷，仅次于榴莲（73739.58 公顷）。2018 年，马来西亚香蕉产量为 330956.54 吨，仅次于榴莲产量 341331.60 吨。

香蕉因其采摘容易、成本低、用途多样、热量高、营养含量高而闻名。它含有碳水化合物、粗纤维、蛋白质、脂肪、灰分、磷、铁、β- 胡萝卜素、核黄素、烟酸和抗坏血酸 [49]。香蕉有时被用来治疗胃溃疡和腹泻。香蕉富含维生素 A 和维生素 B6，对预防癌症和心脏病也有好处。它的高钾含量可以控制血压、减少心血管病 [50]。大量证据表明香蕉有益健康，可以降低患心血管疾病和癌症的风险，因而被许多协会推荐食用，如世界卫生组织（WHO）、粮食及农业组织（FAO）、美国农业部（USDA）和欧洲食品安全局（EFSA）等 [51]。此外，随着城市化的扩大，香蕉作为一种经济作物变得越来越重要，成为城镇人口的唯一收入来源，因此香蕉种植在减贫方面发挥着重要作用 [52]。香蕉对低收入家庭来说也是至关重要的营养来源 [53]。

然而，香蕉易腐烂，收获后不能保存很长时间。空气中的氧气和水分会随着时间的推移导致香蕉劣变缩短香蕉的货架期。操作、包装、贮藏和运输等的不当管理可能导致浪费，质量损失将影响食品行业 [54]。因此，为了防止浪费和损失，有必要改善香蕉的采后管理，以延长香蕉的货架期。香蕉的货架期在很大程度上取决于操作和包装方法以及贮藏条件。其中，真空包装可以通过去除和降低包装内部的氧气含量来延长香蕉的货架期。此外，在合适的条件下贮藏香蕉，比如在合适的温度下，可以延长香蕉的货架期。降低氧气含量和温度可以改善呼吸代谢活动从而延长香蕉的货架寿命。此外，在包装和贮藏之前，考虑香蕉的预处理方法也很重要。

因此，本试验旨在研究香蕉的预处理方法（去皮和未去皮）、包装技术（真空包装和非真空包装）以及贮藏温度（25℃和9℃）对香蕉货架期的影响。据作者所知，目前还没有研究过预处理方法、真空包装和贮藏温度对未去皮和去皮的香蕉（cv. Saba）货架期的影响，而香蕉（cv. Saba）是亚洲国家重要的烹饪香蕉品种之一。

5.3.2 材料和方法

5.3.2.1 材料

根据成熟度指数选择大小、形状、颜色一致的处于绿熟阶段的香蕉。香蕉从（Hutan Lipur Lentang，Bentong，Pahang，Malaysia.）种植园收获。将香蕉分为未去皮和去皮两组。首先掰下 3 个香蕉为一组，总重量为 200 ～ 250g。将香蕉在流水下洗去污垢，放在露天晾干。香蕉用干净的刀去皮后作为去皮组待用。然后将未去皮和去皮的香蕉又分为真空包装和非真空包装两组，共分为 4 组。分别为 1：未去皮真空包装，记为 U-VP；2：未去皮非真空包装，记为 U-NVP；3：去皮真空包装，记为 P-VP；4：去皮非真空包装，记为 P-NVP。各组香蕉被装入 20cm×25cm 的低密度聚乙烯（LDPE）塑料袋中。真空包装的香蕉用真空封口机（GWP，Malaysia）抽真空约 30s，将 LDPE 袋内的空气排出，机器自动封袋。香蕉分别在 25℃（室内）和 9℃（冷藏室）两种不同的贮藏温度下保存 28 天。

5.3.2.2 香蕉质量参数测试

本试验所有测试项目参照文献 [55] 的描述，包括香蕉的硬度测试，单位为 g；颜色参数测试，包括 L*、a* 和 ΔE；果肉水分含量测试，单位为 %。

5.3.3 结果与讨论

5.3.3.1 硬度分析

从表 5-6 可以看出，对未去皮的香蕉，贮藏在 25℃下的 U-NVP 和 U-VP 组香蕉的硬度均随贮藏时间的延长而降低。U-NVP 组香蕉的硬度显著降低，从 1312.9g 降为 220.5g，而 U-VP 组香蕉的硬度轻微降低，从 1312.9g 降为 1219.9g。文献 [56] 研究发现，香蕉（cv. Robusta 和 cv. Poovan）的硬度随着贮藏时间的延长而下降。文献 [57] 也发现了相同的趋势，即香蕉（cv. Cavendish）的硬度随着香蕉在贮藏期间的成熟而下降。对于贮藏在 9℃ 下的香蕉，U-NVP 组和 U-VP 组香蕉的硬度变化不显著。

表 5-6　贮藏期间各处理组香蕉的硬度值 [55]

贮藏时间/天	U-NVP		U-VP		P-NVP		P-VP	
	25℃	9℃	25℃	9℃	25℃	9℃	25℃	9℃
0	1312.9± 32.8Aa	1312.9± 32.8Aa	1312.9± 32.8Aa	1312.9± 32.8Aa	699.9± 17.5Eb	699.9± 17.5Cb	699.9± 17.5Ab	699.9± 17.5Bb
7	615.4± 15.4Be	1302.0± 32.6Ad	1283.3± 32.1ABd	1296.0± 32.4Ad	881.2± 22.0De	831.2± 20.8Ae	686.5± 17.2Ae	833.5± 20.8Ae
14	263.1± 6.6Cg	1288.8± 32.2Ae	1261.0± 31.5ABe	1273.2± 31.8Ae	1704.7± 42.6Ce	767.2± 19.2ABf	684.8± 17.1Afg	820.2± 20.5Af
21	222.3± 5.6Df	1278.5± 32.0Ade	1239.1± 31.0Bde	1240.0± 31.0Ade	2165.6± 54.1Bcd	701.4± 17.5Bef	580.0± 14.5Bef	792.0± 19.8Aef
28	220.5± 5.5Dg	1254.6± 31.4Ae	1219.9± 30.5Be	1228.0± 30.7Ae	3547.2± 88.7Ac	656.3± 16.4Cf	562.8± 14.1Bf	789.2± 19.7Af

注：同一列数字上相同的大写字母表示基于 Turkey 测试的差异不显著（P>0.05），同一行数字上相同的小写字母表示差异不显著（P>0.05）

对于去皮的香蕉，贮藏在 25℃ 和 9℃ 下的 P-NVP 组和 P-VP 组香蕉的硬度从第 0 天至第 7 天一直增加，去皮香蕉由于失去表皮保护，导致香蕉内的水分失去会变得有点干。贮藏在 9℃ 下的 P-NVP 组香蕉的硬度、贮藏在 25℃ 和 9℃ 下 P-VP 组香蕉的硬度从第 7 天至第 28 天一直减小，而 P-NVP 组香蕉贮藏在 25℃ 的硬度从第 7 天至第 28 天一直在增加，从 699.9g 增加到 3547.2g。表明随着贮藏时间的延长，香蕉变坏和变干了。因此，建议不要去掉香蕉皮，以防止香蕉因长期干硬而变质。

对于贮藏在 25℃ 下的 P-VP 组香蕉，硬度从第 0 天至第 28 天略有下降，从 699.9g 降为 562.8g。香蕉硬度下降的原因是因为香蕉是一种呼吸跃变型水果，在收获后会经历一个成熟的过程。该成熟过程在 25℃ 时会被加强，由于淀粉转化为糖、细胞壁的分解，由果胶的溶解导致的中层凝聚力减少，由渗透导致的水分从表皮到果肉的迁移等因素，最终导致果实软化 [58]。

虽然硬度都呈下降趋势，但总的来说，U-VP 组和 P-VP 组香蕉的硬度值高于 U-NVP 组和 P-NVP 组，除了在 25℃ 时，P-VP 组香蕉的硬度值低于 P-NVP 组。真空包装贮藏的香蕉在较低温度下，即 9℃ 时也比 25℃ 时的硬度高。这是由于真空条件和低温贮藏有助于延缓香蕉的成熟和成熟过程中的化学反应，协助维护了香蕉的品质和硬度。

5.3.3.2 颜色分析

对于 U-NVP 组和 U-VP 组香蕉来说，从表 5-7 和表 5-8 可以看出，两种贮藏温度下的 ΔE 值和 a^* 值均随贮藏时间的延长而增大，表明香蕉在整个贮藏期间的颜色一直在变化。对于贮藏在 25℃下的 U-NVP 组香蕉，在 28 天贮藏期内，ΔE 值从 0 增加到 23.23，a^* 值也从 -7 增加到 15.22，表明香蕉的颜色从绿色变为红色。而 U-VP 组香蕉的 ΔE 值从 0 增加到 9.53，颜色变化不大，a^* 值从 -7 增加到 -2.2，表明在贮藏结束时该组香蕉仍然保持绿色。对于贮藏在 9℃下的 U-NVP 组香蕉，ΔE 值从 0 增加到 10.95，a^* 值从 -7 增加到 -1.29。而 U-VP 组香蕉的 ΔE 值也是如此，在 28 天贮藏期内，从 0 增加到 7.56，a^* 值从 -7 增加到 -2.85。值得注意的是，在 9℃下贮藏的 U-NVP 组和 U-VP 组香蕉的 a^* 值在 28 天内仍然在负值范围内，这表明香蕉仍然保持绿色。这些发现也可以在图 5-11 中看到。值得一提的是，贮藏温度对香蕉的果皮颜色有重要的影响，它可能会减慢或加快颜色的变化。例如，文献 [59] 研究表明，巴西香蕉贮藏在略高的温度下（13℃）可以保持绿色 3 天，继续成熟，并在第 7 天完全变成黄色。总体而言，从第 0 天到第 28 天，香蕉的 ΔE 值和 a^* 值逐渐增大。

表 5-7 贮藏期间各处理组香蕉的 ΔE 值 [55]

贮藏时间/天	U-NVP		U-VP		P-NVP		P-VP	
	25℃	9℃	25℃	9℃	25℃	9℃	25℃	9℃
0	0.00D	0.00D	0.00E	0.00E	0.00D	0.00E	0.00E	0.00E
7	25.81± 0.65Ab	7.49± 0.19Cf	3.54± 0.09Dh	3.53± 0.09Dh	42.57± 1.06Ca	11.34± 0.28Dd	6.34± 0.16Dg	7.04± 0.18Df
14	24.25± 0.61Bb	9.32± 0.23Bf	7.21± 0.18Ch	4.98± 0.12Ci	51.49± 1.29Ba	21.07± 0.53Cc	9.42± 0.24Cf	9.22± 0.23Cf
21	23.60± 0.59Cc	10.17± 0.25ABf	7.46± 0.19Bg	5.72± 0.14Bh	51.55± 1.29Ba	27.74± 0.69Bb	18.50± 0.46Be	18.35± 0.46Be
28	23.23± 0.58Cc	10.95± 0.27Agh	9.53± 0.24Ah	7.56± 0.19Ai	56.36± 1.14Aa	31.60± 0.79Ab	20.47± 0.51Ad	19.12± 0.48Ae

注：同一列数字上相同的大写字母表示基于 Turkey 测试的差异不显著（P>0.05），同一行数字上相同的小写字母表示差异不显著（P>0.05）

表 5-8 贮藏期间各处理组香蕉的颜色值 [55]，其中 U-NVP 组和 U-VP 组的数值为 a^* 值，P-NVP 组和 P-VP 组的数值为 L^* 值

贮藏时间/天	U-NVP		U-VP		P-NVP		P-VP	
	25℃	9℃	25℃	9℃	25℃	9℃	25℃	9℃
0	-7.00± 0.18Da	-7.00± 0.18Ca	-7.00± 0.18Ca	-7.00± 0.18Ea	89.14± 2.23Aa	89.14± 2.23Aa	89.14± 2.23Aa	89.14± 2.23Ba
7	10.93± 0.27Ca	-3.80± 0.10Bc	-5.60± 0.14Be	-6.36± 0.16Df	49.10± 1.23Bb	79.22± 1.98Ba	85.10± 2.13ABa	83.24± 2.08Aa

贮藏时间/天	U-NVP		U-VP		P-NVP		P-VP	
	25℃	9℃	25℃	9℃	25℃	9℃	25℃	9℃
14	12.17±0.30Ba	-3.64±0.09Bc	-5.58±0.14Be	-5.40±0.14Ce	42.39±1.06Cc	69.46±1.74Cb	80.69±2.02Ba	81.31±2.03Aa
21	14.39±0.36Aa	-3.47±0.09Bc	-5.40±0.14Be	-3.73±0.09Bcd	40.81±1.02Cd	62.35±1.56CDc	71.32±1.78Cb	72.01±1.80Cb
28	15.22±0.38Aa	-1.29±0.03Ac	-2.20±0.06Ad	-2.85±0.07Ad	36.66±0.92Dd	59.50±1.49Dc	70.56±1.76Cb	71.76±1.79Cb

注：同一列数字上相同的大写字母表示基于 Turkey 测试的差异不显著（P>0.05），同一行数字上相同的小写字母表示差异不显著（P>0.05）

对于 P-NVP 组和 P-VP 组香蕉来说，从表 5-7 和表 5-8 可以看出，两种贮藏温度的 ΔE 值和 L* 值随贮藏时间延长而分别增大和减小。对于贮藏在 25℃ 下的 P-NVP 组香蕉，在 28 天贮藏期内，ΔE 值从 0 增加到 56.36，而 L* 值从 89.14 降低为 36.66，由于褐变反应使香蕉的颜色由浅变深。P-VP 组香蕉的 ΔE 值从 0 增加到 20.47，L* 值从 89.14 降低为 70.56，表明在贮藏结束时香蕉仍然保持较浅的颜色。在 9℃ 下贮藏的 P-NVP 组香蕉的 ΔE 值从 0 增加到 31.60，L* 值从 89.14 降低为 59.50，表明香蕉的颜色略微变深。9℃ 时 P-VP 组香蕉的 ΔE 值也从 0 增加到 19.12，L* 值从 89.14 降低为 71.76。从整体上看，ΔE 值从第 0 天到第 28 天呈上升趋势，表明香蕉果肉的颜色在整个贮藏期内都发生了变化，而 L* 值则呈下降趋势，表明香蕉果肉的颜色由浅色逐渐变深。这些变化是由于贮藏期间的酶促褐变反应引起的。酶促褐变是影响去皮或鲜切生鲜产品货架期的主要因素之一。细胞被破坏，使酶从组织中释放出来并与果实的营养底物接触。酶促褐变是一组被称为多酚氧化酶（PPO）的酶的作用导致的变色行为 [60]。据报道，包括香蕉在内的所有植物中都存在这种酶，PPO 被认为是对质量维持危害较大的酶之一。通常会形成褐色色素，或在一些受伤的植物组织上产生红褐色、蓝灰色甚至黑色的变色 [61]。

由以上结果可以推断，随贮藏时间的延长，即使贮藏在两种温度下的 U-VP 组和 P-VP 组香蕉的 ΔE 值和 a* 值增加，L* 值降低也不会像 U-NVP 组和 P-NVP 组香蕉那么明显。另外，与 U-NVP 组和 P-NVP 组香蕉相比，U-VP 组和 P-VP 组香蕉的 ΔE 值和 a* 值较低，L* 值更高，这是因为真空包装中由于与香蕉接触的氧气有限而延迟了成熟和褐变反应，因此 U-VP 组和 P-VP 组香蕉的颜色变化较小，基本保持了原始颜色。这些结论也可以在图 5-11 和图 5-12 中看到。文献 [62] 研究表明，香蕉（cv. Robusta）在改善气调包装中贮藏 7 周后仍然保持了绿色和硬度。文献 [63] 研究表明，经茂金属聚乙烯 /LDPE 薄膜包装的香蕉的总颜色没有显著变化。

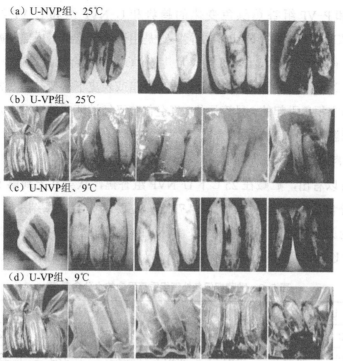

（a）U-NVP组、25℃

（b）U-VP组、25℃

（c）U-NVP组、9℃

（d）U-VP组、9℃

图 5-11　贮藏期间 U-VP 组和 U-NVP 组未去皮香蕉的照片，从左至右依次为 0、7、14、21 天和 28 天 [55]（后附彩图）

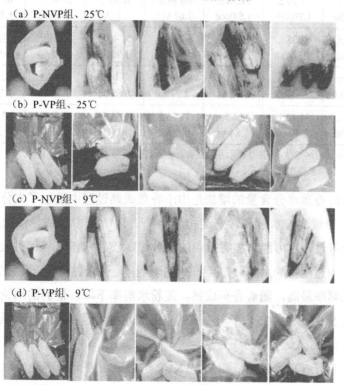

（a）P-NVP组、25℃

（b）P-VP组、25℃

（c）P-NVP组、9℃

（d）P-VP组、9℃

图 5-12　贮藏期间 P-NVP 组和 P-VP 组去皮香蕉的照片，从左至右依次为 0、7、14、21 天和 28 天 [55]（后附彩图）

P-NVP 组和 P-VP 组香蕉颜色变化的趋势和 U-NVP 组和 U-VP 组一致，相比于 25℃，贮藏在 9℃下的香蕉的颜色变化更慢。这是由于低温延缓了成熟和减缓了化学反应，如褐变反应。值得一提的是，虽然低温（尤其是 9℃）更适合贮藏香蕉，但是当温度低于 12℃时，香蕉易受冷害。在低温贮藏期间，表皮变暗或表皮下褐变是香蕉常见的冷害症状，这是由表皮中单宁积累引起的。尽管如此，真空包装已经被证明能够减少水果的冷害症状，因此，建议在低温下真空包装香蕉。

5.3.3.3 果肉水分含量分析

从表 5-9 可以看出，贮藏在 25℃下 U-NVP 组香蕉，从第 0 天到第 14 天随着贮藏时间的延长，水分含量由 58.09% 增加到 74.71%，从第 14 天至贮藏结束时，水分含量降至 66.96%。降低的原因是经过 14 天的贮藏，U-NVP 组香蕉已经变得过熟，变质，变干硬。贮藏在 9℃下的 U-VP 组香蕉，水分含量从第 0 天的 58.09 增加到第 28 天的 73.26%。

表 5-9 贮藏期间各处理组香蕉果肉的水分含量 [55]

贮藏时间/天	U-NVP		U-VP		P-NVP		P-VP	
	25℃	9℃	25℃	9℃	25℃	9℃	25℃	9℃
0	58.09± 1.45Ca	58.09± 1.45Ba	58.09± 1.45Baa	58.09± 1.45B	59.39± 1.48Aa	59.39± 1.48Aa	59.39± 1.48Aa	59.39± 1.48Aa
7	72.07± 1.80ABa	71.70± 1.79Aab	61.58± 1.54Bcd	66.94± 1.67Abc	58.82± 1.47Ad	59.68± 1.49Ad	60.27± 1.51Acd	59.89± 1.50Ad
14	74.71± 1.87Aa	72.38± 1.81Aab	70.59± 1.76Aab	67.86± 1.70Abc	51.40± 1.29Be	60.88± 1.52Ad	61.21± 1.53Ad	60.27± 1.51Ad
21	68.80± 1.72ABab	73.70± 1.84Aa	72.91± 1.82Aa	70.66± 1.77Aa	33.01± 0.83Cd	61.43± 1.54Ac	62.89± 1.57Abc	61.12± 1.53c
28	66.96± 1.67Bbc	75.42± 1.89Aa	73.62± 1.84Aa	73.26± 1.83Aab	9.31± 0.21Dd	62.14± 1.55Ac	63.34± 1.58Ac	62.04± 1.55Ac

注：同一列数字上相同的大写字母表示基于 Turkey 测试的差异不显著（P>0.05），同一行数字上相同的小写字母表示差异不显著（P>0.05）

贮藏期结束时香蕉水分含量的增加是由于香蕉成熟过程中发生了水分从表皮到果肉的渗透转移，进而导致淀粉水解和转变淀粉为糖[64]。由于淀粉水解导致的糖含量增加，而可溶性糖具有吸湿性，也可能增加香蕉中的水分[65]。淀粉水解可以促进果实软化，香蕉中淀粉酶的作用会加速淀粉的水解。文献[66]研究表明，处于绿熟阶段（采后 7 天）的香蕉（cv. Saba）的淀粉水解率最高，随着香蕉成熟，淀粉水解率下降，他们的结论与本试验研究结果基本一致。表 5-9 显示了 25℃下未去皮的香蕉的水分含量从第 0 天至第 7 天显著增加，然后从第 7 天至第 28 天略有减少。

贮藏在 9℃下 U-VP 组香蕉，相比 U-NVP 组来说，表现出更低的水分含量，表明与非真空包装相比，真空包装的香蕉更硬，含有更少的水分。由于真空包装内氧气含量低延迟了成熟过程以及包装材料良好的防潮性能抑制了水分从周围环境向包装内的迁移，从而在整个贮藏期内保持了香蕉的质量。然而，这一结论与贮藏在 25℃下的 U-VP 组香蕉形成了对比，后者在贮藏结束时的水分含量高于 U-NVP 组。这是由于 U-NVP 组香蕉的腐烂，导致香蕉随着贮藏时间的延长变得干燥，因此水分含量低于 U-VP 组。

从表 5-9 还可以看出，P-VP 组香蕉在整个贮藏期间的水分含量变化不显著，但 P-NVP 组香蕉在 25℃下的水分含量显著下降。香蕉水分含量值的停滞可能是由于香蕉失去了表皮，香蕉的含水率与周围环境的含水率处于平衡状态导致的。贮藏在 25℃下的 P-NVP 组香蕉，其水分含量从第 0 天的 59.39% 降至第 28 天的 9.31%，这是由于香蕉在贮藏 28 天后，会出现过熟、变质和变干硬的现象。这与贮藏在 25℃下的 U-NVP 组香蕉的结论相一致，但贮藏在 25℃下的 P-NVP 组香蕉的水分含量的减少幅度比贮藏在 25℃下的 U-NVP 组香蕉更大。因此，建议香蕉不要进行去皮操作，因为香蕉皮可以保留水分，可以防止香蕉随着贮藏时间的延长变得干硬和腐烂。

5.3.4　结论

结果表明，香蕉（cv. Saba）的预处理方法、真空包装和贮藏温度对其 28 天的货架期有显著影响。真空包装和低温贮藏有利于延长香蕉的货架期，通过真空包装的香蕉在 9℃低温贮藏期间果实硬度变化不显著，水分含量和颜色变化不大，延缓了果实的成熟和褐变反应。这确保了香蕉的商业价值，并可以防止浪费，从而有助于经济增长。为了延长香蕉的货架期，与去皮的香蕉相比，建议香蕉不要去皮，以保持水分，防止香蕉随着时间的延长变得干燥和腐烂。

参考文献：

[1] ANTHONY. S, ABEYWICKRAMA. K, WIJERATNAM S W. The Effect Ofspraying Essential Oils of Cymopogon Nardus, Cymbopogon Flexuosus and Ocimum Basilicum on Postharvest Diseases and Storage Life of Embul Banana[J]. Journal of Horticultural Science & Biotechnology, 2003(78): 780–785.

[2] RANASINGHE L S, JAYAWARDENA B, ABEYWICKRAMA K. Use of waste generated from cinnamon bark oil extraction as a postharvest treatment of Embul banana[J]. Journal of Food Agricurture & Environment, 2003, 1: 340–344.

[3] CHILLET M, HUBERT O, DE LAPEYRE DE BELLAIRE L. Relationship between physiological age, ripening and susceptibility of banana to wound anthracnose[J]. Crop Protection, 2007, 26: 1078–1082.

[4] DANIEL C K, LENNOX C L, VRIES F A. In vivo application of garlic extract in combination with clove oil to prevent postharvest decay caused by Botrytis cinerea, Penicillium expansum and Neofabraea alba on apples[J]. Postharvest Biology and Technology, 2015, 99: 88–92.

[5] ESHUN K, HE Q. Aloe vera: a valuable ingredient for the food, pharmaceutical and cosmetic industries: a review[J]. Critical Reviews in Food Science and Nutrition, 2005, 44: 91–96.

[6] BOUDREAU M D, BELAND F A. An evaluation of the biological and toxicological properties of Aloe barbadensis (Miller), Aloe vera[J]. Journal of Environmental Science and Health C, 2006, 24: 103–154.

[7] KHALIQ G, ABBAS H T, ALI I, et al. Aloe vera gel enriched with garlic essential oil effectively controls anthracnose disease and maintains postharvest quality of banana fruit during storage[J]. Horticulture, Environment, and Biotechnology, 2019, 60(5): 659–669.

[8] PATRIGNANI F, SIROLI L, SERRAZANETTI D I, et al. Innovative strategies based on the use of essential oils and their components to improve safety, shelf-life and quality of minimally processed fruits and vegetables[J]. Trends in Food Science & Technology, 2015, 46: 311–319.

[9] TZORTZAKIS N G, ECONOMAKIS C D. Antifungal activity of lemongrass (Cymbopogon citrates L.) essential oil against key postharvest pathogens[J]. Innovative Food Sciecne & Emerging Technologies, 2007, 8: 253–258.

[10] GONCAGUL G, AYAZ E. Antimicrobial effect of garlic (Allium sativum) and traditional medicine[J]. Journal of Animal and Veterinary Advances, 2010, 9: 1–4.

[11] OBAGWU J, EMECHEBE A M, ADEOTI A A. Effects of extracts of garlic (Allium sativum) bulb and neem (Azadirachta indica) seed on the mycelial growth and sporulation of Collectotrichum capsici[J]. Journal of Agricultural Science and Technology, 1997, 5: 51–55.

[12] ALI A, CHOW W L, ZAHID N, et al. Efficacy of propolis and cinnamon oil coating in controlling post-harvest anthracnose and quality of chilli (Capsicum annuum L.) during cold storage[J]. Food and Bioprocess Technology, 2014, 7: 2742–2748.

[13] BILL M, SIVAKUMAR D, KORSTEN L, et al. The efficacy of combined application of edible coatings and thyme oil in inducing resistance components in avocado (Persea americana Mill.) against anthracnose during post-harvest storage[J]. Crop Protection, 2014, 64: 159–167.

[14] NAVARRO D, DÍAZ-MULA H M, GUILLÉN F, et al. Reduction of nectarine decay caused by Rhizopus stolonifer, Botrytis cinerea and Penicillium digitatum with Aloe vera gel alone or with the addition of thymol[J]. International Journal of Food Microbiology, 2011, 151: 241–246.

[15] JASSO DE RODRÍGUEZ D, HERNÁNDEZ-CASTILLO D, RODRÍGUEZ-GARCÍA R, et al. Antifungal activity in vitro of Aloe vera pulp and liquid fraction against plant pathogenic fungi[J]. Industrial Crops and Products, 2005, 21: 81–87.

[16] ALVES D S, PÉREZ-FONS L, ESTEPA A, et al. Membrane-related effects underlying the biological activity of the anthraquinones emodin and barbaloin[J]. Biochemical Pharmacology, 2004, 66: 549–561.

[17] VILAPLANA R, PAZMIÑO L, VALENCIA-CHAMORRO S. Control of anthracnose, caused by Colletotrichum musae, on postharvest organic banana by thyme oil[J]. Postharvest Biology and Technology, 2018, 138: 56–63.

[18] BENKEBLIA N. Antimicrobial activity of essential oil extracts of various onions (Allium cepa) and garlic (Allium sativum)[J]. LWT-Food Science and Technology, 2004, 37: 263–268.

[19] SEO S, LEE J, PARK J, et al. Control of powdery mildew by garlic oil in cucumber and tomato[J]. Research in Plant Disease, 2006, 12: 51–54.

[20] BURT S. Essential oils: their antibacterial properties and potential applications in foods[J]. International Journal of Food Microbiology, 2004, 94: 223–253.

[21] MAQBOOL M, ALI A, ALDERSON P G, et al. Postharvest application of gum arabic and essential oils for controlling anthracnose and quality of banana and papaya during cold storage[J]. Postharvest Biology and Technology, 2011, 62: 71–76.

[22] ALI M I A, SHALABY N M M, ELGAMAI M H A, et al. Antifungal effects of different plant extracts and their major components of selected Aloe species[J]. Phytotherapy Research, 1999, 13: 401–407.

[23] BEGUM S, YUMLEMBAM R A, MARAK TR, et al. Integrated management of anthracnose of chilli caused by Colletotrichum capsici in west Bengal condition[J]. Bioscan, 2015, 10: 1901–1904.

[24] MARTÍNEZ-ROMERO D, ZAPATA P J, GUILLÉN F, et al. The addition of rosehip oil to Aloe gels improves their properties as postharvest coatings for maintaining quality in plum[J]. Food Chemistry, 2017, 217: 585–592.

[25] AMNUAYSIN N, JONES M L, SERAYPHEAP K. Changes in activities and gene expression of enzymes associated with cell wall modification in peels of hot water treated bananas[J]. Scientia Horticulture, 2012, 142: 98–104.

[26] MOHAMED M S M, SALEH A M, ABDEL-FARID I B, et al. Growth, hydrolases and ultrastructure of Fusarium oxysporum as affected by phenolic rich extracts from several xerophytic plants[J]. Pesticide Biochemistry and Physiology, 2016, 141: 57–64.

[27] FARAG K M, PALTA J P. Enhancing ripening and keeping quality of apple and cranberry fruits using lysophosphatidylethanolamine, a natural lipid[J]. HortScience, 1991, 26(6): 683.

[28] HONG J H, HWANGA S K, CHUNGA G, et al. Influence of lysophosphatidyethanolamine application on fruit quality of thampson seedless grapes[J]. Journal of Applied Horticulture, 2007, 9: 112–114.

[29] KANG C K, YANG Y L, CHUNG G H, et al. Ripening promotion and ethylene evolution in red pepper (Capsicum annuum) as influenced by newly developed formulations of a natural lipid, lysopho sphatidylethanolamine[J]. Acta Horticulturae, 2003, 628: 317–322.

[30] OZGEN M, FARAG K M, OZGEN S, et al. Lysophosphatidylethanolamine accelerates color development and promotes shelf life of cranberries[J]. HortScience, 2005, 40: 127–130.

[31] FARAG K M, PALTA J P. Use of lysophosphatidylethanolamine, a natural lipid, to retard tomato leaf and fruit senescence[J]. Physiologia Plantarum, 1993, 87(4): 515–521.

[32] RYU S B, KARLSSON B H, ÖZGEN M, et al. Inhibition of phospholipase D by lysophosphatidyle-thanolamine, a lipid-derived senescence retardant[J]. Proceedings of the National Academy of Sciences of the United States of America, 1997, 94(23): 12717–12721.

[33] WANG X. Phospholipase D in hormonal and stress sinaling[J]. Current Opinion in Plant Biology, 2002, 5(5): 408–414.

[34] AHMED Z F R, PALTA J P. Postharvest dip treatment with a natural lysophospholipid plus soy lecithin extended the shelf life of banana fruit[J]. Postharvest Biology and Technology, 2016, 113: 58–65.

[35] AHMED S, CHATHA A Z, NASIR A, et al. Effect of relative humidity on the ripening behaviour and

quality of ethylene treated banana fruit[J]. Journal of Agriculture & Social Sciences, 2006, 2: 54–56.

[36] BARRY C S, GIOVANNONI J J. Ethylene and fruit ripening[J]. Journal of Plant Growth Regulation, 2007, 26: 143–159.

[37] SEREK M, JONES R B, REID M S. Role of ethylene in opening and senescence of Gladiolus sp. Flowers[J]. Journal of the American Society for Horticulturalence, 1994, 119(5): 1014–1019.

[38] SISLER E C, SEREK M. Inhibitors of ethylene responses in plants at the receptor level: Recent developments[J]. Physiologia Plantarum, 1997, 100(3): 577–582.

[39] PURGATTO E, LAJOLO F M, NASCIMENTO J R O, et al. Inhibition of β-amylase activity, starch degradation and sucrose formation by indole-3-acetic acid during banana ripening[J]. Planta, 2001, 212(5-6): 823–828.

[40] LOHANI S, TRIVEDI P K, NATH P. Changes in activities of cell wall hydrolases during ethylene-induced ripening in banana: effect of 1-MCP, ABA and IAA[J]. Postharvest Biology and Technology, 2004, 31: 119–126.

[41] AHMED Z F R, PALTA J P. A post harvest dip treatment with lysophysophatidylethanolamine, a natural lipid, may improve shelf life of banana fruit[J]. HortScience, 2015, 50: 1035–1040.

[42] CHUNG G H, HONG J H, YANG Y L. Stable water soluble composition containing lysophosphati-dylethanolamine and lecithin[J]. United States Patent Application, Date of Patent Application: Patent Application Number: 20080188683. August, 7, 2008.

[43] JIANG Y, JOYCE D C, MACNISH A J. Softening response of banana fruit treated with 1-methylcyclopropene to high temperature exposure[J]. Plant Growth Regulation, 2002, 36(1): 7–11.

[44] PELAYO C, VILAS BOAS E V B, BENICHOU M, et al. Variability in responses of partially ripe bananas to 1-methylcyclopropene[J]. Postharvest Biology and Technology, 2003, 28: 75–85.

[45] ZHANG M J, JIANG Y M, JIANG W B, et al. Regulation of ethylene synthesis of harvested banana fruit by 1-methylcyclopropene[J]. Food Technology & Biotechnology, 2006, 44(1): 111–115.

[46] FARAG K M, PALTA J P. Evidence for a specific inhibtion of the activity of polyglactronase by lysophosphatidyethanolamine in tomato fruit tissue: Impilcations enhancing storage stability and reducing abscisison of the fruit[J]. Plant Physiology, 1992, 99: 54.

[47] KAUR N, PALTA J P. Postharvest dip in a natural lipidlysophosphatidylethanolamine, May prolong vase life of snapdragon flowers[J]. HortScience, 1997, 32: 888–890.

[48] UMA, S. Indigenous varieties for export market[J]. International Conference on Banana, 2008(10): 24–26.

[49] AKTER H, HASSAN M K, RABBANI, et al. Effects of variety and postharvest treatments on shelf life and quality of banana[J]. Journal of Environmental Science and Natural Resources, 2013, 6: 163–175.

[50] SIRIWARDANA H, ABEYWICKRAMA K, KANNANGARA S, et al. Control of postharvest crown rot disease in Cavendish banana with aluminium sulfate and vacuum packaging[J]. Journal of Agricultural Sciences, 2017, 12: 162–171.

[51] RAMOS B, MILLER F A, BRANDÃO T R S, et al. Fresh fruits and vegetables - an overview on applied methodologies to improve its quality and safety[J]. Innovative Food Science and Emerging Technologies, 2013, 20: 1–15.

[52] ALEMU M. Banana as a cash crop and its food security and socioeconomic contribution: The case of Southern Ethiopia, Arba Minch[J]. Journal of Environmental Protection, 2017, 8: 319–329.

[53] HAILU M, SEYOUM WORKNEH T, BELEW D. Effect of packaging materials on shelf life and quality of banana cultivars (Musa spp.)[J]. Journal of Food Science and Technology, 2012, 51: 2947–2963.

[54] DORA M, WESANA J, GELLYNCK X, et al. Importance of sustainable operations in food loss: Evidence from the Belgian food processing industry[J]. Annals of Operations Research, 2020, 290: 47–72.

[55] OTHMAN S H, ABDULLAH N A, NORDIN N, et al. Shelf life extension of Saba banana: Effect of preparation, vacuum packaging, and storage temperature[J]. Food Packaging and Shelf life, 2021, 21, Article 100667.

[56] KARTHIAYANI A, VARADHARAJU N, SIDDHARTH M. Textural properties of banana (*Musa acuminata*) stored under modified atmosphere conditions using diffusion channel[J]. International Journal of Agricultural and Biological Engineering, 2013, 1: 17–22.

[57] SOLTANI M, ALIMARDANI R, OMID M. Changes in physico-mechanical properties of banana fruit during ripening treatment[J]. The Journal of American Science, 2011, 7: 5–10.

[58] VERMA C, TIWARI A K M, MISHRA S. Biochemical and molecular characterization of cell wall degrading enzyme, pectin methylesterase versus banana ripening: An overview[J]. Asian Journal of Biotechnology, 2017, 9: 1–23.

[59] ZHU X, LUO J, LI Q, et al. Low temperature storage reduces aroma-related volatiles production during shelf-life of banana fruit mainly by regulating key genes involved in volatile biosynthetic pathways[J]. Postharvest Biology and Technology, 2018, 146: 68–78.

[60] MURMU S B, MISHRA H N. Post-harvest shelf-life of banana and guava: Mechanisms of common degradation problems and emerging counteracting strategies[J]. Innovative Food Science and Emerging Technologies, 2018, 49: 20–30.

[61] BASSEY F I, CHINNAN M S, EBENSO E E, et al. Colour change: An indicator of the extent of maillard browning reaction in food system[J]. Asian Journal of Chemistry, 2013, 25: 9325–9328.

[62] KUDACHIKAR V B, KULKARNI S G, PRAKASH M N K. Effect of modified atmosphere packaging on quality and shelf life of "Robusta" banana (*Musa sp.*) stored at low temperature[J]. Journal of Food Science and Technology, 2011, 48: 319–324.

[63] BELLARY A N, INDIRAMMA A R, PRAKASH M, et al. Effect of storage conditions and packaging materials on quality parameters of curcuminoids impregnated coconut and raw banana slices[J]. Journal of Food Processing and Preservation, 2017, 41, e12936.

[64] SARKAR T, SAU S, JOSHI V, et al. Effect of modified and active packaging on shelf life and quality of banana cv. Grand Naine[J]. The Bioscan, 2017, 12: 95–100.

[65] VACLAVIK V A, CHRISTIAN E W. Essentials of food science (3rd ed.)[M]. New York: Springer, 2008.

[66] REGINIO F C, KETNAWA S, OGAWA Y. In vitro examination of starch digestibility of Saba banana [Musa "Saba" (*Musa acuminata × Musa balbisiana*)]: Impact of maturity and physical properties of digesta[J]. Scientific Reports, 2020, 10, Article 1811.

第6章 梨的包装保鲜方法

6.1 纳米复合膜结合冷藏技术保鲜梨

6.1.1 引言

梨是欧洲和亚太温带地区的一种重要作物。梨是一种很好的果胶来源,有助于维持体内最佳的酸平衡[1]。其皮薄、肉脆、汁多、口感好,深受消费者喜爱。然而,某些品种(cv. Williams)梨在采后阶段的快速生理变化可能会导致快速变软。果实成熟时间短、衰老快是制约梨果适销性的主要因素[2]。对于梨在长期贮藏过程中所面临的理化劣变和微生物浸染问题[3, 4],科研人员已经研究了控制气调包装和贮藏环境对控制这些不良变化的影响。

为克服微生物、化学和物理变化,正确和合适的包装是优先考虑的。然而,纯聚合物的韧性和其他性能,如强度、热稳定性和气体阻隔性能、溶剂稳定性和抗菌特性,在食品包装应用中往往是不够的[5]。

在过去的几十年里,人们提出了使用黏土、TiO_2、Ag 等纳米粒子来改善传统高分子材料的抗菌和物理化学性能[6, 7]。聚合物/黏土纳米复合膜的应用越来越受到人们的关注,相比于微米级黏土,纳米黏土具有一些优势,因为纳米黏土可以提高传统包装膜的热稳定性、机械性能和气体阻隔性能[8]。此外,越来越多的注意力集中在 TiO_2 作为一种光催化剂,对一系列的广谱微生物(如 Pseudomonas aeruginosa, Rhodotorula mucilaginosa,

Pseudomonas spp. 和 Mesophilic bacteria）等具有失活作用 [9, 10]。许多研究报告了纳米技术在食品包装中的利用，如淀粉 / 黏土生物降解膜 [11]、高岭土 / 银复合膜在大枣和芦笋上的应用 [12]、黏土 / 氧化银 / 二氧化钛纳米复合膜在猕猴桃上的应用 [7]、黏土纳米复合膜在桃上的应用 [13]。银 / 高岭土—二氧化钛纳米复合膜对新鲜草莓的生理、理化和感官性能都有很好的效果 [14]。

据本试验作者所知，目前还没有发表过关于含黏土（closite 20A）或 TiO_2（anatase 和 rutile）的纳米复合包装膜在梨果保鲜中的应用报道。因此，本试验的目的是研究含黏土和 TiO_2 的纳米复合包装膜（NPFs）对梨果（cv. Williams）的保鲜效果。

6.1.2 材料和方法

6.1.2.1 纳米复合膜的制备

采用熔融共混法制备纳米复合膜。将 Anatase 型 TiO_2 粉和 Rutile 型 TiO_2 粉以质量比 5：5 的比例共混产生协同的光催化活性 [15]。纳米 TiO_2（3%wt）与 Closite 20A 型黏土（5%wt）混合，加入马来酸酐接枝的聚乙烯（5%wt）作为黏土纳米颗粒和低密度聚乙烯（LDPE）之间的相容剂。然后，缓慢加入 LDPE 颗粒，连续摇匀 1h。然后将所有混料装入挤出机（Model DSE 20；Germany）中，在 140℃ 的恒温下工作。中心螺杆的转速设置为 130rpm。挤出的颗粒材料冷却至 25℃。再利用吹膜机制得厚度为 35μm 的普通聚乙烯薄膜和纳米复合包装膜（NPFs）。三种 NPFs 分别为黏土—纳米复合膜，记为 PE-NC（含 5% 黏土 wt）；TiO_2-纳米复合膜，记为 PE-NT（含 3% TiO_2 wt）；黏土 -TiO_2 纳米复合膜，记为 PE-NTC（含 5% 黏土和 3% TiO_2 wt）。采用纯 LDPE 薄膜作为对照组，记为 PE。

6.1.2.2 包装操作

处于商业成熟期的梨果选自当地（Shahrood，Iran）果园。无缺陷的梨果在 4℃ 预冷后进行试验。果实用 1% 的次氯酸钠洗涤，室温干燥。然后将 4 个梨果（约 500g）随机装入普通 PE 包装膜和 NPFs 包装膜，用热封口机密封，在日光灯（FL20S，Toshiba Co，Tokyo）照射下贮藏在 4℃、相对湿度 90% 的环境中。每隔 6 天抽取 3 袋（12 个果实）进行生理生化指标分析。用 UVA-400 型辐射计（S-365 uv sensor，Iuchi，Osaka，Japan）测量包装梨果表面的 UVA 光强度，其值小于 $0.05mW \cdot cm^{-2}$。对包装后的梨果在贮藏后 6、12、18、24、30、36、42 天和 48 天进行测试。在打开梨果包装袋之前，使用 Checkmate 990 型气体分析仪（PBI danssensor，Rønnedevej 18，DK-4100 Ringsted，Denmark）进行顶空气体成分分析。包装顶空体积约为 $10cm^3$。O_2 和 CO_2 浓度的测定结果以百分比（%）表示。

6.1.2.3 梨果质量参数测试

本试验所有测试项目参照文献 [16] 的描述，包括梨果的失重率测试，单位为 %；硬度测试，单位为 kg/cm²；可溶性固形物（TSS）含量测试，单位为 °Brix；抗坏血酸（AC）含量测试，单位为 g kg⁻¹ FW；还原糖（RS）含量测试，单位为 mg/g FW；乙烯释放量测试，单位为 ng kg⁻¹ s⁻¹；多酚氧化酶（PPO）活性测试，单位为 U mg/protein；过氧化物酶（POD）活性测试，单位为 U μg/protein；梨果霉菌含量测试，单位为 CFU/g。

6.1.3 结果与讨论

6.1.3.1 包装内顶空气体浓度分析

从图 6-1 可以看出，纳米复合膜特别是 PE-NC 包装膜和 PE-NCT 包装膜的阻隔性能显著降低了包装内的 O_2 浓度，提高了 CO_2 浓度。与 PE 包装膜和 PE-NT 包装膜相比，PE-NC 包装膜和 PE-NCT 包装膜中 CO_2 浓度更高，O_2 浓度较低。贮藏 12 天后，PE-NCT 包装膜和 PE-NC 包装膜中的 O_2 浓度分别降低了 12.3% 和 13%，显著低于 PE 包装膜和 PE-NT 包装膜（分别降低了 16% 和 15.4%）。贮藏结束时，PE-NCT 包装膜和 PE-NC 包装膜中 O_2 浓度显著低于 PE 包装膜和 PE-NT 包装膜，贮藏 24 天后达到了改善气氛的平衡状态。而 CO_2 浓度则呈现相反的变化模式。PE-NCT 包装膜和 PE-NC 包装膜中的 CO_2 浓度在贮藏前 12 天显著增加，分别达到 4.5% 和 3.9%。而 PE 包装膜和 PE-NT 包装膜的增量仅为 2.4%。对于 PE-NCT 包装膜和 PE-NC 包装膜，建立改善气氛的平衡状态需要 18 天；而对于 PE 包装膜和 PE-NT 包装膜，建立改善气氛的平衡状态需要 24 天。众所周知，在采后贮藏期间，果实的呼吸速率增加。因此，延缓呼吸速率可以延长货架期[17]。由于在 PE-NCT 包装膜和 PE-NC 包装膜中形成了低 O_2 和高 CO_2 的气氛，为梨果的贮藏提供了适宜的气氛组成。其参与呼吸代谢的酶活性发生显著变化，也会抑制氧化磷酸化反应[18]。本试验结果表明，与 PE 包装膜和 PE-NT 包装膜相比，PE-NCT 包装膜和 PE-NC 包装膜的气调机理对延长梨果的货架期具有重要作用。

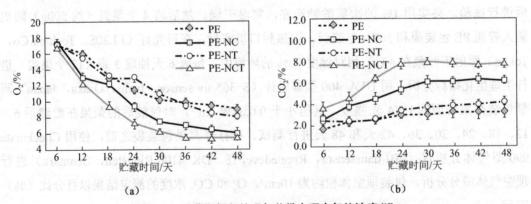

图 6-1 贮藏期间各处理包装袋内顶空气体浓度[16]

6.1.3.2 失重率分析

从图 6-2 可以看出，贮藏过程中各处理组梨果的失重率变化呈现出固定的模式，这可能是由于蒸腾作用引起水分的流失和采后梨果较高的呼吸速率导致的。PE 组梨果的失重率降幅最大（2.6%），其次为 PE-NT 组（2.25%）。贮藏末期，失重率最小的是 PE-NCT 组（1.3%）和 PE-NC 组（1.5%）。利用气调包装可以有效地降低贮藏期间梨果的失重率，因为气调包装可以降低梨果的呼吸速率。与 PE 组和 PE-NT 组相比，黏土纳米粒子的加入及其在聚乙烯聚合物基体中的适当分散可以降低 PE-NCT 和 PE-NC 包装膜的渗透率。

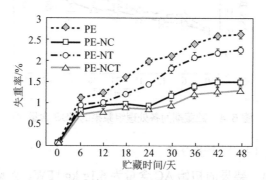

图 6-2　贮藏期间各处理组梨果的失重率 [16]

6.1.3.3　硬度分析

从图 6-3 可以看出，贮藏期间各处理组梨果的硬度都有所下降。前 30 天贮藏期，PE 组梨果的硬度下降了 52% 左右，而 PE-NCT 组梨果的硬度下降了 32% 左右。贮藏 48 天后，PE 组梨果的硬度降至 3.7N 左右，而 PE-NCT 组梨果的硬度最大，为 6.1N。说明 PE-NCT 处理可以使梨果的成熟阶段持续更长的时间。贮藏过程中硬度的急剧下降可能是由于水分流失和细胞壁降解酶被激活导致的。

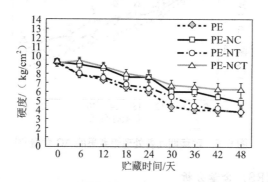

图 6-3　贮藏期间各处理组梨果的硬度 [16]

6.1.3.4　可溶性固形物（TSS）含量分析

从图 6-4 可以看出，贮藏期间各处理组梨果的 TSS 含量持续增加。直到贮藏结束，各处理组的 TSS 总体变化趋势一致。PE-NCT 组梨果在贮藏 30 天后，TSS 没有进一步增加。这可能是由于 PE-NCT 包装膜中的顶空 CO_2 浓度较高，延缓了梨果的生理成熟过程。PE 组梨果在贮藏 48 天后 TSS 值最高（13%），而 PE-NCT 组梨果的 TSS 值最低（11.3%）。

PE 组梨果 TSS 的升高主要是由于其蒸腾速率和呼吸速率的增加导致增大了失重率、加速了淀粉向糖的转化、加速了果胶物质的转化等[20]。

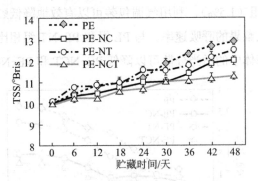

图 6-4　贮藏期间各处理组梨果的 TSS 含量[16]

6.1.3.5　抗坏血酸（AC）含量分析

从图 6-5 可以看出，梨果的初始 AC 含量为 6.1g kg⁻¹ FW。贮藏期间各处理组梨果的 AC 含量均逐渐降低。PE 组梨果在贮藏 12 天后 AC 含量明显降低，而 PE-NCT 组梨果在贮藏 30 天后 AC 含量明显降低。在贮藏期末，AC 含量的最大和最小降幅分别为 PE 组（40%）和 PE-NCT 组（29%）。PE-NCT 包装膜在 48 天贮藏期内可保持梨果较高的 AC 含量，PE-NCT 中抗坏血酸的氧化程度较低，可能是由于两种纳米粒子存在于 PE-NCT 包装膜中，使其保留了气体阻隔性，从而使包装内顶空 O_2 浓度较低。

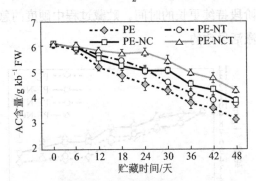

图 6-5　贮藏期间各处理组梨果的 AC 含量[16]

6.1.3.6　还原糖（RS）含量分析

从图 6-6 可以看出，贮藏期间各处理组梨果的 RS 含量都有所增加，而 PE-NCT 包装膜延缓了梨果 RS 含量的增加趋势。贮藏 18 天后，PE 组、PE-NC 组、PE-NT 组和 PE-NCT 组梨果的 RS 含量分别增加到 74.4g kg⁻¹、73g kg⁻¹、73.5g kg⁻¹ 和 72.5g kg⁻¹。贮藏结束时，PE-NCT 组梨果的 RS 含量较低，表明由于黏土和 TiO_2 纳米粒子的加入，纯 PE 包装膜的性能得到了改善。

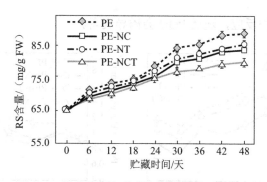

图 6-6　贮藏期间各处理组梨果的 RS 含量 [16]

6.1.3.7　乙烯释放量分析

从图 6-7 可以看出，即使在低温贮藏条件下，也很难去除包装内水果中产生的乙烯。在贮藏第 12 天，PE 组和 PE-NC 组梨果的乙烯释放量显著增加，而 PE-NT 组和 PE-NCT 组梨果的乙烯释放量很低。贮藏末期，PE 组梨果的乙烯释放量为 $1.35ng\ kg^{-1}\ s^{-1}$，是 PE-NCT 组梨果乙烯释放量（$0.52ng\ kg^{-1}\ s^{-1}$）的 2.5 倍。TiO_2 纳米粒子可能通过分解或氧化乙烯为水和二氧化碳来降低乙烯的释放量 [21]。本试验结果表明，由于 TiO_2 纳米粒子对乙烯有氧化作用，所以 PE-NT 包装膜和 PE-NCT 包装膜在降低梨果乙烯释放量方面具有潜在的作用。

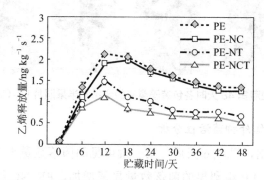

图 6-7　贮藏期间各处理组梨果的乙烯释放量 [16]

6.1.3.8　PPO 和 POD 活性分析

从图 6-8 可以看出，PE 组梨果的 PPO 活性在贮藏的第 18 天最高，比 PE-NCT 组高了 44.4%。贮藏结束时，PE 组和 PE-NCT 组梨果的 PPO 活性分别为 $2400U\ mg^{-1}$ 和 $1000U\ mg^{-1}$，表明 PE-NCT 组梨果的氧化活性较低。最高组和最低组梨果的组织褐变如图 6-9 所示，果实受损组织的褐变与 PPO 活性与多酚的氧化有关。PE-NCT 组梨果较高的抗坏血酸含量和 PPO 活性可提高梨果的货架期和品质。POD 活性显著受到贮藏时间和包装膜种类的影响，PE-NCT 组和 PE 组梨果的 POD 活性在贮藏的 24 天和 36 天后分别升高。POD 活性曲线在贮藏期间呈现双峰型，因为 POD 有两种调节机制，贮藏初期 POD 活性较高，

通过抑制 H_2O_2 产生保护反应，随后 POD 会诱导衰老。

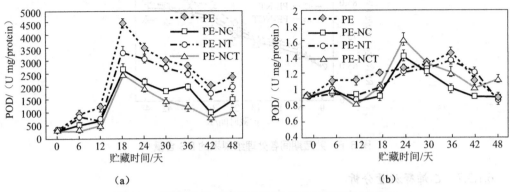

图 6-8　贮藏期间各处理组梨果的 PPO 和 POD 活性 [16]

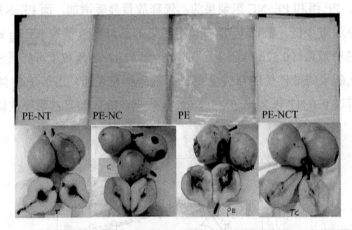

图 6-9　贮藏第 48 天时各包装膜梨果的全果和半果照片 [16]（后附彩图）

6.1.3.9　包装膜的体外抑菌活性分析

从图 6-10 可以看出，贮藏 6 天后，第一批可见的菌落数量为 $2.1 \sim 2.3\text{Log CFU/g}$。随着贮藏时间的延长，PE 组梨果的菌落数量显著增加，PE-NC 组梨果的菌落数量略有增加。而 PE-NT 组和 PE-NCT 组梨果的菌落数量增长无显著差异。PE 组梨果的菌落数量最高（6.8Log CFU/g），PE-NCT 组和 PE-NC 组的菌落数量最低（分别为 1.1Log CFU/g 和 1.7Log CFU/g）。PE-NCT 包装膜对微生物生长的抑制可能是由于 TiO_2 的光催化活性和黏土纳米颗粒的抑菌效果。

6.1.4　结论

在三种纳米包装膜和 PE 膜中，黏土 -TiO_2 纳米复合膜具有降低乙烯释放量、减少营养物质降解、控制生理变化、延缓梨果成熟和延长货架期的作用。因此，黏土 -TiO_2 纳米复合膜可作为延缓梨果成熟和保持梨果品质的一种新的包装策略。

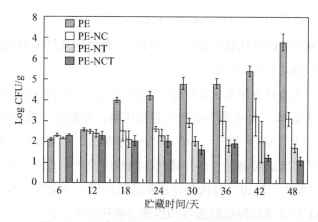

图 6-10　贮藏期间各处理组梨果的菌落总数 [16]

6.2　褪黑素结合冷藏技术保鲜梨

6.2.1　引言

冷藏能有效延缓果实的生理代谢和采后衰老过程，因此，冷藏被广泛用于延长水果和蔬菜的采后寿命，同时保持其感官和营养品质。"南国"梨是中国辽宁省特有的水果，主要产于鞍山地区。"南国"梨的采摘期一般为 9 月中旬，采摘的梨果在室温（20±1℃）下只能贮藏约 2 周，这严重限制了其销售周期和分销 [22]。利用冷藏技术，水果的贮藏期可以延长几个月。然而，长期冷藏的"南国"梨在常温货架售卖过程中容易发生果皮褐变，严重影响梨果的品质和商业价值 [23]。因此，需要有效的抑制冷藏"南国"梨果皮褐变的技术。

果皮褐变是冷藏"南国"梨的典型冷害症状，是由低温胁迫引起的。生理上，低温胁迫导致活性氧（ROS）的过量积累和细胞膜代谢紊乱，最终导致植物损伤 [24]。细胞膜系统由脂质和蛋白质组成。脂肪氧合酶（LOX）在膜脂过氧化过程中起着至关重要的作用，通过催化亚油酸、亚麻酸等多不饱和脂肪酸的氧化，减少在应激条件下对磷脂双分子层的损伤和细胞膜结构完整性的破坏 [25, 26]。由于细胞膜区室化被破坏导致的多酚氧化酶（PPO）和酚类底物的接触会产生酶促褐变。膜脂过氧化的产物丙二醛（MDA）通常被用来评估过氧化程度，相对离子渗透率被用来评估细胞膜的渗透性。

酚类化合物是植物通过苯丙氨酸和莽草酸途径合成的次生代谢产物。苯丙氨酸解氨酶（PAL）、肉桂酸 -4- 羟基化酶（C4H）和 4- 香豆酸：辅酶 A（CoA）连接酶（4CL）是参与苯丙氨酸途径的关键酶。莽草酸脱氢酶（SKDH）和 6- 磷酸葡萄糖酸脱氢酶（G6PDH）是参与莽草酸途径的关键酶。除了作为酶促褐变的底物，酚类化合物基于其明显的抗氧化能力也有助于提高耐寒性 [27]。脯氨酸在植物中具有调节细胞质渗透平衡的功能，在抵抗环境胁迫中也起着关键作用[28]。吡咯啉-5-羧酸合成酶（P5CS）和鸟氨酸 δ-氨基转移酶（OAT）这两种关键酶可以催化脯氨酸的生物合成，最近越来越多的证据表明，脯氨酸的积累可以提高水果和蔬菜的采后抗寒性[24]。

不同的策略被用来改善各种水果在低温贮藏期间的采后冷害指数（CI），如间歇升温、低温调理、冷热冲击处理、水杨酸甲酯和茉莉酸甲酯、赤霉酸、钙制剂、一氧化氮、24-表油菜素内酯和褪黑素（MT）等[29]。MT 作为一种内源产生的低分子量吲哚胺，存在于所有植物物种中，它可以延缓衰老并保持园艺作物的质量[30]。此外，由于其抗氧化特性，MT 在保护植物免受非生物胁迫（包括盐胁迫和低温胁迫）方面发挥着重要作用。文献[31]研究表明，外源 MT 处理通过降低膜透性和膜脂过氧化作用，显著降低了低温贮藏过程中红掌花的 CI，此外，还发现 MT 处理提高了红掌花的 PAL 活性，降低了 PPO 活性，从而导致酚类化合物的积累，进而导致了更强的 DPPH 自由基清除能力。文献[32]研究表明，MT 处理通过提高 G6PDH、SKDH 和 PAL 活性，同时抑制 PPO 活性，从而降低了桃果实的 CI，而 PPO 能催化酚类化合物氧化为醌类物质，防止膜脂过氧化，并维持较高的不饱和脂肪酸与饱和脂肪酸比例。文献[33]研究表明，外源 MT 处理可以通过上调 ZAT2/6/12 和诱导 CBF1 的表达来提高番茄果实的耐寒性，进而降低 CI。此外，外源 MT 的施用引起了内源多胺的积累，鸟氨酸脱羧酶和精氨酸脱羧酶活性升高，内源脯氨酸积累，OAT 和 P5CS 活性升高，而脯氨酸脱氢酶活性降低。这些发现揭示了 MT 在植物中的生理作用。

基于上述论述，作者推测 MT 处理可以延缓"南国"梨的 CI。因此，本试验旨在研究果皮褐变的延迟；MDA 含量、相对离子渗透率和 LOX 活性的降低；MT 处理下"南国"梨酚类化合物和脯氨酸代谢途径的激活，并揭示这些变化背后的分子机制。试验结果为有效控制冷藏"南国"梨的果皮褐变提供了技术依据。

6.2.2　材料和方法

6.2.2.1　材料和处理

梨果采摘于（Anshan，Liaoning Province，China）果园，梨果装在塑料盒中迅速运送至实验室。将梨果随机分为两组，每组 450 个果实，果实形状、大小、颜色、成熟度一致，无机械损伤和虫害。梨果在室温（20±1℃）下先贮藏 4 天，作为预调理时间，用报纸覆盖以防止水分流失。通过利用 0.01、0.05、0.1、0.3 和 0.5mM MT（数据未提供）进行初步试验，筛选出最佳 MT 浓度为 0.1mM。预熟后的梨果在 0.1mM MT 溶液中浸泡 15min，记为 MT 组；对照组在蒸馏水中浸泡 15min，记为 Control 组。浸泡后所有的梨果风干约 40 分钟，然后装入 0.04mm 厚的聚乙烯袋中。梨果在 0±5℃下预冷约 24h，然后封合袋子。两组梨果均在 0±0.5℃、相对湿度 80%～85% 条件下在冷库中贮藏 120 天，然后移至室温下进行货架期研究。每隔 3 天采集 50 个梨果进行果皮褐变评价。用 10 个梨果测定膜透性，

5 个梨果观察微观结构，其余 35 个梨果在液氮中快速冷冻，–80℃保存以备进一步分析。

6.2.2.2 梨果果皮褐变参数分析

本试验所有测试项目参照文献 [29] 的描述，包括果皮褐变率和褐变指数（BI）测试，单位为 %；脂肪氧合酶（LOX）活性测试，单位为 U kg^{-1}；丙二醛（MDA）含量测试，单位为 mmol kg^{-1}；相对离子渗透率测试，单位为 %；总酚（TP）含量测试，单位为 g kg^{-1}FW；莽草酸脱氢酶（SKDH）活性测试，单位为 U kg^{-1}FW；多酚氧化酶（PPO）活性测试，单位为 U kg^{-1}FW；苯丙氨酸解氨酶（PAL）活性测试，单位为 U kg^{-1}FW；肉桂酸 -4- 羟基化酶（C4H）活性测试，单位为 U kg^{-1}FW；4- 香豆酸 : 辅酶 A 连接酶（4CL）活性测试，单位为 U kg^{-1}FW；6- 磷酸葡萄糖酸脱氢酶（G6PDH）活性测试，单位为 U kg^{-1}FW；吡咯啉 -5- 羧酸合成酶（P5CS）活性测试，单位为 U kg^{-1}；脯氨酸脱氢酶（PDH）活性测试，单位为 U kg^{-1}；鸟氨酸 δ- 氨基转移酶（OAT）活性测试，单位为 U kg^{-1}。

6.2.3 试验结果

6.2.3.1 梨果果皮褐变分析

从图 6-11 的（a）和（f）可以看出，冷藏 120 天后，MT 组和对照组梨果果皮均没有出现褐变现象。但是在室温贮藏的 6 天时间里，对照组梨果褐变越来越严重，褐变指数升高得很快。然而，MT 组梨果仍保持健康，褐变症状出现比对照组梨果晚 3 天，梨果的 BI 和褐变率均显著低于对照组。由此可见，MT 处理能有效抑制梨果常温货架期的果皮褐变。

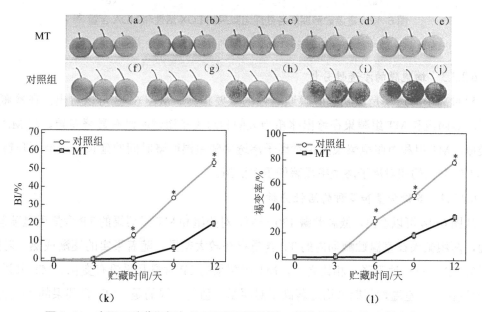

图 6-11 室温下贮藏期间各处理组梨果的照片、褐变指数（BI）和褐变率 [29]

其中：（a）～（e）分别表示 MT 组梨果在第 0、3、6、9 天和 12 天的外观照片；（f）～（j）表示对照组梨果在第 0、3、6、9 天和 12 天的外观照片；（k）图为褐变指数；（l）图为褐变率

6.2.3.2 膜脂过氧化分析

由于 LOX 是参与膜脂代谢的关键酶，能催化多不饱和脂肪酸形成 MDA，因此 LOX 的活性和 MDA 含量可以反映膜脂过氧化的程度。从图 6-12 可以看出，对照组梨果的 LOX 酶活性先升高后降低，在室温贮藏的第 6 天达到峰值 8.03（U kg^{-1}）×10^3。而 MT 组梨果的 LOX 酶活性峰值延迟了 3 天，比对照组梨果低了 38.97%。MT 组梨果的 LOX 酶活性在移出冰箱当日最低，比对照组梨果低了 32.04%。移出冰箱当日，对照组和 MT 组梨果的 MDA 含量无显著差异。随着室温贮藏期的延长，两组梨果的 MDA 含量呈逐渐上升趋势。然而，MT 组梨果的 MDA 含量的变化远小于对照组，尤其是在室温贮藏的前 3 天。

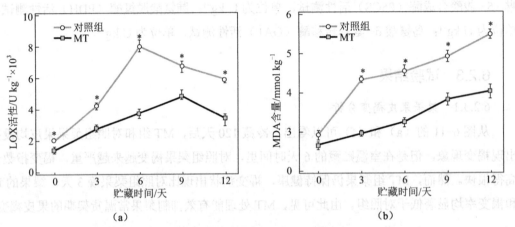

图 6-12　室温贮藏期间各处理组梨果的 LOX 活性和 MDA 含量 [29]

其中：＊表示的是基于 Duncan 测试的数据差异显著性（P<0.05）

6.2.3.3 细胞膜的渗透性分析

相对离子渗透率是反映细胞膜通透性的重要指标。从图 6-13 可以看出，在冷藏 120 天后，对照组和 MT 组梨果在移出冰箱当天的相对离子渗透率没有显著差异。与 MDA 含量类似，MT 组和对照组梨果的相对离子渗透率随室温贮藏时间的延长呈逐渐上升趋势，但 MT 组梨果的相对离子渗透率显著低于对照组。

6.2.3.4 多酚含量和多种酶活性分析

从图 6-14 可以看出，低温贮藏 120 天后，对照组和 MT 组梨果的 TP 含量无显著差异。然而，两组梨果在室温贮藏期内的 TP 含量存在较大差异。随着果实的逐渐成熟，对照组梨果的 TP 含量迅速下降。相比之下，MT 组梨果的 TP 含量几乎没有变化。MT 组梨果的 TP 含量在整个室温贮藏期内均显著高于对照组。值得一提的是，MT 组梨果的 TP 含量在第 9 天达到 3.15g kg^{-1}，是对照组梨果的 1.3 倍。

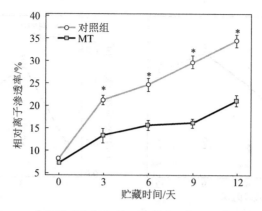

图 6-13　室温贮藏期间各处理组梨果的相对离子渗透率 [29]

其中：＊表示的是基于 Duncan 测试的数据差异显著性（P<0.05）

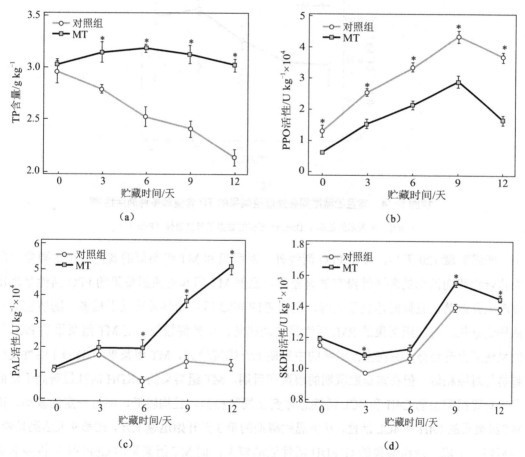

（a）　　　　　　　　　　　　（b）

（c）　　　　　　　　　　　　（d）

图 6-14　室温贮藏期间各处理组梨果的 TP 含量和多种酶活性 [29]

其中：＊表示的是基于 Duncan 测试的数据差异显著性（P<0.05）

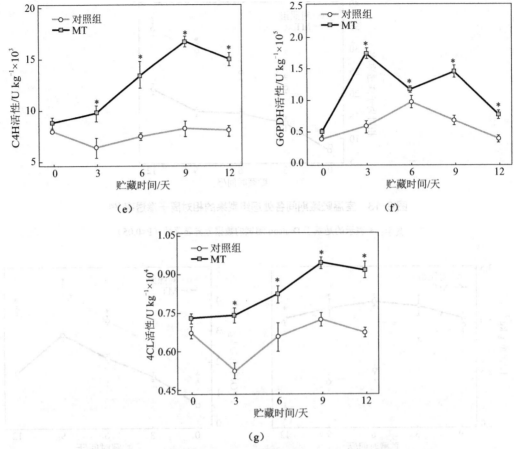

续图 6-14　室温贮藏期间各处理组梨果的 TP 含量和多种酶活性 [29]

其中：* 表示的是基于 Duncan 测试的数据差异显著性（P<0.05）

　　低温贮藏 120 天后，除了 PPO 活性外，对照组和 MT 组梨果的其他五个主要参与酚类化合物代谢活动的酶活性没有显著差异。虽然 MT 组和对照组梨果的 PPO 活性呈现出逐渐上升趋势，且同时达到了顶峰，但前者的 PPO 活性始终显著低于后者。随着室温贮藏期的延长，对照组梨果的 PAL 活性呈波动趋势，但始终较低，而 MT 组梨果的 PAL 活性呈逐渐上升趋势，且在室温贮藏的中后期上升幅度较大。MT 组梨果的 SKDH 活性变化趋势与对照相似，但在室温贮藏期的前期和后期，MT 组梨果的 SKDH 活性显著高于对照组。对照组梨果的 C4H 和 4CL 活性总体变化规律相似，且均较低，但有一定的波动。而MT 组梨果的 C4H 和 4CL 活性，从室温贮藏期的第 3 天开始迅速上升，在第 9 天达到顶峰，然后略有下降。两组梨果的 G6PDH 活性波动较大，但 MT 组梨果的 G6PDH 活性显著高于对照组。总体上，MT 组梨果的 PAL、C4L、C4H、SKDH 和 G6PDH 活性显著高于对照组，PPO 活性显著低于对照组。

6.2.3.5　脯氨酸及相关酶合成与代谢分析

从图 6-15 可以看出，对照组和 MT 组梨果在移出冰箱当日的脯氨酸含量无显著差异，且在整个室温贮藏期间均有逐渐增加的趋势。但 MT 组梨果的脯氨酸含量显著高于对照组。在植物中，P5CS 和 OAT 是参与脯氨酸合成的两种关键酶，PDH 是脯氨酸降解的关键酶。随着室温贮藏期的延长，P5CS 和 OAT 的活性均稳步上升。而 MT 组梨果的 P5CS 和 OAT 活性在室温贮藏期间显著高于对照组。对照组梨果的 PDH 活性在前 9 天内稳定且处于较高水平，随后略有下降。MT 组梨果的 PDH 活性在室温贮藏后期显著降低，在整个室温贮藏期间显著低于对照组。因此，MT 处理可能通过激活脯氨酸合成酶的活性和抑制脯氨酸降解酶的活性来促进冷藏"南国"梨脯氨酸的积累。

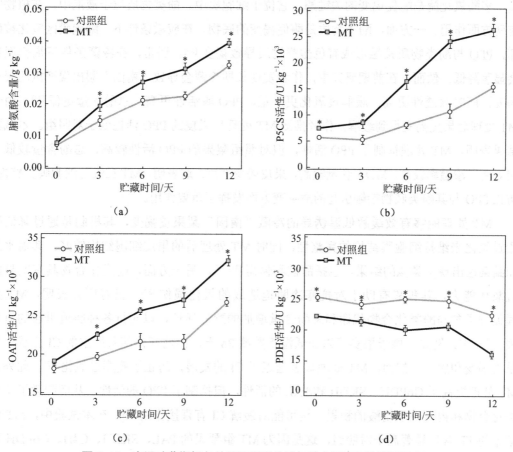

图 6-15　室温贮藏期间各处理组梨果的脯氨酸含量及相关酶活性[29]

其中：* 表示的是基于 Duncan 测试的数据差异显著性（$P<0.05$）

6.2.4　分析与讨论

果皮褐变是一种冷害症状，限制了使用低温来维持"南国"梨的品质。因此，寻找一种有效降低"南国"梨冷害症状的策略是提高该果品价值的必要条件。褪黑素是一种具有抗氧化特性的吲哚胺分子，它在保护植物免受冷、热、干旱等稳定胁迫方面发挥着重要作用[33, 34]。本试验结果表明，MT 处理能有效缓解冷藏"南国"梨的果皮褐变。

细胞膜在低温胁迫下易受氧化损伤。由于脂质过氧化，这可能导致细胞膜结构的不稳定。在植物中，LOX 是膜脂降解的重要酶，MDA 是其最终产物。相对离子渗透率是评估膜渗透性的有效参数，因此一般认为它是膜完整性的指标[35]。"南国"梨在冷藏后的室温贮藏期间相对离子渗透率、MDA 含量和 LOX 活性明显增加，细胞膜结构不完整，膜脂过氧化严重。在本试验中，外源施用 MT 有效地降低了 MDA 含量、相对离子渗透率和 LOX 活性。MT 处理可以通过保护"南国"梨的细胞器和细胞膜结构来维持细胞膜的完整性。

多酚氧化酶是酶促褐变的关键酶，它位于细胞质中。酚类物质位于液泡中，在植物中有两方面作用。一方面，酚类物质是酶促褐变的底物。在应激条件下，细胞膜区室化被破坏，PPO 与酚类物质接触形成有色醌类物质导致褐变[36]。通常，在冷藏条件下褐变现象会显著降低；然而，在前期研究中，作者发现长期冷藏会导致"南国"梨出现严重的表皮褐变，同时膜透性更高，膜脂过氧化更严重，PPO 酶活性更高，总酚含量更低[23]。由于 MT 处理后果皮褐变得到缓解，作者推测 MT 处理后果皮的 PPO 活性低于对照组。本试验结果表明，MT 处理抑制了 PPO 活性，但对照组梨果的 PPO 活性较高，总酚含量较低，相对离子渗透率较高，MDA 含量较高，果皮褐变严重。这表明，MT 在维持细胞膜完整性、防止 PPO 与其酚类底物接触引起的酶褐变方面发挥了重要作用。

MT 处理能够有效缓解低温诱导的冷藏"南国"梨果皮褐变，其机制是通过降低膜脂过氧化来维持细胞膜结构的完整性，同时 MT 处理后的果皮细胞结构较好。其他水果和蔬菜也出现了类似的结果，包括甜椒和葡萄[37, 38]。另一方面，酚类化合物具有明显的抗氧化能力，其积累有助于对抗寒冷胁迫造成的氧化损伤[27]。已有研究表明，MT 处理促进了参与酚类化合物代谢和总酚含量增加的酶的活性，以对抗各种胁迫引起的氧化损伤[32, 39]。例如，桃子果实可以在低温下贮藏 28 天，但这却伴随着严重的 CI 症状，如果肉褐变和腐烂。然而，MT 处理显著延迟了 CI 的发展，防止了膜脂过氧化[32]。此外，MT 处理提高了 G6PDH、SKDH 和 PAL 的活性，但抑制了 PPO 的活性，从而刺激了总酚类化合物和内源性水杨酸的积累，这可能对缓解 CI 有直接作用[32]。在本试验中，MT 组梨果的 TP 含量显著高于对照组，这是因为 MT 组梨果的 PAL、SKDH、C4H、G6PDH 和 4CL 活性较高，同时膜脂过氧化和褐变较低。这说明 MT 处理可以缓解冷藏"南国"梨的果皮褐变，这可能与 MT 处理通过激活酚类物质合成的关键酶进而提高抗氧化能力有关，从而增加酚类物质在梨果中的积累。

除了提高酚类化合物的抗氧化能力外，脯氨酸作为一种重要的渗透调节物质，不仅通过激活活性氧清除酶，而且通过直接显示自身清除活性氧的能力，参与氧化损伤的预防。

从而通过降低膜脂过氧化和保持膜的完整性来提高耐寒性[40]。外源 MT 处理可以缓解番茄植株的低温损伤，这是由于内源脯氨酸积累量增加，导致 SIP5CS 表达量增加。同时，MT 处理番茄植株的相对离子渗透率和 MDA 含量降低，抗氧化酶活性提高[41]。文献[42]研究表明，通过施用甜菜碱可以缓解西葫芦果实的 CI，可归因于 P5CS、OAT 等与脯氨酸代谢相关的酶活性水平升高，从而调节了抗氧化酶和脯氨酸含量。这里，针对外源 MT 处理导致的"南国"梨 CI 下降，可能是由于内源性脯氨酸积累升高，带来更高的 OAT 和 P5CS 活性，伴随着低 PDH 活性，增强了对细胞膜完整性的保护，表现为较低的离子渗透率、液态氧活动和 MDA 含量。因此，脯氨酸可能在 MT 调节"南国"梨冷藏后的耐寒性中起关键作用。

6.2.5　结论

MT 处理通过促进总酚和脯氨酸含量的积累，降低 LOX 活性，显著降低了冷藏"南国"梨果皮褐变的严重程度。提高了细胞膜的耐寒性，抑制了细胞膜脂质过氧化，降低了细胞膜通透性，保持了细胞膜结构的完整性。这些结果表明，MT 处理可能是缓解"南国"梨冷害症状的有效策略。

6.3　壳聚糖 / 纤维素纳米晶粒复合溶液保鲜梨

6.3.1　引言

2011 年，全球水果和蔬菜的采后损失为 40% ～ 50%。梨作为一种高度易腐的作物，在收获后的冷藏和室温贮藏过程中，其品质劣化速度非常快，如萎缩、软化、果皮颜色从绿色退化到黄色，再由黄色退化到棕色。这种品质的劣化通常被描述为果实的成熟和衰老，会降低鲜梨采后的货架期和适销性。因此，无论是室温贮藏还是冷藏贮藏，都需要创新的贮藏策略来延缓采后果实的成熟和品质的劣化。

为了延缓鲜梨在采后贮藏期间的品质劣化和成熟，已经尝试了多种方法，包括低温、气调贮藏、化学处理和可食用涂层[43]。其中，可食用涂层通过在果实表面创建一个水分和 / 或气体阻隔层，改变涂层果实内部的气体气氛，在减少重量损失和延缓品质劣化方面显示出巨大的潜力[44]。可食用涂层具有较好的成本效益，环境友好，此外，通过在涂层中添加抗菌剂、抗氧化剂、表面活性剂和增强填料，可以提高涂层的功能属性和效果。虽然蜡基涂层在梨上已有商业应用，但由于其气体阻隔性能不足、不柔软、抗机械应力和稳定性差，其防止梨采后果皮褐变和皱缩的能力有限[45]。

壳聚糖作为一种多糖涂层材料，在过去的 20 年里引起了广泛的关注。除其优异的成膜能力外，壳聚糖中正电荷氨基的存在提供了很强的抗菌活性 [46, 47]。但是，壳聚糖涂层对水分的阻隔性较差，这限制了它在控制采后果实水分转移和提供物理保护以防止机械损伤方面的效果 [48, 49]。因此，有许多尝试通过在壳聚糖涂层基体中加入其他功能物质来改善壳聚糖涂层的功能性。纤维素纳米晶粒（CNC）已被用作填料或交联剂 [48, 49]，通过形成空间网络来增强聚合物的阻隔和机械性能 [50, 51]。CNC 具有高度有序的晶体结构和通过硫酸水解过程形成的带负电荷的硫酸酯基团 [52]。由 CNC 增强壳聚糖基体生产的薄膜具有优越的防潮性能和抗拉强度 [53, 54]，这激发了作者对开发这种涂层的兴趣，以延缓采摘后呼吸速率高的水果（如梨）的成熟和品质劣化。

虽然之前有几项研究已经使用 CNC 作为多糖基薄膜的填料，但是还没有研究做有关 CNC 增强壳聚糖涂层对采后水果的影响。果实涂层材料的开发要比薄膜复杂得多，更具有挑战性，因为涂层必须对果实采后的各种生理变化（如成熟、呼吸、衰老等）以及贮藏条件（温度和相对湿度）做出反应，以有效延缓采后果实成熟和品质劣化。特别是对呼吸速率高、乙烯释放量高的采后鲜梨进行涂层处理，需要有效的水分和气体阻隔来减少果实失重，延缓果实在贮藏过程中的成熟和衰老。同时，为了延长贮藏时间，鲜梨通常首先进行一段时间的冷藏（−1 ~ 0℃，RH 约为 90%），然后转移到室温条件下零售（15 ~ 21℃，RH 为 50% ~ 60%）。因此，用于鲜梨的涂层不仅要提供足够的水分阻隔和适当的气体交换，而且要在温度和相对湿度变化的情况下保持稳定。

在本试验中，假设 CNC 增强壳聚糖涂层能够成功提供所需的水分和气体阻隔，并改变被涂层果实内部的大气条件，从而控制乙烯的产生和释放，延缓果实在采后贮藏期间的成熟和品质劣化。在室温和冷藏条件下对梨果采后进行了研究，以延缓果实成熟和衰老、减轻失重、降低品质劣化为目标。本试验有望为 CNC 增强壳聚糖涂层的有效性提供新的见解，以改善采后梨果在低温和室温条件下的贮藏性能。

6.3.2　材料和方法

美国俄勒冈州立大学食品科学与技术系对不同 CNC 增强壳聚糖涂层配方下的梨果进行了低温和室温贮藏试验，以评估涂层对延缓梨果采后品质劣化和成熟的有效性。在室温条件下，导致梨果品质劣化最少、成熟最慢的涂层配方被应用于哥伦比亚农业研究和推广中心进行大规模冷藏试验。需要指出的是，由于仪器的可及性，环境和冷藏研究使用的一些分析方法和仪器是不同的，因为这两项试验（低温和室温）是在两个不同的地点进行的。

6.3.2.1　材料

壳聚糖（脱乙酰度为 97%，平均分子量为 149kDa），购自 Premix（Iceland）公司。CNC 购自缅因大学工艺开发中心（Orono，Maine，U.S.A.），它是从软木硫酸盐浆中提取的，最终浓度为 11.8%。表面活性剂包括吐温 80 和司盘 80，购自 Amresco（Solon，Ohio，U.S.A.）公司。醋酸购自 J. T. Baker（Phillipsburg，N.J.，U.S.A.）公司。有机绿色的梨（D'Anjou）购自当地市场（Corvallis Oreg.，U.S.A.），并在当天接受了涂层处理。绿色的梨（Bartlett）购自（Oreg）农场。在控制气调气氛下贮藏，在 -1℃ 下贮藏 3 周。梨果的初始硬度为 79.0N，达到了收获成熟度的要求。梨果采后冷藏过夜（-1℃），第 2 天进行涂层处理。

6.3.2.2 复合溶液制备

壳聚糖（2%，w/w）溶于醋酸溶液（1%，w/v）中。使用搅拌器（Proctor Silex，NACCO Industry Inc.，Glen Allen，Va. U.S.A.）将 5.0% 和 10%（w/w 壳聚糖，干重）的 CNC 分散在上述壳聚糖溶液中，搅拌时间为 60s。将吐温 80 和司盘 80 按 1∶1（w/w）的比例加入上述混合物（10%，w/w 壳聚糖，干重）中，以改善涂层在疏水水果表面的润湿性，并提高涂层的稳定性。混合物在均质机（Polytron PT10-35，Luzernerstrasse，Switzerland）中充分混合 120s，超声（Branson B-220H，Conn.，U.S.A.）处理 60s，然后使用定制的水流量真空系统脱气得到复合溶液[55]。

6.3.2.3 涂膜操作

在室温贮藏试验中，使用空气喷枪（Central Pneumatic，Camarillo，california，U.S.A.）在 0.28～0.31psi 的压力下，将 15mL 新鲜制备的涂层复合液喷涂在每个梨果（D'Anjou）上，以实现表面涂层的均匀。涂层后的梨果在室温下用吹风机干燥 1h，然后在室温条件下（20±2℃ 和 30±2% RH）贮藏 3 周，梨果无须外包装包裹。

在冷藏试验中，在大规模试验（每个处理 185 个梨果）中，选择浸渍法对果实进行更均匀的涂层处理。梨果（Bartlett）浸泡在复合溶液中 60s，然后在室温下干燥 2h。然后把梨果装进木箱（每箱装 50 个梨果），贮藏在 -1.1℃ 和 90% RH 下 5 个月。

在室温和冷藏试验中未进行涂层操作的梨果作为对照组，记为 Control。基于前期研究，作者选择了三种不同的涂层配方：分别用 0%、5% 和 10% CNC 增强 2% 壳聚糖溶液，分别记为 0CNC、5CNC 和 10CNC。

在室温贮藏试验中，选取出涂层配方产生了最小的质量变化和最慢的果实成熟历程，作者将该涂层配方在冷藏试验条件下的梨果与商业涂层 Semperfresh TM（Pace International，Wapato，Wash）保护下的梨果进行了对比，商业涂层处理记为 SEMP。

6.3.2.4 梨果质量参数测试

本试验所有测试项目参照文献[55]的描述，包括失重率测试，单位为 %；梨果收缩率（周缩率）测试，单位为 %；颜色参数测试，包括色差 ΔE 值，和叶绿素降解率，单位为 %；硬度测试，单位为 kg m/s²；pH 测试；可滴定酸（TA）含量测试，单位为 %；可溶性固形物（TSS）含量测试，单位为 %；乙烯释放速率测试，单位为 $\mu L\ kg^{-1}h^{-1}$；CO_2 释放速率（呼吸速率）测试，单位为 $\mu g\ kg^{-1}h^{-1}$；成熟能力测试，测试方法参照文献[55]。

6.3.3 结论和讨论

6.3.3.1 室温贮藏过程中复合溶液对延缓梨果成熟和品质下降的影响分析

从图 6-16 可以看出，涂层处理显著降低了梨果的乙烯释放速率（从 $0 \sim 12\mu L \cdot kg^{-1} \cdot h^{-1}$），涂层组低于对照组（约 $52.1\mu L \cdot kg^{-1} \cdot h^{-1}$）。涂层梨果内部的气体成分被改变了，降低了气体的透过率，从而可能减慢乙烯的释放和延迟果实的成熟。

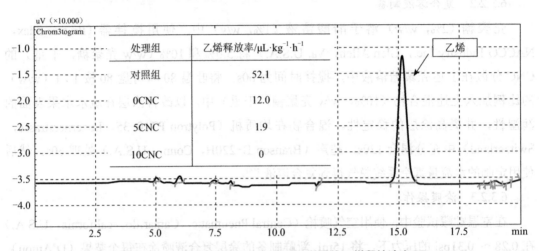

图 6-16　室温贮藏 1 天后，各处理组梨果的乙烯释放速率 [55]

通过测试梨果的硬度、TSS 含量、pH 值和 TA 含量来评价梨果在贮藏过程中的成熟状况。在梨果成熟过程中，细胞壁的降解会降低梨果的硬度 [57]。同时，在梨果成熟过程中，由于淀粉水解为糖，TSS 含量增加，而由于有机酸的降解，TA 含量则相反 [57]。从表 6-1 可以看出，5CNC 组和 10CNC 组梨果的硬度值显著高于对照组和 0CNC 组。5CNC 和 10CNC 组的 TSS 含量显著低于对照组和 0CNC 组，表明通过阻止淀粉水解成糖延迟了梨果的成熟 [58]。5CNC 组梨果的 TA 与对照组无显著差异，0CNC 和 10CNC 组梨果的 TA 显著低于对照组。推测为 0CNC 和 10CNC 组梨果 TA 的减少可能与涂层内果实所处的厌氧环境有关，在此条件下有机酸可能被用作能量消耗了或被储备起来了 [59, 60]。虽然有研究表明，0CNC 膜的氧气渗透率高于 5CNC 膜，但其作为梨果涂层的性能可能会因涂层配方与果实表面特性和周围湿度条件的相互作用而改变。壳聚糖中加入亲水的 CNC 后，5CNC 涂层对周围湿度条件的响应更敏感，涂层基质可能适度膨胀，达到理想的透气性。而 0CNC 涂层中亲水物质含量较低，相对抗湿性较强，可能导致涂层内的梨果处于厌氧状态，导致 TA 含量低，进而导致表面出现锈病斑。另外，过量加入 CNC 的 10CNC 涂层增强了涂层基体的强度，甚至导致 CNC 颗粒在膜表面聚集，从而导致涂层内的梨果的厌氧条件失序，导致梨果表面出现大面锈病斑（见图 6-17）。因此，根据乙烯释放速率，梨果内部的质量参数和硬度结果表明，5CNC 涂层是最优的涂层配方。

表 6-1 室温贮藏 3 周后，各处理组梨果的质量参数 [55]

处理组	硬度	TSS	pH	TA
Control	3.15±1.55cb	14.0±0.9a	4.29±0.05b	0.17±0.02a
0CNC	10.73±6.02b	13.5±1.4a	4.79±0.43ab	0.11±0.02c
5CNC	16.08±6.77a	11.7±1.5b	4.69±0.20ab	0.14±0.03ab
10CNC	20.71±2.83a	10.8±1.0b	4.93±0.68a	0.13±0.03bc

注：结果用平均值 ± 标准差表示，同一列数字上的不同小写字母表示基于 one-way ANOVA 分析的差异显著性（P<0.05）

从图 6-17 可以看出，3 周贮藏期内涂层梨果的色差值（<6.0）显著低于对照组梨果的色差值（约 12）。梨果的外观照片也表明，相比于对照组和其他涂层组梨果，5CNC 组梨果保留的绿色时间更长，5CNC 组梨果被保留的绿色叶绿素是由于乙烯释放量减少而延迟了果实成熟的明显证据。涂层梨果内部的气体成分被改变，CO_2 浓度增加，而 CO_2 反过来又与乙烯结合位点发生相互作用，从而减少了乙烯的生成和释放 [61]。然而，10CNC 组梨果呈现出表皮斑点和皱缩的果核，表明因 CO_2 损伤引起了梨果的生理紊乱 [62]。因此，5CNC 涂层可以有效地控制梨果内部的气体气氛条件，从而在不引起内部组织褐变的情况下，保留绿色色素，延缓果实成熟。

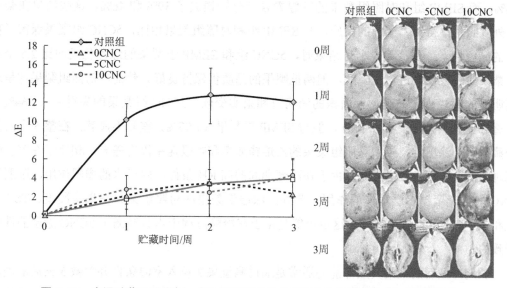

图 6-17 室温贮藏 3 周期间，各处理组梨果的色差变化和外观照片 [55]（后附彩图）

从图 6-18 可以看出，各处理组梨果在贮藏过程中的失重率均呈增加趋势，但各涂层组梨果的失重率显著低于对照组，而 5CNC 组和 10CNC 组梨果的失重率没有差异。本试验结果表明，附着在疏水梨果表面的涂层形成了良好的气体和水蒸气阻隔屏障，减缓了碳水化合物和 O_2，向糖、CO_2 和水分的生理转化，从而降低了重量损失。但是，对照组梨果和各涂层组梨果在收缩率方面没有显著差异。因此，5CNC 涂层具有较好的气体阻隔作用，5%CNC 在基质中分布均匀，有效地延缓了采后梨果的成熟，提高了梨果的贮藏性，且梨果在贮藏过程中没有发生生理紊乱。因此，接下来选择该涂层配方进行另一种梨果（Bartlett）的低温冷藏试验。

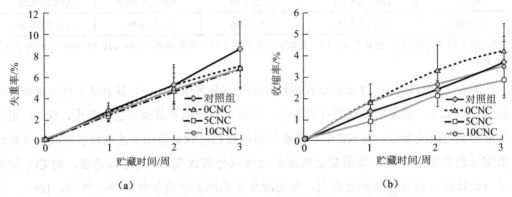

(a)　　　　　　　　　　　　　　　(b)

图 6-18　室温贮藏 3 周期间，各处理组梨果的失重率和收缩率 [55]

6.3.3.2　低温贮藏过程中 5CNC 复合溶液对延缓梨果成熟和品质下降的影响分析

从图 6-19 可以看出，在 2.5 个月的冷藏期间，5CNC 组梨果的叶绿素含量损失了 34%，而 SEMP 组和对照组梨果的叶绿素含量分别损失了 39% 和 46%。这些结果在梨果的外观照片中得到了清晰的反应，与 SEMP 组和对照组梨果相比，5CNC 组梨果保留了更多的绿色色素。到冷藏 5 个月结束时，5CNC 组和 SEMP 组梨果的绿色色素均比 2.5 个月时梨果的绿色色素进一步降解，但两批梨果的品质仍保持良好。然而，对照组梨果却呈现出明显的腐烂衰老外观、大面积的锈病斑和果实变软。5CNC 组梨果的失重率（1.64%）显著低于对照组梨果（2.71%），但与 SEMP 组梨果（1.97%）差异不显著。在整 5 个月的冷藏期间，涂层组梨果和对照组梨果的乙烯释放率和呼吸速率没有差异。相比于在室温贮藏时的低 RH 环境，这可能是由于在冷藏期间的高 RH 条件下，由于水的增塑作用，削弱了 CNC 增强壳聚糖涂层基体的作用。此外，涂层组梨果和对照组梨果在果实硬度、TSS 含量和 TA 值上没有显著差异，这也可能是由于在冷藏过程中水分减弱了 5CNC 涂层的性能导致的。

长期冷藏后的梨果其成熟能力通常是通过测量果实移入室温条件并贮藏 5 天后的硬度来评估的。所有涂层组梨果的成熟情况与对照组相似，但 5CNC 组梨果（6.55N）的硬度明显更高，而对照组为 5.28N，SEMP 组为 4.79N。本试验结果表明，与 SEMP 涂层相比，5CNC 涂层延缓了梨果的成熟和衰老。冷藏试验结果表明，5CNC 涂层在延缓梨果成熟和品质劣变方面也有一定的效果，且与商业产品（Semperfresh）保护下的梨果相比仍具有竞争力。然而，在高 RH 冷藏条件下，CNC 增强壳聚糖涂层的性能有所减弱，这将是未来的研究课题。

	对照组[1]	SEMP	5CNC
叶绿素降解率	46.4±2.7[a2]	38.6±3.6[b]	34.3±3.3[b]
失重率	2.71±0.21[a]	1.97±0.19[b]	1.64±0.20[b]
硬度	78.7±3.1[a]	74.7±1.3[a]	76.5±4.4[a]
TSS含量	14.2±0.4[a]	14.0±0.7[a]	14.8±0.7[a]
TA含量	0.36±0.02[a]	0.35±0.06[a]	0.33±0.02[a]
乙烯释放速率	136±33[a]	106±11[a]	129±30[a]
CO_2释放速率	1.53±0.10[a]	1.12±0.30[a]	1.28±0.21[a]
成熟能力	5.28±0.05[a]	4.79±0.16[a]	6.55±0.66[b]

（a）

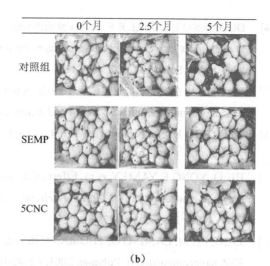

（b）

图 6-19　冷藏期间各处理组梨果的质量参数和外观照片 [55]（后附彩图）

其中：（a）图是贮藏 2.5 个月时的数据，结果用平均值 ± 标准差表示，
同一行数字上的相同小写字母表示数据间差异不显著（P>0.05）

6.3.4　结论

CNC 增强壳聚糖涂层在采后室温贮藏过程中，对延缓绿梨果（D'Anjou）的成熟和品质劣变有一定的作用。5CNC 涂层成功地保留了果皮中的绿色叶绿素，并延缓了果实品质的劣变（即减轻了失重率、果实硬度和可溶性固形物含量的变化）。5CNC 组和 10CNC 组梨果的乙烯释放率均显著低于壳聚糖涂层（0CNC）和对照组梨果，但 10CNC 涂层内的梨果，其 O_2 渗透率较低，可能产生 CO_2 损伤，导致表面出现锈斑和棕色的果核。在冷藏过程中，5CNC 涂层对梨果贮藏性能的提高效果优于未涂层和 SEMP 涂层。然而，与室温贮藏相比，CNC 增强壳聚糖涂层的冷藏效果有所减弱。本试验结果表明，CNC 增强壳聚糖涂层的性能取决于 CNC 添加量、梨果采后生理反应和贮藏条件。在未来的研究中，需要进一步改进 CNC 增强壳聚糖或其他聚合物基涂层配方，以及在高 RH 贮藏条件下提供更强的疏水性。这些研究应该将涂层性能与果实生理反应、果皮结构和贮藏条件联系起来，以优化涂层配方适应每一种水果。

参考文献：

[1]　KAUR R, ARYA V. Ethnomedicinal and Phytochemical Prospectives of Pyrus Communis linn[J]. Journal of Pharmacognosy & Phytochemistry, 2012, 1(2): 169–174.

[2]　LIN H T, XI Y F, CHEN S J. Postharvest softening physiological mechanism of huanghua pear fruit[J]. Scientia Agricultura Sinica, 2003, 36: 349–352.

[3]　RIBEIRO C J O, NAZARÉ-PEREIRA A, SOBREIRO J, et al. Influence of orchard, harvest date and controlled atmosphere, on storage quality of "Rocha" pear[J]. Acta Horticulturae, 2003, 599: 639–645.

[4] DUDI V S O P, GOYAL R K. Effect of different packaging materials on post-harvest quality parameters of pear under zero energy chamber storage condition[J]. International Journal of Current Microbiology and Applied Sciences, 2017, 6(9): 1167–1177.

[5] RHIM J W, HONG S I, HA C S. Tensile, water vapor barrier and antimicrobial properties of PLA/nanoclay composite films[J]. LWT-Food Science and Technology, 2009, 42(2): 612–617.

[6] AZEREDO H. Nanocomposites for food packaging applications[J]. Food Research International, 2009, 42(9): 1240–1253.

[7] HU Q, YONG F, YANG Y, et al. Effect of nanocomposite-based packaging on postharvest quality of ethylene-treated kiwifruit (*Actinidia deliciosa*) during cold storage[J]. Food Research International, 2011, 44(6): 1589–1596.

[8] ZANETTI M, CAMINO G, THOMANN R, et al. Synthesis and thermal behaviour of layered silicate-EVA nanocomposites[J]. Polymer, 2001, 42: 4501–4507.

[9] JEFFERY B, PEPPLER M, LIMA R S, et al. Bactericidal effects of HVOF-sprayed nanostructured TiO_2 on Pseudomonas aeruginosa[J]. Journal of Thermal Spray Technology, 2010, 19(1–2): 344–349.

[10] BODAGHI H, MOSTOFI Y, OROMIEHIE A, et al. Evaluation of the photocatalytic antimicrobial effects of a TiO_2 nanocomposite food packaging film by invitro and invivo tests[J]. LWT-Food Science and Technology, 2013, 50(2): 702–706.

[11] AVELLA M, VLIEGER J, ERRICO M E, et al. Biodegradable starch/clay nanocomposite films for food packaging applications[J]. Food Chemistry, 2005, 93(3): 467–474.

[12] TANG W J. Physical, chemical and microbiological changes in stored green asparagus spears as affected by coating of silver nanoparticles-PVP[J]. LWT-Food Science and Technology, 2008, 41: 1100–1107.

[13] EBRAHIMI H, ABEDI B, BODAGHI H, et al. Investigation of developed clay-nanocomposite packaging film on quality of peach fruit (*Prunus persica Cv. Alberta*) during cold storage[J]. Journal of Food Processing & Preservation, 2017, 42(2), e13466.

[14] YANG F M, LI H M, LI F, et al. Effect of nano-packing on preservation quality of fresh strawberry (*Fragaria ananassa Duch. cv Fengxiang*) during storage at 4℃[J]. Journal of Food Science, 2010, 75(3): C236–C240.

[15] WU C, YUE Y, DENG X, et al. Investigation on the synergeti effect between anatas and rutile nano-particles in gas-phase photocatalytic oxidations[J]. Catalysis Today, 2004, 93-95(9): 863–869.

[16] BODAGHI H, HAGH Z G. Application of clay-TiO_2 nanocomposite packaging films on pears (*Prunus communis L. cv. Williams*) under cold storage[J]. Journal of Food Measurement and Characterization, 2019, 13: 2377–2388.

[17] ADAY M S, CANER C. The shelf life extension of fresh strawberries using an oxygen absorber in the biobased package[J]. LWT- Food Science and Technology, 2013, 52(2): 102–109.

[18] KADER A A, ZAGORY D, KERBEL E L, et al. Modified atmosphere packaging of fruits and vegetables[J]. Critical Reviews in Food Science and Nutrition, 1989, 28(1): 1–30.

[19] LI D, YE Q, JIANG Z, et al. Effect of nano-TiO₂ LDPE packaging on postharvest quality and antioxidant capacity of strawberry (*Fragaria ananassa Duch.*) stored at refrigeration temperature[J]. Journal of the Science of Food & Agriculture, 2017, 97(4): 1116–1123.

[20] ZAGORY D, KADER A A. Quality maintenance in fresh fruits and vegetables by controlled atmospheres[J]. Quality Factors of Fruits and Vegetables, 1989, 405: 174–188.

[21] LI H, FENG L, LIN W, et al. Effect of nano-packing on preservation quality of Chinese jujube [Ziziphus jujuba Mill. var. inermis (Bunge) Rehd][J]. Food Chemistry, 2009, 114(2): 547–552.

[22] CHENG S C, WEI B D, ZHOU Q, et al. 1-methylcyclopropene alleviates chilling injury by regulating energy metabolism and fatty acid content in cpears[J]. Postharvest Biology and Technology, 2015, 109: 130–136.

[23] SHENG L, ZHOU X, LIU Z Y, et al. Changed activities of enzymes crucial to membrane lipid metabolism accompany pericarp browning in "Nanguo" pears during refrigeration and subsequent shelf life at room temperature[J]. Postharvest Biology and Technology, 2016, 117: 1–8.

[24] ZENG F, JIANG T, WANG Y, et al. Effect of UV-C treatment on modulating antioxidative system and proline metabolism of bamboo shoots subjected to chilling stress[J]. Acta Physiologiae Plantarum, 2015, 37: 1–10.

[25] MEYER M D, TERRY L A. Fatty acid and sugar composition of avocado, cv. Hass, in response to treatment with an ethylene scavenger or 1-methylcyclopropene to extend storage life[J]. Food Chemistry, 2010, 121: 1203–1210.

[26] TRABELSI H, CHERIF O A, SAKOUHI F, et al. Total lipid content, fatty acids and 4-desmethylsterols accumulation in developing fruit of *Pistacia lentiscus* L. growing wild in Tunisia[J]. Food Chemistry, 2012, 131: 434–440.

[27] RINALDO D, MBÉGUIÉ A M D, FILS-LYCAON B. Advances on polyphenols and their metabolism in sub-tropical and tropical fruits[J]. Trends in Food Science and Technology, 2010, 21: 599–606.

[28] ASHRAF M, FOOLAD M R. Roles of glycine betaineand proline in improving plant abiotic stress resistance[J]. Environmental and Experimental Botany, 2007, 59: 206–216.

[29] SUN H J, LUO M L, ZHOU X, et al. Influence of Melatonin Treatment on Peel Browning of Cold-Stored "Nanguo" Pears[J]. Food and Bioprocess Technology, 2020, 13: 1478-1490.

[30] JANNATIZADEH, A. Exogenous melatonin applying confers chilling tolerance in pomegranate fruit during cold storage[J]. Scientia Horticulturae, 2019, 246: 544–549.

[31] AGHDAM M S, JANNATIZADEH A, NOJADEH M S, et al. Exogenous melatonin ameliorates chilling injury in cut anthurium flowers during low temperature storage[J]. Postharvest Biology and Technology, 2019, 148: 184–191.

[32] GAO H, LU Z M, YANG Y, et al. Melatonin treatment reduces chilling injury in peach fruit through its regulation of membrane fatty acid contents and phenolic metabolism[J]. Food Chemistry, 2018, 245: 659–666.

[33] LIANG D, NI Z Y, XIA H, et al. Exogenous melatonin promotes biomass accumulationand photosynthesis of kiwifruit seedlings under drought stress[J]. Scientia Horticulturae, 2019, 246: 34–43.

[34] ZHANG J, SHI Y, ZHANG X Z, et al. Melatonin suppression of heat-induced leaf senescence involves changes in abscisic acid and cytokinin biosynthesis and signaling pathways in perennial ryegrass (*lolium perenne,* l.)[J]. Environmental and Experimental Botany, 2017, 138: 36–45.

[35] MARANGONI A G, PALMA T, STANLEY D W. Membrane effects in postharvest physiology[J]. Postharvest Biology and Technology, 1996, 7: 193–217.

[36] LIN Y F, LIN H T, ZHANG S, et al. The role of active oxygen metabolism in hydrogen peroxide-induced pericarp browning of harvested longan fruit[J]. Postharvest Biology and Technology, 2014, 96: 42–48.

[37] KONG X M, WEI B D, GAO Z, et al. Changes in membrane lipid composition and function accompanying chilling injury in bell peppers[J]. Plant & Cell Physiology, 2018, 59(1): 167–178.

[38] LI X J, HAN Z, LI C, et al. Effects of root zone restriction on soluble sugar content and ultra structure of phloem in 'Kyoho' grape berry[J]. Plant Physiology, 2016, 52: 1546–1554.

[39] SÁNCHEZ-RODRÍGUEZ E, MORENO D A, FERRERES F, et al. Differential responses of five cherry tomato varieties to water stress: changes on phenolic metabolites and related enzymes[J]. Phytochemistry, 2011, 72(8): 723–729.

[40] AGHDAM M S, BODBODAK S. Physiological and biochemical mechanisms regulating chilling tolerance in fruits and vegetables under postharvest salicylates and jasmonates treatments[J]. Scientia Horticulturae, 2013, 156(156): 73–85.

[41] DING F, LIU B, ZHANG S X. Exogenous melatonin ameliorates cold-induced damage in tomato plants[J]. Scientia Horticulturae, 2017, 219: 264–271.

[42] YAO W, XU T, FAROOQ S U, et al. Glycine betaine treatment alleviates chilling injury in zucchini fruit (*cucurbita pepo*, l.) by modulating antioxidant enzymes and membrane fatty acid metabolism[J]. Postharvest Biology and Technology, 2018, 144: 20–28.

[43] VISAKH P M, ITURRIAGA L B, RIBOTTA P D. Advances in food science and nutrition[J]. Critical Reviews in Food Science & Nutrition, 2013, 2: 133–142.

[44] LIN D, ZHAO Y. Innovations in the development and application of edible coatings for fresh and minimally processed fruits and vegetables[J]. Comprehensive Reviews in Food Science and Food Safety, 2010, 6(3): 60-75.

[45] DIAB T, BILIADERIS C G, GERASOPOULOS D, et al. Physicochemical properties and application of pullulan edible films and coatings in fruit preservation[J]. Journal of the Science of Food and Agriculture, 2001, 81: 988–1000.

[46] CHEN J L, ZHAO Y. Effect of molecular weight, acid, and plasticizer on the physicochemical and antibacterial properties of β-chitosan based films[J]. Journal of Food Science, 2012, 77(5): 127–136.

[47] JUNG J, CAVENDER G, ZHAO Y. The contribution of acidulant to the antibacterial activity of acid soluble α-and β-chitosan solutions and their films[J]. Applied Microbiology & Biotechnology, 2014, 98(1): 425–35.

[48] DONG F, LI S J, YAN M L, et al. Preparation and properties of chitosan/nanocrystalline cellulose

composite films for food packaging[J]. Asian Journal of Chemistry, 2014, 17(26): 5895–5898.

[49] XU X, WANG H, JIANG L, et al. Comparison between cellulose nanocrystal and cellulose nanofibril reinforced poly (ethylene oxide) nanofibers and their novel shish-kebab-like crystalline structures[J]. Macromolecules, 2014, 47: 3409–3416.

[50] FAVIER V, CHANZY H, CAVAILLE J Y. Polymer nanocomposites reinforced by cellulose whiskers[J]. Macromolecules, 1995, 28: 6365–6367.

[51] KHAN A, KHAN R A, SALMIERI S, et al. Mechanical and barrier properties of nanocrystalline cellulose reinforced chitosan based nanocomposite films[J]. Carbohydrate Polymers, 2012, 90: 1601–1608.

[52] LIN N, DUFRESNE A. Surface chemistry, morphological analysis and properties of cellulose nanocrystals with gradiented sulfation degrees[J]. Nanoscale, 2014, 6: 5384–5393.

[53] AZEREDO H, MATTOSO L H C, AVENA-BUSTILLOS R J. Nanocellulose reinforced chitosan composite films as affected by nanofiller loading and plasticizer content[J]. Journal of Food Science, 2010, 75(1): 1–7.

[54] PEREDA M, DUFRESNE A, ARANGUREN M I. Polyelectrolyte films based on chitosan/olive oil and reinforced with cellulose nanocrystals[J]. Carbohydrate Polymers, 2014, 101: 1018–1026.

[55] DENG Z, JUNG J, SIMONSEN J, et al. Cellulose nanocrystal reinforced chitosan coatings for improving the storability of postharvest pears under both ambient and cold Storages[J]. Journal of Food Science, 2017, 82(1-3): 453-462.

[56] HIWASA K, NAKANO R, HASHIMOTO A, et al. European, Chinese and Japanese pear fruits exhibit differential softening characteristics during ripening[J]. Journal of Experimental Botany, 2004, 55(406): 2281–2290.

[57] MAKKUMRAI W, ANTHON G E, SIVERTSEN H, et al. Effect of ethylene and temperature conditioning on sensory attributes and chemical composition of 'Bartlett' pears[J]. Postharvest Biology and Technology, 2014, 97 :44–46.

[58] AFSHAR-MOHAMMADIAN M, RAHIMI-KOLDEH J. The comparison of carbohydrate and mineral changes in three cultivars of kiwifruit of Northern Iran during fruit development[J]. Australian Journal of Crop Science, 2010, 4(1): 49–54.

[59] TARIQ M A, TAHIR F M, ASI A A, et al. Effect of controlled atmosphere storage on damaged citrus fruit quality[J]. International Journal of Agriculture & Biology, 2001, 3: 9–12.

[60] LIU T, ZHANG H, JIANG G, et al. Effect of 1-methylcyclopropene releasedfrom3-chloro-2-methylpropene and lithium diisopropylamide on quality of harvested mango fruit[J]. Asian Journal of Agricultural Research, 2010, 8: 106–111.

[61] LI F, ZHANG X, SONG B, et al. Combined effects of 1-MCP and MAP on the fruit quality of pear (*Pyrus bretschneideri Reld cv. Laiyang*) during cold storage[J]. Scientia Horticulturae, 2013, 164: 544–551.

[62] MATTHEIS J, FELICETTI D, RUDELL D R. Pithy brown core in D'Anjou pear (*Pyrus communis* L.) fruit developing during controlled atmosphere storage at pO_2 determined by monitoring chlorophyll fluorescence[J]. Postharvest Biology and Technology, 2013, 86: 259–264.

第7章 猕猴桃的包装保鲜方法

7.1 1-MCP 保鲜猕猴桃

7.1.1 引言

猕猴桃以其独特的口感、风味和营养价值受到消费者的青睐[1]。然而，猕猴桃在贮藏和运输过程中极易腐烂，导致营养和品质损失。猕猴桃的香气、甜度和酸度是消费者喜欢猕猴桃的关键因素[2]。在成熟过程中，猕猴桃会产生一种独特的挥发性香气。然而，猕猴桃在长期贮藏过程中会失去风味甚至产生异味。因此，开发一种有效的方法来减少猕猴桃的品质损失，保持猕猴桃的风味，一直是种植户和贸易商的长期目标。

据报道，1-甲基环丙烯（1-MCP）是一种商用乙烯抑制剂，通过永久结合果实组织中的乙烯受体来延缓果实成熟，从而抑制乙烯作用[3]。猕猴桃属于典型的呼吸跃变型水果，对能促进果实成熟的外源乙烯高度敏感。猕猴桃对低温很敏感，长期低温贮藏会出现生理紊乱，导致果实失去风味和品质损失。应用 1-MCP 可以抑制乙烯的产生和呼吸速率，从而延迟猕猴桃果实成熟和保持品质[4]。迄今为止，1-MCP 处理对猕猴桃贮藏期间品质的影响已被广泛研究[5, 6]，这表明 1-MCP 是一种很有商业前景的猕猴桃采后处理技术。

猕猴桃的挥发性香气在提高食用品质和消费者接受度方面起着重要作用。大量研究表明，随着果实成熟，果实挥发性物质含量增加，其生物合成途径受乙烯调控。考虑到 1-MCP

对乙烯的抑制作用，1-MCP 可能会影响果实成熟过程中依赖乙烯的挥发物的形成。此前已有研究报道，1-MCP 处理会影响梨、苹果、桃、番茄和狝猴桃等水果贮藏过程中总挥发性物质、酯、醛和醇的浓度 [7]。然而，大量证据表明，1-MCP 的作用在不同品种 / 物种之间是不同的 [8]，关于 1-MCP 对狝猴桃成熟过程中风味形成和异味控制的影响的研究报道有限。

狝猴桃（cv. Bruno）曾被认为是新西兰重要的栽培品种之一，也已成为中国浙江省引进的主要品种。然而，在无任何胁迫的室温贮藏过程中，狝猴桃（cv. Bruno）易在呼吸跃变后急剧积累乙醇，导致果实产生异味，严重影响果实的可接受性。为进一步阐明 1-MCP 处理对狝猴桃品质和风味的影响，阐明不同浓度的 1-MCP 处理对狝猴桃果实品质、挥发性物质生成和异味形成的影响。本试验结果将为 1-MCP 在狝猴桃（cv. Bruno）采后挥发性物质形成的调控机制提供新的见解。

7.1.2　材料和方法

7.1.2.1　材料和贮藏处理

狝猴桃（cv. Bruno）采自中国浙江省温州市当地果园，要求颜色、大小和硬度均匀，平均可溶性固形物含量在 6.5% ～ 7.0%。果实在 16℃下放置 2h 以便散去田间热，采后果实（第 0 天）随机分为 3 组。分别为 CK 组：果实置于相对湿度为 85% ～ 90%、室温为 25±1℃下贮藏 3 周，每隔 3d 分别取样 1 次。T1 组，记为 0.5μL/L 1-MCP：果实置入含有 0.5μL L^{-1} 1-MCP（国药化学试剂北京有限公司，中国）的容器中 12h。将 1%（w/v）KOH 溶液放入容器中，以避免 CO$_2$ 积累。果实移出容器后通风 30min，然后按 CK 组条件贮藏取样。T2 组，记为 1.0μL/L 1-MCP：用 1μL L^{-1} 的 1-MCP 处理果实，按 T1 组条件贮藏取样。每组在每个时间点取 30 个果实样品，每个测试重复 10 个果实用于品质属性分析。上述测试完成后，采集同一果实样品的果肉，立即用液氮冷冻，-80℃保存，以便进一步分析。

7.1.2.2　狝猴桃质量参数测试

本试验所有测试项目参照文献 [7] 的描述，包括狝猴桃的腐烂率测试，单位为 %；呼吸速率测试，单位为 mg kg^{-1}h^{-1}；硬度测试，单位为 N；可溶性固形物（TSS）含量测试，单位为 %；可滴定酸（TA）含量测试，单位为 %；挥发物含量分析，单位为 %；丙酮酸、乙醛和乙醇浓度测试，单位为 mg kg^{-1}；丙酮酸脱羧酶（PDC）活性和乙醇脱氢酶（ADH）活性测试，单位为 U kg^{-1}FW。

7.1.3　测试结果

7.1.3.1　腐烂率和呼吸速率

从图 7-1 和图 7-2 可以看出，CK 组和 T1 组狝猴桃在第 6 天开始腐烂，T2 组狝猴桃在第 9 天出现腐烂症状。从第 6 天到第 15 天，CK 组猕猴桃的腐烂率迅速上升，在第 15 天达到峰值，腐烂率高达 40% 以上。与 CK 组相比，1-MCP 处理显著降低了猕猴桃的腐烂率，从第 12 天至第 21 天期间保持了较低的腐烂率。贮藏结束时，T1 组和 T2 组猕猴桃的腐烂率分别为 43% 和 32%。1-MCP 处理在前 12 天内可有效降低猕猴桃的呼吸速率。CK 组和 T1 组猕猴桃的呼吸速率均在第 9 天达到峰值。1μL L^{-1} 1-MCP 处理可使呼吸高峰延迟 3 天。

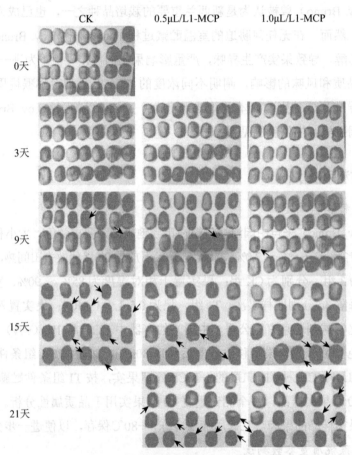

图 7-1 贮藏期间各处理组猕猴桃的外观照片 [7]（后附彩图）

7.1.3.2 硬度、TSS 和 TA 结果

从图 7-3 可以看出，CK 组猕猴桃的硬度随贮藏时间的延长而迅速降低。0.5μL L^{-1} 1-MCP 和 1μL L^{-1} 1-MCP 处理均能有效地保持猕猴桃的硬度，延缓果实变软超过 6 天以上。在延缓猕猴桃变软方面，1μL L^{-1} 1-MCP 处理的效果优于 0.5μL L^{-1} 1-MCP 处理。与 CK 组猕猴桃相比，1-MCP 处理显著推迟了 TSS 含量的增加，且 1μL L^{-1} 1-MCP 处理的效果优于 0.5μL L^{-1} 1-MCP 处理。1-MCP 处理组猕猴桃在第 21 天时的 TSS 含量与对照组猕猴桃第 15 天时的 TSS 含量相同。而且，1-MCP 处理组猕猴桃在整个贮藏过程中保持了比对照组更高的 TA 含量。

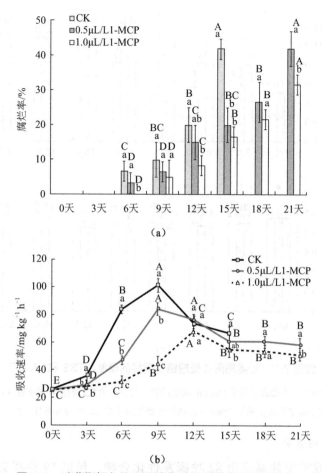

（a）

（b）

图 7-2　贮藏期间各处理组猕猴桃的腐烂率和呼吸速率 [7]

其中：不同的大写字母表示基于 Duncan 测试的同一处理组内数据的差异显著性（P ≤ 0.05），

不同的小写字母表示基于 Duncan 测试的各处理组间数据的差异显著性（P ≤ 0.05）

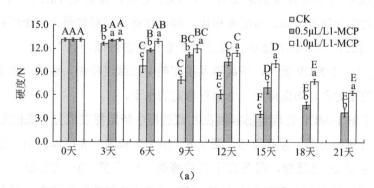

（a）

图 7-3　贮藏期间各处理组猕猴桃的硬度、TSS 和 TA 值 [7]

其中：不同的大写字母表示基于 Duncan 测试的同一处理组内数据的差异显著性（P ≤ 0.05），

不同的小写字母表示基于 Duncan 测试的各处理组间数据的差异显著性（P ≤ 0.05）

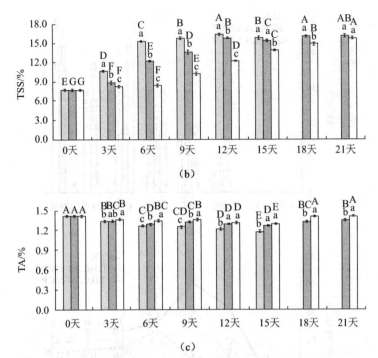

（b）

（c）

续图 7-3　贮藏期间各处理组猕猴桃的硬度、TSS 和 TA 值[7]

其中：不同的大写字母表示基于 Duncan 测试的同一处理组内数据的差异显著性（P ≤ 0.05），

不同的小写字母表示基于 Duncan 测试的各处理组间数据的差异显著性（P ≤ 0.05）

7.1.3.3　挥发物成分

本试验从猕猴桃中共鉴定出 82 种挥发性化合物，包括 19 种醛类、30 种酯类、17 种醇类、8 种酮类和 8 种其他化合物。从图 7-4 可以看出，醛类和酯类是挥发性成分中的主要成分，其相对含量占挥发性成分总量的 70% 以上。在 CK 组，随着贮藏时间的延长，猕猴桃中醚类物质的相对含量显著增加。1-MCP 处理，特别是 $1\mu L\ L^{-1}$ 1-MCP 处理显著延缓了醚类物质含量的增加。与醚类相比，醛类物质的相对含量在整个贮藏过程中均呈下降趋势。但 $1\mu L\ L^{-1}$ 1-MCP 处理显著延缓了醛含量的降低，且 $1\mu L\ L^{-1}$ 1-MCP 处理的效果优于 $0.5\mu L\ L^{-1}$ 1-MCP 处理。三组猕猴桃在整个贮藏过程中，醇类、酮类、酸类、烯烃和醚类物质的相对含量均保持在一个相对稳定的水平。

为进一步了解 1-MCP 处理对猕猴桃在贮藏过程中特定挥发成分合成的影响，选取 20 种关键挥发成分进行分析。从图 7-5、图 7-6、图 7-7 和图 7-8 可以看出，猕猴桃中醛类物质含量最高的是 2- 己烯醛，显著高于其他醛类。1- 己醛、3- 己烯醛、正庚醛、2- 己烯醛和壬醛的变化趋势与总醛的变化趋势一致。2- 己烯醇是猕猴桃中含量最丰富的醇。CK 组猕猴桃的桉叶油醇、1- 己醇、3- 己烯醇、2- 己烯醇和芳樟醇的相对含量在贮藏期间显著降低。1-MCP 处理，特别是 $1\mu L\ L^{-1}$ 1-MCP 处理显著延缓了醇含量的降低。同时，$1\mu L\ L^{-1}$ 1-MCP 处理组猕猴桃的桉叶油醇、1- 己醇和 2- 己烯醇的相对含量在贮藏结束时

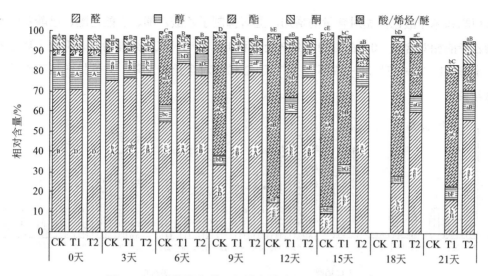

图 7-4　贮藏期间各处理组猕猴桃的挥发物成分含量[7]

其中：不同的大写字母表示基于 Duncan 测试的同一处理组内数据的差异显著性（P ≤ 0.05），

不同的小写字母表示基于 Duncan 测试的各处理组间数据的差异显著性（P ≤ 0.05）

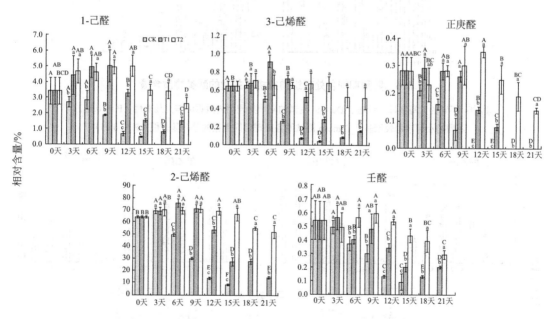

图 7-5　贮藏期间各处理组猕猴桃中关键的醛类物质含量[7]

其中：不同的大写字母表示基于 Duncan 测试的同一处理组内数据的差异显著性（P ≤ 0.05），

不同的小写字母表示基于 Duncan 测试的各处理组间数据的差异显著性（P ≤ 0.05）

仍维持在较高水平。相比之下，CK 组猕猴桃的乙酸乙酯、丁酸甲酯、丁酸乙酯、己酸甲酯、己酸乙酯、苯甲酸甲酯和苯甲酸乙酯的相对含量随贮藏时间的延长而显著增加，且 0.5μL L^{-1} 1-MCP 处理显著推迟了上述酯类物质含量的增加。1μL L^{-1} 1-MCP 处理也延缓了丁酸甲酯、己酸甲酯和苯甲酸乙酯相对含量的增加，显著抑制了乙酸乙酯、丁酸乙酯、己酸乙酯和苯甲酸乙酯的相对含量。0.5μL L⁻¹ 1-MCP 处理和 1μL L⁻¹ 1-MCP 处理均显著抑制了环己酮、2- 己烯酸和 1,7,7- 三甲基 - 双环 [2.2.1] 庚 -2 烯相对含量的下降，并维持在较高水平直至贮藏结束。

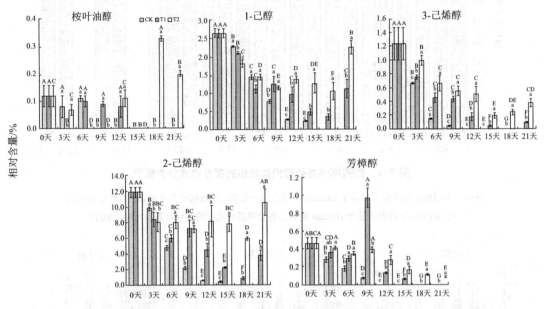

图 7-6　贮藏期间各处理组猕猴桃中关键的醇类物质含量 [7]

其中：不同的大写字母表示基于 Duncan 测试的同一处理组内数据的差异显著性（P ≤ 0.05），
不同的小写字母表示基于 Duncan 测试的各处理组间数据的差异显著性（P ≤ 0.05）

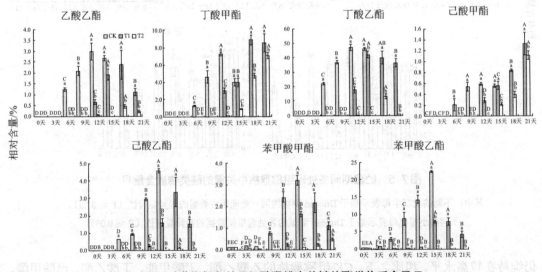

图 7-7　贮藏期间各处理组猕猴桃中关键的酯类物质含量 [7]

其中：不同的大写字母表示基于 Duncan 测试的同一处理组内数据的差异显著性（P ≤ 0.05），
不同的小写字母表示基于 Duncan 测试的各处理组间数据的差异显著性（P ≤ 0.05）

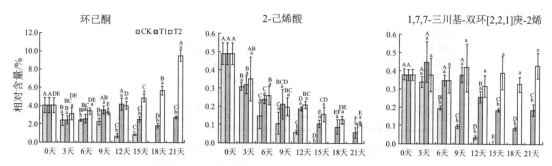

图 7-8　贮藏期间各处理组猕猴桃中关键的酮类、烯酸类和烯烃类物质含量 [7]

其中：不同的大写字母表示基于 Duncan 测试的同一处理组内数据的差异显著性（P ≤ 0.05），

不同的小写字母表示基于 Duncan 测试的各处理组间数据的差异显著性（P ≤ 0.05）

7.1.3.4　丙酮酸、乙醛和乙醇含量

从图 7-9 可以看出，对照组猕猴桃中丙酮酸含量逐渐增加，并在第 15 天达到稳定水平。与对照组相比，1-MCP 处理的猕猴桃中丙酮酸含量在第 15 天前呈现相似的变化趋势，之后到第 21 天开始下降。而 1-MCP 处理，特别是 1μL L⁻¹ 1-MCP 处理显著降低了贮藏期间的丙酮酸含量。对照组猕猴桃的乙醛和乙醇的含量在整个贮藏期间逐渐增加，在第 15 天时达到最高值。然而，1-MCP 处理显著延迟了乙醛和乙醇含量的增加，在整个贮藏期间一直保持了较低水平。在两种 1-MCP 处理中，1μL L⁻¹ 1-MCP 处理对降低猕猴挑乙醛和乙醇含量有较好的效果。

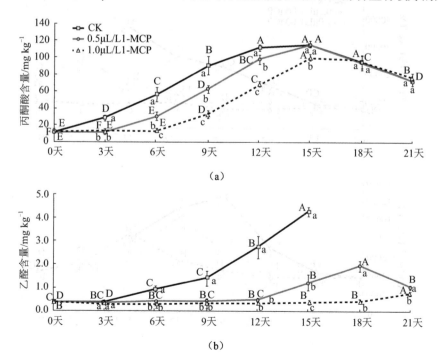

图 7-9　贮藏期间各处理组猕猴桃中的丙酮酸、乙醛和乙醇含量 [7]

其中：不同的大写字母表示基于 Duncan 测试的同一处理组内数据的差异显著性（P ≤ 0.05），

不同的小写字母表示基于 Duncan 测试的各处理组间数据的差异显著性（P ≤ 0.05）

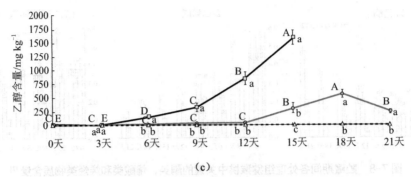

（c）

续图 7-9 贮藏期间各处理组猕猴桃中的丙酮酸、乙醛和乙醇含量 [7]

其中：不同的大写字母表示基于 Duncan 测试的同一处理组内数据的差异显著性（P ≤ 0.05），

不同的小写字母表示基于 Duncan 测试的各处理组间数据的差异显著性（P ≤ 0.05）

7.1.3.5 PDC 和 ADH 活性

从图 7-10 可以看出，在对照组和 1-MCP 处理组的猕猴桃中，PDC 活性的变化规律与乙醛和乙醇含量的变化规律相似。与 PDC 活性变化规律不同的是，CK 组、T1 组和 T2 组的 ADH 活性先升高，分别在第 9 天、第 12 天和第 15 天达到峰值，随后开始下降，直到贮藏结束。与 CK 组相比，1-MCP 处理显著降低了猕猴桃 PDC 和 ADH 活性。

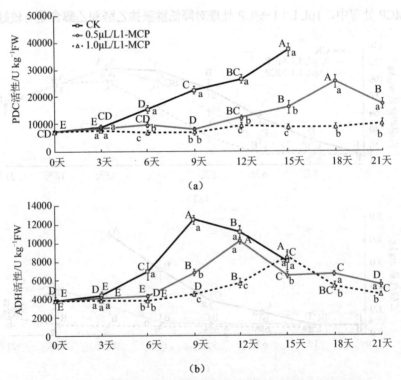

（a）

（b）

图 7-10 贮藏期间各处理组猕猴桃的 PDC 和 ADH 活性 [7]

其中：不同的大写字母表示基于 Duncan 测试的同一处理组内数据的差异显著性（P ≤ 0.05），

不同的小写字母表示基于 Duncan 测试的各处理组间数据的差异显著性（P ≤ 0.05）

7.1.4 分析与讨论

有报道称，水果腐烂与跃变型水果的呼吸速率密切相关[9]。在本试验中，随着呼吸速率的降低，1-MCP 处理组猕猴桃的腐烂率显著降低。上述结果表明，1-MCP 处理通过抑制呼吸速率，可以有效延缓猕猴桃的腐烂。此外，浓度较高的 1-MCP 处理对猕猴桃贮藏期间腐烂的抑制效果较好。

在本试验中，$0.5\mu L\ L^{-1}$ 1-MCP 和 $1\mu L\ L^{-1}$ 1-MCP 处理均能有效延缓猕猴桃变软，且 $1\mu L\ L^{-1}$ 1-MCP 处理的效果优于 $0.5\mu L\ L^{-1}$ 1-MCP 处理。这些结果与文献[10]的研究结果一致，说明 $1\mu L\ L^{-1}$ 1-MCP 可能是维持猕猴桃硬度的最佳浓度。TSS 和 TA 是消费者对水果甜味和酸味作出感知决定的重要因素。本试验结果表明，1-MCP 处理显著延迟了猕猴桃 TSS 含量的增加，但在贮藏结束时，1-MCP 处理组的 TSS 含量与 CK 组相同。相比之下，在整个贮藏过程中，1-MCP 处理显著增加了 TA 含量。文献[11]曾经使用 $2\mu L\ L^{-1}$ 1-MCP 处理保鲜猕猴桃，也得到了类似的结果。以上结果表明 1-MCP 处理可以增加猕猴桃的酸度。

香气是一种复杂的由挥发性化合物组成的混合物，是猕猴桃风味的重要组成部分，与糖和酸一起，在决定消费者对猕猴桃的感知和接受程度方面起着关键作用。本试验共从猕猴桃中鉴定出 82 种挥发性化合物，与文献[12]的研究结论一致。在不同的挥发性成分中，猕猴桃中以醛类和酯类挥发性成分最为丰富，其相对含量占总挥发性成分的 70% 以上。这一结果与前人的研究结果一致，即不同的醛类和酯类的相对百分比可以决定水果的总体香气[9]。

对于水果的总体香气而言，醛和醇是公认的能赋予其新鲜的青香和果香[13]。本试验共鉴定出 19 种醛类，含量最高的醛类为 2- 己烯醛，其次为 1- 己醛；共鉴定出 17 种醇类，其中 2- 己烯醇含量最高。之前的研究表明，C6 醛和醇是猕猴桃香气的重要组成部分，是消费者感知到的新鲜、绿色、青草味的主要成分[14]。然而，较高含量的 2- 己烯醛及其相应的 2- 己烯醇，会降低猕猴桃香味的可接受性[15]。在本试验中，$0.5\mu L\ L^{-1}$ 1-MCP 和 $1\mu L\ L^{-1}$ 1-MCP 处理均显著推迟了所有醛和醇含量的下降，而 $1\mu L\ L^{-1}$ 1-MCP 组猕猴桃直到贮藏结束时仍保持较高的醛和醇含量。$0.5\mu L\ L^{-1}$ 1-MCP 组猕猴桃在贮藏末期的醛类和醇类含量较低。本试验结果表明，$0.5\mu L\ L^{-1}$ 1-MCP 处理既能保持猕猴桃鲜绿的果香，又对猕猴桃香气的可接受性无负面影响。

酯类对大多数水果的香气合成很重要，因为酯类是典型的果味或花香的来源[16]。有报道称，在成熟的猕猴桃中，丁酸甲酯、丁酸乙酯和苯甲酸甲酯对香气和风味的影响最大[12]。在本试验中，丁酸乙酯和苯甲酸乙酯是检测到的最丰富的酯。丁酸甲酯、苯甲酸甲酯、乙酸乙酯、己酸甲酯和丁酸甲酯等其他酯的含量也相对较高。本试验结果表明，随着果实的成熟，CK 组猕猴桃的大部分酯类含量显著增加，而 $0.5\mu L\ L^{-1}$ 1-MCP 和 $1\mu L\ L^{-1}$ 1-MCP 处理均显著推迟了酯类含量的增加。$1\mu L\ L^{-1}$ 1-MCP 处理甚至显著抑制了猕猴桃成熟过程中乙酸乙酯、丁酸乙酯、己酸乙酯和苯甲酸乙酯的合成。文献[17]研究结果表明，1-MCP 处理可能降低苹果中酯类物质的合成量。而 0.5μL L⁻¹ 1-MCP 处理后猕猴桃中酯类含量在果实成熟过程中逐渐升高，并在贮藏结束时保持较高水平。酯类的合成主要受醛类和醇类及其相应 PDC 和 ADH 的影响。PDC 和 ADH 已经被证明是可以调控乙烯的和与果实成熟高度相关的酶类[18]。在本试验中，1-MCP 处理，特别是 1μL L⁻¹ 1-MCP 处理，延缓了猕猴桃成熟过程中醛、醇的转变，同时抑制了 PDC 和 ADH 的活性。上述结果表明，1μL L⁻¹ 1-MCP 处理通过抑制果实成熟过程中酯类的合成来抑制猕猴桃果实香气的形成，而 0.5μL L⁻¹ 1-MCP 处理对果实香气的形成没有明显影响。

成熟度是影响水果中挥发性化合物丰度的关键因素之一[16]。随着果实成熟，青草的香气转变为果香。文献[19]将这种变化归因为调控绿色香气的醛类物质的减少和调控水果香气的酯类物质的增加导致的。在本试验中，对照组猕猴桃在果实成熟过程中酯类含量显著升高，醛类含量显著降低。随着果实成熟的延迟，0.5μL L⁻¹ 1-MCP 和 1μL L⁻¹ 1-MCP 处理均显著推迟了酯类含量的增加和醛类含量的降低。只有 0.5μL L⁻¹ 1-MCP 处理在贮藏结束时酯类含量较高，醛类含量较低。本试验结果表明，与 1μL L⁻¹ 1-MCP 处理相比，0.5μL L⁻¹ 1-MCP 处理能更好地维持猕猴桃的青香和果香。

猕猴桃在长期贮藏过程中可能会产生异味，这可能会显著降低消费者的接受度。猕猴桃产生异味的主要原因是异味挥发物的积累，尤其是乙醇和乙醛，这两种物质是猕猴桃厌氧呼吸的主要产物[20]。在本试验中，对照组猕猴桃果实中乙醇和乙醛的含量有所增加，并在第 15 天达到峰值，说明随着猕猴桃的成熟，果实的风味逐渐变差。然而，1-MCP 处理组猕猴桃的乙醛和乙醇的含量一直保持在较低的水平，直至贮藏结束。一种可能的解释是，1-MCP 处理显著降低了 PDC 和 ADH 活性，它们分别是控制无氧呼吸和乙醛与乙醇合成的关键酶。此外，本试验结果表明，1μL L⁻¹ 1-MCP 处理比 0.5μL L⁻¹ 1-MCP 处理在抑制乙醛和乙醇的合成方面更有效，尤其是在贮藏后期。本试验结果表明，1-MCP 处理，特别是 1μL L⁻¹ 1-MCP 处理可以通过抑制猕猴桃贮藏过程中的乙醇代谢，有效地消除猕猴桃的异味。

7.1.5 结论

0.5μL L⁻¹ 1-MCP 和 1μL L⁻¹ 1-MCP 处理对延缓猕猴桃贮藏过程中果实腐烂、保持果实硬度、改善果实口感和消除异味均是可行的处理措施，且 1μL L⁻¹ 1-MCP 处理效果优于 0.5μL L⁻¹ 1-MCP 处理。1μL L⁻¹ 1-MCP 处理通过抑制果实成熟过程中酯类的合成，抑制了猕猴桃果香的形成。与 1μL L⁻¹ 1-MCP 处理相比，0.5μL L⁻¹ 1-MCP 处理能较好地维持猕猴桃整个贮藏过程中的青气和果香。因此，0.5μL L⁻¹ 1-MCP 浓度是提高猕猴桃（cv. Bruno）采后品质和保持香气形成的最佳浓度。本试验也为深入研究 1-MCP 处理对果实贮藏过程中香气成分的影响提供了重要依据。

7.2 漆蜡涂层保鲜猕猴桃

7.2.1 引言

猕猴桃在世界各地被广泛种植,因其多酚和抗坏血酸含量高而深受消费者欢迎[21]。然而,猕猴桃作为一种呼吸跃变型水果,在采后贮藏过程中容易变软[22]。为了延长猕猴桃的采后寿命,已经进行了大量的研究工作,其中最普遍的方法是低温贮藏。例如,冰箱冷藏(0℃和 >90%RH)可使猕猴桃(cv. 'Hayward')的货架期延长达 6 个月,且品质保持良好[23]。相比之下,猕猴桃在室温下由于快速变软和严重脱水,其货架期非常有限[24]。为了解决这个问题,一些保存方法包括超声波[25],一氧化氮[26],1-methylcyclopropene(1-MCP)熏蒸[27]等被用来延长猕猴桃的货架期,1-MCP 处理是实践中应用最广泛的方法[28]。

猕猴桃表皮的皱缩是影响猕猴桃在市场销售中商品价值的另一个重要问题。壳聚糖等可食用涂层已被证明能有效延缓水果表面的皱缩[29]。但是,由于壳聚糖只溶于酸性水溶液(pH<6.0);乙酸或柠檬酸常被用作助溶剂[30]。为解决水溶性问题,开发了低分子量壳聚糖(低聚糖),但低分子量壳聚糖的成膜性能较差[31]。因此,需要找到另一种替代方法。

漆蜡是一种重要的脂肪资源,从漆树浆果的中果皮和种子中提取,含有十六烷二酸、二十烷酸和十二烷二酸,这些酸类物质提高了其弹性[32]。因此,与棕榈蜡、虫蜡、蜂蜡等普通蜡不同,漆蜡在性能上更柔软和有弹性。正是由于这些特性的存在,使得漆蜡在食品、化工、医药等不同领域有着广泛的应用。漆蜡也因其良好的保湿能力而被应用于高端化妆品领域。此外,漆蜡在中国作为食用植物油已有数千年的历史[33]。这些特性使它可以作为一种可食用的涂层材料。本文作者之前的研究表明,漆蜡涂层减少了褐变,并保持了新鲜莲蓬和莲子的质量[34]。然而,据作者所知,关于漆蜡涂层对水果保鲜作用的研究很少。

本试验旨在探讨漆蜡涂层在室温下延缓猕猴桃采后衰老的效果,并与壳聚糖涂层在猕猴桃(cv. Xuxiang)成熟过程中的效果进行比较。与壳聚糖涂层类似,漆蜡涂层通过控制猕猴桃的生理活动和改变其表面形态来延缓其成熟和衰老的过程。本试验为在猕猴桃采后使用漆蜡作为一种简单有效的延长猕猴桃货架期的保鲜技术提供了科学依据。

7.2.2 材料和方法

7.2.2.1 材料

猕猴桃采自中国陕西省宝鸡市梅县的某商业果园。试验一所用的猕猴桃采摘于 2016 年 10 月 14 日,采摘的果实参数如下:果肉硬度为 99.6±1.6N,可溶性固形物含量为 7.3±0.1%。试验二所用的猕猴桃采摘于 2017 年 10 月 28 日,采摘的果实参数如下:果肉硬度为 74.6±1.8N,可溶性固形物含量为 7.6±0.2%。采摘的猕猴桃被小心地装在塑料盒里,并在收获当天运到江苏省农业科学院农产品加工研究所的实验室中。所选的果实要求大小均匀，无机械损伤和明显病害感染。

7.2.2.2 试验一：不同浓度的漆蜡涂层对猕猴桃衰老的影响

按文献[35]的方法提取漆蜡。将新鲜收获的漆果晾干，去掉外果皮。剩余的中果皮和种子用高速研磨机粉碎。在以上粉末中加入石油醚（固体 / 液体比为 1/20）。在 80℃下热回流提取 60min。过滤后，在 80℃下再提取 60min，过滤并合并前述两种滤液。溶剂经旋转蒸发器蒸发，冷却后得到漆蜡。以 50 ~ 60℃蒸馏水溶解漆蜡，加入 Tefose® 2000（上海普恩生物技术有限公司，添加量为 20g/30g 漆蜡）为乳化剂，制备 3%（w/v）的漆蜡溶液。将混合物用打浆机剧烈搅拌 5min，然后冷却至室温。将 3% 稀释后得到 2%（w/v）和 1%（w/v）的涂层溶液。

选取的猕猴桃随机分为 4 组（每组 144 个果实），分别浸泡在 1%、2%、3% 的漆蜡涂层溶液中 30s，分别记为 1% Lacquer wax、2% Lacquer wax 和 3% Lacquer wax。以猕猴桃浸泡蒸馏水作为对照组，记为 Control。涂层在吹风机下干燥 2h，所有处理过的果实在室温（22 ~ 26℃，45% ~ 60% RH）条件下贮藏。每隔 3d，从每个处理（每个重复包含 12 个猕猴桃）组中随机取样 36 个猕猴桃。通过测定硬度、可溶性固形物含量、失重率、甜味物质和表面结构，选择适宜的漆蜡涂层溶液浓度进行下一步试验，评价漆蜡涂层对猕猴桃成熟生理的影响。

7.2.2.3 实验二：漆蜡涂层与壳聚糖涂层的保鲜效果比较

为比较漆蜡涂层和壳聚糖涂层对猕猴桃衰老的影响，进行了单独试验。漆蜡涂层溶液的制备方法如试验一所述。壳聚糖溶液（3%，w/v）是根据文献[29]的方法制备。将360 个果实分为 3 组，分别在 2% 的漆蜡（根据上述结果）、3% 的壳聚糖和蒸馏水中浸泡30s，分别记为 Lacquer wax，Chitosan 和 Control。涂层在吹风机下干燥 2h，所有处理过的果实在室温（16 ~ 20℃，40% ~ 45% RH）条件下贮藏 15d。每隔 5d，从每个处理（每个重复包含 12 个猕猴桃）组中随机取样 36 个猕猴桃用于测试果实硬度和可溶性固形物含量。

7.2.2.4 猕猴桃质量参数测试

本试验所有测试项目参照文献[36]的描述，包括猕猴桃的失重率测试，单位为 %；硬度测试，单位为 N；可溶性固形物（TSS）含量测试，单位为 %；电子舌对风味物质含量测试，单位为 %；原果胶和水溶性果胶含量测试，单位为 mg kg^{-1}；果胶甲酯酶（PME）活性和聚半乳糖醛酸酶（PG）活性测试，单位为 10^3Unites kg^{-1}；淀粉含量测试，单位为 g kg^{-1}；淀粉酶活性测试，单位为 g kg^{-1}min^{-1}；单糖含量测试，单位为 g kg^{-1}；可溶性总糖含量测试，单位为 g kg^{-1}；有机酸含量测试，单位为 g kg^{-1}；总酸含量测试，单位为 g kg^{-1}；呼吸速率测试，单位为 mg kg^{-1} h^{-1}；乙烯释放率测试，单位为 μL kg^{-1} h^{-1}；丙二醛（MDA）含量测试，单位为 mmol kg^{-1}；总酚含量测试，单位为 mg kg^{-1}；抗坏血酸含量（AA）测试，单位为 g kg^{-1}；DPPH 清除能力测试，单位为 %；O$_2$·$^-$（超氧阳离子）清除能力测试，单位为 %；·OH（羟基）清除能力测试，单位为 %；还原能力测试。

7.2.3 测试结果

7.2.3.1 不同浓度的漆蜡涂层对猕猴桃成熟过程的影响

从图 7-11 可以看出，随着贮藏时间的延长，漆蜡涂层组和对照组猕猴桃的硬度显著降低。与对照组和 1% 和 3% 漆蜡处理组猕猴桃相比，2% 漆蜡处理延缓了猕猴桃硬度的下降。贮藏第 12 天，对照组、1%、2% 和 3% 漆蜡组猕猴桃的硬度分别下降了 98.4%、92.5%、78.0% 和 98.1%，表明 2% 漆蜡处理是保持猕猴桃硬度的最适宜涂层。与硬度变化相反，所有猕猴桃的可溶性固形物（TSS）含量均有明显增加。与对照组和其他漆蜡处理（1% 和 3%）相比，2% 漆蜡处理延缓了猕猴桃的 TSS 含量增加。控制果实的失重是可食用涂层技术的主要目标之一。因此比较了漆蜡涂层对猕猴桃失重率的影响。对照组和漆蜡涂层组猕猴桃的失重率在贮藏过程中都有所增加。然而，对照组猕猴桃的增重高于漆蜡涂层处理组。例如，贮藏 12 天后，对照组、1%、2% 和 3% 漆蜡组猕猴桃的失重率分别为 7.6%、3.8%、3.1% 和 2.8%，表明漆蜡涂层处理有效地降低了猕猴桃的失重率。

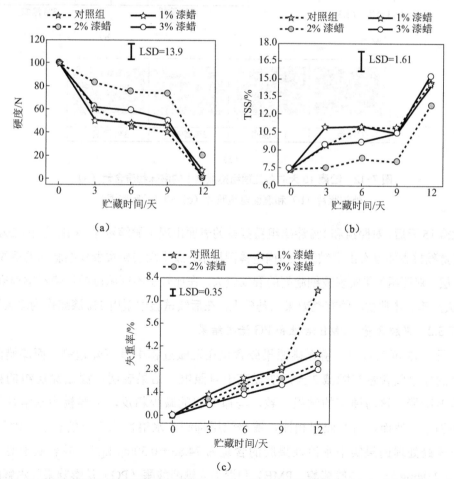

图 7-11　贮藏期间各处理组猕猴桃的硬度（a）、可溶性固形物含量（b）和失重率（c）[36]

从图 7-12 可以看出，电子舌数据显示了贮藏 12 天后不同处理之间的差异。其中 1% 和 3% 漆蜡涂层组和对照组的相对位置非常接近，而 2% 漆蜡涂层处理组的数据则完全区分开来。此外，与其他漆蜡处理组和对照组相比，2% 漆蜡处理组的相对位置接近初始值浓度，这意味着在对照组和 2% 漆蜡处理组之间可以感知到不同的味道物质。

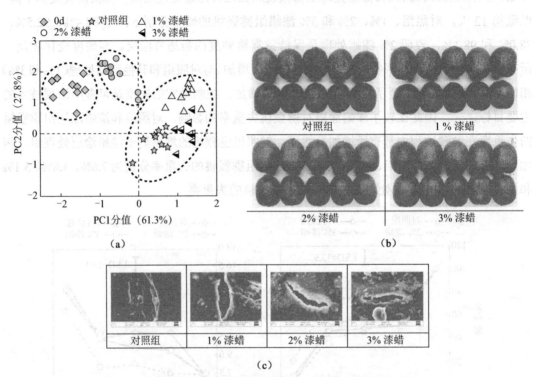

图 7-12　贮藏 15 天时各处理组猕猴桃中的滋味物质含量（a），
外观照片（b）和表面电镜照片（c）[36]（后附彩图）

贮藏 15 天后，对照组和 1% 漆蜡组猕猴桃的表面出现了皱缩迹象。相比之下，2% 和 3% 漆蜡组猕猴桃表面没有出现皱缩。扫描电镜图显示，漆蜡涂层果实表皮细胞间的裂纹较小，而未涂层（对照组）果实表皮细胞间的裂纹较大。在比较了不同浓度的漆蜡对猕猴桃硬度、TSS、失重率、味觉物质的有益效果的基础上，在后续试验中采用 2% 漆蜡作为涂膜溶液。

7.2.3.2　果胶含量、PME 活性和 PG 活性结果

从图 7-13 可以看出，猕猴桃原果胶含量在贮藏过程中呈下降趋势。而漆蜡涂层组猕猴桃的原果胶含量在贮藏 3 天后明显高于对照组。结果表明，漆蜡涂层组的猕猴桃成熟速度减慢，这与硬度的结果一致。与原果胶的减少相反，猕猴桃中水溶性果胶的含量增加了。然而，与对照组相比，漆蜡涂层抑制了水溶性原果胶的积累。贮藏 12 天后，经漆蜡处理的果实中水溶性果胶的含量为 $74.86 \pm 0.50 \mathrm{mg} \cdot \mathrm{kg}^{-1}$，显著低于对照组的 $103.31 \pm 2.04 \mathrm{mg} \cdot \mathrm{kg}^{-1}$。果胶酯酶（PME）和聚半乳糖醛酸酶（PG）是影响果胶水解的两种主要酶。漆蜡涂层对 PME 和 PG 活性的影响如预期的那样，PME 和 PG 活性随着成熟的

推进而增加。但漆蜡涂层处理抑制了 PME 和 PG 活性的提高。

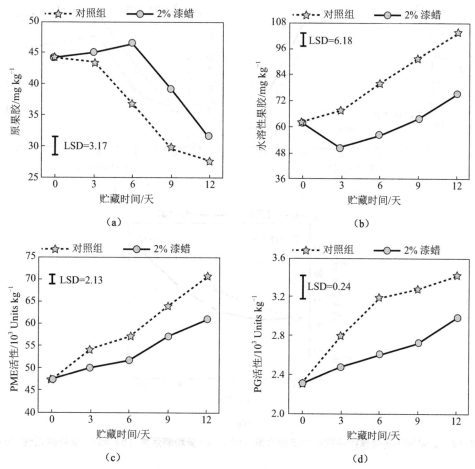

图 7-13　贮藏期间各处理组猕猴桃的原果胶含量（a）、水溶性果胶含量（b）、
PME 活性（c）和 PG 活性（d）[36]

7.2.3.3　淀粉含量和淀粉分解酶活性结果

从图 7-14 可以看出，猕猴桃的淀粉含量在贮藏过程中呈下降趋势，尤其是在贮藏 9 天后，而漆蜡处理可以减缓下降趋势，从而保持较高的淀粉含量。相反，α- 淀粉酶活性和 β- 淀粉酶活性在贮藏期间逐渐升高。但漆蜡涂层组猕猴桃的 α- 淀粉酶活性和 β- 淀粉酶活性均低于对照组。

7.2.3.4　糖含量和酸含量结果

从图 7-15 可以看出，葡萄糖是猕猴桃中最丰富的单糖，其次是果糖和蔗糖。贮藏过程中，两组猕猴桃的单糖和可溶性总糖含量均呈递增趋势。但 2% 漆蜡涂层处理组的糖含量均低于对照组。与此相反，贮藏过程中，奎宁酸、苹果酸、柠檬酸和总酸含量均呈下降趋势，而漆蜡处理减缓了下降趋势（见图 7-16）。

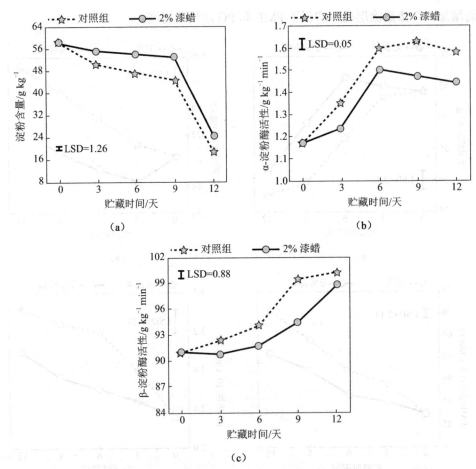

（a）

（b）

（c）

图 7-14 贮藏期间各处理组猕猴桃的淀粉含量（a）、α−淀粉酶活性（b）和β−淀粉酶活性（c）[36]

单位：g kg⁻¹		蔗糖	葡萄糖	果糖	总糖
对照组	0d	8.97	24.60	17.42	35.78
	3d	9.86	29.52	22.65	66.32
	6d	11.23	35.57	27.66	71.09
	9d	12.77	35.49	27.29	80.86
	12d	27.41	38.38	29.88	91.45
2%漆蜡	0d	8.97	24.60	17.42	35.78
	3d	6.28	21.99	15.80	54.46
	6d	8.20	24.59	18.19	59.18
	9d	8.94	25.83	18.60	65.32
	12d	20.83	31.29	25.18	70.27
百分比		0	50		100

图 7-15 贮藏期间各处理组猕猴桃的糖含量[36]

单位：g kg⁻¹		奎宁酸	苹果酸	柠檬酸	总酸
对照组	0d	6.91	1.49	9.56	13.15
	3d	6.30	0.67	7.66	13.07
	6d	4.79	0.61	6.85	11.89
	9d	4.44	0.58	6.83	11.47
	12d	3.81	0.51	5.63	11.19
2%漆蜡	0d	6.91	1.49	9.56	13.15
	3d	7.05	1.34	9.39	13.85
	6d	5.84	1.14	7.80	13.12
	9d	5.06	0.88	7.83	13.01
	12d	4.35	0.78	6.32	12.78
百分比					
		0		10	20

图 7-16　贮藏期间各处理组猕猴桃的酸含量 [36]

7.2.3.5　呼吸速率、乙烯释放率和丙二醛含量结果

从图 7-17 可以看出，两组猕猴桃的呼吸速率都是先升高，在第 6 天达到峰值，分别为 5.83 ± 0.08mg kg⁻¹h⁻¹ 和 4.18 ± 0.12mg kg⁻¹h⁻¹。第 9 天，呼吸速率迅速下降至 3.57 ± 0.44mg kg⁻¹h⁻¹（对照组）和 2.2 ± 0.16mg kg⁻¹h⁻¹（2% 漆蜡涂层组）。之后，在第 12 天出现了急剧上升，对照组猕猴桃和漆蜡涂层组猕猴桃的终值分别为 4.38mg kg⁻¹h⁻¹ 和 3.51mg kg⁻¹h⁻¹。这些数据表明，在整个贮藏过程中，漆蜡涂层降低了猕猴桃的呼吸速率。为验证漆蜡涂层是否通过影响果实中乙烯含量而延缓果实成熟的问题，对其乙烯释放率进行了分析。结果表明，对照组猕猴桃的乙烯释放率呈现典型的上升趋势，而漆蜡涂层组猕猴桃的乙烯释放率则较低。虽然贮藏过程中两组猕猴桃的丙二醛（MDA）含量均有所增加，但漆蜡处理明显延缓了因衰老诱导导致的 MDA 积累。

7.2.3.6　抗氧化能力结果

从图 7-18 可以看出，猕猴桃的初始总酚含量为 25.05mg kg⁻¹，而漆蜡涂层处理降低了贮藏过程中猕猴桃总酚含量的损失。贮藏 12 天后，2% 漆蜡涂层组猕猴桃的总酚含量为 18.65mg kg⁻¹，对照组猕猴桃的总酚含量为 15.85mg kg⁻¹。同样，抗坏血酸（AA）含量在收获时最高，随贮藏时间延长而下降，而对照组猕猴桃的下降速率要大于涂层组猕猴桃。DPPH 清除能力，$O_2^-\cdot$ 清除能力（贮藏第 3 天除外）和 $\cdot OH$ 清除能力随猕猴桃的成熟而逐渐下降，漆蜡涂层组猕猴桃的抗氧化能力高于对照组猕猴桃。漆蜡涂层处理也降低了猕猴桃的还原能力。2% 漆蜡涂层组猕猴桃在第 3 天、第 6 天、第 9 天和第 12 天时的还原能力

分别比对照组高 16.9%、16.2%、15.6% 和 15.9%。

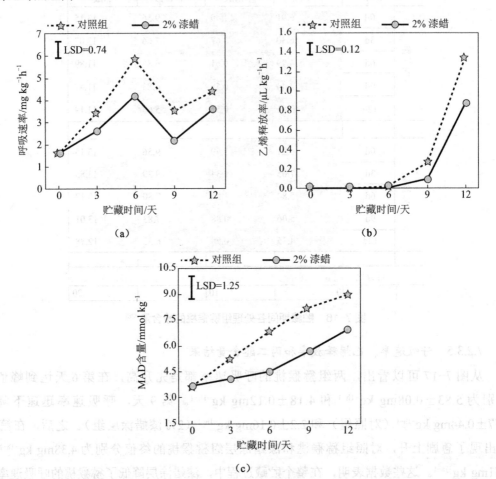

（a）

（b）

（c）

图 7-17 贮藏期间各处理组猕猴桃的呼吸速率（a）、乙烯释放率（b）和丙二醛（MAD）含量（c）[36]

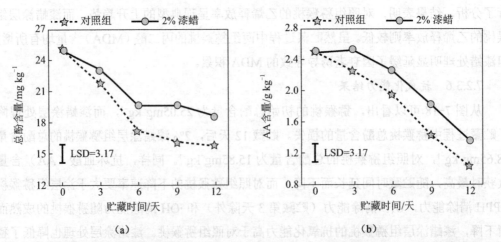

（a）

（b）

图 7-18 贮藏期间各处理组猕猴桃的总酚含量（a）、抗坏血酸（AA）含量（b）、DPPH 清除能力（c）、
O$_2$⁻清除能力（d）、·OH 清除能力（e）和还原能力（f）[36]

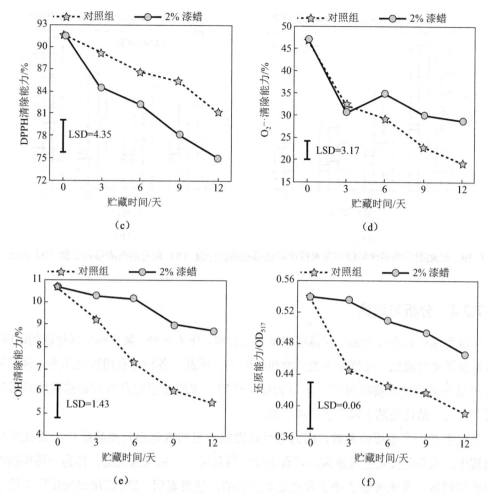

续图 7-18　贮藏期间各处理组猕猴桃的总酚含量（a）、抗坏血酸（AA）含量（b）、DPPH 清除能力（c）、
O_2^-·清除能力（d）、·OH 清除能力（e）和还原能力（f）[36]

7.2.3.7　漆蜡涂层和壳聚糖涂层对比结果

为比较漆蜡涂层和壳聚糖涂层的效果，研究了漆蜡涂层和壳聚糖涂层对猕猴桃采后性
能的影响。从图 7-19 可以看出，虽然随着贮藏时间的延长，两组猕猴桃的硬度都有所下
降，但两种涂层处理都延缓了硬度的下降趋势。然而，漆蜡涂层和壳聚糖涂层组猕猴桃在
硬度上没有显著差异。在本试验中，在 15 天的贮藏期内，也观察到 TSS 含量的增加，而
与对照组相比，漆蜡涂层和壳聚糖涂层在每一天的贮藏中都表现出较低的 TSS 含量。贮
藏结束时，漆蜡涂层组、壳聚糖涂层组和对照组猕猴桃的 TSS 含量分别为 12.5%、12.2%
和 13.6%，表明漆蜡涂层和壳聚糖涂层对 TSS 含量的影响不显著。

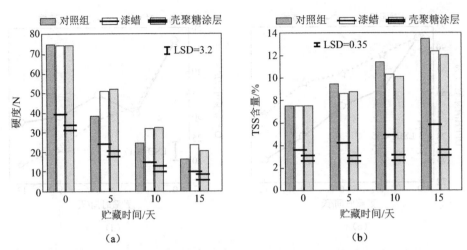

图 7-19　贮藏期间漆蜡涂层组和壳聚糖涂层组猕猴桃的硬度（a）和可溶性固形物含量（b）对比 [36]

7.2.4　分析与讨论

可食用涂层是水果表面一层薄薄的可食用材料，作为水分、氧气和二氧化碳的阻隔层，可以减少果实的成熟，保持果实的质地和味道 [37]。因此，各种可食用涂层作为一种高效、环保的果蔬采后技术被应用 [38]。本试验结果表明，漆蜡涂层能有效抑制猕猴桃采后的成熟过程。这一结论是基于以下证据得出的。

失重率是一个重要的参数，因为它可以影响水果的视觉和营养品质 [39]。果蔬采后贮藏过程中，水分蒸发是主要原因。可食用涂层通常用于解决失重问题。作为一种新型的可食用涂层材料，首先考察了漆蜡对失重率的影响，结果表明，2% 的漆蜡涂层比未涂层猕猴桃的失重率更低。

不合适的涂层材料会引起不良的发酵反应 [40]，反应副产物（乙醇和乙醛）会影响口感。在本试验中，电子舌测试结果表明，漆蜡涂层处理后的猕猴桃与原始猕猴桃的味道物质更加相似，这意味着 2% 漆蜡涂层溶液对猕猴桃的味道特征没有副作用。综合考虑漆蜡对猕猴桃皱缩率的影响，可知 2% 漆蜡涂层通过降低猕猴桃在常温下的失重率，保持了猕猴桃的风味物质。

本试验结果表明，2% 漆蜡涂层是延缓猕猴桃成熟的最有效的处理方法，该处理组猕猴桃的硬度损失最少。硬度的保留与文献 [34] 在豆荚中观察到的结果一致，其中漆蜡的有效浓度为 3%。在本试验中，尽管 3% 漆蜡涂层组猕猴桃的硬度从第 6 天到第 9 天高于对照组猕猴桃，但是经过 12 天的贮藏后，硬度值只略高于对照组，表明漆蜡对组织衰老的影响取决于所使用的材料。此外，漆蜡涂层对猕猴桃成熟的影响呈浓度依赖性。在壳聚糖涂层中也发现了类似的现象 [41]。

果实软化与初生细胞壁和中层结构的分解有关 [42]。果胶是果实中层和初生细胞壁所共有的成分，果实成熟过程中的软化取决于果胶的降解[23]。一些水解酶，如聚半乳糖醛酸酶（PG）、果胶酯酶（PME）、β-半乳糖苷酶（β-GAL）、果胶裂解酶（PL）和纤维素都参与了果胶的水解[43]。文献[44]报道了猕猴桃果实成熟和软化过程中的细胞壁组成和降解酶活性的变化。在本试验中，果胶、PME 和 PG 的软化相关变化结果表明，所有猕猴桃硬度的下降都伴随着原果胶含量的急剧下降，水溶性果胶含量的增加，这与 PME 和 PG 活性的增加有关。这与文献[45]关于猕猴桃的报道一致。漆蜡涂层组猕猴桃中 PME 和 PG 活性低于对照组猕猴桃，导致漆蜡处理组猕猴桃的水溶性果胶含量降低。上述结果表明，漆蜡涂层通过抑制 PME 和 PG 活性来缓解果胶物质的降解，从而延缓猕猴桃的成熟和变软。

随着猕猴桃的成熟，淀粉含量逐渐降低，而漆蜡组猕猴桃的淀粉含量比对照组高。相关分析结果表明，猕猴桃在贮藏过程中淀粉含量的下降与硬度损失密切相关，这与文献[46]的研究结果一致，后者认为成熟过程中淀粉含量的下降影响果肉硬度。淀粉含量的降低伴随着淀粉酶活性的升高。这些发现进一步证明了漆蜡涂层可以延缓猕猴桃的成熟过程。

果实呼吸是跟踪果实贮藏期间成熟和衰老变化的主要生理指标。水果的呼吸频率越高，采后寿命越短[41]。在本试验中，猕猴桃的呼吸速率在贮藏过程中呈现出典型的跃变模式，漆蜡组猕猴桃的呼吸速率低于对照组。文献[47]也报道了涂层处理通过调节呼吸频率延长了新鲜农产品的货架期。此外，必须注意的是，猕猴桃的成熟对乙烯高度敏感；少量的乙烯可以加速水果的变软。文献[22]报道，$0.005\mu L\ L^{-1}$ 乙烯可诱导猕猴桃变软。与其他跃变型水果相比，猕猴桃以在贮藏过程中乙烯释放速率增加为特点[27]。在本试验中，对照组猕猴桃也观察到了类似的结果，而漆蜡涂层处理降低了乙烯释放率。文献[48]也提到了类似的现象，其研究结果表明海藻酸盐和玉米醇溶蛋白涂层通过降低呼吸速率和乙烯的释放，推迟了番茄的采后成熟。涂层主要通过堵塞果实表面的孔隙来发挥其阻止气体扩散的作用，导致果实内部气氛发生变化，CO_2 含量相对较高，O_2 含量较低。这些改变的气体条件导致涂层果实的乙烯释放率和呼吸速率下降，这有助于延缓猕猴桃变软。

猕猴桃因其抗坏血酸含量高而受到消费者的青睐，因此猕猴桃贮藏过程中抗坏血酸含量的变化备受关注。文献[49]研究结果表明，猕猴桃中抗坏血酸的含量在成熟过程中逐渐降低。同样，猕猴桃在贮藏过程中总酚含量也在下降[50]。在本试验中，虽然观察到猕猴桃的抗坏血酸和总酚含量减少，但漆蜡处理抑制了减少的趋势。因此，漆蜡涂层组猕猴桃中抗坏血酸和总酚的含量较高，有助于提高猕猴桃的抗氧化能力。综上所述，2% 漆蜡涂层抑制了猕猴桃的呼吸速率和乙烯释放率，提高了猕猴桃的抗氧化能力，从而延缓了猕猴桃的成熟和变软。

与广泛报道的壳聚糖涂层材料相比，漆蜡是一种新型的可食用涂层材料。漆蜡和壳聚糖之间的比较研究表明，在延缓猕猴桃采后成熟方面，漆蜡的影响和壳聚糖相似。漆蜡涂层可由于其较好的乳化能力可以更好地覆盖水果表面阻止水分的流失，从而在果实内部产生一种改善的气氛条件 [51]，从而保持猕猴桃的采后品质。

7.2.5 结论

本试验结果表明，漆蜡涂层可以通过抑制猕猴桃的失重率、呼吸速率和乙烯释放率，提高猕猴桃的抗氧化能力，从而延长猕猴桃的采后寿命，保持猕猴桃的感官和品质属性。此外，漆蜡处理组猕猴桃也保存了充足的风味物质。漆蜡资源丰富、价格低廉、天然、食用方便。基于其延缓猕猴桃成熟的有利作用，漆蜡可作为延长猕猴桃采后货架期的替代食用涂层。然而，要了解漆蜡在成熟过程中的作用，还需要进一步地进行代谢和分子水平的研究。

7.3 纳米乳液涂层保鲜鲜切猕猴桃

7.3.1 引言

猕猴桃呈椭圆形，质地柔软，风味独特。果实有棕色多毛的果皮，绿色的果肉，里面嵌有黑色的小种子。通常，猕猴桃切片作为沙拉或糖果食用。为方便食用，可将水果最低限度地加工（最少加工）成新鲜的切片。果皮是防止干燥、变色和腐烂的天然屏障。但去皮和切片等加工操作会导致细胞破裂，释放出细胞内容物，增加乙烯释放量和呼吸速率，并浸染微生物腐败 [53]。猕猴桃是重要的园艺作物，是生物活性化合物的良好来源，特别是抗坏血酸、多酚和类黄酮物质 [54]。然而，最少加工水果的市场销售取决于提高水果货架寿命的方法。为了延长最少加工水果的货架期，人们研究了几种技术，如可控气调贮藏（CAS）/改善气调包装（MAP）和化学处理 [55]。由于健康意识的提高，消费者通常渴望不添加化学防腐剂的高质量食品。这种不断增长的需求表明，需要开发先进的方法以延长鲜切水果的货架期来保持其品质。

纳米技术是一种有潜力的食品保鲜工具，具有控制生物活性物质释放、抑制微生物、化学和感官特性的快速劣变等优点。食品纳米技术的应用，如纳米颗粒、纳米乳液、纳米纤维或有价值的生物材料的纳米封装，在食品工业中具有强大的潜力。纳米乳液不仅在动力学上是稳定的，而且在物理状态上稳定的时间更长，因此可以用作水果的涂层材料 [56～59]。纳米乳液涂层已经被用于延长许多新鲜食品的货架期 [60]，因为它们作为活性成分的载体，可以通过抑制病原体的生长来延长产品的货架期。通过解决诸如质地、颜色和微生物生长等关键参数，纳米乳液也被用于延长农产品的货架寿命 [61, 62]。含有抗菌化合物（尤其是香草醛）的可食用涂层可以提高农产品的安全性和货架期，其已被应用于鲜切

苹果上 [63]。抗坏血酸作为一种抗氧化剂已经成功地与涂层结合，用以抑制苹果 [64]、木瓜 [65] 和杧果 [66] 的褐变。纳米乳液可以利用生物膜材料提高抗氧化剂、香料、生物活性化合物或抗菌剂等活性成分的输送，从而提高其生物利用度和有效性。因此，本试验的目的是评价含有抗菌剂和抗氧化剂的纳米乳液涂层延长新鲜猕猴桃切片在冷藏期间的货架期。

7.3.2　材料和方法

7.3.2.1　材料

达到生理成熟度要求的猕猴桃（cv. Hayward）于 11 月从当地蔬菜小贩处（Hazratbal Srinagar，India）购得，猕猴桃进行鲜切加工前贮藏在 5℃ 和 70% ～ 75% RH 的环境中。选取的猕猴桃形状和大小均匀一致，要求表面无损坏和缺陷。食品级海藻酸钠和羧甲基纤维素购于 Sigma-Aldrich 公司（St. Louis，MO，USA）。分别加入抗坏血酸作为抗褐变剂，香草醛（HiMedia，Maharashtra，India）作为抗菌剂。使用 Tween 80 作为表面活性剂以获得稳定的纳米乳液，该乳液购于 HiMedia 公司。氯化钙和次氯酸钠购于 Chintan 公司（Vadodara，Gujarat，India），甲醇购于 New Arihant 化工公司（Maharashtra，India）。培养基平板计数琼脂（PCA）、氯霉素葡萄糖琼脂和无菌生理盐水购于 HiMedia 公司。所有使用的标准化学品均为分析纯，均购于 HiMedia 公司。

7.3.2.2　纳米乳液制备

将海藻酸钠（2g/100mL）和羧甲基纤维素（2g/100mL）在 70℃ 下分别溶于超纯水中（Milli-Q Water Purification System，Merck，Molsheim，France），用磁力搅拌器在 500rpm 下连续搅拌 2h。两组粗乳液记为海藻酸钠（Al）和羧甲基纤维素（CMC）。将 Tween 80（2g/100mL）溶解在前述的每组乳液中，然后加入相对于海藻酸钠和羧甲基纤维素质量 0.5% 的抗坏血酸和 0.5% 及 1.0% 的香草醛。使用均质机（T25 digital Ultra-Turrax，IKA，Staufen，Germany）将上述混合物在 8450rpm 下均质几分钟。为了减小液滴的尺寸，使用直径 15mm 的超声探头（VCX 500，Vibra-Cell，Newtown，CT，USA）以 40kHz 的频率对均质后的混合物进行超声（50W）处理。乳化过程中获得的热量通过将乳化液容器置于冰中除去。

7.3.2.3　涂层操作

猕猴桃从冷藏库中取出，用次氯酸钠溶液（100ppm）消毒，后用自来水冲洗并沥干水分，时间为 7min。上述清洗过的水果用刀去皮，用不锈钢切片机（Bajaj Processpack Ltd.，Noida，India）切成厚度为 1 厘米左右的薄片。将猕猴桃切片浸泡在 2%（w/v）的氯化钙溶液中，以便后续与海藻酸钠交联。将制备的切片分别浸于 Al-1（2% 海藻酸钠 +0.5% 抗坏血酸 +0.5% 香草醛）、Al-2（2% 海藻酸钠 +0.5% 抗坏血酸 +1% 香草醛）、CMC-1（2% 羧甲基纤维素 +0.5% 抗坏血酸 +0.5% 香草醛）和 CMC-2（2% 羧甲基纤维素 +0.5% 抗坏

血酸 +1% 香草醛）4 种乳液涂层中 3min，并将浸水后的切片标记为对照组，Control。涂层后的猕猴桃切片在室温（20±1℃）下干燥，并保存在聚丙烯托盘（14cm×9cm×7cm）中。每个托盘中放置 5 片，在 5℃下贮藏 7 天。贮藏期间的湿度保持在 70%～75%，并使用湿度计（HTC-1，Swastik Scientific Co. Kalbadevi，Mumbai，India）进行监测。

7.3.2.4 猕猴桃切片质量参数测试

本试验所有测试项目参照文献[36]的描述，包括猕猴桃切片的失重率测试，单位为%；可溶性固形物（TSS）含量测试，单位为%；可滴定酸（TA）含量测试，单位为%；腐烂率测试，单位为%；pH 测试；硬度测试，单位为 N；抗坏血酸含量（AA）测试，单位为mg/100g；DPPH 自由基清除率测试，单位为%；微生物评估，包括菌落总数测试、霉菌和酵母菌总数测试，单位为 cfu/g。

7.3.3 结果和讨论

7.3.3.1 失重率分析

失重是影响水果品质和货架寿命的主要因素，失重主要是由于表面水分蒸发造成的干瘪和劣变。从表 7-1 可以看出，在整个贮藏过程中，各处理组猕猴桃切片的失重率显著增加，但对照组猕猴桃切片的失重率最大（14%）。纳米乳液涂层组猕猴桃切片的失重率有所下降，其中 Al-1 组的失重率最低（8.0%），而 Al-2 组、CMC-1 组和 CMC-2 组在贮藏 7 天后的失重率分别为 8.1%、8.9% 和 9.1%。不同浓度的香草醛对猕猴桃切片失重率无显著影响，这一结果与文献[68]结论一致，该文作者利用海藻酸钠涂层保鲜葡萄，涂层中添加或不添加香草醛对葡萄的失重率没有显著影响。纳米乳液涂层引起果实失重效果的变化可能是由于其厚度和水蒸气阻隔性能的不同导致的[69]。涂层果实重量损失减少的原因可能是因为纳米乳液在水果表面形成了一层厚厚的涂层，防止了水分蒸发[69]。文献[70]研究结果表明，生物聚合物涂层可以减少桃子的失重率，且羧甲基纤维素涂层比海藻酸钠涂层更有效。文献[71]研究结果表明，海藻酸钠涂层和羧甲基纤维素涂层保护下的大葱切片的重量损失比对照组低，且羧甲基纤维素涂层组的重量损失最小。文献[72]和文献[73]报道了使用壳聚糖—蜂蜡涂层和阿拉伯树胶涂层降低了人心果和猕猴桃的失重率。

表 7-1　贮藏期间各处理组猕猴桃切片的失重率、TSS 含量和 TA 含量[67]

分类	贮藏时间 / 天	Control	Al-1	Al-2	CMC-1	CMC-2
失重率 /%	1	0.0±0cA	0.0±0cA	0.0±0cA	0.0±0cA	0.0±0cA
	4	7.2±2.7bA	4.7±1.0bC	4.6±1.0bC	5.2±1.6bB	5.3±1.3bB
	7	14±3aA	8.0±1.2aD	8.1±1.0aD	8.9±1.3aC	9.1±1.8aB

分类	贮藏时间 / 天	Control	Al-1	Al-2	CMC-1	CMC-2
TSS 含量 /%	1	15±3cA	15±3cA	15±3cA	15±3cA	15±3cA
	4	19±4bA	17±4bC	17±4bC	18±5bB	18±5bB
	7	27±5aA	19±4aE	19±4aD	23±6aB	22±5aC
TA 含量 /%	1	0.92±0.50aA	0.90±0.60aC	0.91±0.60aB	0.89±0.10aD	0.91±0.50aB
	4	0.80±0.30bE	0.85±0.80bD	0.85±0.80bB	0.85±0.30bC	0.88±0.70bA
	7	0.70±0.10cD	0.83±0.40cB	0.84±0.40cA	0.79±0.60cC	0.78±0.30cC

注：结果用平均值 ± 标准差表示，其中同一列的小写字母表示基于 LSD 测试的同一处理组内数据间差异显著性（$P \leqslant 0.05$）；同一行的大写字母表示基于 LSD 测试的不同处理组间数据差异显著性（$P \leqslant 0.05$）

7.3.3.2　可溶性固形物（TSS）含量分析

从表 7-1 可以看出，对照组和纳米乳液涂层组猕猴桃切片的 TSS 含量随贮藏时间的延长而增加。对照组和纳米乳液涂层组猕猴桃切片的 TSS 含量差异显著。对照组的 TSS 含量显著升高了 27%，在贮藏第 7 天，TSS 含量显著升高到 27%。对照组猕猴桃切片 TSS 含量的显著增加可能是由于多糖降解增加了水分散失和果实成熟。纳米乳液涂层组猕猴桃切片在贮藏过程中 TSS 含量增长最慢，这可能是由于纳米乳液涂层改善了对氧气的阻隔性，从而降低了呼吸速率和成熟过程[74]。在各涂层组中，贮藏 7 天后的增幅较小，Al-1 组和 Al-2 组的增幅较小，分别为 19% 和 21%，而 CMC-1 组和 CMC-2 组的增幅为 23% 和 22%。文献[75]研究结果表明，海藻酸钠涂层保护下柿子的 TSS 含量比 CMC 涂层增加得少。文献[76]研究结果表明，芦荟凝胶涂层保护下的猕猴桃在贮藏过程中 TSS 含量的增幅最小。香草醛浓度的变化对 TSS 含量无显著影响。文献[77]研究结果表明，改变海藻酸钠涂层中精油化合物、丁香酚和柠檬醛的浓度对新鲜树莓果实的影响不显著。

7.3.3.3　可滴定酸（TA）含量分析

从表 7-1 可以看出，贮藏期间，对照组和纳米乳液涂层组猕猴桃切片的 TA 含量逐渐降低。而对照组猕猴桃切片在贮藏 7 天内 TA 含量显著降低（0.92% ～ 0.7%）。这可能是由于在贮藏过程中有机酸可能作为替代呼吸底物而引起的代谢变化[78, 79]。纳米乳液涂层组猕猴桃切片的 TA 含量略有下降，其中海藻酸钠涂层组的效果更好，Al-2 组猕猴桃切片的 TA 含量下降最小（0.91% ～ 0.84%）。这可能是由于在切片表面沉积的乳液涂层降低了气体渗透性[80]。文献[75]研究结果表明，15 天贮藏期内，海藻酸钠涂层组柿子的 TA 含量比羧甲基纤维素涂层组 TA 含量减少得少。文献[70]研究结果表明，涂层保护下的桃果实的 TA 含量略有下降。另外，TA 含量在羧甲基纤维素涂层组猕猴桃切片中下降最少。香草醛浓度的变化对酸度值没有显著影响，文献[81]利用含有不同浓度柠檬草精油的壳聚糖涂层对甜椒进行保鲜研究，也获得了类似的结论。

7.3.3.4 腐烂率分析

从图 7-20 可以看出，贮藏期间，对照组和纳米乳液涂层组猕猴桃切片的腐烂率逐渐提高。然而，纳米乳液涂层组猕猴桃切片比对照组显著降低了腐烂率。对照组猕猴桃切片最初的腐烂率为 3%，贮藏 7 天后，70% 的猕猴桃切片被微生物感染。另外，纳米乳液涂层组猕猴桃切片的腐烂率较低，为 3% ～ 59%。在不同配方的纳米乳液涂层中，Al-2 组和 CMC-2 组猕猴桃切片在贮藏过程中的腐烂率分别降低了 47% 和 50%。纳米乳液涂层的抗腐烂效果较好，可能是由于香草醛的抗菌活性，通过在果实表面形成均匀的抗菌面，抑制了霉菌生长。

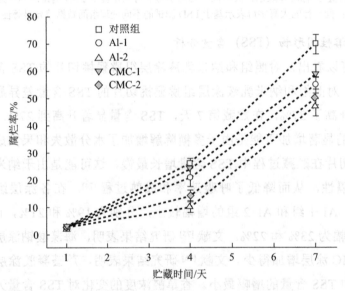

图 7-20　贮藏期间各处理组猕猴桃切片的腐烂率 [67]

7.3.3.5 pH 值分析

从图 7-21 可以看出，贮藏过程中各处理组猕猴桃切片的 pH 值轻微地增加，对照组和纳米乳液涂层组猕猴桃切片之间存在差异。对照组猕猴桃切片在贮藏第 7 天时的 pH 值增幅最大（3.90）。纳米乳液涂层组猕猴桃切片的 pH 值虽然有所增加，但显著低于对照组。海藻酸钠涂层在保持 pH 值接近初始值方面比羧甲基纤维素涂层更有效。在贮藏结束时，Al-2 组猕猴桃切片的 pH 值增幅最小，高于 Al-1 组、CMC-1 组和 CMC-2 组。这证实了海藻酸钠和羧甲基纤维素基纳米乳液能有效地将猕猴桃切片的 pH 值保持在较低的水平。文献 [82] 研究结果表明，涂有明胶 / 芦荟凝胶的猕猴桃切片的 pH 值会增加。而文献 [73] 研究结果表明，壳聚糖涂层浓度的变化不会改变猕猴桃切片的 pH 值。

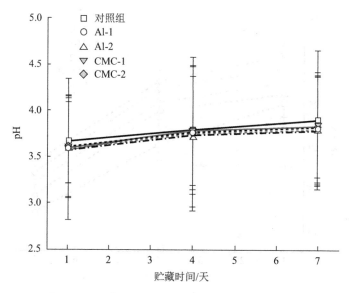

图 7-21　贮藏期间各处理组猕猴桃切片的 pH 值 [67]

7.3.3.6　硬度分析

从图 7-22 可以看出，随着贮藏时间的延长，各处理组猕猴桃切片的硬度不断降低，但对照组猕猴桃切片的硬度变化更快。对照组猕猴桃切片的初始硬度值为 25.1N，贮藏末期硬度值显著降低至 12.1N。这可能是由于成熟过程加快，或者是由于果胶聚合物在原果胶酶和果胶甲基酯酶的作用下，在果实细胞壁和中层结构中发生了水解 [83]。虽然纳米乳液涂层组猕猴桃切片的硬度略有下降，但在贮藏结束时，下降的幅度相对低于对照组。所有纳米乳液涂层处理对硬度的保持均有较好的效果，但差异不显著。在纳米乳液涂层中，CMC-2 组和 CMC-1 组猕猴桃切片的硬度最高，分别为 17.9N 和 16.8N，而 Al-1 组和 Al-2 组的硬度分别为 14.1N 和 15.5N。羧甲基纤维素涂层对果肉硬度的保留效果优于海藻酸钠涂层，不同浓度的香草醛对果肉硬度的影响不显著。文献 [70] 也报道了羧甲基纤维素涂层比海藻酸钠涂层在保持桃子硬度方面的效果更好。涂层通过降低氧气浓度和增加二氧化碳浓度来改变水果内部的气体组成，进而降低果胶降解酶的活性。延迟果胶化合物的降解有利于维持果实的结构刚性。本试验结果证实了含有抗坏血酸的抗褐变乳液保持了果实硬度。硬度的保持也可能是由于使用了钙盐，钙盐通过与果胶结合来诱导聚合物交联，从而防止细胞壁降解 [84]。本试验结果与文献 [65] 的研究结果一致，该文作者用含有香草醛的海藻酸钠涂层保鲜苹果切片，获得了最高的硬度值。文献 [66] 研究结果表明，用羧甲基纤维素和卡拉胶与抗褐变剂抗坏血酸钙相结合，可以减少鲜切杧果的硬度损失。香草醛浓度对猕猴桃切片的硬度影响不显著。文献 [77] 的研究结果表明，改变挥发精油浓度，杨梅果实的硬度变化不显著。然而，文献 [85] 研究表明，加入香草醛和牛至精油后，海藻酸钠可食用涂层可以提高果实的硬度。

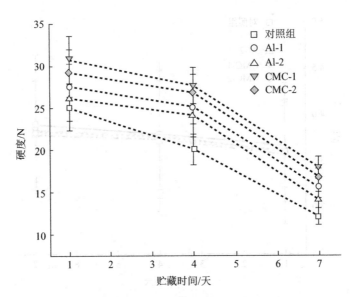

图 7-22 贮藏期间各处理组猕猴桃切片的硬度值 [67]

7.3.3.7 抗坏血酸（AA）含量分析

抗坏血酸（AA）存在于柑橘类、草莓、猕猴桃等水果中。作为一种天然的抗氧化剂，它有助于预防疾病，提高免疫力，促进皮肤、牙龈、肌腱和韧带的健康。然而，由于其具有高度的氧化性，其稳定性受到诸如温度、pH 值、氧、金属离子和酶（抗坏血酸氧化酶或过氧化物酶）的影响 [86]。从图 7-23 可以看出，贮藏过程中，各处理组猕猴桃切片的 AA 含量有所下降，但纳米乳液涂层处理减缓了其下降速度。最初，对照组猕猴桃切片的 AA 含量为 90mg 100^{-1}g。贮藏 7 天后，AA 含量显著减少到 70mg 100^{-1}g。与羧甲基纤维素涂层相比，海藻酸钠涂层的抗坏血酸保留率更高，但香草醛浓度的影响不显著。Al-1 组猕猴桃切片的 AA 含量在贮藏末期保持在较高水平，为 79mg 100^{-1}g。这证实了抗氧化处理可以防止抗坏血酸氧化，这可能是由于纳米乳液涂层对抗坏血酸的氧化有良好的阻隔特性。文献 [87] 报道了壳聚糖和海藻酸钠与橄榄叶提取物结合可以抑制甜樱桃的抗坏血酸损失。文献 [88] 报道了装在香草醛包装膜中的菠萝的抗坏血酸含量显著降低。

7.3.3.8 DPPH 自由基清除能力分析

从图 7-24 可以看出，对照组和纳米乳液涂层组猕猴桃切片的 DPPH 自由基清除率均逐渐降低，但对照组猕猴桃切片的清除率明显更低。这可能是由于酚类化合物的分解或由于水果衰老时细胞结构的破坏导致的 [89]。而所有的纳米乳液涂层组猕猴桃切片在整个贮藏过程中均保持了抗氧化活性，其中 CMC-2 组保持率最高。这可能是由于纳米乳液涂层的保护阻隔特性，减少了引起酚类物质酶氧化反应的氧气供应。

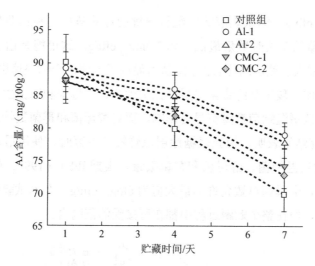

图 7-23　贮藏期间各处理组猕猴桃切片的 AA 含量 [67]

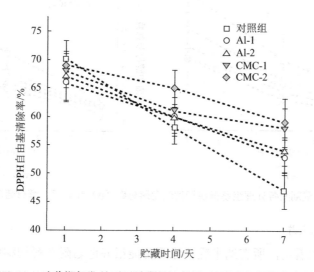

图 7-24　贮藏期间各处理组猕猴桃切片的 DPPH 自由基清除率 [67]

7.3.3.9　微生物生长和品质变化分析

为了维持商业适销性和利于鲜切农产品的保存，微生物安全性是需要考虑的重要因素之一。鲜切水果，尤其是猕猴桃，是微生物生长的良好基质，因为切割表面积大，水和营养物质从受损组织中渗出，使它们更容易被微生物浸染。从图 7-25 可以看出，与纳米乳液涂层组猕猴桃切片相比，对照组猕猴桃切片的菌落总数显著增加。对照组的菌落总数在贮藏结束时显示为 $9.0\log_{10}$ cfu/g。而所有纳米乳液涂层组的菌落总数均低于 $6\log_{10}$ cfu/g。其中，CMC-2 组最低，为 $4.1\log_{10}$ cfu/g。这表明纳米乳液涂层在贮藏过程中有效地抑制了细菌的活性。各纳米乳液涂层组猕猴桃切片和对照组猕猴桃切片在贮藏期间的酵母菌和霉菌数量也有相似的趋势。对照组猕猴桃切片，在贮藏期间酵母菌和霉菌总数从 $2.2\log_{10}$

cfu/g 增加到 $8\log_{10}$ cfu/g。纳米乳液涂层组猕猴桃切片的酵母菌和霉菌数量显著下降，其中 CMC-2 组在贮藏第 7 天时数量最低，为 $3.9\log_{10}$ cfu/g。这可能是由于超声降低了乳液液滴的尺寸，从而增大了液滴的比表面积，从而促进了抗菌化合物快速进入微生物细胞[91]。与海藻酸钠涂层相比，羧甲基纤维素涂层在控制细菌、酵母菌和霉菌生长方面更有效。增加香草醛浓度对降低嗜温细菌数量有显著影响，而对酵母菌和霉菌数量来说，浓度越高越有效。文献[91]研究结果表明，用壳聚糖涂层保鲜鲜切草莓时，使用最高浓度的香草醛浓度可以获得最低的嗜温细菌、酵母菌和霉菌数量。根据 IFST（1999）的规定，在水果产品的有效货架期内，酵母菌总数允许的最大值为 $6\log_{10}$ cfu/g。在本试验中，尽管酵母菌和霉菌的数量增加了，但在整个贮藏过程中都在可接受的范围内。

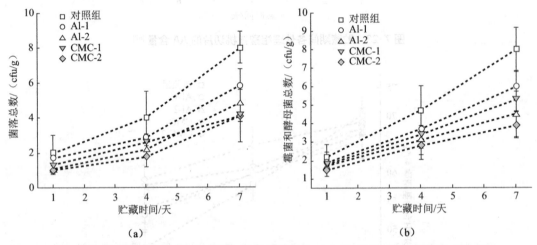

图 7-25　贮藏期间各处理组猕猴桃切片的菌落总数（a）和霉菌、酵母菌总数（b）[67]

7.3.3.10　外观照片

从图 7-26 可以看出，所有纳米乳液涂层都能很好地黏附在鲜切猕猴桃的表面上。但随着贮藏时间的延长，对照组猕猴桃切片枯萎，有相当比例的切片被酵母菌和霉菌污染。另外，从图片中可以明显看出，纳米乳液涂层组的猕猴桃切片在整个贮藏过程中保持了它们的大小和浅绿色。因此，与对照组相比，纳米乳液涂层成功地抑制了微生物的浸染。

7.3.4　结论

含抗氧化剂和抗菌化合物的乳液涂层对猕猴桃切片的品质性状有显著影响。与对照组相比，纳米乳液涂层成功地降低了失重率、腐烂率，保留了 TSS 含量、AA 含量和果肉的硬度。可食用乳液涂层与抗氧化剂和抗菌剂结合后，可将细菌、酵母菌和霉菌的生长减缓到允许的限度以下，这表明本试验的纳米乳液涂层显著抑制了微生物的生长。结合抗坏血酸和香草醛的海藻酸钠乳液涂层具有较强的延长鲜果货架期的潜力，可作为延长鲜切水果货架期的一种替代方法。

贮藏时间	第1天	第7天
对照组		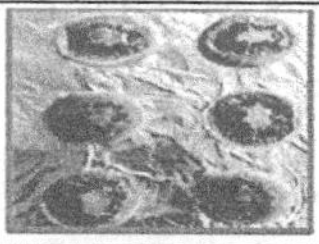
Al-1	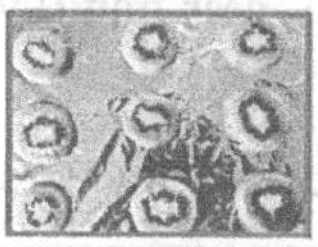	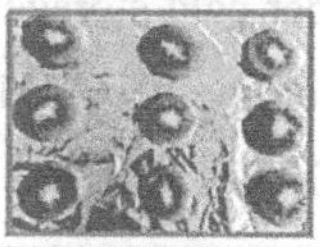
Al-2	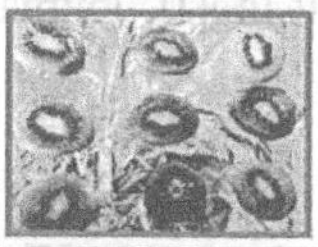	
CMC-1	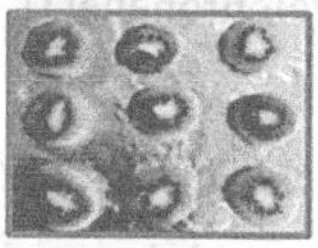	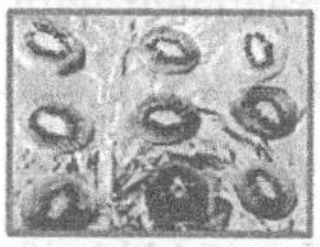
CMC-2	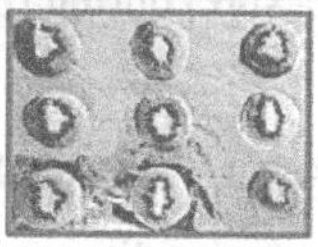	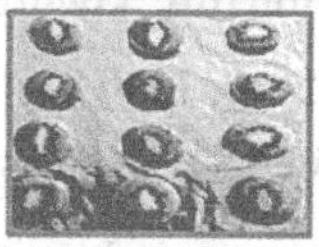

图 7-26 贮藏第 1 天和第 7 天时各处理组猕猴桃切片的外观照片 [67]（后附彩图）

参考文献：

[1] ZHANG L, LI S, LIU X, et al. Effects of Ethephon on Physicochemical and Quality Properties of Kiwifruit During Ripening[J]. Postharvest Biology & Technology, 2012(65): 69–75.

[2] GARCIA C V, QUEK S Y, Stevenson R J, et al. Kiwifruit flavour: A review[J]. Trends in Food Science & Technology, 2012, 24 (2): 82–91.

[3] WATKINS C B. Overview of 1-Methylcyclopropene Trials and Uses for Edible Horticultural Crops[J]. Hortscience, 2008, 43(1): 86–94.

[4] KOUKOUNARAS A, SFAKIOTAKIS E. Effect of 1-MCP prestorage treatment on ethylene and CO_2 production and quality of 'Hayward' kiwifruit during shelf-life after short, medium and long term cold storage[J]. Postharvest Biology & Technology, 2007, 46(2): 174–180.

[5] JHALEGAR M J, SHARMA R R, PAL R K, et al. Analysis of physiological and biochemical changes in kiwifruit (Actinidia deliciosa cv. Allison) after the postharvest treatment with 1-Methylcyclopropene[J]. Journal of Plant Biochemistry & Biotechnology, 2011, 20(2): 205–21.

[6] YONG S P, IM M H, GORINSTEIN S. Shelf life extension and antioxidant activity of 'Hayward' kiwi fruit as a result of prestorage conditioning and 1-methylcyclopropene treatment[J]. Journal of food science and technology, 2015, 52(5): 2711–2720.

[7] CHEN H, ZHANG J, JIA Y, et al. Effect of 1-methylcyclopropene treatment on quality, volatile

production and ethanol metabolism in kiwifruit during storage at room temperature[J]. Scientia Horticulturae, 2020, 265，Article 109266.

[8]   BLANKENSHIP S M, DOLE J M. 1-Methylcyclopropene: a review[J]. Postharvest Biology & Technology, 2003, 28 (1): 1–25.

[9]   LI G, JIA H, LI J, et al. Effects of 1-MCP on volatile production and transcription of ester biosynthesis related genes under cold storage in 'Ruanerli' pear fruit (Pyrus ussuriensis Maxim.)[J]. Postharvest Biology & Technology, 2016, 111: 168–174.

[10]   DENG L, JIANG C Z, MU W, et al. Influence of 1-MCP treatments on eating quality and consumer preferences of 'Qinmei' kiwifruit during shelf life[J]. Journal of Food Science & Technology, 2015, 52(1): 335–342.

[11]   SHARMA R R, JHALEGAR M J, PAL R K. Response of kiwifruit (Actinidia deliciosa cv. Allison) to post-harvest treatment with 1-methylcyclopropene[J]. Journal of Horticultural Science and Biotechnology, 2015, 87(3): 278–284.

[12]   GARCIA C V, STEVENSON R J, ATKINSON R G, et al. Changes in the bound aroma profiles of 'Hayward' and 'Hort16A' kiwifruit; (Actinidia spp.) during ripening and GC-olfactometry analysis[J]. Food Chemistry, 2013, 137 (1–4): 45–54.

[13]   LÓPEZ-NICOLÁS J M, ANDREU-SEVILLA A J, CARBONELL-BARRACHINA A A, et al. Effects of addition of alpha-cyclodextrin on the sensory quality, volatile compounds, and color parameters offresh pear juice[J]. Journal of Agricultural and Food Chemistry, 2009, 57(20): 9668–9675.

[14]   WANG M Y, MACRAE E, WOHLERS M, et al. Changes in volatile production and sensory quality of kiwifruit during fruit maturation in Actinidia deliciosa 'Hayward' and A. chinensis 'Hort16A'[J]. Postharvest Biology & Technology, 2011, 59 (1): 16–24.

[15]   BALL R D, MURRAY S H, YOUNG H, et al. Statistical analysis relating analytical and consumer panel assessments of kiwifruit flavour compounds in a model juice base[J]. Food Quality and Preference, 1998, 9(4): 255–266.

[16]   EL HADI M, ZHANG F J, WU F F, et al. Advances in fruit aroma volatile research[J]. Molecules, 2013, 18 (7): 8200–8229.

[17]   DEFILIPPI B G, KADER A A, DANDEKAR A M. Apple aroma: alcohol acyltransferase, a rate limiting step for ester biosynthesis, is regulated by ethylene[J]. Plant Science, 2005, 168 (5): 1199–1210.

[18]   LU X, MENG G, JIN W, et al. Effects of 1-MCP in combination with Ca application on aroma volatiles production and softening of 'Fuji' apple fruit[J]. Scientia Horticulturae, 2018, 229: 91–98.

[19]   WAN X M, STEVENSON R J, CHEN X D, et al. Application of headspace solid-phase microextraction to volatile flavour profile development during storage and ripening of kiwifruit[J]. Food Research International, 1999, 32 (3): 175–183.

[20]   BURDON J, LALLU N, BILLING D, et al. Carbon dioxide scrubbing systems alter the ripe fruit volatile profiles in controlled-atmosphere stored 'Hayward' kiwifruit[J]. Ostharvest Biology & Technology, 2005, 35 (2): 133–141.

[21] BENITEZ S, ACHAERANDIO I, SEPULCRE F, et al. Aloe vera based edible coatings improve the quality of minimally processed 'Hayward' kiwifruit[J]. Postharvest Biology and Technology, 2013, 81: 29–36.

[22] JABBAR A, EAST A R. Quantifying the ethylene induced softening and low temperature breakdown of 'Hayward' kiwifruit in storage[J]. Postharvest Biology and Technology, 2016, 113: 87–94.

[23] EUM H L, LEE E J, HONG S J. Effect of NO treatment during shelf life of Hayward kiwifruit after storage at cold temperature[J]. Korean journal of horticultural science and technology, 214, 32: 666–672.

[24] BURDON J, PUNTER M, BILLING D, et al. Shrivel development in kiwifruit[J]. Postharvest Biology & Technology, 2014, 87: 1–5.

[25] VIVEK K, SUBBARAO K V, SRIVASTAVA B. Optimization of postharvest ultrasonic treatment of kiwifruit using RSM[J]. Ultrasonics Sonochemistry, 2016, 32: 328–335.

[26] ZHU S H, SUN L, LIU M C, et al. Effect of nitric oxide on reactive oxygen species and antioxidant enzymes in kiwifruit during storage[J]. Journal of the Science of Food & Agriculture, 2008, 88: 2324–2331.

[27] KWANHONG P, LIM B S, LEE J S, et al. Effect of 1-MCP and temperature on the quality of red-fleshed kiwifruit (Actinidia chinensis)[J]. Horticultural Science & Technology, 2017, 35: 199–209.

[28] WANG Y H, XU F X, FENG X Q, et al. Modulation of actinidia arguta fruit ripening by three ethylene biosynthesis inhibitors[J]. Food Chemistry, 2015, 173: 405–413.

[29] FISK C, SILVER A, STRIK B, et al. Postharvest quality of hardy kiwifruit (Actinidia arguta 'Ananasnaya') associated with packaging and storage conditions[J]. Postharvest Biology and Technology, 2008, 47: 338–345.

[30] CAMPANIELLO D, BEVILACQUA A, SINIGAGLIA M, et al. Chitosan: anti-microbial activity and potential applications for preserving minimally processed strawberries[J]. Food Microbiology, 2008, 25: 992–1000.

[31] JONGSRI P, WANGSOMBOONDEE T, ROJSITTHISAK P, et al. Effect of molecular weights of chitosan coating on postharvest quality and physicochemical characteristics of mango fruit[J]. LWT-Food Science and Technology, 2016, 73: 28–36.

[32] CHEN H X, WANG C Z, YE J Z, et al. Synthesis and properties of a lacquer wax-based quarternary ammonium gemini surfactant[J]. Molecules, 2014, 19: 3596–3606.

[33] LONG C L, CAI K, MARR K, et al. Lacquer-based agroforestry system in western Yunnan, China[J]. Agroforest Syst, 2003, 57: 109–116.

[34] LI P X, HU H L, LUO S F, et al. Shelf life extension of fresh lotus pods and seeds (Nelumbo nucifera Gaertn.) in response to treatments with 1-MCP and lacquer wax[J]. Postharvest Biology and Technology, 2017, 125: 140–149.

[35] DONG Y H, WANG C Z, YE J Z, et al. Extraction process and chemical constituents of lacquer wax[J]. Journal of Beijing Forestry University, 2010, 32: 256–260.

[36] HU H, ZHOU H, LI P. Lacquer wax coating improves the sensory and quality attributes of kiwifruit

during ambient storage[J]. Scientia Horticulturae, 2019, 244: 31–41.

[37] NAIR M S, SAXENA A, KAUR C. Effect of chitosan and alginate based coatings enriched with pomegranate peel extract to extend the postharvest quality of guava (Psidium guajava L.)[J]. Food Chemistry, 2018, 240: 245–252.

[38] DENG Z L, JUNG J Y, SIMONSEN J, et al. Cellulose nanomaterials emulsion coatings for controlling physiological activity, modifying surface morphology, and enhancing storability of postharvest bananas (Musa acuminate)[J]. Food Chemistry, 2017, 232: 359–368.

[39] TANADA-PALMU P S, GROSSO C R F. Effect of edible wheat gluten-based films and coatings on refrigerated strawberry (Fragaria ananassa) quality[J]. Postharvest Biology and Technology, 2005, 36: 199–208.

[40] BALDWIN E A, BURNS J K, KAZOKAS W, et al. Effect of two edible coatings with different permeability characteristics on mango (Mangifera indica L.) ripening during storage[J]. Postharvest Biology and Technology, 1995, 17: 215–226.

[41] SILVA G M C, SILVA W B, MEDEIROS D B, et al. The chitosan affects severely the carbon metabolism in mango (Mangifera indica L. cv. Palmer) fruit during storage[J]. Food Chemistry, 2017, 237: 372–378.

[42] WAKABAYASHI K. Changes in cell wall polysaccharides during fruit ripening[J]. Journal of Plant Research, 2000, 113: 231–237.

[43] IMSABAI W, KETSA S, VAN-DOORN W G. Physiological and biochemical changes during banana ripening and finger drop[J]. Postharvest Biology and Technology, 2006, 39: 211–216.

[44] BONGHI C, PAGNI S, VIDRIH R, et al. Cell wall hydrolases andamylase in kiwifruit softening[J]. Postharvest Biology and Technology, 1996, 9: 19–29.

[45] TAVARINI S, DEGL-INNOCENTI E, REMORINI D, et al. Polygalacturonase and beta-galactosidase activities in Hayward kiwifruit as affected by light exposure, maturity stage and storage time[J]. Scientia Horticulturae, 2009, 120: 342–347.

[46] PARK Y S, IM M H, GORINSTEIN S. Shelf life extension and antioxidant activity of 'Hayward' kiwifruit as a result of prestorage conditioning and 1-methylcyclopropene treatment[J]. Journal of food science and technology, 2015, 52: 2711–2720.

[47] DIAB T, BILIADERIS C G, GERASOPOULOS D, et al. Physicochemical properties and application of pullulan edible films and coatings in fruit preservation[J]. Journal of the Science of Food and Agriculture, 2001, 81: 988–1000.

[48] ZAPATA P J, GUILLEN F, MARTINEZ-ROMERO D, et al. Use of alginate or zein as edible coatings to delay postharvest ripening process and to maintain tomato (Solanum lycopersicon Mill) quality[J]. Journal of the Science of Food and Agriculture, 2008, 88: 1287–1293.

[49] LIM S, LEE J G, LEE E J. Comparison of fruit quality and GC-MS-based metabolite profiling of kiwifruit 'Jecy green': natural and exogenous ethylene-induced ripening[J]. Food Chemistry, 2017, 234: 81–92.

[50]　WANG Y, SHAN T T, YUAN Y H, et al. Overall quality properties of kiwifruit treated by cinnamaldehyde and citral: microbial, antioxidant capacity during cold storage[J]. Journal of Food Science, 2016, 81: 3043–3051.

[51]　SIMOES A D N, TUDELA J A, ALLENDE A, et al. Edible coatings containing chitosan and moderate modified atmospheres maintain quality and enhance phytochemicals of carrot sticks[J]. Postharvest Biology and Technology, 2009, 51: 364–370.

[52]　GARCIA E, BARRETT D M. Preservative treatments for fresh cut fruits and vegetables[J]. In O. Lamikanra (Ed.), Fresh cut fruits and vegetables: Science, technology and market (pp. 267–303), 2002, Boca Raton, FL, USA: CRC Press.

[53]　AMODIO M L, COLELLI G, HASEY J K, et al. A comparative study of composition and postharvest performance of organically and conventionally grown[J]. Journal of the Science of Food and Agriculture, 2007, 87: 1228–1236.

[54]　GARDESH A S K, BADII F, HASHEMI M, et al. Effect of nanochitosan based coating on climacteric behavior and postharvest shelf life extension of apple cv. Golab Kohanz[J]. LWT-Food Science and Technology, 2016, 7: 33–40.

[55]　CEYLAN Z. Use of characterized chitosan nanoparticles integrated in poly(vinyl) alcohol nanofibers as an alternative nanoscale material for fish balls[J]. Journal of Food Safety, 2018, 38(6), e12551.

[56]　CEYLAN Z, UNAL SENGOR G F, BASAHEL A, et al. Determination of quality parameters of gilthead sea bream (Sparus aurata) fillets coated with electrospun nanofibers[J]. Journal of Food Safety, 2018, 38: 1–7.

[57]　CEYLAN Z, MERAL R, KOSE Y E, et al. Wheat germ oil nanoemulsion for oil stability of the cooked fish fillets stored at 4℃ [J]. Food Science and Technology, 2020, 57: 1798–1806.

[58]　OZOGUL Y, DURMUS M, UCAR Y, et al. The combined impact of nanoemulsion based on commercial oils and vacuum packing on the fatty acid profiles of sea bass fillets[J]. Journal of Food Processing and Preservation, 2017, 41(6): 1–13.

[59]　MASTROMATTEO M, MASTROMATTEO M, CONTE A, et al. Combined effect of active coating and MAP to prolong the shelf life of minimally processed kiwifruit (Actinidia deliciosa cv. Hayward)[J]. Food Research International, 2011, 44: 1224–1230.

[60]　BIBI F, BALOCH K. Postharvest quality and shelf life of mango (Mangifera indica L.) fruit as affected by various coatings[J]. Journal of Food Processing and Preservation, 2012, 38(1): 499–550.

[61]　WU T, DAI S, CONG X, et al. Succinylated soy protein film coating extended the shelf life of apple fruit[J]. Journal of Food Processing and Preservation, 2016, 41(4): 13024–13034.

[62]　RUPASINGHE H P, BOULTER-BITZER J, AHN T, et al. Vanillin inhibits pathogenic and spoilage microorganisms in vitro and aerobic microbial growth infresh cut apples[J]. Food Research International, 2006, 39: 575–580.

[63]　TAPIA M S, RODRIGUEZ F J, ROJAS-GRAU M A, et al. Formulation of alginate and gellan based edible coatings with antioxidants for fresh cut apple and papaya[J]. In IFT annual meeting, 2005,

Paper 36–43, New orleans, LA, USA.

[64] ROJAS-GRAU M A, TAPIA M S, MARTIN-BELLOSO O. Using polysaccharide-based edible coatings to maintain quality of fresh cut Fuji apples[J]. LWT-Food Science and Technology, 2008, 41: 139–147.

[65] PLOTTO A, NARCISO J A, RATTANAPANONE N, et al. Surface treatments and coatings to maintain fresh cut mango quality in storage[J]. Journal of the Science of Food and Agriculture, 2010, 90: 2333–2341.

[66] MANZOOR S, GULL A, WANI S M, et al. Improving the shelf life of fresh cut kiwi using nanoemulsion coatings with antioxidant and antimicrobial agents[J]. Food Bioscience, 2021, 41, Article 101015.

[67] TAKMA D K, KOREL F. Impact of preharvest and postharvest alginate treatments enriched with vanillin on postharvest decay, biochemical properties, quality and sensory attributes of table grapes[J]. Food Chemistry, 2017, 221: 187–195.

[68] PARDEIKE J, HOMMOSS A, MULLER R H. Lipid nanoparticles (SLN, NLC) in cosmetic and pharmaceutical dermal products[J]. International Journal of Pharmaceuticals, 2009, 366: 170–184.

[69] MAFTOONAZAD N, RAMASWAMY H S, MICHELLE M. Shelf life extension of peaches through sodium alginate and methyl cellulose edible coatings[J]. International Journal of Food Science and Technology, 2008, 43: 951–957.

[70] KASIM R, KASIM M. Alginate and carboxymethylcellulose (CMC) treatments for improved quality of ready to use (RTU) leek (Allium porrum L. cv. Inegol) slices[J]. Journal of Advances in Food Science & Technology, 2015, 2(3): 86–96.

[71] FOO S Y, NUR HANANI Z A, ROZZAMRI A, et al. Effect of chitosan-beeswax edible coatings on the shelf life of sapodilla (Achras zapota) fruit[J]. Journal of Packaging Technology and Research, 2018, 3(1): 27–34.

[72] VIVEK K, SUBBARAO K V. Effect of edible chitosan coating on combined ultrasound and NaOCl treated kiwi fruits during refrigerated storage[J]. International Food Research Journal, 2018, 25(1): 101–108.

[73] MULLER R, HOMMOSS A, PARDEIKE J, et al. Lipid nanoparticles (NLC) as novel carrier for cosmetics: Special features and state of commercialization[J]. SOFW Journal ,2007, 13: 40–48.

[74] HEGAZY A E. The effect of edible coating on the quality attributes and shelf life of persimmon fruit[J]. Current Science International, 2017, 6(4): 880–890.

[75] BENITEZ S, ACHAERANDIO I, SEPULCRE F, et al. Aloevera based edible coatings improve the quality of minimally processed 'Hayward' kiwi fruit[J]. Postharvest Biology and Technology, 2013, 81: 29–36.

[76] GUERREIRO A C, GAGOA C M L, FALEIRO M L, et al. The effect of alginate-based edible coatings enriched with essential oils constituents on Arbutus unedo L. fresh fruit storage[J]. Postharvest Biology and Technology, 2015, 100: 226–233.

[77] BETT K L, INGRAM D A, GRIMM C C, et al. Flavor of fresh cut Gala apples in barrier film

packaging as affected by storage time[J]. Journal of Food Quality, 2001, 24: 141–156.

[78] OLIVAS G I, MATTINSON D S, BARBOSA-CANOVAS G V. Alginate coatings for preservation of minimally processed Gala apples[J]. Postharvest Biology and Technology, 2007, 45(1): 89–96.

[79] SONG H Y, JO W S, SONG N B, et al. Quality change of apple slices coated with aloe vera gel during storage[J]. Journal of Food Science, 2013, 78(6): 817–822.

[80] ALI A, NOH N M, MUSTAFA M A. Antimicrobial activity of chitosan enriched with lemongrass oil against anthracnose of bell pepper[J]. Food Packaging and Shelf Life, 2015, 3: 56–61.

[81] ELABD M A, MAHA M, GOMMA M M. The use of edible coatings to preserve quality of fresh cut kiwi fruits (ready to eat)[J]. Egyptian Journal of Food Science, 2018, 46: 113–123.

[82] BAI J, ALLEYNE V, HAGENMAIR R D, et al. Formulation of zein coatings for apples (Malus domestica Borkh)[J]. Postharvest Biology and Technology, 2003, 28: 259–268.

[83] ROJAS-GRAU M A, RAYBAUDI-MASSILIA R M, SOLIVA-FORTUNY R C, et al. Apple puree-alginate edible coating as carrier of antimicrobial agents to prolong shelf life of fresh cut apples[J]. Postharvest Biology and Technology, 2007, 45: 254–264.

[84] COCETTA G, BALDASSARRE V, SPINARDI A, et al. Effect of cutting on ascorbic acid oxidation and recycling in fresh cut baby spinach (Spinaciao leracea L.) leaves[J]. Postharvest Biology and Technology, 2014, 88: 8–16.

[85] ZAM W. Effect of alginate and chitosan edible coating enriched with olive leaves extract on the shelf life of sweet cherries (Prunus avium L.)[J]. Journal of Food Quality, 2019, Article 8192964 .

[86] SANGSUWAN J, RATTANAPANONE N, RACHTANAPUN P. Effect of chitosan/methyl cellulose films on microbial and quality characteristics of fresh cut cantaloupe and pineapple[J]. Postharvest Biology and Technology, 2008, 49(3): 403–410.

[87] DAY B P F. Modified atmosphere packaging of fresh fruits and vegetables – an overview. Proceeding of the 4th International Conference on Postharvest[J]. In R. BenArie, & S. Philosoph-Hadas (Eds.), 2001, Vol. 553. Acta horticulture (pp. 585–590).

[88] ALOUI H, KHWALDIA K, SANCHEZ-GONZALEZ L, et al. Alginate coatings containing grapefruit essential oil or grapefruit seed extract for grapes preservation[J]. International Journal of Food Science and Technology, 2014, 49(4): 952–959.

[89] OTONI C G, DE MOURA M R, AOUADA F A, et al. Antimicrobial and physical-mechanical properties of pectin/papaya puree/cinnamaldehyde nanoemulsion edible composite films[J]. Food Hydrocolloids, 2014, 41(41): 188–194.

[90] TOMADONI B, PEREDA M, MOREIRA M R, et al. Chitosan edible coatings with geraniol or vanillin: A study on fresh cut strawberries microbial and sensory quality through refrigerated storage[J]. Food Science and Nutrition Technology, 2019, 4(3), Article 00178.

[91] TRUJILLO S L, ALEJANDRA ROJAS-GRAU M A, SOLIVA-FORTUNY R, et al. Use of antimicrobial nanoemulsions as edible coatings: Impact on safety and quality attributes of fresh cut Fuji apples[J]. Postharvest Biology and Technology, 2015, 105: 8–16.

第8章 樱桃番茄的包装保鲜方法

8.1 等离子体清洗处理联合平衡气调包装保鲜樱桃番茄

8.1.1 引言

据估计，供人类消费的食品在整个供应链中有1/3被损失或浪费（FAO，2011）。最近的一项调查显示，全球从农场到零售商生产的食品的总损失指数为14%（FAO，2019）。从资源利用效率与食品安全有关的经济、社会和道德的影响来看，食品浪费是一个严重的环境问题 [1, 2]。解决供应链上的食品浪费和损失是实现可持续养活世界人口目标的重要一步 [3]。确保农产品以完整优质、安全和有吸引力的方式最终到达消费者手中，是减少供应链内食品浪费、同时提高可持续性的关键步骤 [4]。

蔬菜和水果是易腐烂的农产品，采后寿命短。水果和蔬菜在收获、运输、贮藏和零售商店中的正确操作对向消费者提供安全、高质量的产品至关重要。水果的平均供应链货架期因原产地不同，大约为两周或几周 [5]。这表明需要充分了解如何操作可以为不同水果和蔬菜提供最长的货架期。适当的加工操作、预处理和包装技术有助于减少浪费，延长产品的货架期。

根据浪费量、经济成本和气候的影响，据统计，樱桃番茄（也称圣女果）是零售商店被浪费较多的 7 种水果之一。樱桃番茄是呼吸跃变型水果,因此其货架期与呼吸速率直接相关 [6]。降低新陈代谢的主要因素是贮藏温度和贮藏过程中的气体成分。对于高品质的产品,其初产品的微生物污染程度在包装前必须尽可能低。樱桃番茄的最佳贮藏温度在 8 ~ 12℃,樱桃番茄的理想顶空氧气浓度在 3% ~ 5%[7]。

恰当的包装是延长果蔬货架期的重要工具。食品包装设计是为了保证产品的质量和安全,提供对光、氧、温度、湿度和机械损坏的防护。包装也是生产者和消费者之间的沟通工具。平衡改善气氛包装(EMAP)设计是通过控制产品的呼吸速率,在包装内自然地产生平衡气氛。EMAP 设计是通过对产品的生理特性、包装材料特性和给定产品的最佳平衡气氛条件的数学集成来实现的 [8]。

为了抑制微生物浸染,提高安全性,在水果和蔬菜包装前,通常会先用化学品进行消毒处理 [9]。含氯化学品的使用存在安全问题,在一些欧洲国家受到严格管制甚至禁止 [10]。为了在不影响水果和蔬菜品质的情况下灭活微生物,有必要采用不同的替代处理方法。低温等离子体,是一种正在研究的新技术,通过产生等离子活化水来取代化学清洗步骤,对产品表面进行消毒,并对使用过的洗涤水进行消毒,以便重复使用 [11 ~ 13]。这是一种非热加工方法,可以在低压力和低功率下操作。低温等离子体在食品领域具有潜力,可以在不显著影响产品外观的情况下对水果和蔬菜进行消毒,与现有的工业消毒工艺相比,更有竞争力 [14]。由电子碰撞产生的活化物在微生物被等离子体失活过程中起着关键作用 [15]。

在之前的研究中,通过结合清洗前处理和改善气调包装技术,在受控的贮藏条件下对水果和蔬菜(如樱桃番茄)进行了研究,以抑制微生物生长、提高贮藏品质和延长货架期。冷藏和包装是最常用的保存方法,用于防止质量损失和抑制微生物生长;然而,这些方法不足以抑制微生物浸染。因此,将优化设计的包装与新型清洗处理技术相结合,以确保产品安全,并抑制水果和蔬菜(如樱桃番茄)在整个配送链中的物理、化学和微生物劣变或浸染,是非常重要的。因此,本试验的目的是探讨等离子体清洗处理联合平衡气调保鲜包装技术对樱桃番茄质量特征的影响。

8.1.2 材料和方法

8.1.2.1 原料

新鲜包装的樱桃番茄(cv. red comet,产自摩洛哥)购于当地超市。研究人员对樱桃番茄进行了检查,选择那些表皮光滑、有光泽、坚硬完整、没有可见霉斑的果品用于研究。分析了果品在购买当天的质量特征和微生物浸染情况,并以此为参考点在后续试验中分析了果品的变质过程。

8.1.2.2 低温等离子清洗处理

根据文献 [16] 的描述,液体等离子体处理系统主要由一个定制的介质阻挡放电等离子体源和一个体积为 400mL 的模块化丙烯酸处理室组成，连接高压交流电源，型号为 PVM500。介质阻挡等离子体源为多孔不锈钢法兰，作为接地电极增强局部电场，同时作为气体扩散的初级孔隙结构。此外，采用防水透气膜作为气体扩散器，将水处理室与等离子体源隔离，避免等离子体放电对水处理室产生干扰。在 25kV 的峰—峰电压下，在空气中产生等离子体放电。电流脉冲幅值为 500mA，由电流探头从接地电极处测量。施加电压的频率为 25.3kHz。施加的电压波形是正弦波。为使等离子体处理后的空气扩散到水相，从底部以 2L/min 的流速向反应室注入常压空气。直到系统稳定后，等离子体清晰可见，然后向反应器腔室内装入 70g 果品，并立即用蒸馏水（250mL）冲洗。该方法处理 5min 后，果品的抗菌效果可与氯处理 5min 后的抗菌效果相媲美[17]。持续监测温度，使用数字 pH 计（FE20，Mettler Toledo，Schwerzenbach，Switzerland）测量等离子体活化水的 pH 值。经过所需的处理时间后，关闭系统，用无菌镊子将果品取出，并将其放置在一个干净的吸水材料上，以排出产品中的剩余水分。每次处理后，用泵将等离子体活化后的水从腔室中排出。

8.1.2.3　平衡气调包装设计

每个聚丙烯托盘（148cm×115cm×50mm）内装 145±5g 樱桃番茄，外包装用定向聚丙烯（OPP）薄膜密封。用直径 270 微米的针在薄膜上扎孔，以确保包装内部的空气条件能够达到最佳的氧气和二氧化碳浓度。根据文献[6]描述的樱桃番茄的呼吸模型，确定薄膜的最佳穿孔率。

8.1.2.4　试验设计

等离子清洗处理联和 EMAP 技术在温度为 10℃ 和 20℃ 的条件下，对樱桃番茄整个贮藏过程中质量的影响进行研究。以超市包装的樱桃番茄作为延长货架期的参考对象，考察樱桃番茄在未包装/包装、使用/未使用等离子清洗处理的效果差异性。

8.1.2.5　樱桃番茄质量参数测试

本试验所有测试项目参照文献[16]的描述，包括樱桃番茄的失重率测试，单位为 %；果皮颜色指数测试，单位为 %；可溶性固形物（TSS）含量测试，单位为 ºBrix；pH 值测试；总需氧微生物数量测试和霉菌微生物数量测试，单位为 $\log_{10}$ CFU/g。

8.1.3　结果与讨论

8.1.3.1　樱桃番茄的整体外观分析

从图 8-1 可以看出，经过等离子体清洗处理后，包装好的果品在 10℃ 下可以贮藏 35 天，而包装好的果品在 20℃ 下可以贮藏 14 天。未包装的果品随贮藏时间的延长，果皮开始皱缩，果实变得干硬。因此，用包装好的果品可以观察离体番茄上的可视霉菌生长情况，并将其作为切入点以便后续研究。

图 8-1 贮藏期间各处理组樱桃番茄的外观照片 [16]（后附彩图）

其中：（a）等离子体清洗处理、未包装的果品：贮藏温度为 10℃，贮藏时间为 35 天；（b）等离子体清洗处理、包装的果品：贮藏温度为 10℃，贮藏时间为 35 天；（c）等离子体清洗处理、未包装的果品：贮藏温度为 20℃，贮藏时间为 14 天；（d）等离子体清洗处理、包装的果品：贮藏温度为 20℃，贮藏时间为 14 天

8.1.3.2 微生物生长情况分析

除了价格之外，消费者还将新鲜度和食品安全作为最重要的食品购买标准。微生物的代谢活动使产品变得不受欢迎或不可接受，因此整个食物链的目标必须是尽量减少微生物的存在，防止发生微生物浸染并抑制它们的最适生长条件 [18]。

从图 8-2（a）可以看出，经过 5 分钟等离子体清洗处理后的果品的需氧微生物数量下降，这一发现与文献 [19] 的研究结论一致，他们使用电晕放电等离子体射流处理樱桃番茄，导致其需氧细菌生长速率减慢。直接等离子体处理系统具有更高的电流和更短的处理时间。等离子体清洗处理、包装和贮藏温度综合效应的统计分析结果表明，贮藏 3 天后，等离子体清洗处理是影响需氧菌数量的最主要因素，其次是贮藏温度 × 等离子体清洗处理的相互作用和贮藏温度的影响。等离子体清洗处理有助于抑制需氧微生物的存在，20℃的温度对微生物的生长是有利的。但在贮藏 7 天和 14 天后，包装成为影响需氧菌数量的最主要因素。包装的果品对需氧微生物的生长更敏感，且包装的果品中微生物的增加幅度较大。这很可能是由于包装中的高湿度，有利于微生物的生长。OPP 薄膜对水蒸气的渗透性很低，孔隙不足以防止包装内的水汽凝结。等离子体清洗处理和包装 × 贮藏温度的相互作用对需氧菌的生长略微有影响，这表明等离子体清洗处理对需氧菌的数量产生了影响，但不够显著。尽管需氧菌的平均值直到第 14 天时均低于 10^6CFU/g（见图 8-3），除了在 20℃时

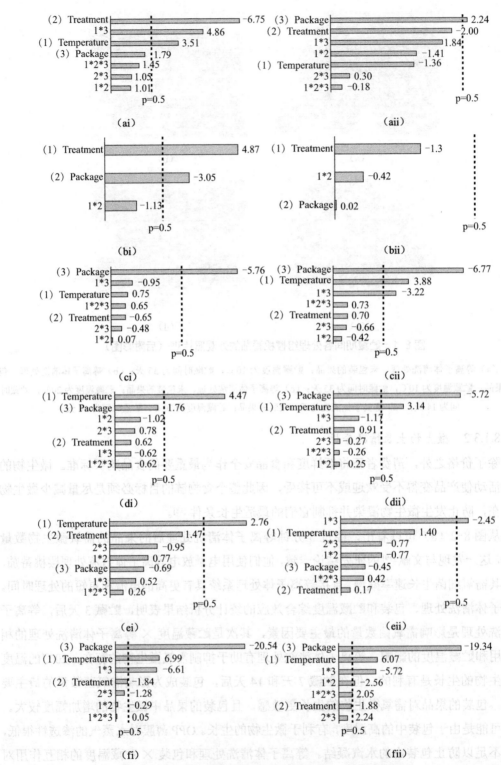

图 8-2　贮藏期间樱桃番茄的质量参数统计分析直方图 [16]

其中：Treatment 表示等离子体清洗处理；Package 表示包装；Temperature 表示贮藏温度；i 表示贮藏第 3 天；

ii 表示贮藏第 14 天；（a）总需氧菌数量；（b）霉菌数量；（c）TSS 含量；（d）颜色指数；

（e）pH 值；（f）失重率

包装果品的需氧菌的平均值略高于 $10^6CFU/g$。根据爱尔兰《蔬菜需氧菌落计数微生物质量指南》（FSAI，2019）的数据，改善气调包装中农产品的需氧菌落总数低于 $10^6CFU/g$ 是可接受范围。

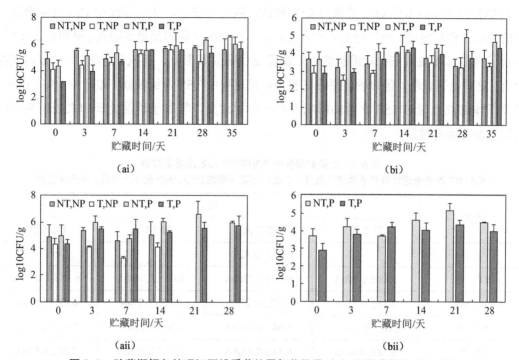

图 8-3　贮藏期间各处理组樱桃番茄的需氧菌数量（a）和霉菌数量（b）[16]

其中：NT 表示未进行等离子体清洗处理；T 表示进行了等离子体清洗处理；NP 表示未包装；P 表示包装；i 表示贮藏温度为 10℃，贮藏时间为 35 天；ii 表示贮藏温度为 20℃，贮藏时间为 28 天

从图 8-2（b）可以看出，经过 5 分钟等离子体清洗处理后的果品的霉菌数量也减少了。对于贮藏在 10℃ 条件下的果品，影响其霉菌生长最重要的因素是等离子体清洗处理，其次是包装。在短时间内，等离子体清洗处理能较好地控制霉菌的生长，未包装的果品的霉菌数量也较少。但在贮藏的第 14 天和第 21 天时，各参数对霉菌生长均无影响，28 天后，只有包装对霉菌生长有显著影响。

这些结果表明，在较长的时间内，包装内的水汽凝结可能有利于霉菌的生长。由于包装是必需的，可以避免果品的重量损失，因此可以考虑选择更透水的膜。文献 [7] 提出使用木薯基生物膜作为传统 OPP 膜的替代品，并取得了有前景的结果。

8.1.3.3　可溶性固形物（TSS）含量分析

由于葡萄糖和其他化合物被分解为可溶性糖，因此可以观察到 TSS 含量增加 [20]。从表 8-1 可以看出，贮藏在 10℃ 和 20℃ 条件下的结果表明，包装对樱桃番茄的 TSS 含量有很大的影响。虽然所有果品的 TSS 结果随时间呈现振荡变化，且无显著差异，但是，相比于初始值，20℃时未包装果品的 TSS 含量随贮藏时间的延长而升高；同时包装果品的 TSS 含量低于初始值。文献 [7] 研究结果表明，贮藏几天后，10℃下包装在 OPP 薄膜和木薯基生物膜中的樱桃番茄的 TSS 含量降低了，而且由于呼吸作用使得包装内含有浓度较高的 CO_2 和浓度较低的 O_2。高浓度 CO_2 导致呼吸速率降低，从而导致和 TSS 含量增加有关的代谢过程减慢 [21]。统计分析表明，包装是影响 TSS 含量的最重要因素 [见图 8-2（c）]，强调了包装对樱桃番茄贮藏的优势。贮藏温度也有显著影响，其次是包装 × 贮藏温度的组合。这些结果表明，包装后的果品在整个贮藏过程中 TSS 含量较低，如图 8-4（a）所示。等离子体清洗处理对 TSS 含量的影响没有统计学意义，等离子清洗处理和未处理的果品之间也没有显著差异。

表 8-1　贮藏期间各处理组樱桃番茄的质量参数表
（其中 NT 表示未进行等离子体清洗处理；T 表示等离子清洗处理；NP 表示未包装；P 表示包装）

类别	10℃			
	第 3 天	第 7 天	第 14 天	第 35 天
TSS 含量				
NT，NP	7.18±0.59bA	6.96±0.47abA	6.60±0.74abA	6.37±1.10abA
T，NP	7.25±0.51aA	7.02±0.77aA	6.90±0.77aA	6.67±1.52aA
NT，P	6.58±0.40aAB	5.94±0.38bcA	6.26±0.31abA	5.46±0.48cA
T，P	6.28±0.46aB	6.30±0.82abA	6.11±0.45abA	5.60±0.52bA
颜色指数				
NT，NP	0.68±0.09cA	0.79±0.09acA	0.86±0.09abA	0.93±0.11bAB
T，NP	0.71±0.14aA	0.75±0.09abA	0.88±0.09bcdA	0.97±0.06dA
NT，P	0.62±0.16aA	0.66±0.14aA	0.75±0.12abA	0.86±0.07bBC
T，P	0.70±0.12aA	0.70±0.20aA	0.77±0.14aA	0.81±0.08aC
pH 值				
NT，NP	4.48±0.01aA	4.57±0.04aA	4.51±0.02aA	4.60±0.07aA
T，NP	4.51±0.03aA	4.58±0.04aA	4.51±0.05aA	4.70±0.11bA
NT，P	4.48±0.01aA	4.61±0.05aA	4.63±0.13aA	4.66±0.01aA
T，P	4.47±0.01cA	4.59±0.02abcA	4.54±0.03acA	4.70±0.04bA
失重率				
NT，NP	2.05±0.19aA	4.04±0.46abA	7.20±0.56bcA	16.90±2.00eA
T，NP	1.71±0.22aA	4.06±0.12bA	7.99±0.32cA	15.42±0.60eA
NT，P	0.13±0.02aB	0.28±0.01aB	0.49±0.08abB	0.79±0.01abB
T，P	0.08±0.05aB	0.28±0.07abB	0.42±0.02abB	1.26±0.21dC

续表

类别	20℃			
	第 3 天	第 7 天	第 14 天	第 28 天
TSS 含量				
NT，NP	7.56±0.34aA	7.63±0.40aA	7.92±0.78aA	–
T，NP	7.43±0.56aA	7.09±0.79aAB	7.85±0.42aA	–
NT，P	6.43±0.70abA	6.37±0.64abB	6.31±0.63abB	5.75±0.49bA
T，P	6.37±0.66aA	6.27±0.43aB	6.27±0.59aB	5.37±0.48bA
颜色指数				
NT，NP	0.71±0.18aA	0.86±0.05abA	0.91±0.05bA	–
T，NP	0.71±0.18aA	0.86±0.04abA	0.89±0.05bA	–
NT，P	0.77±0.12aA	0.80±0.14aA	0.79±0.14aA	0.82±0.15aA
T，P	0.77±0.12aA	0.77±0.10aA	0.81±0.11aA	0.75±0.17aA
pH				
NT，NP	4.51±0.07aA	4.52±0.04aA	4.62±0.04aA	–
T，NP	4.57±0.05abA	4.65±0.09abAB	4.78±0.00bA	–
NT，P	4.52±0.05aA	4.60±0.01aA	4.53±0.02aA	4.50±0.04aA
T，P	4.55±0.02abA	4.67±0.03bB	4.57±0.04abA	4.52±0.03aA
失重率				
NT，NP	3.83±0.61aA	7.96±0.82bA	15.81±2.64cA	–
T，NP	3.38±0.26aA	7.74±0.47bA	11.75±1.18cA	–
NT，P	0.20±0.07aB	0.25±0.04aB	0.45±0.01bB	0.62±0.01cB
T，P	0.11±0.01aB	0.22±0.03bB	0.33±0.01cC	0.66±0.04eB

注：同一行数字上的不同小写字母表示基于 Turkey-HSB 测试的差异显著性（P<0.05），同一列数字上的不同大写字母表示基于 Turkey-HSB 测试的差异显著性（P<0.05）

8.1.3.4 颜色指数分析

颜色是消费者能够评价的第一个感官属性。在贮藏过程中，由于酶和非酶反应、氧化和物理反应，色素通常会降解。据报道，颜色、食品品质和成熟度之间存在良好的相关性[22]。颜色指数用于表征水果和蔬菜的外部颜色，并与农产品的成熟有关[23]。从表 8-1 可以看出，等离子体清洗处理不影响果品的颜色指数，处理和未处理的果品没有显著差异。这一结果与低温等离子体应用于樱桃番茄[9]和其他蔬菜产品[24]得到的结果一致，处理和未处理果品的颜色变化不显著。在 10℃下贮藏的所有果品的颜色指数随贮藏时间的延长略有增加，而在 20℃下贮藏的所有果品的颜色指数则有更高的增加。颜色指数的增加反映为整个贮藏期间红色的增加。在贮藏的最后一天（分别为第 35 天和第 14 天），在 10℃和 20℃贮藏温度条件下，未包装果品的颜色指数高于包装果品。统计分析表明，贮藏 14 天后，包装是影响颜色指数的最主要因素；温度的影响也很显著［见图 8-2（d）］。总之，温度越高，颜色指数越大，这种效果在未包装果品上更加明显［见图 8-4（b）］。

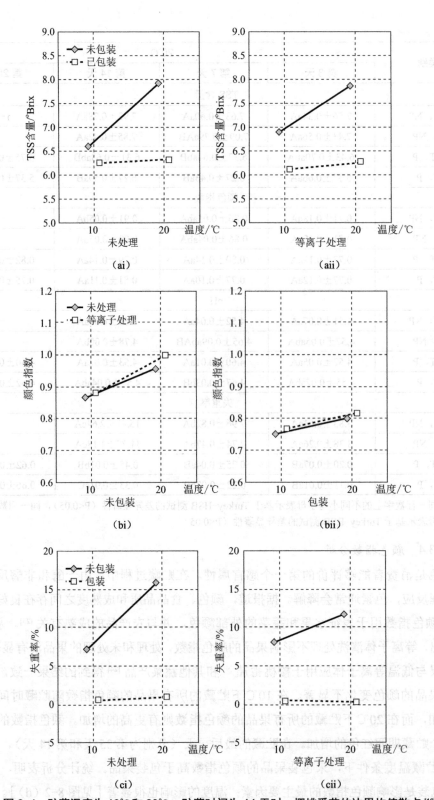

图 8-4　贮藏温度为 10℃和 20℃、贮藏时间为 14 天时，樱桃番茄的边界均值散点 [16]

8.1.3.5　pH 值分析

贮藏期间 pH 值的变化是表征品质的一个指标，pH 值越低，呼吸速率越慢，品质维持得越好 [25]。在成熟过程中，有机酸可以作为呼吸过程的底物，在贮藏过程中，pH 值会增加 [26, 27]。从表 8-1 可以看出，pH 值随贮藏时间的变化很小。在贮藏结束时，pH 值有增加的趋势。然而，不同贮藏时间的 pH 值之间没有显著差异，等离子体清洗处理或包装也没有显著影响。在等离子体清洗处理过的果品中，pH 值略高，但没有统计学意义。在本试验的贮藏时间和条件下，pH 值稳定意味着呼吸和成熟过程缓慢。统计分析结果表明，贮藏 3 天后，贮藏温度是影响 pH 值的唯一重要的因素，贮藏在 20℃条件下的果品含有更高的 pH 值。贮藏 14 天后，贮藏温度和包装之间的相互作用是最重要的 ［见图 8-2 （e）］。这些发现与文献 [28] 的结论一致，他们发现，改善气氛包装联和低温可能减少水果中抗坏血酸的降解。文献 [29] 研究表明，改善气调包装条件下的樱桃番茄的有机酸含量在贮藏 25 天后，除酒石酸含量（降低了 0.16g/L）外，其他有机酸含量均未显著降低。

8.1.3.6　失重率分析

重量损失是由于呼吸和水分交换造成的营养耗竭的结果，这是由于组织和周围空气之间的水蒸气压力梯度差造成的 [30]。两者都高度依赖于环境条件，即温度和相对湿度。因此，包装是影响重量损失的最重要参数。从表 8-1 可以看出，在所有处理组中，在整个贮藏期间，果品的失重率显著增加。然而，在没有塑料薄膜保护的培养皿中，暴露在环境条件下的果品比那些包装好的果品损失了更多的水分。显然，包装膜起到了一层保护以防止空气在培养皿内外的流动，阻止了果品的重量损失。在开放式托盘中贮藏 3 天的果品水分损失（2% ～ 4%）高于包装的果品（0.8% ～ 1.26%）。这一结果强调了良好的包装设计对阻止果品重量损失的必要性。另外，本试验中使用的等离子体清洗处理对果品重量损失的影响是轻微显著的。从图 8-4（c）可以看出，包装后的樱桃番茄的失重率很低，在 10℃和 20℃以及等离子体清洗处理与未处理之间变化不大。然而，没有包装的果品的失重率更大，并且贮藏在 20℃下未处理的果品的重量损失更明显。需要注意的是，樱桃番茄经过包装和贮藏在 20℃下在 21 天贮藏期内都有良好的品质（失重率为 0.52% ～ 0.56%）；而未包装的果品在贮藏 14 天后，其失重率为 11.7% ～ 15.8%。在 10℃条件下，樱桃番茄可贮藏 35 天。这说明贮藏温度是阻止果品重量损失的一个重要因素。贮藏温度和包装 × 贮藏温度的相互作用也具有统计学意义，图 8-2（f）强调了相对湿度、贮藏温度和重量损失间的相互关系。利用 EMAP 保鲜樱桃番茄的研究建议，10℃ [7] 或者 20℃ [31] 是理想的贮藏温度。

8.1.3.7　等离子体清洗处理、EMAP 和贮藏温度的集成优化分析

分别研究了贮藏温度、等离子体清洗处理和包装对不同性能的影响，以了解它们如何影响果品质量的各个方面。然而，由于它们与每个参数的关系不同，因此确定哪些条件能最大限度地延长货架期是很重要的。采用文献 [32] 介绍的同时优化技术来确定樱桃番茄的最佳贮藏

条件。贮藏 14 天后，理想的数值是低的 pH 值、失重率、颜色指数、需氧菌总数和 TSS 含量，因为这意味着果品降解的水平较低，表明随着贮藏时间的推移，果品质量维持较好。

从图 8-5 可以看出，经过等离子体清洗处理和包装的樱桃番茄在贮藏过程中品质下降的程度最低；在这些条件下，贮藏温度对果品的品质影响不大。未经等离子体清洗处理的包装果品在 20℃下贮藏时表现出更好的结果，这可能是因为在 10℃时包装中有冷凝水汽，即未包装的果品在较低的温度下表现出较高的适销性，因为没有包装的果品上没有因冷凝水汽导致的缺陷。然而，如果需要更长时间的贮藏（超过 14 天），10℃的温度是至关重要的，以保证果品适合销售。本试验中使用的樱桃番茄的商业化适销时间为 3 天，因此，本试验的结果对目前的最佳食用日期有很大的延长。

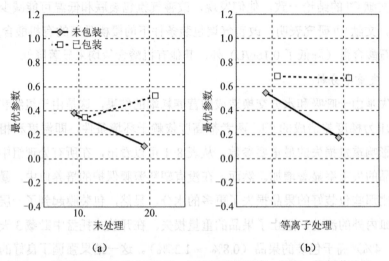

图 8-5　樱桃番茄在贮藏 14 天后，根据所需的甜度、颜色、需氧菌总数、pH 值和失重率，预测得到的最佳参数 [16]

8.1.4　结论

统计分析结果表明，包装对阻止樱桃番茄在贮藏 14 天内的失重率和 TSS 含量的变化具有重要意义。贮藏温度对樱桃番茄的货架期影响很大，在 10℃下樱桃番茄可以贮藏 35 天，而在 20℃下樱桃番茄贮藏 14 天就会失去完整性。这些结果表明，基于供应商的最佳食用日期（3 天），本试验中的樱桃番茄的货架期分别延长了 32 天和 11 天。等离子体清洗处理联合 EMAP 技术对解决樱桃番茄货架期延长问题具有重要意义，这表明该技术可以通过延长新鲜农产品的货架期来减少食品的浪费。包装好的樱桃番茄可以在 10℃或 20℃的条件下贮藏 14 天。未经等离子体清洗处理且未包装的果品在 20℃下贮藏时会有重量损失，但当将果品进行包装操作后就可以贮藏在 20℃下。虽然贮藏温度和等离子体清洗处理影响果品的属性，但影响樱桃番茄货架期的更重要的参数是 EMAP 技术。

8.2 使用封装精油的纸板托盘保鲜樱桃番茄

8.2.1 引言

在过去的几十年里，与传统番茄品种相比，樱桃番茄因其较短的种植时间和浓烈的味道受到了消费者的喜爱。樱桃番茄贮藏过程中的主要品质损失和变软与腐烂有关，而腐烂主要由番茄灰霉病菌引起[33]。为了延长樱桃番茄的货架期，人们提出了多种采后技术，包括低温贮藏（同时具有较高的相对湿度）、改善气调包装、控制气调包装、消毒处理（UV-C、臭氧、化学消毒剂、天然抗菌剂等）、可食用涂层等[34~36]。精油（EOs）是一种天然的油性液体，在体外应用具有良好的抗菌性能。因此，EOs已被用于水果和蔬菜的采后抗菌处理，以延长其货架期[37]。然而，在体内应用时，要想达到有效抗菌效果所需的EOs浓度需要更大，但这会产生精油的异味[38]。

活性抗菌包装是一项新兴技术，可通过控制释放抗菌化合物延长货架期[39]。由于EOs是挥发性化合物，溶解度低，非常容易氧化，所以在活性包装中成功地包覆EOs是有难度的。采用封装技术可以提高EOs的抗氧化、光诱导反应、水分和高温的稳定性[40]。近几十年来，利用环糊精（CD）封装EOs被广泛研究，通过控制EOs的释放来提高其抗菌效率。β-环糊精（βCD）分子由7个D-葡萄糖单体通过α（1，4）键连接组成[41]。最近有学者报道了βCD封装EOs活性包装材料的体外抗菌性能[42, 43]。然而，βCD封装EOs活性包装对园艺产品质量影响的体内研究非常有限。文献[44]研究结果表明，使用聚乙烯醇/肉桂EOs/βCD抗菌纳米纤维膜保鲜草莓，在4℃下贮藏21天，草莓的硬度损失率和失重率降低了。此外，即使草莓在20℃下贮藏6天，其腐烂率也降低了。硬纸板在欧盟被广泛用作新鲜水果和蔬菜的包装材料。硬纸板经常被涂上防水漆（水性乳液），以增强其机械性能，而水果和蔬菜需要在较高的相对湿度条件下贮藏，以最大限度地减少贮藏期间的水分损失。综上所述，用含EOs-βCD混合物的喷涂纸板托盘，然后覆盖大孔盖膜形成完整包装、探讨其对樱桃番茄货架期的影响尚未有研究报道。

本试验的目的是分析涂有防水漆并添加EOs-βCD混合物的纸板托盘对樱桃番茄在8℃贮藏期间品质（微生物、感官、腐烂率、失重率、硬度和颜色）的影响。

8.2.2 材料和方法

8.2.2.1 材料

香芹酚、牛至和肉桂精油均购于（Lluch Essence S.L. Barcelona，Spain）公司。βCD（Kleptose®10）购于（Roquette，Lestrem，Francia）公司。防水漆（UKAPHOB HR 530）购于（Schill+seilacher GMBH，Böblingen，Germany）公司。纸板托盘购于（SAECO company，Molina de Segura，Spain）公司。

樱桃番茄购于当地一家超市（Cartagena，Spain）。采收后的樱桃番茄于 30min 内被运送到试验工厂，并在冷藏室中进行（8℃，90% RH）预处理 2h 后再进行包装操作，以供后续试验使用。

8.2.2.2　EOs-βCD 混合物的制备和纸板托盘的制备

基于前期获得的抗菌效果，本试验制备了由香芹酚精油∶牛至精油∶肉桂精油按照 70∶10∶20（w∶w∶w）组成 EOs 混合物。按照文献[45]的方法制备 EOs-βCD，将 0.15g EOs 与 1.14g βCD 混合，然后揉制 45min，EOs-βCD 包封率为 94%。将所得的 EOs-βCD 混合物置于真空干燥器中在室温下保存 48h，然后在 20℃ 下保存至使用。

准备尺寸为 12.5cm×10.5cm×7cm 的纸板托盘若干，将 EOs-βCD 混合物溶解在用水稀释的漆中（漆的浓度为 8.5%），然后喷涂到纸板托盘的所有内表面。按照制造商的建议，含有 EOs-βCD 混合物的漆的浓度为 12mL m^{-2}，以保证均匀喷涂且不影响纸板托盘的强度[46]。

8.2.2.3　包装操作

不同的包装操作处理组如下：

普通商业包装（NOR）：使用商业聚乙烯（PE）托盘。

对照组纸板托盘（CTRL）：仅在纸板托盘上涂漆。

活性纸板托盘（ACT）：在纸板托盘上喷涂含有 EOs-βCD 混合物的漆。

将樱桃番茄（300g）放入每个托盘中，用大孔聚乳酸做盖膜进行封盖包装。包装好的樱桃番茄在 8℃ 和 90% RH 下，置于层流柜的洁净室中贮藏 24 天。在第 0、2、6、9、13、16、20 天和第 24 天进行品质测试。

8.2.2.4　樱桃番茄质量参数测试

本试验所有测试项目参照文献[46]的描述，包括樱桃番茄的失重率测试，单位为 %；可溶性固形物（TSS）含量测试，单位为 °Brix；可滴定酸（TA）含量测试，单位为 %；pH 值测试；颜色指数测试；硬度测试，单位为 N/10；腐烂率测试，单位为 %；微生物菌落（嗜温菌、嗜冷菌、肠杆菌、酵母菌和霉菌）总数测试，单位为 log CFU g^{-1}；EOs 在活性纸板托盘上的残留物含量测试，单位为 mg m^{-2}；EOs 在樱桃番茄上的残留物含量测试，单位为 μg kg^{-1}。

8.2.3　结果与讨论

基于 Turkey's multiple 测试的差异显著性，其中 ns 表示差异不显著（P>0.05）；a 表示差异显著（P ≤ 0.01）；b 表示差异显著（P ≤ 0.001）。

8.2.3.1　失重率分析

从表 8-2 可以看出，各处理组果品的失重率很低，包装处理操作与贮藏时间的相互作用对果品失重率的影响很显著。特别是在 8℃条件下，CTRL 组果品在贮藏期间的失重率最高，24 天后重量损失了 0.74%。CTRL 组比 NOR 组果品的失重率高，可能是由于纸板本身具有吸水性能导致的。相反，与 ACT 组果品相比，CTRL 组果品的失重率更高，这可能是由于 EOs-βCD 混合物保护了番茄果实的细胞结构。

表 8-2　贮藏期间不同处理组樱桃番茄的失重率和理化参数 [46]

贮藏时间 / 天	处理组	失重率	TSS	pH	TA	颜色指数
0		—	7.7±0.3	4.13±0.05	0.771±0.056	35.75±1.95
2	NOR	0.06±0.01	7.2±0.3	4.16±0.05	0.702±0.057	36.27±1.80
	CTRL	0.01±0.01	7.0±0.1	4.18±0.11	0.682±0.009	36.27±1.80
	ACT	0.01±0.01	7.2±0.3	4.15±0.12	0.668±0.014	34.87±1.82
6	NOR	0.13±0.01	7.3±0.3	4.21±0.02	0.691±0.046	37.30±1.46
	CTRL	0.07±0.01	7.2±0.3	4.16±0.11	0.704±0.038	36.29±2.41
	ACT	0.08±0.05	7.2±0.2	4.20±0.03	0.721±0.016	37.08±1.75
9	NOR	0.19±0.02	7.2±0.3	4.10±0.15	0.646±0.016	37.36±1.67
	CTRL	0.16±0.02	7.0±0.5	4.17±0.02	0.647±0.016	35.09±1.87
	ACT	0.17±0.04	7.0±0.1	4.18±0.02	0.618±0.020	36.17±1.53
16	NOR	0.23±0.04	7.2±0.3	4.34±0.03	0.531±0.010	37.02±1.53
	CTRL	0.29±0.02	6.8±0.3	4.31±0.03	0.549±0.006	36.16±1.96
	ACT	0.33±0.04	7.0±0.1	4.29±0.02	0.591±0.060	37.55±1.37
20	NOR	0.29±0.07	7.3±0.3	4.33±0.02	0.517±0.012	38.35±1.36
	CTRL	0.36±0.01	7.3±0.3	4.41±0.14	0.552±0.014	35.27±2.01
	ACT	0.38±0.04	7.2±0.2	4.31±0.04	0.533±0.023	35.94±1.69
24	NOR	0.50±0.03	7.0±0.1	4.41±0.19	0.517±0.010	38.88±0.81
	CTRL	0.74±0.03	7.2±0.3	4.25±0.03	0.521±0.012	38.26±1.70
	ACT	0.63±0.24	7.0±0.1	4.27±0.03	0.508±0.011	37.14±1.76
处理组（A）		ns	ns	ns	ns	1.59b
贮藏时间（B）		0.04b	0.18b	0.06b	0.022b	1.11b
A×B		0.07a	ns	ns	ns	1.72a

采用大孔聚乳酸膜对果品进行封盖包装，减少了果品在贮藏过程中的重量损失，同时

避免了当包装内 CO_2 浓度积累超过 3% ～ 5% 的情况下对番茄果实可能造成的伤害[47]，使用大孔聚乳酸膜封盖包装的果品的失重率较低（＜ 1%）。另外，如广泛报道的那样，低温贮藏和高相对湿度是减少重量损失的关键因素。文献[48]研究表明，未包装的樱桃番茄在 5℃ 下贮藏 25 天后重量损失超过 10%，文献[49]研究表明，未包装的樱桃番茄在 10℃ 下贮藏 28 天后重量损失达到了 8% ～ 12%。

8.2.3.2　理化参数分析

樱桃番茄初始 TSS 含量为 7.7ºBrix，pH 值为 4.13，TA 含量为 0.77%。从表 8-2 可以看出，贮藏过程中对果品进行的包装处理操作降低了 TSS 含量，同时包装处理操作与贮藏时间的交互作用对 TSS 含量的影响很显著。果品在第 24 天时的 TSS 含量为 7.0 ～ 7.2ºBrix，各包装处理操作组之间无显著差异。

在贮藏过程中，果品的 TA 含量降低，pH 值升高。据报道，在水果和蔬菜的贮藏过程中，TA 会随着 pH 值的增加而降低，樱桃番茄的 TA-pH 相关性为 95%[50]。贮藏过程中有机酸的减少与其在果品成熟过程中作为呼吸底物的消耗有关。文献[48]研究表明，在 5℃ 条件下贮藏 25 天后，樱桃番茄的柠檬酸和苹果酸（樱桃番茄中的主要有机酸）分别减少了 40% 和 60%。各包装处理操作组之间的 TA 和 pH 值没有显著差异。樱桃番茄的整体品质在很大程度上受 TA 含量（88%）的影响，而 TSS 含量也决定樱桃番茄的整体品质（60%）和甜度（76%）[50]。由此可见，樱桃番茄的理化参数基本不受活性纸板托盘的影响，所以樱桃番茄的甜度和整体质量可能也不会受到影响。使用聚乙烯托盘或纸板托盘不会影响樱桃番茄的理化质量。

8.2.3.3　颜色指数分析

樱桃番茄的红色主要是来源于番茄红素[51]，樱桃番茄的初始 L* 值为 36.8，a* 值为 17.8，b* 值为 20（数据未提供）。从表 8-2 可以看出，在 8℃ 条件下，24 天后 ACT 组果品的颜色指数变化最少，与其他两组果品颜色指数的变化趋势相反。而贮藏过程中 NOR 组和 CTRL 组果品的颜色指数变化方面没有显著差异。这表明 EOs 的抗氧化特性可以保护番茄红素在贮藏过程中不被降解。文献[52]研究表明，樱桃番茄在含有牛至 EOs 蒸汽的气氛中在 12℃ 下贮藏 14 天后，其番茄红素的保留效果更好。文献[53]研究表明，改善气调包装（平衡分压为 4 ～ 6kPa CO_2 和 6 ～ 13kPa CO_2）有助于樱桃番茄在 13℃ 下保持 20 天的色泽。文献[54]研究表明，EOs 的存在比改善气调包装更能保持樱桃番茄的色泽。

8.2.3.4　硬度分析

从图 8-6 可以看出，樱桃番茄的初始硬度为 9.8N，贮藏 24 天后逐渐降低到 7.7 ～ 8.9N。ACT 组果品在 24 天后的硬度保持在较高的水平，而其他组果品在 24 天后的硬度降低了 2.5N。CTRL 组和 NOR 组果品的硬度都降低了，这表明托盘材料（聚乙烯或纸板）并不会影响果品的硬度。水果和蔬菜在采后硬度降低是由于细胞结构，细胞壁成分和胞内物质的劣变导致的[55]。特别是细胞壁降解酶（果胶甲基酯酶和多半乳糖醛酸酶）是导致这种结构变化的主要原因。在活性纸板托盘上观察到的樱桃番茄硬度保持现象也可能与 EOs 的酶抑制活性有关[56]。文献[57] 研究表明，肉桂精油处理后的番石榴，其果胶甲基酯酶活性降低，其果实硬度和细胞结构在贮藏过程中得到更好的保持。

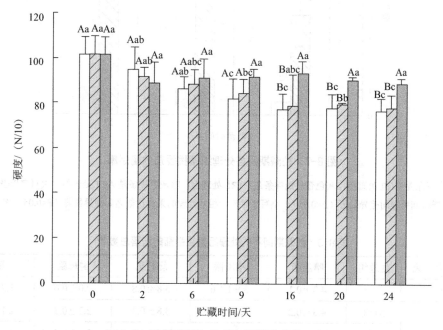

图 8-6　贮藏期间各处理组樱桃番茄的硬度值

其中：白色样条是 NOR 处理组；灰色带斜线样条是 CTRL 处理组；暗灰色样条是 ACT 处理组。大写字母表示相同采样时间处理间差异显著（$P<0.05$）；小写字母表示相同处理的采样次数之间差异显著（$P<0.05$）[46]

8.2.3.5　腐烂率分析

从图 8-7 可以看出，在没有涂 EOs-βCD 混合物的包装托盘中，贮藏 16 天后果品的腐烂率达到了 4.5%，贮藏第 20 天和第 24 天的腐烂率分别达到了 6%～7% 和 7%～8%。然而，贮藏在活性纸板托盘中的果品，24 天后腐烂率低于 2%。微生物菌落总数方面，贮藏时间因子的影响很显著，增量分别为 1～1.3（嗜温菌）、1.2～1.8（嗜冷菌）、1.5～2（肠杆菌）、大约 3（霉菌）和 1.4～2（酵母）（见表 8-3）。但是包装处理操作与贮藏时间的交互作用对所有微生物菌落的繁殖没有显著影响。

与体外研究相比，EOs 在体内应用的抗菌效果较低。EOs 体内抗菌效果的降低可能与几个因素有关，如 EOs 的蒸发、光和氧的分解（即氧化）、与食品化合物的反应等[38]。活性纸板托盘内果品较低的腐烂率可能是由于其硬度较高，也就是说活性纸板托盘包装操作较好地保持了樱桃番茄的细胞结构，避免了内部组织被微生物感染，减少了腐烂。

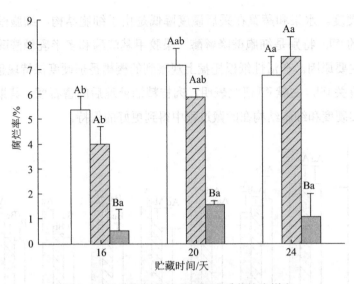

图 8-7　贮藏期间各处理组樱桃番茄的腐烂率

其中：白色样条是 NOR 处理组；灰色带斜线样条是 CTRL 处理组；暗灰色样条是 ACT 处理组。大写字母表示相同采样时间处理间差异显著（P<0.05），小写字母表示相同处理的采样次数之间差异显著（P<0.05）[46]

表 8-3　贮藏期间不同处理组樱桃番茄的菌落总数 [46]

贮藏时间 / 天	处理组	嗜温菌	嗜冷菌	肠杆菌	酵母菌	霉菌
0		4.3±0.1	3.9±1.6	3.8±0.8	2.0±0.6	1.3±0.6
2	NOR	4.3±0.2	3.7±0.7	3.8±0.3	2.2±0.3	2.1±0.2
	CTRL	4.8±0.6	4.9±0.2	4.3±1.0	2.4±0.4	2.1±0.2
	ACT	4.3±0.2	3.5±0.6	3.7±0.2	2.4±0.4	2.3±0.3
6	NOR	5.2±0.4	4.9±0.4	4.8±0.5	3.1±0.4	3.0±0.1
	CTRL	5.1±0.7	4.2±0.4	5.2±0.1	2.9±0.1	2.8±0.5
	ACT	4.9±0.9	4.0±0.9	4.5±0.3	2.4±0.4	2.9±0.6
9	NOR	5.2±0.2	4.9±0.6	5.2±0.1	3.2±0.4	3.3±0.3
	CTRL	4.6±0.5	4.5±0.6	4.8±0.6	2.9±0.1	3.3±0.1
	ACT	4.8±0.2	4.6±0.5	5.2±0.4	2.4±0.4	3.4±0.3
16	NOR	4.8±0.2	4.9±0.3	5.2±0.6	3.6±0.1	3.9±0.1
	CTRL	4.5±0.1	4.8±0.2	4.8±0.2	3.1±0.1	3.8±0.2
	ACT	4.6±0.6	4.6±0.5	4.7±0.5	3.0±0.5	3.9±0.2
20	NOR	5.5±0.2	5.3±0.2	5.3±0.7	4.0±0.5	4.4±0.2
	CTRL	4.3±0.6	4.6±0.2	4.9±0.2	3.1±0.2	4.0±0.2
	ACT	4.7±0.2	4.3±0.3	4.9±0.2	3.3±0.5	4.1±0.1
24	NOR	5.7±0.2	5.7±0.2	6.0±0.6	4.2±0.3	4.3±0.1
	CTRL	5.3±0.6	5.1±0.8	5.8±0.3	3.4±0.1	4.5±0.1

续表

贮藏时间 / 天	处理组	嗜温菌	嗜冷菌	肠杆菌	酵母菌	霉菌
24	ACT	5.3±0.4	5.3±0.4	5.3±0.3	4.1±0.4	4.2±0.1
处理组（A）		0.22a	ns	ns	0.22a	ns
贮藏时间（B）		0.27c	0.38b	0.34c	0.27c	0.22c
A×B		ns	Ns	ns	ns	ns

注：基于 Turkey's multiple 测试的差异显著性，其中 ns 表示差异不显著（P>0.05）；a 表示差异显著（P ≤ 0.05）；b 表示差异不显著（P ≤ 0.01）；c 表示差异不显著（P ≤ 0.001）

8.2.3.6 感官评定分析

各处理组果品在贮藏第 20 天和第 24 天的感官得分如图 8-8 所示。在 8℃条件下，樱桃番茄在贮藏 20 天期间的感官品质变化很小。然而，从第 20 天至第 24 天可以观察到的重要的感官变化。24 天时果品的颜色评分为 7.8 ~ 8.2 分，各处理组间得分无显著差异。其中 ACT 组果品的总色差值（ΔE）为 1.3，根据文献 [57] 的分类，当 ΔE>3 时，表示色差值非常明显；当 1.5<ΔE<3，表示色差值明显；当 ΔE<1.5 时，表示色差值非常小。也就是说 ACT 组果品保持了较好的颜色，与 NOR 和 CTRL 组果品相比，ACT 组果品的视觉外观得分最高，NOR 和 CTRL 组的部分果品发生了褐变，如图 8-9 所示。此外，ACT 组果品的硬度得分最高（7），而 NOR 组果品的硬度得分较低。在味道方面，ACT 组果品的味道得分也最高（8.8），而 NOR 组和 CTRL 组果品的味道得分分别为 7 和 8。这主要是因为在衰老的过程中，樱桃番茄的味道损失可以由 EOs 赋予的味道进行了补偿，主要是牛至 EOs 成分与番茄的味道相匹配。ACT 组果品的总质量得分最高（7.3），而包装在没有涂 EOs-βCD 混合物纸板托盘中的果品在贮藏 24 天后，得分低于接受限度。综合来看，在 8℃条件下，封装精油的活性纸板托盘将樱桃番茄的货架期从 20 天延长到 24 天。

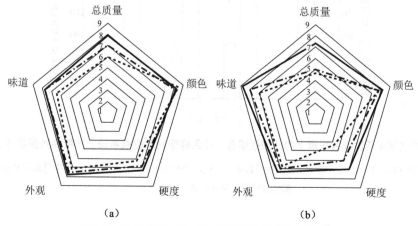

图 8-8　贮藏期间各处理组樱桃番茄的感官评定得分

其中：（a）贮藏第 20 天；（b）贮藏第 24 天。短点画线是 NOR 处理组；长点画线是 CTRL 处理组；实线是 ACT 处理组 [46]

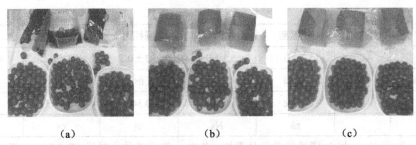

（a）　　　　　　　　　（b）　　　　　　　　　（c）

图 8-9　贮藏期间各组樱桃番茄的包装实物（后附彩图）

其中：（a）是 NOR 处理组；（b）是 CTRL 处理组；（c）是 ACT 处理组 [46]

8.2.3.7　樱桃番茄和活性纸板托盘上精油残留物分析

对 EOs-βCD 混合物中的 EOs 混合物中的主要成分，香芹酚在樱桃番茄和活性纸板托盘上的残留物进行了研究。从图 8-10 中可以看出，在 16 天贮藏期间，活性纸板托盘上的 EOs 残留物含量在 102 ～ 140mg m⁻²，在第 20 天和第 24 天未检测到 EOs 残留物（数据未提供）。EOs 残留物在樱桃番茄上的残留量在贮藏的前 6 天并未检测到，贮藏第 6 天至第 16 天，EOs 残留物含量在 30 ～ 50μg kg⁻¹。EOs 残留物在贮藏的第 20 天至第 24 天也几乎检测不到，这可能是由于 EOs 残留物完全从活性纸板托盘上挥发了。这也表明活性纸板托盘中释放的 EOs 残留物在第 16 天至第 24 天仍然是活跃的。综上所述，樱桃番茄在 8℃条件下的货架期延长至 24 天。

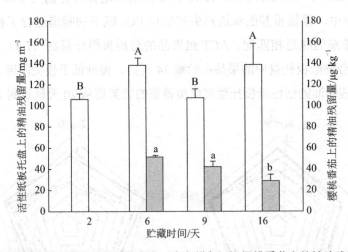

图 8-10　贮藏期间活性纸板托盘上的精油残留量（白色样条）和樱桃番茄上的精油残留量（灰色样条）

其中：大写字母表示不同贮藏天数间活性纸板托盘中精油残留量差异显著（P<0.05）；小写字母表示贮藏期间樱桃番茄精油残留量差异显著（P<0.05）[46]

8.2.4　结论

由于采后变软和腐烂，导致樱桃番茄的货架期非常短。新的采后技术，如活性包装，可以通过控制释放抗菌化合物来延长货架期。本试验制备的涂 EOs-βCD 混合物的活性纸板托盘在 8℃下，将樱桃番茄货架期从 20 天延长至 24 天。樱桃番茄的硬度和颜色更好，而果品的理化参数不受活性纸板托盘的影响。所使用的大孔盖膜包装在 8℃和高相对湿度（90%）条件下，保持了果品的低失重率。未来，研究低相对湿度对活性纸板托盘的影响以及对果品硬度的影响将是进一步试验的重要内容。

8.3　精油微胶囊活性包装保鲜樱桃番茄

8.3.1　引言

樱桃番茄因其大小、硬度和味道适宜，从普通番茄品种中脱颖而出，成为世界上特别受欢迎的水果之一。樱桃番茄维生素 C 含量高，其理化性质和抗氧化特性也值得注意。从樱桃番茄中合成的类胡萝卜素主要有六氢番茄红素、八氢番茄红素、叶黄素、β- 胡萝卜素和番茄红素。其中的番茄红素和 β- 胡萝卜素是天然的亲脂抗氧化剂，以预防各种疾病而闻名 [58, 59]。

包装在新鲜樱桃番茄的贮藏中起着重要作用，它保护果品免受不利影响，包括氧气、光线、水蒸气以及机械、化学和微生物浸染的风险 [60]。与完全惰性的传统包装不同，活性包装与其内容物相互作用，以调控的方式释放物质或从食品所处的环境中吸收物质，以延长其货架期 [61]。

精油是天然提取物，具有抗细菌、抗真菌和抗氧化的特性，在活性包装中有较大的应用价值 [62]。精油的挥发性成分可以在包装顶部空间中创造一个富含活性化合物的环境，能够与产品表面相互作用，并抑制可能存在的微生物的生长 [63]。另外，精油的挥发性和低溶解性是阻碍其融入包装的因素。提高精油的稳定性和分散性的方法之一是将精油封装在乳液中，乳液通常由不同的生物聚合物固定，然后经过空气干燥形成微胶囊封装精油的涂层或喷雾干燥成粉末。

将精油封装在生物聚合物中，不仅可以保护挥发性化合物不被降解，还可以调控挥发性化合物的释放，促进其在包装中的作用 [64]。作者前期曾以大豆分离蛋白（SPI）和高甲氧基果胶（HMP）为封装基材，采用喷雾干燥法对粉红胡椒精油进行微囊化。蛋白质—多糖间相互作用（双层 SPI/HMP）产生的喷雾干燥颗粒显示出更强的封油能力，而且与仅由 SPI（单层）封装的颗粒相比，具有更高的抗菌和抗氧化活性 [65, 66]。此外，微胶囊化可以调节挥发性化合物的释放，这有利于在活性包装中的应用。

在设计活性包装时要考虑的一个重要因素是化合物如何与食品相互作用 [67]。通过在水果涂层中加入精油进行的评估结果表明，贮藏期间果品的质量保持良好[68]。然而，这些精油与水果的直接接触会引起感官上的变化，通过在盖子和/或包装外壁上涂覆涂层，可以成为克服感官不适问题的一种替代方法[69]。

将粉末状的微胶囊精油添加或固定在包装上用于水果的贮藏，也是一种可行的替代方法。文献[70]的研究表明，在包装中使用含有β-环糊精封装的丁香精油粉末小袋，可以较好地保持桃子的贮藏质量。文献[67]的研究表明，在包装中使用壳聚糖和羧甲基纤维素混合物封装生姜精油微胶囊的小袋，观察贮藏过程中红枣的总体品质，取得了满意的结果。

考虑到精油在活性包装中应用的实际影响，本试验将粉红胡椒精油封装在SPI/HMP（双层）或仅SPI（单层）基材中，随后干燥形成涂层或粉末，放置于聚对苯二甲酸乙酯的塑料包装盒中。对不同的包装应用方法进行了评价：（1）精油乳液涂覆在盒盖上空气干燥后形成一层薄涂层；（2）喷雾干燥精油乳液粉末装于无纺布小袋中粘贴在盒盖上。据作者介绍，研究胶体蛋白—多糖复合物的出版文献不多，作者也没有发现任何粉红胡椒精油在活性包装中的使用记录。本试验提出了一种具有潜在用途的新材料，可延长包装新鲜水果的货架期。

8.3.2 材料和方法

8.3.2.1 材料

樱桃番茄购于当地供应商。粉红胡椒精油购于（LINAX–Óleos Essenciais Destiladores, Votuporanga，SP，Brazil）公司；大豆分离蛋白（SPI）（蛋白含量为89.4±0.3%，干重）购于（Tovani Benzaquen Ingredients，Sao Paulo，SP，Brazil）公司，高甲氧基果胶（HMP）购于（CP Kelco，Sao Paulo，SP，Brazil）公司，麦芽糊精DE 10作为封装剂购于（Get do Brasil，Sao Joao da Boa Vista，SP，Brazil）公司。正己烷（97%）和α-蒎烯标准品购于Sigma–Aldrich公司。

8.3.2.2 活性乳液制备

本试验制备了两种油/水型乳液：一种是单层乳液（由SPI单层膜包封＋麦芽糖糊精），另一种是双层乳液（由SPI/HMP双层膜包封＋麦芽糖糊精）。将SPI（0.9%，w/w）和HMP（0.5%，w/w）分别溶解于蒸馏水和柠檬酸—磷酸盐缓冲溶液（pH=3.5）中。将溶液搅拌至完全溶解，并在室温下密闭保存过夜。使用0.1M HCl溶液将SPI和HMP溶液的最终pH值调整到3.5。制备双层乳液时，首先将粉红胡椒精油（10%，w/w）分散在SPI溶液中，搅拌机（T-25 ULTRA-TURRAX，IKA，Germany）的转速为18000r/min，时间为4min。再添加HMP溶液至前述SPI溶液中继续分散，转速为18000r/min，时间为4min。最后添加麦芽糖糊精（34.5%，w/w）至前述溶液中继续分散，转速为18000r/min，时间为10min。从而获得双层初始乳液。单层乳液的制备方法相同，但没有添加HMP，其质量由麦芽糖糊精代替。最后，将单层和双层初始乳液在超声破碎器中（Sonic Ruptor 4000，Omni International，USA）中超声分散，超声时间为 3min，超声功率为功率幅值（20kHz，240W）的 60%。

8.3.2.3 活性材料的制备

第一部分：将上述乳液在制备后立即加工成涂层材料。将 1g 涂层材料涂覆在 PET 盒盖的内部（面积约为 48cm²），然后将涂层的一面朝上在室温下空气干燥，待水分蒸发后根据文献[71]的方法测得干燥的涂层中含有精油的浓度为 $10.3 \pm 0.5\%$（$g\,g^{-1}$）。第二部分：将上述乳液在制备后立即喷雾干燥成粉末，将 1g 粉末材料（精油浓度约为 10%，$g\,g^{-1}$）装入无纺布袋（7cm×7cm）中，用胶带粘贴在盒盖上。不同包装处理的分组如图 8-11 所示，其中非活性包装组，记为对照组 C；单层乳液空气干燥涂层组，记为 SLC；双层乳液空气干燥涂层组，记为 DLC；单层乳液喷雾干燥粉末小袋组，记为 SLS；双层乳液喷雾干燥粉末小袋组，记为 DLS。

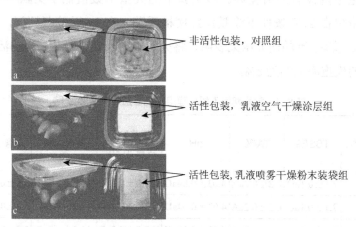

图 8-11 不同活性包装处理组

8.3.2.4 包装应用

为了评估不同包装处理对樱桃番茄贮藏质量的影响，贮藏温度为 25℃，贮藏时间为 21 天，果品质量分析取样的时间分别为贮藏的第 0、7、14 天和第 21 天。樱桃番茄经过预先选择，选取颜色相似，无擦伤和腐烂痕迹的果品 4.5Kg，然后在氯化钙溶液（10%，v/v）中浸泡 20min，最后在室温下空气干燥。果品（10 个单位，约 100 克）被随机贮藏在 PET 盒（12cm×10.3cm×4.3cm）中。在每个盒子的一侧钻一个 5mm 的孔，以保证包装内果品的呼吸作用。

8.3.2.5 樱桃番茄质量参数测试

本试验所有测试项目参照文献[72]的描述，包括樱桃番茄的失重率测试，单位为 %；可溶性固形物（TSS）含量测试，单位为 %；可滴定酸（TA）含量测试，单位为 %；pH 值测试；番茄红素含量测试，单位为 $g\,kg^{-1}$；颜色指数测试；硬度测试，单位为 N；嗜温菌菌落总数测试，单位为 log CFU g⁻¹；α-蒎烯释放率测试，单位为%；α-蒎烯释放率在第0、7天和第14天对时间的导数，记为f'。依据本试验数据，单、双层乳液包封的精油中α-蒎烯含量分别为85.6±0.7和85.0±0.4μL。乳液涂层干燥时，α-蒎烯含量损失较小。DLC样品中α-蒎烯的含量为84.5±0.9μL，而SLC样品中α-蒎烯的含量为81.3±0.8μL。喷雾干燥粉末后，SLS和DLS样品的α-蒎烯浓度略有下降，分别为72.9±1.7和76.3±0.8μL。

8.3.3 结果与讨论

8.3.3.1 失重率分析

从表8-4可以看出，贮藏在含有精油涂层的活性包装中的果品具有较低的失重率。贮藏21天后，对照组果品的重量下降了约6%，而DLC和SLC组果品的重量分别下降了4.7%和4.4%。另外，贮藏过程中对照组（6%）与DLS（5.3%）和SLS（5.5%）处理组之间的重量下降没有显著差异。本试验中的失重率数值低于文献[73]的研究结果，其利用鱼水解蛋白在21℃条件下涂膜保鲜樱桃番茄，在21天贮藏期间，果品失重率在14.3%～19.6%。文献[74]的研究结果表明，将火龙果放入含有薄荷精油的活性包装中贮藏21天后，果品的失重率大约为8%。

表8-4 贮藏期间不同处理组樱桃番茄的质量参数 [72]

贮藏时间/天	处理组	失重率/%	TSS/%	TA/%	pH	番茄红素含量/g kg⁻¹	颜色指数	硬度/N	菌落总数/log CFU g⁻¹
0	C	—	7.1±0.1aD	6.2±0.2aA	4.03±0.04aC	123.0±0.9aD	44.2±1.7aB	5.8±0.4aA	1.54±0.06aB
	SLC	—	7.1±0.1aC	6.2±0.2aA	4.03±0.04aD	123.0±0.9aD	44.2±1.7aB	5.8±0.4aA	1.54±0.06aB
	DLC	—	7.1±0.1aC	6.2±0.2aA	4.03±0.04aC	123.0±0.9aD	44.2±1.7aB	5.8±0.4aA	1.54±0.06aB
	SLS	—	7.1±0.1aB	6.2±0.2aA	4.03±0.04aC	123.0±0.9aC	44.2±1.7aB	5.8±0.4aA	1.54±0.06aB
	DLS	—	7.1±0.1aC	6.2±0.2aA	4.03±0.04aC	123.0±0.9aC	44.2±1.7aB	5.8±0.4aA	1.54±0.06aB
7	C	2.3±0.1aC	8.2±0.0aC	4.4±0.0cB	4.29±0.06aB	169.2±1.2aC	45.5±0.1aAB	6.1±0.8aA	—
	SLC	1.1±0.3bC	7.6±0.0bB	5.3±0.1a	4.24±0.02aB	137.8±0.7cC	44.9±1.3aAB	6.4±0.6aA	—
	DLC	1.5±0.1bC	7.6±0.0bB	5.3±0.0aB	4.28±0.03aA	139.9±0.5cC	45.1±1.4aAB	6.1±0.7aA	—
	SLS	2.3±0.0aC	7.4±0.1bcB	4.9±0.1bB	4.27±0.0aA	172.1±0.9aB	43.3±1.0aAB	5.9±0.6aA	—
	DLS	2.3±0.0aC	7.4±0.0bB	4.7±0.1bB	4.23±0.00aA	145.8±1.0bB	45.0±1.0aAB	6.3±1.1aA	—
14	C	4.1±0.4aB	9.1±0.0aB	4.1±0.1cC	4.14±0.00bC	229.9±1.5aA	48.7±0.6aA	5.5±1.0aA	—
	SLC	3.4±0.2bcA	8.3±0.1bA	5.4±0.2aB	4.19±0.01aC	149.5±0.4dB	46.2±1.3bA	5.9±0.7aA	—
	DLC	2.7±0.2bB	8.2±0.0bA	5.5±0.1aB	4.17±0.02abB	148.6±0.6dB	45.4±1.7bA	6.0±0.4aA	—
	SLS	4.0±0.3aB	8.4±0.0bA	4.7±0.1bB	4.20±0.00aB	216.1±0.1bA	43.0±1.7cA	6.4±1.0aA	—
	DLS	3.9±0.1aB	8.4±0.0bA	4.7±0.1bB	4.15±0.01bB	203.4±0.4cA	48.8±1.9aA	5.5±0.5aA	—

续表

贮藏 时间 /天	处理 组	失重率 /%	TSS/%	TA/%	pH	番茄红素 含量 /g kg⁻¹	颜色指数	硬度 /N	菌落总数 /log CFU g⁻¹
21	C	5.9±0.1aA	9.3±0.1aA	3.1±0.1bD	4.41±0.02aA	221.0±0.7aB	47.3±0.3aA	5.8±0.7aA	2.62±0.01aA
	SLC	4.4±0.1cA	8.3±0.0cA	3.9±0.1aC	4.31±0.01bA	160.0±0.5cA	46.9±2.1aA	6.5±0.7aA	2.46±0.03bA
	DLC	4.7±0.2bcA	8.3±0.0cA	3.6±0.1aC	4.22±0.01cB	155.9±1.7cA	45.6±1.2aA	6.7±0.8aA	1.70±0.00dA
	SLS	5.5±0.1abC	8.5±0.0bA	3.7±0.1aC	4.27±0.02bA	218.6±0.2aA	44.1±1.2aA	6.3±0.5aA	2.32±0.04cA
	DLS	5.3±0.1abA	8.4±0.1bA	3.9±0.1aC	4.29±0.01bA	199.1±1.3bA	47.7±2.2aA	5.8±0.6aA	2.50±0.02bA

注：数值表示为平均值 ± 标准差，"—"表示不存在的值。同一列不同小写字母表示同一贮藏时间不同处理组间差异显著性（$P<0.05$）；同一列不同大写字母表示同一质量参数在不同贮藏时间的差异显著性（$P<0.05$）

8.3.3.2 TSS、TA 和 pH 含量分析

从表 8-4 可以看出，随着贮藏时间的延长，含精油的活性包装中果品的 TSS 的增加量较低。对照组（非活性包装）果品在贮藏 21d 后，TSS 含量从 7.1 增加到了 9.3，而活性包装组的各果品在贮藏结束时，TSS 含量在 8.3 ~ 8.5。涂层组果品的结果比喷雾干燥粉末组果品略低。贮藏结束时，非活性包装的果品 TA 值降低幅度（从 6.2% 降至 3.1%）大于活性包装（从 3.6% 升至 3.9%）。文献 [70] 研究结果表明，使用封装的丁香精油涂膜保鲜杠果，贮藏期间的 TA 值也有类似的结果。这可以解释为精油可以通过降低 TA 的消耗来延缓果实在贮藏期间的代谢和呼吸速率 [75]。贮藏期 21d 内，果品的 pH 值略有增加，变化范围在 4 ~ 4.4。与其他处理组相比，对照组果品在贮藏期结束时的 pH 值较高。文献 [76]的研究结果表明，使用活性包装的火龙果在 21 天贮藏期间，pH 值在 4.0 左右。贮藏期间 pH 值的增加与有机酸作为果实呼吸底物的利用有关。通过降低呼吸速率，在包装中应用精油可以帮助水果在贮藏期间保持稳定的 pH 值 [69]。

8.3.3.3 番茄红素含量和颜色指数分析

番茄红素含量高，番茄会呈现出特有的红色，且番茄红素含量与红度值之间存在很强的正相关关系。从表 8-4 可以看出，对照组果品的番茄红素含量增加较多，从 123 增加到 221g kg⁻¹。各活性包装组果品的番茄红素含量低于对照组，但 SLS 组果品的番茄红素含量与对照组无差异。DLC 组和 SLC 组果品的番茄红素含量在贮藏过程中增幅最小，在贮藏 21d 后分别为 155.9 和 160g kg⁻¹，而 DLS 组果品的番茄红素含量在贮藏结束时为 199g kg⁻¹。这些结果与文献 [77] 的研究结果一致，后者在贮藏过程中也发现了樱桃番茄中番茄红素含量增加。本试验的结果表明，以精油为涂层的活性包装贮藏的樱桃番茄，番茄红素含量的变化较慢，表明精油涂层组果品的成熟过程较晚。颜色指数在不同包装处理间无显著差异，在贮藏期内均呈上升趋势，在 44.2 ~ 48.8。文献 [61] 的研究结果表明，使用 β-环糊精封装香芹酚、牛至、肉桂混合精油形成的纳米乳液涂覆纸板包装樱桃番茄，果品的

颜色指数在 23.9 ～ 29.6。

8.3.3.4　硬度分析

从表 8-4 可以看出，各处理组果品在不同贮藏时间的硬度值没有显著差异，文献 [61] 也观察到了同样的行为。因此，贮藏不会影响果实的硬度，随着贮藏时间的延长，不同活性包装处理之间也没有显著差异。

8.3.3.5　菌落总数分析

从表 8-4 可以看出，贮藏初期的嗜温需氧菌数为 1.54log CFU g^{-1}。贮藏结束时，对照组果品的嗜温需氧菌数增加到 2.62log CFU g^{-1}，而 DLC 组果品的嗜温需氧菌数为 1.70log CFU g^{-1}，仅略高于试验开始时的数值。其他活性包装处理组也低于对照组，SLS 组、SLC 组和 DLS 组果品的嗜温需氧菌数分别为 2.32、2.46 和 2.50log CFU g^{-1}。本试验中评估的所有处理组果品的嗜温需氧菌数都低于文献 [78] 中规定的新鲜产品中嗜温需氧细菌数的限值（7log CFU g^{-1}）。文献 [75] 的研究结果表明，贮藏在含有百里香精油微胶囊的活性包装中的草莓具有更好的微生物学质量，在 15 天贮藏期内，活性包装贮藏的果品的细菌总数在 2.0 ～ 4.0log CFU g^{-1}，而非活性包装贮藏的果品的细菌总数从 2.4log CFU g^{-1} 升高到了 8.0log CFU g^{-1}。本试验中，贮藏过程中 DLC 组果品的嗜温需氧菌数量最低，表明这种活性包装在微生物控制方面更有效。文献 [59] 的研究结果表明，SPI/HMP 封装的粉红胡椒精油颗粒对金黄色葡萄球菌、枯草芽孢杆菌和单核增生李斯特菌等的抗菌活性有更好的调节作用。

8.3.3.6　α- 蒎烯释放率分析

从表 8-5 可以看出，贮藏 21d 时，DLC 和 SLC 两个处理组挥发性化合物释放量均值约为 90%，而 DLS 和 SLS 处理组的挥发性化合物释放量，分别为 86.9% 和 76.9%。文献 [67] 也观察到了类似的释放结果，即将大枣贮藏在聚乙烯塑料包装中，包装中含有姜精油微胶囊小布袋。在室温下贮藏 15 天结束时，作者观察到大约 75% 的精油从微胶囊中释放出来。文献 [74] 评估了用于火龙果贮藏的活性包装中薄荷精油的释放，作者分析了精油、包装气氛和果实吸收的挥发性化合物。在精油中鉴定出的 16 种化合物中，有 10 种存在于包装气氛中，只有 5 种被果实吸收。α- 蒎烯在包装气氛中含量最高（24.0%），但在果实中未发现 α- 蒎烯。这些结果表明，α- 蒎烯可以在不被果实吸收的情况下，通过对周围环境的作用对果实起到保护作用。然而，感官研究和包装内其他挥发性物质的评价应在未来的工作中进行，以进一步明确这种假设。

从单层和双层基材中观察到挥发物的释放有细微的差别。尽管单层乳液的稳定性较差，但在乳液发生失稳之前，在乳液生产后立即进行风干或喷雾干燥可能有助于将挥发成分保留在包封基质中。此外，尽管喷雾干燥可以更快地去除水分，但在挥发性化合物的释放方面，盒盖上涂层的缓慢空气干燥被证明是有益的。α- 蒎烯释放率与时间的导数表明，α- 蒎烯在 SLS 和 DLS 处理下的释放率最初较大，但随着贮藏时间的延长逐渐降低。另外，

DLC 处理的释放速率几乎恒定，而 SLC 处理的释放速率则相反，开始时释放速率较低，但在最后一段时间内释放速率增加。这些结果表明，喷雾干燥制备的挥发性物质的释放随着贮藏时间的延长而释迟，在樱桃番茄贮藏过程中，这种方法对保持果实品质的效果较差。随着贮藏时间的延长，涂层处理提供了更高的释放率，似乎在活性包装中更有效。

表 8-5 不同活性包装中的 α- 蒎烯释放率

贮藏时间 / 天		α- 蒎烯释放率 /%			
		SLC	DLC	SLS	DLS
0	平均值	00.0±0.0aD	00.0±0.0aD	00.0±0.0aD	00.0±0.0aD
	f'	3.4	4.5	5.7	5.3
7	平均值	23.5±1.5dC	31.7±0.3cC	39.8±0.3aC	36.9±1.0bC
	f'	5.1	3.9	3.1	3.9
14	平均值	59.3±0.3aB	59.0±4.3aB	61.4±0.1aB	64.1±1.9aB
	f'	4.6	4.2	2.2	3.0
21	平均值	91.2±0.1aA	88.3±1.3bA	76.9±0.4dA	84.9±0.6cA

注：不同的小写字母表示相同贮藏时间下不同处理组间的差异显著性（$P<0.05$），不同的大写字母表示不同贮藏时间下不同处理组间的差异显著性（$P<0.05$）

8.3.4 结论

使用含有分散在聚合物基质中的精油系统做活性包装，可以提高果实采后贮藏期间的品质。含有粉红色胡椒精油的单层和双层乳液，作为干燥的涂层涂覆在包装塑料盒盖上，或作为喷雾干燥的粉末添加进小包装袋黏附在包装上，都可以延迟樱桃番茄的成熟。未处理的果品在贮藏 21 天后成熟更快，失重率更大，番茄红素含量更高，可溶性固形物含量更高，可滴定酸度更低，微生物菌落总数更高。尽管单层和双层基材的差异很小，但双层乳液的稳定性更强，干燥后的基材形态更均匀、更连续。涂层直接涂在包装盒盖上，挥发性物质的释放和保鲜效果优于喷粉小包装袋。因此，在水果采后贮藏的过程中，直接应用精油微胶囊乳液作为涂层提供活性包装是一种更经济、更有效的提高保鲜效果的策略。

参考文献：

[1] MATTSSON L, WILLIAMS H, BERGHEL J. Waste of Fresh Fruit and Vegetables at Retailers in Sweden – Measuring and Calculation of Mass, Economic Cost and Climate Impact[J]. Resources Conservation & Recycling, 2018(130): 118–126.

[2] STUART T. Waste - Uncovering the Global Food Scandal[M]. Penguin Books, New York, 2009.

[3] ERIKSSON M, GHOSH R, MATTSSON L, et al. Take-back agreements in the perspective of food waste generation at the supplier-retailer interface[J]. Resources Conservation & Recycling, 122: 83–93.

[4] KAIPIA R, DUKOVSKA-POPOVSKA I, LOIKKANEN L. Creating sustainable fresh food supply

chains through waste reduction[J]. International Journal of Physical Distribution & Logistics Management, 2013, 43: 262–276.

[5]   BARRETT D M, LLOYD B. Advanced preservation methods and nutrient retention in fruits and vegetables[J]. Journal of the Science of Food & Agriculture, 2011, 92: 7–22.

[6]   SOUSA A R, OLIVEIRA J C, SOUSA-GALLAGHER M J. Determination of the respiration rate parameters of cherry tomatoes and their joint confidence regions using closed systems[J]. Journal of Food Engineering, 2017, 206: 13–22.

[7]   TUMWESIGYE K S, SOUSA A R, OLIVEIRA J C, et al. Evaluation of novel bitter cassava film for equilibrium modified atmosphere packaging of cherry tomatoes[J]. Food Packaging and Shelf Life, 2017, 13: 1–14.

[8]   BELAY Z A, CALEB O J, OPARA U L. Modelling approaches for designing and evaluating the performance of modified atmosphere packaging (MAP) systems for fresh produce: a review[J]. Food Packaging and Shelf Life, 2016, 10: 1–15.

[9]   MISRA N N, KEENER K M, BOURKE P, et al. In-package atmospheric pressure cold plasma treatment of cherry tomatoes[J]. Journal of Bioscience and Bioengineering, 2014, 118: 177–182.

[10] MISRA N N, MOISEEV T, PATIL S, et al. Cold plasma in modified atmosphere for post-harvest treatment of strawberries[J]. Food and Bioprocess Technology, 2014, 7: 3045–3054.

[11] EKEZIE F C, SUN D W, CHENG J H. A review on recent advances in cold plasma technology for the food industry: Current applications and future trends[J]. Trends in Food Science & Technology, 2017, 69: 46–58.

[12] MISRA N N, ROOPESH M S. Cold plasma for sustainable food production and processing, in: CHEMAT, F, VOROBIEV, E (Eds.), Green Food Processing Techniques: Preservation, Transformation and Extraction Elsevier Science Publishing Co Inc, San Diego, United States, 2019, pp: 431–446.

[13] PAN Y Y, CHENG J-H, SUN D-W. Cold plasma-mediated treatments for shelf life extension of fresh produce: a review of recent research developments[J]. Comprehensive Reviews in Food Science and Food Safety, 2019, 18: 1312–1326.

[14] ANDRASCH M, STACHOWIAK J, SCHLÜTER O, et al. Scale-up to pilot plant dimensions of plasma processed water generation for fresh-cut lettuce treatment[J]. Food Packaging and Shelf Life, 2017, 14: 40–45.

[15] MAI-PROCHNOW A, MURPHY A B, MCLEAN K M, et al. Atmospheric pressure plasmas: infection control and bacterial responses[J]. International Journal of Antimicrobial Agents, 2014, 43: 508–517.

[16] BREMENKAMP I, RAMOS A V, PENG L, et al. Combined effect of plasma treatment and equilibrium modified atmosphere packaging on safety and quality of cherry tomatoes[J]. Future Foods, 2021, 3, Article 100011.

[17] PATANGE A, LU P, BOEHM D, et al. Efficacy of cold plasma functionalised water for improving microbiological safety of fresh produce and wash water recycling[J]. Food Microbiology, 2019, 84, Article 103226.

[18] LIANOU A, PANAGOU E Z, NYCHAS G-J E. Microbiological spoilage of foods and beverages, in: Subramaniam, P. (Eds.), The Stability and Shelf Life of Food[J]. Woodhead Publishing, Cambridge, 2016, pp: 3–42.

[19] LEE T, PULIGUNDLA P, MOK C. Intermittent corona discharge plasma jet for improving tomato quality[J]. Journal of Food Engineering, 2018, 223: 168–174.

[20] SHARMA P, SHEHIN V P, KAUR N, et al. Application of edible coatings on fresh and minimally processed vegetables: a review[J]. International Journal of Vegetable Science, 2019, 25: 295–315.

[21] WILLS R BH, GOLDING J. Advances in Postharvest Fruit and Vegetable Technology, 1st ed[M]. CRC Press, New York, 2015.

[22] SUBRAMANIAM P. The Stability and Shelf Life of Food, 2nd ed[M]. Woodhead, Cambridge, 2016.

[23] PATHARE P B, OPARA U L, AL-SAID F A-J. Colour measurement and analysis in fresh and processed foods: a review[M]. Food & Bioprocess Technology, 2013, 6: 36–60.

[24] MISRA N N, PATIL S, MOISEEV T, et al. In-package atmospheric pressure cold plasma treatment of strawberries[J]. Journal of Food Engineering, 2014, 125: 131–138.

[25] TIGIST M, WORKNEH T S, WOLDETSADIK K. Effects of variety on the quality of tomato stored under ambient conditions[J]. Journal of Food Science & Technology, 2013, 50: 477–486.

[26] DUMA M, ALSINA I, DUBOVA L, et al. Quality of Tomatoes during storage[J]. Foodbalt, 2017, 1: 130–133.

[27] TILAHUN S, PARK D S, TAYE A M, et al. Effect of ripening conditions on the physicochemical and antioxidant properties of tomato (*Lycopersicon esculentum Mill.*)[J]. Food science and biotechnology, 2017, 26: 473–479.

[28] LEE S K, KADER A A. Preharvest and postharvest factors influencing vitamin C content of horticultural crops[J]. Postharvest Biology and Technology, 2000, 20: 207–220.

[29] FAGUNDES C, MORAES K, PÉREZ-GAGO M B, et al. Effect of active modified atmosphere and cold storage on the postharvest quality of cherry tomatoes[J]. Postharvest Biology and Technology, 2015, 109: 73–81.

[30] BECKER B B, FRICKE B A. Transpiration and respiration of fruits and vegetables[J]. Science et Technique du Froid, 1998, 6: 110–121.

[31] BRIASSOULIS D, MISTRIOTIS A, GIANNOULIS A, et al. Optimized PLA-based EMAP systems for horticultural produce designed to regulate the targeted in-package atmosphere[J]. Industrial Crops and Products, 2013, 48: 68–80.

[32] DERRINGER G, SUICH R. Simultaneous optimization of several response variables[J]. Journal of Quality Technology, 1980, 12: 214–219.

[33] WEI Y, ZHOU D, WANG Z, et al. Hot air treatment reduces postharvest decay and delays softening of cherry tomato by regulating gene expression and activities of cell wall-degrading enzymes[J]. Journal of the Science of Food and Agriculture, 2018, 98(6): 2105–2112.

[34] KADER A A, BEN-YEHOSHUA S. Effects of superatmospheric oxygen levels on postharvest physiology and quality of fresh fruits and vegetables[J]. Postharvest Biology and Technology, 2002,

20(1): 1–13.

[35] MARTÍNEZ-HERNÁNDEZ G B, AMODIO M L, COLELLI G. Carvacrol-loaded chitosan nanoparticles maintain quality of fresh-cut carrots[J]. Innovative Food Science & Emerging Technologies, 2017, 41: 56–63.

[36] VALENCIA-CHAMORRO S A, PALOU L, DEL RÍO M Á, et al. Performance of hydroxypropyl methylcellulose (HPMC)-lipid edible coatings with antifungal food additives during cold storage of 'Clemenules' mandarins[J]. LWT-Food Science and Technology, 2011, 44(10): 2342–2348.

[37] AZIZ M, KARBOUNE S. Natural antimicrobial/antioxidant agents in meat and poultry products as well as fruits and vegetables: A review[J]. Critical Reviews in Food Science and Nutrition, 2018, 58(3): 486–511.

[38] BURT S. Essential oils: Their antibacterial properties and potential applications in foods—a review[J]. International Journal of Food Microbiology, 2004, 94(3): 223–253.

[39] RAMOS M, BELTRÁN A, PELTZER M, et al. Release and antioxidant activity of carvacrol and thymol from polypropylene active packaging films[J]. LWT-Food Science and Technology, 2014, 58(2): 470–477.

[40] RIBEIRO-SANTOS R, ANDRADE M, SANCHES-SILVA A. Application of encapsulated essential oils as antimicrobial agents in food packaging[J]. Current Opinion in Food Science, 2017, 14: 78–84.

[41] KAMIMURA J A, SANTOS E H, HILL L E, et al. Antimicrobial and antioxidant activities of carvacrol microencapsulated in hydroxypropyl-beta-cyclo-dextrin[J]. LWT-Food Science and Technology, 2014, 57(2): 701–709.

[42] ADEL A M, IBRAHIM A A, EL-SHAFEI A M, et al. Inclusion complex of clove oil with chitosan/ β-cyclodextrin citrate/oxidized nanocellulose biocomposite for active food packaging[J]. Food Packaging and Shelf Life, 2019, 20, Article 100307.

[43] CHEN G, LIU B. Cellulose sulfate based film with slow-release antimicrobial properties prepared by incorporation of mustard essential oil and β-cyclodextrin[J]. Food Hydrocolloids, 2016, 55: 100–107.

[44] WEN P, ZHU D H, WU H, et al. Encapsulation of cinnamon essential oil in electrospun nanofibrous film for active food packaging[J]. Food Control, 2016, 59: 366–376.

[45] MANOLIKAR M, SAWANT M. Study of solubility of isoproturon by its complexation with β-cyclodextrin[J]. Chemosphere, 2003, 51(8): 811–816.

[46] BUENDÍA-MORENO L, S SOTO-JOVER, ROS-CHUMILLAS M, et al. Innovative cardboard active packaging with a coating including encapsulated essential oils to extend cherry tomato shelf life[J]. LWT, 2019, 116, Article 108584.

[47] CANTWELL M I, KASMIRE R F. Postharvest handling systems: Fruit vegetables[J]. In A. A. Kader (Ed.). Postharvest technology of horticultural crops, 2002, pp. 457–474.

[48] FAGUNDES C, MORAES K, PÉREZ-GAGO M B, et al. Effect of active modified atmosphere and cold storage on the postharvest quality of cherry tomatoes[J]. Postharvest Biology and Technology, 2015, 109: 73–81.

[49] GUILLÉN F, CASTILLO S, ZAPATA P J, et al. Efficacy of 1-MCP treatment in tomato fruit: Effect of cultivar and ripening stage at harvest[J]. Postharvest Biology and Technology, 2015, 42(3): 235–242.

[50] STEVENS M A, KADER A A, ALBRIGHT M. Potential for increasing tomato flavor via increased sugar and acid content[J]. Journal of the American Society for Horticultural Science, 1979, 104(1): 40–42.

[51] MARTÍNEZ-HERNÁNDEZ G B, BOLUDA-AGUILAR M, TABOADA-RODRÍGUEZ A, et al. Processing, packaging, and storage of tomato products: Influence on the lycopene content[M]. Food Engineering Reviews, 2016, 8(1): 52–75.

[52] TZORTZAKIS N G, TZANAKAKI K, ECONOMAKIS C D, et al. Effect of origanum oil and vinegar on the maintenance of postharvest quality of tomato[J]. Food and Nutrition Sciences, 2011, 2(9): 974–982.

[53] BATU A, HOMPSON A K. Effects of modified atmosphere packaging on post harvest qualities of pink tomatoes[J]. Turkish Journal of Agriculture and Forestry, 1998, 22: 365–372.

[54] SERRANO M, MARTÍNEZ-ROMERO D, CASTILLO S, et al. The use of natural antifungal compounds improves the beneficial effect of MAP in sweet cherry storage[J]. Innovative Food Science & Emerging Technologies, 2005, 6(1): 115–123.

[55] RAO T V R, GOL N B, SHAH K K. Effect of postharvest treatments and storage temperatures on the quality and shelf life of sweet pepper (Capsicum annum L.)[J]. Scientia Horticulturae, 2011, 132: 18–26.

[56] SARIKURKCU C, UREN M C, KOCAK M S, et al. Chemical composition, antioxidant, and enzyme inhibitory activities of the essential oils of three Phlomis species as well as their fatty acid compositions[J]. Food Science and Biotechnology, 2016, 25(3): 687–69.

[57] ADEKUNTE A O, TIWARI B K, CULLEN P J, et al. Effect of sonication on colour, ascorbic acid and yeast inactivation in tomato juice[J]. Food Chemistry, 2010, 122(3): 500–507.

[58] LIU H, MENG F, CHEN S, et al. Ethanol treatment improves the sensory quality of cherry tomatoes stored at room temperature[J]. Food Chemistry, 2019, 298, Article 125069.

[59] LONDONO-GIRALDO L M, GONZALEZ J, BAENA A M, et al. Selection of promissory crops of wild cherry-type Tomatoes using physicochemical parameters and antioxidant contents[J]. Bragantia, 2020, 79(2): 169–179.

[60] SHEMESH R, KREPKER M, NITZAN N, et al. Active packaging containing encapsulated carvacrol for control of postharvest decay[J]. Postharvest Biology and Technology, 2016, 118: 175–182.

[61] BUENDÍA-MORENO L, ROS-CHUMILLAS M, NAVARRO-SEGURA L, et al. Effects of an active cardboard box using encapsulated essential oils on the tomato shelf life[J]. Food and Bioprocess Technology, 2019, 12(9): 1548–1558.

[62] GUO X, CHEN B, WU X, et al. Utilization of cinnamaldehyde and zinc oxide nanoparticles in a carboxymethylcellulose-based composite coating to improve the postharvest quality of cherry tomatoes[J]. International Journal of Biological Macromolecules, 2020, 160: 175–182.

[63] DAS S, GAZDAG Z, SZENTE L, et al. Antioxidant and antimicrobial properties of randomly methylated β cyclodextrin –captured essential oils[J]. Food Chemistry, 2019, 278: 305–313.

[64] SOUZA A G, FERREIRA R R, PAULA L C, et al. Starch-based films enriched with nanocellulose-stabilized Pickering emulsions containing different essential oils for possible applications in food packaging[J]. Food Packaging and Shelf Life, 2021, 27, Article 100615.

[65] LOCALI-PEREIRA A R, CATTELAN M G, NICOLETTI V R. Microencapsulation of pink pepper essential oil: Properties of spray-dried pectin/SPI double-layer versus SPI single-layer stabilized emulsions[J]. Colloids and Surfaces A: Physicochemical and Engineering Aspects, 2019, 581, Article 123806.

[66] LOCALI-PEREIRA A R, LOPES N A, MENIS-HENRIQUE M E C, et al. Modulation of volatile release and antimicrobial properties of pink pepper essential oil by microencapsulation in single- and double-layer structured matrices[J]. International Journal of Food Microbiology, 2020, 335, Article 108890.

[67] BAN Z, ZHANG J, LI L, et al. Ginger essential oil-based microencapsulation as an efficient delivery system for the improvement of Jujube (Ziziphus jujuba Mill.) fruit quality[J]. Food Chemistry, 2020, 306, Article 125628.

[68] SHARMA S, BARKAUSKAITE S, JAISWAL A K, et al. Essential oils as additives in active food packaging[J]. Food Chemistry, 2021, 343, Article 128403.

[69] OWOLABI I O, SONGSAMOE S, MATAN N. Combined impact of peppermint oil and lime oil on Mangosteen (Garcinia mangostana) fruit ripening and mold growth using closed system[J]. Postharvest Biology and Technology, 2021, 175, Article 111488.

[70] YANG W, WANG L, BAN Z, et al. Efficient microencapsulation of Syringa essential oil; the valuable potential on quality maintenance and storage behavior of peach[J]. Food Hydrocolloids, 2019, 95, 177–18.

[71] JAFARI S M, HE Y, BHANDARI B. Encapsulation of nanoparticles of d-limonene by spray drying: Role of emulsifiers and emulsifying techniques[J]. Drying Technology, 2007, 25(6), 1069–1079.

[72] LOCALI-PEREIRA A R, GUAZI J S, CONTI-SILVA A C, et al. Active packaging for postharvest storage of cherry tomatoes: Different strategies for application of microencapsulated essential oil[J]. Food Packaging and Shelf Life, 2021, 29, Article 100723.

[73] QUADROS C D C D, LIMA K O, BUENO C H L, et al. Effect of the edible coating with protein hydrolysate on cherry tomatoes shelf life[J]. Journal of Food Processing and Preservation, 2020, 44, e14760.

[74] CHAEMSANIT S, MATAN N, MATAN N. Effect of peppermint oil on the shelf-life of dragon fruit during storage[J]. Food Control, 2018, 90, 172–179.

[75] ANSARIFAR E, MORADINEZHAD F. Preservation of strawberry fruit quality via the use of active packaging with encapsulated thyme essential oil in zein nanofiber film[J]. International Journal of Food Science & Technology, 2021, 56(9): 4239–4247.

[76] ARAGÜEZ L, COLOMBO A, BORNEO R, et al. Active packaging from triticale flour films for prolonging storage life of cherry tomato[J]. Food Packaging and Shelf Life, 2020, 25, Article 100520.

[77] FAGUNDES C, MORAES K, PEREZ-GAGO M B, et al. Effect of active modified atmosphere and cold storage on the postharvest quality of cherry tomatoes[J]. Postharvest Biology and Technology, 2015, 109, 73–81.

第9章 荔枝的包装保鲜方法

9.1 富氢水浸泡保鲜荔枝

9.1.1 引言

荔枝主要种植在热带和亚热带地区，包括中国、巴基斯坦、印度、越南、泰国、印度尼西亚、马达加斯加、澳大利亚、南非等许多国家。荔枝采后常温货架期很短，只有 2～6 天 [1]。果皮褐变是荔枝采后营养价值、市场价值和货架期下降的主要原因 [2]。因此，开发延缓荔枝果皮褐变的保鲜技术是十分必要的。根据采后贮藏过程中抗氧化系统的变化，荔枝果皮褐变可分为酶促褐变和非酶促褐变 [3]。为了延缓荔枝果皮的褐变，人们开发了多种防腐剂来延长荔枝的货架期。苹果多酚处理提高了荔枝果皮的抗氧化酶活性和非酶促抗氧化能力 [4]，对氨基水杨酸钠处理提高了荔枝果皮的超氧化物歧化酶（SOD）、过氧化氢酶（CAT）和谷胱甘肽过氧化物酶（GPX）活性 [5]，这些可能都有利于清除活性氧自由基（ROS），维护荔枝细胞膜的完整性，延长荔枝的货架期。纯氧处理显著提高了荔枝果皮的抗氧化酶活性，有助于降低脂质过氧化，保持膜完整性，提高荔枝果实的商业价值 [6]。但由于加工成本高、加工工序复杂、安全性、加工效果等原因，目前纯氧处理还没有直接应用于荔枝果实商品化生产。

采用光催化分解法生产富氢水，具有成本低、光化学稳定性好、无毒等优点 [7]。氢分子是一种抗氧化剂，能清除羟基自由基（·OH）和过氧亚硝酸盐阴离子 [8]。富氢水作为一

219

种抗氧化剂，作为一种新型的治疗手段在医学领域得到了广泛的研究，如减少脑坏死、减小大鼠的脑梗死面积、保护大鼠线粒体功能等。有证据表明，富氢水可以选择性地清除高毒性活性氧自由基的媒介[9]。然而，最近的研究证实上述现象不能用 ROS 与氢分子直接反应理论来解释，氢也诱导了组织对应激的反应能力[10]。

尽管氢具有很强的抗氧化特性，但它在水果和蔬菜中的作用尚未被报道，尤其是在采后的贮藏过程中。因此，本试验旨在评价外源富氢水（HW）处理对荔枝采后果实品质的影响。同时测定了荔枝果皮的 ROS 相关性状、谷胱甘肽（GSH）相关性状、抗坏血酸（AsA）相关性状和次生代谢产物相关性状，以评价 HW 对荔枝果皮抗氧化系统的影响。本试验为荔枝采后贮藏期间保持果实品质和延长货架期提供了一种新的策略。

9.1.2 材料和方法

9.1.2.1 材料

荔枝（cv. Huaizhi）购于中国广东省广州市的某个商业农场，果实在花期 90 天后采摘，并在 1h 车程内立即运往华南植物园的采后实验室。选择无疤无病害的，形状、颜色、大小一致的荔枝果进行保鲜试验。

9.1.2.2 方法

将荔枝分为两组（每组 75kg），分别在超纯水（对照组，记为 CK）和富氢水（0.7PPM，记为 HW）中浸泡 3min，浸泡温度为 25±1℃。在预试验中分别选取 0、0.3、0.7 和 1PPM 为富氢水试验浓度，根据预试验下果品的保鲜效果，最终确定富氢水的最适宜浓度为 0.7PPM。富氢水由专业的富氢水制备机（BQ—01TDR, Titanium anode Titanium Products Co., Ltd, Baoji, China）生产，使用富氢水检测笔（ENH-2000, TRUSTLEX, Japan）测定富氢水的浓度。浸泡后的荔枝果风干 2h，将 20 个荔枝果分别装入微孔聚乙烯袋（200mm×150mm，厚度为 0.03mm）中，每个处理组包括 150 袋荔枝果，分别贮藏在温度为 25℃，相对湿度为 85%～90% 的房间中。在第 0、1、4、7 天，每个处理组随机取 3 袋荔枝果，将果实去皮取样，在液氮中研磨，在 -80℃ 下保存，待进一步分析。

9.1.2.3 试验测试

本试验所有测试项目参照文献[11]的描述，包括以下内容：

荔枝果的生理参数测试：如呼吸速率测试，单位为 $\mu g \ g^{-1} \ s^{-1}$；可溶性固形物（TSS）含量测试，单位为 %；可滴定酸（TA）含量测试，单位为 %；颜色指数测试，包括 L*（亮度值）、a*（红度值）和 b*（黄度值）。

活性氧自由基（ROS）相关参数测试：如 H_2O_2 含量测试，单位为 $\mu mol \ g^{-1} \ FW$；O_2^- 生成率测试，单位为 $nmol \ g^{-1} min^{-1} \ FW$；·OH 清除能力测试，单位为 %；$O_2^-$ 清除能力测试，单位为 %；过氧化物酶（POD）活性、过氧化氢酶（CAT）活性和超氧化物歧化酶

（SOD）活性测试，单位均为 U g^{-1} FW。

谷胱甘肽（GSH）相关参数测试：如谷胱甘肽（GSH）含量测试，单位为 μmol g^{-1} FW；氧化型谷胱甘肽（GSSG）含量测试，单位为 nmol g^{-1} FW；谷胱甘肽还原酶（GR）活性测试，单位为 nmol $g^{-1}min^{-1}$ FW；谷胱甘肽过氧化物酶（GPX）活性测试，单位为 nmol $g^{-1}min^{-1}$ FW；谷胱甘肽 -s- 转移酶（GST）活性测试，单位为 nmol $g^{-1}min^{-1}$ FW。

抗坏血酸（AsA）相关参数测试：如抗坏血酸（AsA）含量测试，单位为 mg g^{-1} FW；脱氢抗坏血酸（DHA）含量测试，单位为 μg g^{-1} FW；抗坏血酸过氧化物酶（APX）活性测试，单位为 μmol $g^{-1}min^{-1}$ FW；抗坏血酸氧化酶（AAO）活性测试，单位为 nmol $g^{-1}min^{-1}$ FW；脱氢抗坏血酸还原酶（DHAR）和单脱氢抗坏血酸还原酶（MDHAR）活性测试，单位均为 μmol $g^{-1}min^{-1}$ FW。

次生代谢产物相关参数测试：如总酚含量、花青素含量和总黄酮含量测试，单位为 mg g^{-1} FW；多酚氧化酶（PPO）活性和苯丙氨酸解氨酶（PAL）活性测试，单位均为 U g^{-1} FW；花青素还原酶（ANR）活性测试，单位为 nmol $g^{-1}min^{-1}$ FW；总抗氧化能力（TAC）测试，单位为 μmol Trolox g^{-1} FW。

9.1.3　测试结果

9.1.3.1　果皮颜色指数和褐变指数

从图 9-1 可以看出，随着贮藏时间的延长，对照组和 HW 组果品的褐变指数均呈上升趋势。但 HW 组果品的褐变指数增长速率显著低于对照组。贮藏 7 天后，与对照组相比，HW 处理后的荔枝果皮的褐变显著延迟［见图 9-1（a）～（c）］。本试验采用 L*、a* 和 b* 色度系统测定果皮颜色。与延迟褐变一致，HW 处理对红色的保持有较强的作用。对照组果品的 L*、a* 和 b* 值在第 4 天开始下降，第 7 天急剧下降［见图 9-1（d）］。相比之下，HW 组果品的 a* 值保持在较高水平（与第 0 天相同），与对照组果品相比，HW 组果品的 L* 值波动较大，HW 处理显著增强了 b* 值的下降。结果表明，HW 处理能有效地保持荔枝果皮的红色。

9.1.3.2　荔枝的品质参数结果

为了进一步反映荔枝果实的状态，本试验测定了呼吸速率、TSS 和 TA。从图 9-2 可以看出，对照组果品在采后贮藏期间的呼吸速率显著增加，TSS 含量显著降低，TA 含量和 TSS/TA 比值呈波动趋势。HW 处理显著抑制了呼吸速率的增加，显著延缓了 TSS 含量和 TSS/TA 比值的下降。结果表明，HW 处理不仅能延缓荔枝果皮褐变，而且能保持荔枝果实的品质。

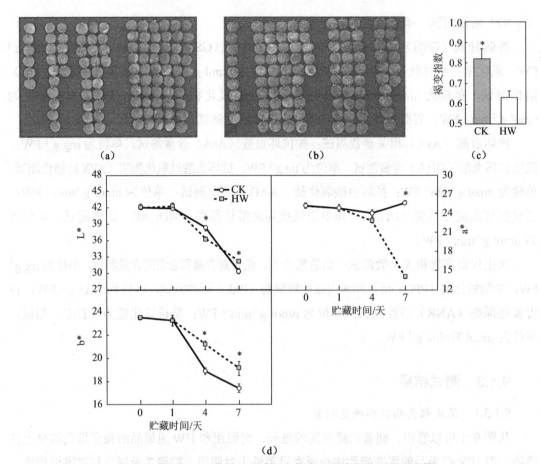

图 9-1　贮藏期间两组荔枝的果皮颜色指数和褐变指数（后附彩图）

其中：（a）图是第 7 天时对照组荔枝的外观照片，（b）图是第 7 天时 HW 组荔枝的外观照片[11]

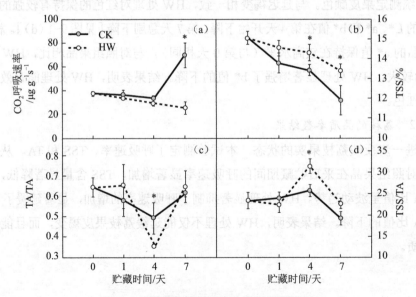

图 9-2　贮藏期间两组荔枝的品质参数 [11]

9.1.3.3　荔枝果皮的 ROS 相关参数测试结果

荔枝果皮褐变和衰老一般与 H_2O_2 和 O_2^- 的过度积累有关。从图 9-3 可以看出，对照组果皮的 H_2O_2 含量和 O_2^- 生成率随贮藏时间的延长而逐渐增加，HW 处理后，贮藏 14d 后果皮 O_2^- 生成率显著低于对照组。HW 处理后荔枝果皮中 H_2O_2 含量在第 1 天显著高于对照组，在第 4 天和第 7 天显著低于对照组。从图 9-4 可以看出，对照组果皮的 SOD、CAT 和 POD 活性在前 4 天持续升高，第 7 天急剧下降。HW 处理后，与对照组相比，POD 活性仅在第 4 天增加，CAT 活性在第 1 天显著增加，但在第 4 天和第 7 天显著降低，SOD 活性在第 1 天和第 4 天显著降低。HW 处理后，果皮中 ·OH 的清除能力在第 1 天和第 4 天显著低于对照组，而在第 1 天和第 4 天果皮的 O_2^- 清除能力显著高于对照组。以上结果表明，对于荔枝果皮中存在的不同类型的 ROS 系统，HW 处理具有的清除能力不同。

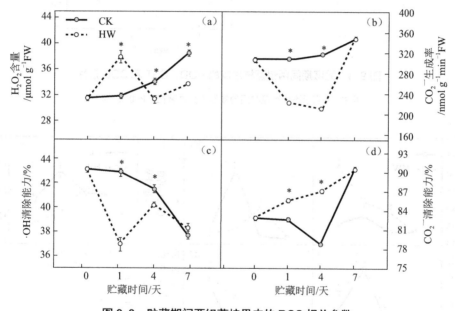

图 9-3　贮藏期间两组荔枝果皮的 ROS 相关参数

其中：∗表示不同贮藏时间的数据差异显著性（P<0.05）[11]

9.1.3.4　荔枝果皮的 GSH 相关参数测试结果

从图 9-5 可以看出，对照组果皮的 GSH 和 GSSG 含量在第 4 天时急剧上升，第 7 天时下降。HW 处理后，果皮的 GSH 含量在整个贮藏期间均显著高于对照组，GSSG 含量在贮藏第 1、4、7 天分别显著高于和低于对照组。对照组果皮的 GST 和 GR 活性在第 4 天时急剧上升，第 7 天时下降，而对照组果皮的 GPX 活性在第 4 天时下降，第 7 天时急剧上升。HW 处理后，GR 活性在第 1 天和第 7 天显著高于对照组，GPX 活性在第 4 天和第 7 天显著高于对照组，而 GST 活性在第 4 天和第 7 天显著低于对照组。上述结果表明，

HW 处理可能促进荔枝果皮中的 GSSH 向 GSH 转化。

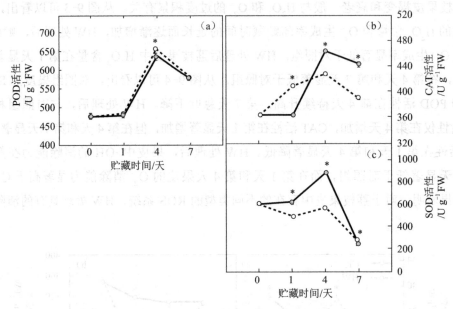

图 9-4　贮藏期间两组荔枝果皮的 POD、CAT 和 SOD 活性

其中：＊表示不同贮藏时间的数据差异显著性（P<0.05）[11]

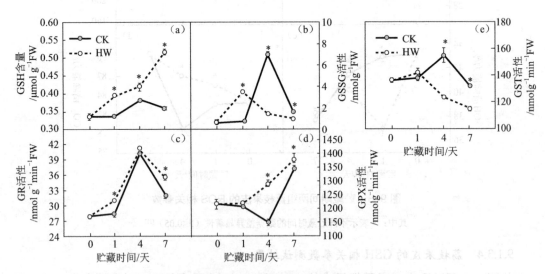

图 9-5　贮藏期间两组荔枝果皮的 GSH 相关参数

其中：＊表示不同贮藏时间的数据差异显著性（P<0.05）[11]

9.1.3.5　荔枝果皮的 AsA 相关参数测试结果

从图 9-6 可以看出，采后贮藏期间，对照组果皮的 AsA 含量和 APX 活性逐渐降低，对照组果皮的 AAO 活性逐渐升高。HW 处理后，AsA 含量低于对照组果皮；APX 活性在第 1、4、7 天显著低于对照组,第 7 天显著高于对照组;AAO 活性在第 1 天、第 4 天和第 7 天分别显著高于和低于对照组果皮。对照组果皮的 DHA 含量和 DHAR 活性在采后 4 天逐渐升高,第 7 天急剧下降,而对照组果皮的 MDHAR 活性在采后贮藏期间逐渐升高。HW 处理后,第 1 天和第 7 天果皮的 DHA 含量分别显著高于和低于对照组果皮;采后贮藏过程中 MDHAR 活性显著高于对照果皮;而 DHAR 活性与对照组相比有轻微变化。

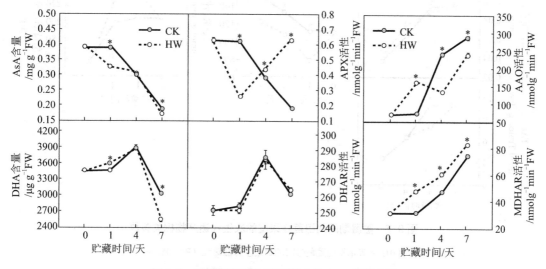

图 9-6 贮藏期间两组荔枝果皮的 AsA 相关参数

其中:*表示不同贮藏时间的数据差异显著性(P<0.05)[1]

9.1.3.6 荔枝果皮的次生代谢产物相关参数测试结果

从图 9-7 可以看出,对照组果皮的总酚含量在前 4 天内呈上升趋势,第 7 天急剧下降;对照组的果皮 PPO 活性在前 4 天下降,第 7 天急剧上升。HW 处理后,总酚含量仅在第 1 天显著高于对照组果皮,PPO 活性在第 1 天和第 4 天显著高于对照组果皮。与总酚含量变化趋势一致,对照组果皮的 PAL 活性在前 4 天呈上升趋势,在第 7 天急剧下降。采后贮藏期间,HW 处理组荔枝的果皮 PAL 活性显著低于对照组果皮。采后贮藏期间,对照组果皮的总花青素含量逐渐降低,对照组果皮的 ANR 活性逐渐升高。HW 处理后,贮藏第 1 天、第 4 天和第 7 天,果皮的总花青素含量分别显著高于和低于对照组果皮,抗氧化活性显著低于对照组果皮。对照组果皮的总黄酮含量和总抗氧化能力(TAC)随着贮藏时间的延长而逐渐降低。HW 处理后,果皮中的总黄酮含量在第 1 天和第 4 天显著高于对照组果皮。仅在第 1 天,HW 组荔枝果皮的总抗氧化能力显著低于对照组果皮。说明 HW 处理对不同次生代谢产物有不同的调节作用。

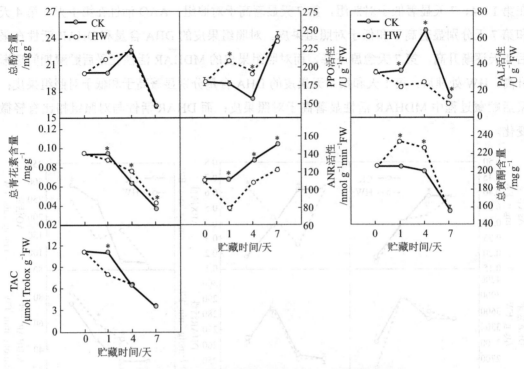

图 9-7 贮藏期间两组荔枝果皮的次生代谢产物相关参数

其中：＊表示不同贮藏时间的数据差异显著性（P<0.05）[11]

9.1.4 结果分析

9.1.4.1 HW 处理对延缓果皮褐变和保持荔枝品质的分析

荔枝果皮褐变是制约荔枝贮藏、运输、货架期和果实品质的重要因素。荔枝果皮褐变的特征是由红变为棕褐色、水分流失、细胞壁降解和腐烂[12]。在本试验中，HW 处理显著延缓了果皮的褐变和呼吸速率，有效地保持了荔枝的 TSS 和颜色，说明 HW 处理可以保持果品品质，提高果品的贮藏能力。此外，初步试验发现 HW 处理还可以显著延长火龙果、龙眼、香蕉等水果的货架期。因此，由于 HW 具有安全、无毒、成本低、加工工艺简单等特点[13, 14]，可广泛应用于荔枝采收后的贮藏保鲜。

9.1.4.2 HW 处理诱导荔枝果皮 ROS 相关参数的分析

ROS 的积累导致脂质过氧化，降低了荔枝果实的贮藏品质和适销能力，是引起荔枝变质的主要原因。ROS 相关参数主要包括 H_2O_2、O_2^- 和 ·OH，而植物组织中含有多种清除 ROS 的酶，如 SOD、CAT 和 POD[15]。ROS 的积累主要会导致 ROS 生成与清除能力之间的平衡发生变化。与文献[4]报道的苹果多酚处理降低了 H_2O_2 含量和 O_2^- 生成率不同，HW 处理降低了 O_2^- 的生成率，提高了 O_2^- 的清除能力。HW 处理后，果品在第 1 天的 H_2O_2 含量和 H_2O_2 清除能力均有所提高。HW 可直接减少 O_2^- 形成 H_2O_2，提高的 H_2O_2 清除能力平

衡了 H_2O_2 的过量积累。此外，H_2O_2 对于维持正常的能量和代谢通量，优化不同的细胞功能，激活植物对不同胁迫的响应是必不可少的 [16]。作者推测 HW 处理可能在第 1 天通过提高荔枝的 H_2O_2 含量来诱导荔枝的抗逆性。在后续贮藏期间，HW 处理显著降低了 H_2O_2 含量及 H_2O_2 对细胞的损害，从而延长了荔枝的货架期，保持了荔枝果实的品质。

9.1.4.3 HW 处理诱导荔枝果皮 GSH 相关参数的分析

在非酶促抗氧化剂中，GSH 被认为是细胞内对抗 ROS 诱导植物氧化损伤的最重要的防御手段 [17]。GR 催化 GSSG 转化为 GSH，GPX 催化 GSH 转化为 GSSG，两者都直接或间接地对植物体内过量 ROS 及其反应产物的清除起关键作用 [18]。与文献 [5] 报道的对氨基水杨酸钠处理显著降低 GSH 含量延缓荔枝果皮褐变不同，HW 处理显著提高了荔枝果皮的 GSH 含量、GPX 活性和 GR 活性，表明 GSH 在提高荔枝果皮抗氧化能力中发挥了重要的作用。在农作物和杂草中，GSTs 通过催化它们与 GSH 的结合来解毒 [19]。在本试验中，HW 处理后 GST 的活性下降，表明 HW 处理可能会降低荔枝果皮的解毒能力，其解毒能力对荔枝果实的采收无益。

9.1.4.4 HW 处理诱导荔枝果皮 AsA 相关参数的分析

AsA 又称维生素 C，是一种具有强还原性的非酶抗氧化剂，是动植物生长、发育和繁殖所必需的 [20]。DHA 和 AsA 具有相似的功能。APX 和 AAO 催化 H_2O_2 还原生成水和 DHA 或 2,3- 二酮古洛糖酸 [21]。DHAR 和 MDHAR 催化 DHA 生成 AsA [22]。在本试验中，HW 处理在第 1 天促进 AsA 向 DHA 的转化，在第 7 天促进 AsA 和 DHA 向 2,3- 二酮古洛糖酸的转化。与 HW 诱导的 GSH 不同，HW 处理促进了 AsA 和 DHA 的氧化，表明 AsA 相关性状与 HW 延缓荔枝果皮褐变的发生没有明显的相关性。

9.1.4.5 HW 处理诱导荔枝果皮次生代谢产物相关参数的分析

植物除含有抗氧化酶、GSH 和 AsA 外，还含有一些低分子量的抗氧化次生代谢产物，如酚类、黄酮类、花青素和生育酚等 [5, 6]。文献 [6] 利用纯氧处理荔枝，其果实的花青素和酚类物质含量，与本试验的结论一致。HW 处理后，第 1 天诱导了总酚和总黄酮，第 4 天诱导了总黄酮和花青素。但 HW 处理显著降低了整个贮藏过程中的 PAL 活性，并在第 1 天降低了 TAC。PAL 催化苯丙氨酸脱氨生成苯丙烯酸，是合成苯丙烷途径的第一步，是一级代谢和二级代谢之间的重要调控点 [23]。PAL 活性的降低说明 HW 处理并没有促进次生代谢产物的合成，次生代谢产物含量的增加可能是由于 HW 处理后次生代谢产物消耗的减少所致。此外，由于进入荔枝果皮的氢不能直接还原铁离子 [24]，HW 代替了荔枝果皮的部分抗氧化能力，导致 HW 处理后荔枝果皮中检测到的 TAC 低于对照组。

9.1.5 结论

在本试验中，HW 处理显著延缓了荔枝果皮的褐变，维持了果实品质。对照组果品在采后贮藏的过程中，诱导了 ROS 和 GSH，降低了 AsA 和次生代谢产物，直接或间接加速了荔枝果皮褐变和果实变质。HW 处理后，在采后贮藏期间诱导了 O_2^- 清除能力、GSH、MDHAR、PPO 和总黄酮，仅在第 1 天诱导了 H_2O_2、CAT、GSSG、AAO 和总酚，贮藏后期特异性诱导了 APX、花青素、GR 和 GPX 活性。由 HW 诱导的酶促和非酶促抗氧化系统相关性状可能直接或间接地延缓了荔枝果皮褐变，维持了荔枝果实品质。

9.2 抗坏血酸和草酸联合控制气调法保鲜荔枝

9.2.1 引言

荔枝产于亚热带地区，是一种非呼吸跃变型水果，以迷人的颜色而闻名。荔枝也因其美味和多汁的半透明果肉而广受赞誉。如果采收时荔枝未成熟的话，它就不能从绿色变成红色，因此荔枝通常在完全成熟后被采收 [25]。荔枝果皮的鲜红程度是评价其商业成熟期的重要指标。但是果皮的颜色在采收后容易迅速褐变，在室温条件下的货架期只有 2 ~ 3天。荔枝的褐变是由两种氧化酶促发的，主要是过氧化物酶（POD）和多酚氧化酶（PPO），它们可以降解荔枝果皮组织中的花青素并引起酚类物质的氧化 [26]。氧化反应进一步刺激果皮组织中细胞分区化的破坏，并导致可溶性醌类物质的产生。其后，在 PPO 的催化下，在氧气的作用下单酚发生羟基化反应生成邻二酚和邻醌类化合物；而 POD 则利用过氧化氢引起多酚的氧化 [27]。酚类氧化的最终产物使荔枝果皮呈现棕色，并对其外观品质产生不利影响，最终导致适销性大幅降低。

荔枝褐变是荔枝这一重要水果作物在全球贸易中遭受重大经济损失的主要制约因素。荔枝种植者和出口商使用二氧化硫（SO_2）熏蒸来控制采后贮藏期间的褐变和腐烂。然而，SO_2 具有残留毒性，使用中它会增加荔枝的酸度，并使果实产生不好的味道，从而改变了荔枝特有的风味。此外，SO_2 还会对包装工人造成不良影响，如与呼吸有关的过敏和已报道的对消费者造成的一些不良影响 [28]。此外，公众对食品安全的日益关注和对使用健康危险化学品的限制增加，要求采用替代环保方法来保持荔枝果皮的红色。

文献中已经报道了许多化学物质在不同蔬菜和水果作物中可以抑制 / 减少酶促褐变。抗坏血酸（AA）在本质上是有机的，属于还原剂的类别。AA 是一种众所周知的抗褐变剂，是公认的安全化学品。AA 在减少酶促褐变方面是有效的，它通常被认为是一种对消费者友好和相对便宜的产品 [29]。此外，AA 还能将可溶性的醌类物质转化为二酚，能显著减少采后农产品的褐变。AA 已被用作杧果、绿豆芽、莲藕片和龙眼的抗褐变剂。

草酸（OA）是一种广泛存在于多种植物中的有机酸，OA 具有抗褐变特性 [30]。OA 作为抗褐变剂在竹笋、龙眼、莲藕片等不同园艺作物上得到了应用。但在荔枝果实上应用 AA 和 OA 联合控制气调法的研究尚未见报道。

Palliflex 贮藏系统适用于控制气调（CA）条件下农产品的短期和长期贮藏。在该系统中，CO_2 和 O_2 气体在各自独立的单元中被充入（CO_2）和流出（O_2），每个单元的 CO_2 和 O_2 浓度由预设程序的设定值控制，O_2 浓度被实时地持续监测和控制到所需的浓度，以避免水果发生厌氧呼吸至损坏和产生异味的程度 [31, 32]。CA 条件下 O_2 浓度的降低有助于减少氧化反应，最终导致酶促褐变的减少，这一现象在荔枝果实的近亲"龙眼"中有明显的效果 [33]。此外，高 CO_2 和低 O_2 处理也能有效地降低蘑菇中酚类物质的氧化，抑制 POD 和 PPO 酶的活性 [34]。因此，作者假设低 O_2 和高 CO_2 与抗褐变剂（AA 和 OA）联合使用可能比单独使用 CA 或单独化学浸渍处理更能有效地减少荔枝果皮的褐变并保持果实的品质。因此，本试验的目的是研究在 CA 条件下，AA 和 OA 对荔枝果皮褐变和品质的影响。

9.2.2　材料和方法

9.2.2.1　果实采收

达到商业成熟的荔枝果实（cv. Gola）在早上（8 ~ 9 时）采收于当地果园（Haripur，KP Province，Pakistan），坐果后约 90 天采收，选取果皮颜色大于 90% 的红色果实。果实的可溶性固形物含量为 21.3%，可滴定酸度为 0.49%，成熟指数为 43.46。运至实验室后荔枝被分类，以确保颜色、形状、大小一致，没有任何机械损伤 / 开裂和疾病症状。

9.2.2.2　包装处理和贮藏方法

本试验分为 7 个处理：对照组（Control 常规空气环境）；OA 组（仅浸泡 OA）；AA 组（仅浸泡 AA）；CA 组（5% CO_2 和 1%O_2）；CA+AA 组；CA+OA 组；CA+AA+OA 组。经过预试验后，选定的 AA 和 OA 的浓度分别为 40mmoL L^{-1} 和 2mmoL L^{-1}，选定的 CA 条件为 5% CO_2 和 1%O_2。果实在各处理液中浸泡 5min，风干，置于顶部敞开的塑料板条箱中，置于 150cm×43cm×33cm（高 × 长 × 宽）贮藏箱中，贮藏温度为 5±1℃，相对湿度为 90%±5%。通过 VPSA-6VAN CA 流送系统（Amerongen，The Netherlands）设定 CO_2 和 O_2 的初始浓度，打开压力调节器将 N_2、O_2 和 CO_2 混合建立 CA 组成。气体由 S-904VAN CA 气体分析仪（Amerongen，The Netherlands）自动控制和调节。每 6 小时监测一次 CA 气体浓度，每天 4 次，以保持固定的气体组成。果实被分成 5 个批次（每个处理一个批次）。此后，每个批次进一步分为 4 个子批次，每个子批次包含 3 组（每个重复一组）。每个处理 540 个果实（每个重复 45 个果实，每个处理在每个采样间隔内包含 135 个果实）。总而言之，试验共收集 2835 个果实（包括第 0 天的果实），测试时间为每周，间隔共 28 天。

9.2.3 质量参数测试

本试验所有测试项目参照文献[35]的描述，包括失重率测试，单位为%；总花青素含量测试，单位为 $mg\ kg^{-1}\ FW$；褐变指数测试；褐变程度测试，单位为 $OD_{420}\ g^{-1}\ FW$；可溶性醌类物质含量测试，单位为 $OD_{437}\ g^{-1}\ FW$；腐烂率测试，单位为%；果皮电解质渗漏率测试，单位为%；丙二醛（MDA）含量测试，单位为 $nmol\ kg^{-1}\ FW$；过氧化氢（H_2O_2）含量测试，单位为 $\mu mol\ kg^{-1}\ FW$；超氧阴离子自由基（O_2^-）含量测试，单位为 $nmol\ min^{-1}\ kg^{-1}\ FW$；PPO（多酚氧化酶）活性测试，单位为 $U\ mg^{-1}\ protein$；POD（过氧化物酶）活性测试，单位为 $U\ mg^{-1}\ protein$；APX（抗坏血酸过氧化物酶）活性测试，单位为 $U\ mg^{-1}\ protein$；CAT（过氧化氢酶）活性测试，单位为 $U\ mg^{-1}\ protein$；GR（谷胱甘肽二硫还原酶）活性测试，单位为 $U\ mg^{-1}\ protein$；SOD（超氧化物歧化酶）活性测试，单位为 $U\ mg^{-1}\ protein$；蛋白质含量测试，单位为 $U\ mg^{-1}\ protein$；果皮总酚含量测试，单位为 $g\ kg^{-1}$；果浆抗坏血酸含量测试，单位为 $mg\ kg^{-1}$；果浆可溶性固形物（TSS）含量测试，单位为%；果浆可滴定酸（TA）含量测试，单位为%；感官评定测试。

9.2.4 结果与讨论

9.2.4.1 失重率和果皮总花青素含量的测试结果

从图 9-8（a）可以看出，失重率随着贮藏时间的延长而增加。然而与 OA、AA、CA 和 CA+AA、CA+OA 和 CA+OA+AA 组相比，对照组果品的失重率最高。总体而言，OA、AA 和 CA 单独处理组的失重率显著高于 CA+AA、CA+OA 和 CA+AA+OA 组。OA+CA、AA+CA 和 AA+OA+CA 组在 28 天后的失重率无显著差异。然而，CA+AA+OA 组果品在贮藏 28 天后的失重率最低（3.26%），而对照组的失重率为 10.91%。

从图 9-8（b）可以看出，贮藏过程中各处理组果品的总花青素含量均显著降低。但是在常规空气环境中贮藏的果品的总花青素含量降低得更快。OA、AA 和 CA 组的总花青素含量也有所下降，但均显著高于对照组。总的来说，OA 和 AA 处理或单独用 CA 处理也显著降低了果品的总花青素含量。CA+AA+OA 组的总花青素含量最高。第 28 天，CA+AA+OA 组果品的总花青素含量比对照组果品高 2.06 倍。

9.2.4.2 果皮褐变指数、褐变程度和可溶性醌类物质含量的测试结果

从图 9-8（c）可以看出，随着贮藏时间的延长，荔枝果皮褐变指数逐渐增加。对照组果皮发生褐变的速度要快得多，并且对照组果品在贮藏 21 天后完全变成棕色。OA、AA 和 CA 单独处理组的果皮褐变指数较高。需要指出的是，贮藏 21 天后单用 OA 和 AA 处理的荔枝都失去了适销性（极限褐变指数大于 3.0）。CA+AA 和 CA+AA+OA 组的果品在贮藏 28 天后仍可上市销售。与 CA+AA 和 CA+AA+OA 组相比，CA+OA 组果皮的褐变指数较高。第 28 天，CA+AA+OA 组的褐变指数（2.0 分）显著低于对照组（5.0 分）。从

图 9-8（d）可以看出，荔枝果皮褐变程度也有上述类似的现象。

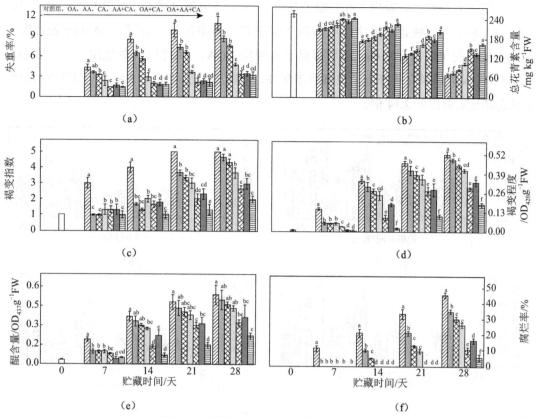

图 9-8　贮藏期间各处理组荔枝的相关参数

（a）失重率；（b）总花青素含量；（c）褐变指数；

（d）褐变程度；（e）可溶性醌类物质含量；（f）腐烂率

其中：不同的字母表示基于 LSD 试验的数据差异显著性（P ≤ 0.05）[35]

从图 9-8（e）可以看出，各处理组果品的可溶性醌类物质含量均呈持续增加的趋势，随着贮藏时间的延长，可溶性醌类物质含量逐渐增加。然而，对照组果品增加得最多，其次是 OA 和 AA 组。CA 组的可溶性醌类物质含量增加略高于 OA、AA 和对照组。在其他处理组中，CA+OA 组在第 7～28 天的可溶性醌类物质含量显著高于 CA+AA 和 CA+AA+OA 组。28 天后，CA+AA+OA 组果品的可溶性醌类物质含量显著低于对照组（2.48 倍）。

9.2.4.3　腐烂率测试结果

从图 9-8（f）可以看出，果品的腐烂率在整个贮藏期间逐渐增加。对照组在第 7 天发生腐烂；而 OA 和 AA 组在第 14 天出现了腐烂症状。另外，在第 14 天之前，CA 单独处理组均未发现腐烂现象。CA+OA、CA+AA 和 CA+AA+OA 处理可以抑制腐烂直至第 21 天。结果表明，CA+AA+OA 联合处理具有明显的抑制腐烂作用。在第 28 天，CA+AA+OA 组果品的腐烂率明显低于对照组。

9.2.4.4　果皮电解质渗漏率和 MDA 含量测试结果

从图 9-9（a）可以看出，在贮藏的第 7 ~ 28 天，电解质渗漏率显著升高。对照组、OA、AA 和 CA 单独处理组中，电解质渗漏率均迅速增加。一方面，CA+OA 处理组果品也有较高的电解质渗漏率，但明显低于对照组、OA、AA 和 CA 处理组。另一方面，CA+AA+OA 处理组显著降低了电解质渗漏率。贮藏 28 天后，CA+AA+OA 组果皮的电解质渗漏率比对照组低 2.14 倍。

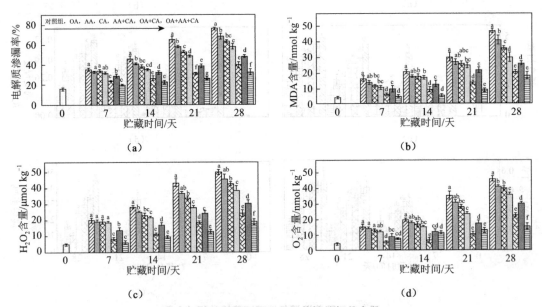

图 9-9　贮藏期间各处理组荔枝的相关参数

（a）电解质渗漏率；（b）MDA 含量；（c）H_2O_2 含量；（d）O_2^- 含量
其中：不同的字母表示基于 LSD 试验的数据差异显著性（P ≤ 0.05）[35]

从图 9-9（b）可以看出，贮藏过程中 MDA 含量在所有处理组中都有所增加，对照组果品的 MDA 含量迅速增加。同样，OA、AA 和 CA 单独处理组的 MDA 含量也有所增加，但明显低于对照组。同样，CA+OA 组的 MDA 含量也显著升高，CA+AA+OA 组的 MDA 含量最低。第 28 天时，CA+AA+OA 组的 MDA 含量比对照组低 2.53 倍。

9.2.4.5　荔枝果皮的 H_2O_2 含量和 O_2^- 含量测试结果

从图 9-9（c）和图 9-9（d）可以看出，对照组、OA 组和 AA 组果品的 H_2O_2 含量和 O_2^- 含量或在整个贮藏期间显著增加，在第 28 天达到最大值。而 CA 和 CA+AA、OA 和 AA+OA 处理组显著降低了 H_2O_2 含量和 O_2^- 含量。总体而言，CA+OA 处理组果皮中的这两种分子含量都显著高于 CA+AA 和 CA+AA+OA 组。28 天后，CA+AA+OA 组的 H_2O_2 含量和 O_2^- 含量显著低于对照组，分别比对照组低 2.29 倍和 2.62 倍。

9.2.4.6　荔枝果皮的 PPO 活性和 POD 活性测试结果

从图 9-10可以看出，贮藏期间各处理组的 PPO 和 POD 活性均呈现逐渐增加的趋势。

但是，相比于其他处理组，对照组果皮的 PPO 和 POD 活性在第 28 天时最高。除对照组外，OA、AA、CA 和 CA+OA 组的 PPO 和 POD 活性均高于 CA+AA 和 CA+AA+OA 组。在第 28 天，与对照组相比，CA+AA+OA 处理组果皮的 PPO 和 POD 活性分别降低了 34.3% 和 20.6%。

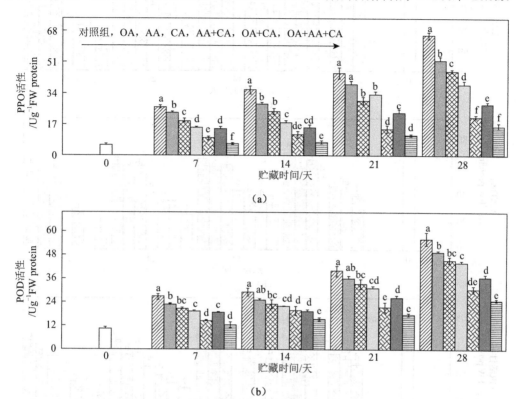

图 9-10　贮藏期间各处理组荔枝果皮的 PPO（a）活性和 POD（b）活性

其中：不同的字母表示基于 LSD 试验的数据差异显著性（P ≤ 0.05）[35]

9.2.4.7　荔枝果皮的 APX、GR、CAT 和 SOD 活性测试结果

从图 9-11 可以看出，各处理组的 APX、GR、CAT 和 SOD 活性在整个贮藏期间逐渐下降。但是，对照组的下降率显著高于其他处理组。在不同处理组中，OA、AA、CA 组和 CA+OA 组各种酶活性的降低显著高于 CA+AA 和 CA+AA+OA 组。总的来说，对照组果实的 APX、GR、CAT 和 SOD 酶活性下降速度非常快，表明其抗氧化活性发生了崩溃，导致褐变指数显著高于其他处理组。28 天后，CA+AA+OA 组的 APX、GR、CAT 和 SOD 酶活性分别比对照组高 3.49 倍、2.32 倍、3.38 倍和 2.19 倍。

9.2.4.8　荔枝果皮的总酚含量和果肉的抗坏血酸含量测试结果

从图 9-12（a）可以看出，第 7 ～ 28 天，总酚含量逐渐下降。对照组果品的降低率显著高于其他处理组。其中，OA、AA 和 CA 组以及 CA+AA 组的总酚含量较 CA+OA 和 CA+AA+OA 组显著降低。在第 28 天，OA+CA 和 CA+AA+OA 组的总酚含量无显著差异。28 天后，CA+AA+OA 和 CA+OA 组的总酚含量显著高于对照组。

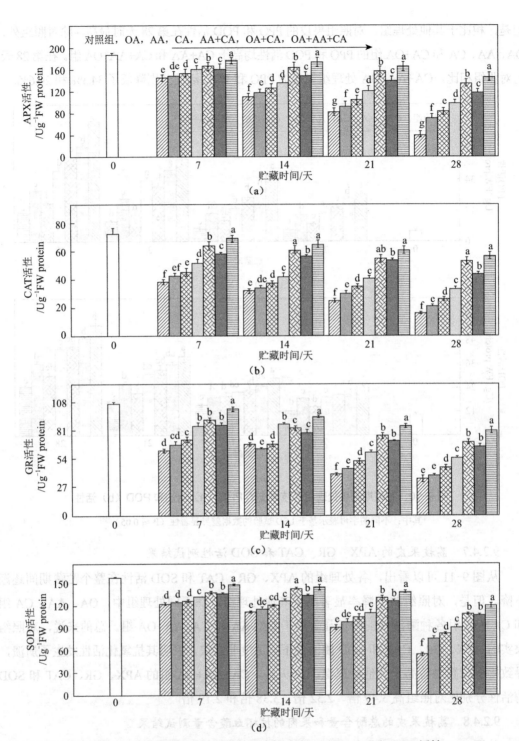

图 9-11　贮藏期间各处理组荔枝果皮的 APX、CAT、GR 和 SOD 活性

其中：不同的字母表示基于 LSD 试验的数据差异显著性（P ≤ 0.05）

从图 9-12（b）可以看出，抗坏血酸含量在贮藏过程中均呈下降趋势。而对照组的抗坏血酸含量下降速度更快。同样，OA、AA 和 CA 组的抗坏血酸含量也有所下降，但明显高于对照组。CA+OA 组的抗坏血酸含量也显著降低。另外，CA+AA+OA 组在整个贮藏期的抗坏血酸含量最高。在第 28 天，CA+AA+OA 组的抗坏血酸含量比贮藏初期高了 1.91 倍。

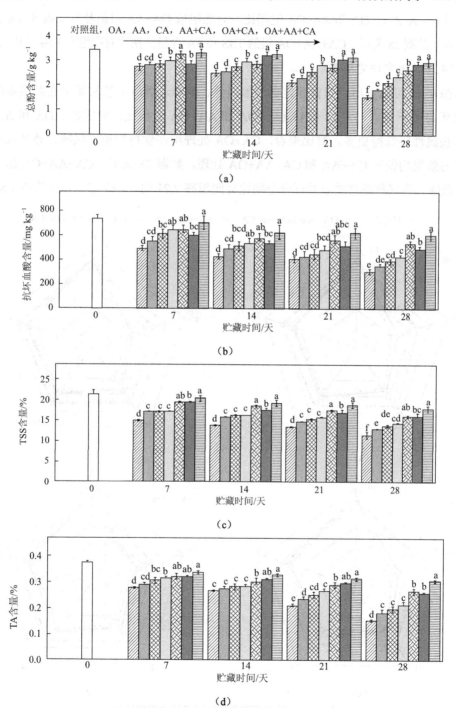

图 9-12 贮藏期间各处理组荔枝果皮的总酚含量（a）、果肉的抗坏血酸含量（b）、
TSS 含量（c）和 TA 含量（d）

其中：不同的字母表示基于 LSD 试验的数据差异显著性（P ≤ 0.05）

9.2.4.9 荔枝果肉的 TSS 含量和 TA 含量测试结果

从图 9-12（c）和图 9-12（d）可以看出，TSS 含量和 TA 含量在整个贮藏过程中逐渐降低。与 CA 组和 CA+AA、OA 和 AA+OA 组相比，对照组或 OA+AA 组果品的 TSS 和 TA 含量降低得更多。贮藏 28 天后，CA+AA+OA 组的 TSS 和 TA 含量分别比对照组高 1.54 倍和 1.85 倍。

9.2.4.10 感官评定结果

从图 9-13 可以看出，感官评定参数如口感、风味、香气和感官质量在贮藏期间呈现出持续明显的下降。与 CA、CA+AA、OA 和 AA+OA 组相比，对照组、OA 和 AA 组的所有这些属性降低得更多。对比来看，CA+OA 处理组在保持口感、风味、香气和感官质量方面的效果均低于 CA+AA 和 CA+AA+OA 处理。贮藏 28 天后，CA+AA+OA 组果实的口感、风味、香气和感官质量的评分分别比对照组高 2.21 倍、1.82 倍、1.62 倍和 1.85 倍。

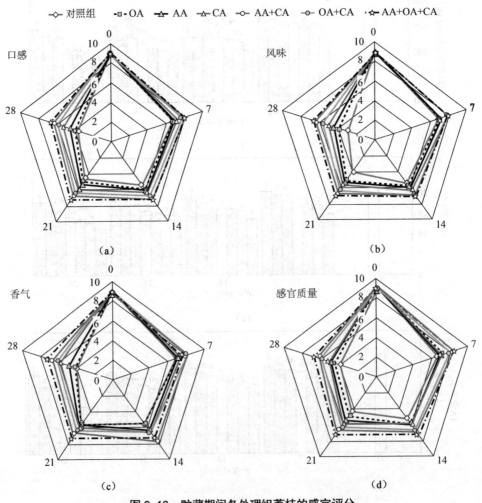

图 9-13　贮藏期间各处理组荔枝的感官评分

其中：9 分表示非常喜欢，5 分表示既不喜欢也不讨厌，1 分表示非常不喜欢

9.2.5　讨论与分析

失重率是决定荔枝果实贮藏潜力的关键因素之一。重量的减轻主要是由于贮藏环境和水果之间的水蒸气压力差导致的。新鲜水果较高的代谢活性和采后衰老（因为快速衰老通常导致膜完整性降低或组织通透性提高）也可能导致重量减轻[36]。CA 贮藏条件（相对较高的 CO_2 浓度和较低的 O_2 浓度）下，通常会抑制贮藏水果中的水分扩散，降低水果的失重率，有利于品质保存[37]。也有报道表明 CA 贮藏条件可以延缓衰老，更好地保持细胞完整性。同样，AA 和 OA 的应用也被发现能有效地减少衰老，进而抑制失重。在最少加工的竹笋和杧果中，已经报道了 OA 处理具有抑制失重的效果[38, 39]。同样，AA + 芦荟凝胶（AVG）涂层能有效抑制草莓果实的失重下降，AVG 单独涂膜组草莓的失重率为 18.1%，而 AA+AVG 联合组草莓的失重率为 12.6%[40]。因此，可以认为 OA 和 AA 可能降低了荔枝果实在 CA 贮藏条件下的代谢活性，延缓了衰老，并保持了较好的细胞完整性，从而起到了综合作用，降低了荔枝果实在 CA 贮藏下的重量减轻。

据文献[33]报道，基于 CA 贮藏条件下高浓度 CO_2 具有抗微生物的潜力。高浓度的 CO_2 对龙眼果的发病有明显的抑制作用。因此，与对照组相比，CA+AA+OA 联合使用可有效抑制荔枝果实致病菌的生长，并抑制其腐烂率。

颜色是一个必要的表征质量良好的外部指标，花青素是使荔枝果皮呈现诱人红色的主要色素[41]。荔枝果实在贮藏过程中失水，表面会出现微裂纹，破坏了细胞膜的完整性，导致红色花青素氧化，导致变色和褐变[42]。荔枝果皮中花青素色素的降解和酚类物质的氧化是由于较高的 POD 和 PPO 酶活性，导致了醌类物质增加引起的[43, 44]。AA 和 OA 处理还可能通过抑制 PPO 和 POD 活性来降低褐变发生率[45]。例如，采后浸泡 AA 可以减少绿豆芽的褐变[45]。同样，AA+ 芦荟凝胶涂层也能显著减少鲜切藕片的褐变[46]。OA 处理对鲜切藕片和鲜笋的褐变也有显著的抑制作用[38, 47]。荔枝果实表面褐变超过 3.0 分时，一般会失去适销性。与其他处理组相比，对照组在贮藏仅 7 天就超过了适销性极限（褐变指数 3.0）。因此，对照组荔枝在 7 天后不宜上市销售；而 CA+AA 组和 CA+AA+OA 组的荔枝在贮藏 28 天后仍可上市销售。因此，CA+AA+OA 处理组可以被认为是适合荔枝工业化贮藏的配方。

电解质渗漏率是细胞膜损伤的一种度量，较低的电解质渗漏率代表较高的膜稳定性 / 完整性[26]。干燥失水可能会破坏包括荔枝在内的新鲜农产品细胞膜的完整性。在荔枝等新鲜农产品中，细胞膜是发生氧化损伤的主要部位[48]。丙二醛（MDA）是脂质过氧化反应的指标。膜中的脂质降解引起结构的重大改变。总之，较高的电解质渗漏率和 MDA 含量是细胞膜损伤和脂质过氧化的主要指标。H_2O_2 含量和 O_2^- 含量的增加进一步增加膜的损伤和脂质的过氧化。CA 贮藏条件可以阻碍失水和保护膜的完整性，从而减少脂质过氧化反应[49]。另外，AA 和 OA 是抗氧化剂，可以减少 H_2O_2 和 O_2^- 等自由基的产生，从而改善氧化损伤，抑制电解质渗漏和 MDA 的产生 [30, 46, 47]。H_2O_2 和 O_2^- 的增加会导致氧化应激，增加脂质过氧化和膜的渗漏，这些因素显著促进了荔枝果皮褐变的增加。CA 单独或联合 AA 和 OA 处理可能通过猝灭 H_2O_2 和 O_2^- 来抑制氧化损伤。CA、AA 和 OA 处理组与荔枝果实的膜完整性高、MDA 含量少、褐变指数显著降低呈正相关。同样，也有研究发现，添加 AA 可以降低鲜切荷花的氧化损伤 [46]，而 OA 可以降低这两种自由基在竹笋中的生成 [30]。

PPO 与褐变反应密切相关，因此，这种酶的活性现在已经成为衡量新鲜水果和蔬菜采收后衰老的必要指标。因此，适当的 PPO 和 POD 抑制剂可以延缓荔枝等新鲜农产品的褐变。AA 具有抑制 PPO 和 POD 活性、抑制棕色色素形成的竞争作用模式 [50]。同样，OA 也可以抑制 PPO 活性。它可以通过螯合、结合或去除存在于 PPO 活性位点的铜离子，因此可作为 PPO 活性抑制剂 [51]。在过氧化氢存在的情况下，POD 能积极催化氧化反应。本试验结果表明，AA 处理在降低这些氧化酶的活性上明显更好。由于 AA 和 OA 均降低了过氧化氢的生成，因此酚类物质的氧化可能减少，并有助于降低荔枝的褐变程度。

酚类化合物是褐变催化酶的主要褐变反应底物。因此，多酚的氧化导致其氧化还原与 PPO 酶活性相伴。同时，这种酚类化合物氧化导致了可溶性醌类物质的产生。然后，醌类的聚合反应导致棕色色素的形成。本试验结果表明，AA 和 OA 都减少了酚类物质的氧化分解和减少了褐变。AA 具有抑制 PPO 活性的作用方式，并通过减少醌的形成来抑制棕色素的形成。同样，OA 也阻碍了 PPO 的活性。因此，AA 和 OA 与 CA 联合使用可以抑制酚类物质的氧化，进而抑制可溶醌的生成。

据报道，植物组织具有一定的活性氧清除系统，包括基于非酶和酶的抗氧化剂。APX、GR、CAT 和 SOD 是几种重要的抗氧化酶，在清除活性氧方面发挥着重要作用 [52]。APX、GR 和 CAT 通过多种途径在过氧化氢向水和氧的转化过程中发挥作用。GR 和 APX 通过将 AA 氧化成单氢抗坏血酸去除过量的过氧化氢 [53]；而 CAT 直接分解过多的过氧化氢。SOD 被认为是超氧阴离子转化为过氧化氢的直接原因。APX、GR 和 CAT 活性升高可导致过氧化氢含量降低，SOD 活性可控制超氧阴离子含量。CA 单独或与 AA 或 OA 联合使用后，APX、GR、CAT 和 SOD 活性均高于对照组。因此，使用 AA 或 OA（最好是 AA+OA）结合 CA 贮藏可有效抑制荔枝采后果皮的褐变和衰老。

TSS 和 TA 是荔枝果实风味品质评价的重要生化指标。由于在某些代谢活动中，有机酸和糖作为底物被消耗，TSS 和 TA 的含量降低。AA 和 OA 联合 CA 处理延缓了 TSS 和 TA 的下降。CA 贮藏条件下，AA 和 OA 可以延缓有机酸和糖的消耗，从而保持无花果、草莓和杧果的适销品质 [32, 39, 40]。

AA 不仅是一种重要的营养化合物，也是一种重要的抗氧化剂，可以积极消除某些活性氧物质，延缓水果衰老。它的还原反应发生在氧化分解过程中，较高的浓度对于维持其营养指标是重要的。由于相对较高的 CO_2 浓度，CA 贮藏条件抑制了新鲜水果的氧化降解。

抗氧化剂如 OA 和 AA 可以降低氧化，并保持较高的内源 AA 浓度。因此，CA 与 AA 或 OA 联合使用可以提高或保持荔枝果肉组织中 AA 的浓度。

感官品质评价在果实褐变过程中具有重要意义。一方面，荔枝的长期贮藏通常会导致其感官品质下降。TSS 和 TA 的降低（由于衰老）导致口感和风味的评分较低。CA 与 AA 和 OA 联合处理抑制了荔枝的衰老，保持了较高的 TSS 和 TA 含量，最终显著提高了荔枝的风味和口感。荔枝的香气可能因褐变和衰老而降低。另一方面，荔枝的感官质量取决于其特有的红色 / 粉红色和整体外观。果皮组织褐变的减少和花青素浓度的提高最终使荔枝的整体感官质量更好。

9.2.6 结论

综上所述，CA 与 AA 和 OA 联合处理对延迟荔枝果实的褐变和维持荔枝果实的整体品质有积极的影响。与 AA 或 OA 单独处理相比，CA+AA+OA 联合处理效果显著。CA+AA+OA 联合处理降低了酚类化合物的氧化，抑制了 PPO 和 POD 活性，并保持了较高的 APX、GR、CAT 和 SOD 活性。较高的抗氧化酶活性最终抑制了过氧化氢和超氧阴离子诱导的氧化损伤，并显著减少了褐变，同时保持了生化和感官特性。因此，CA+AA+OA 联合处理可作为贮藏荔枝的适宜方式。

参考文献：

[1] CHEN X, WU Q X, CHEN Z S Z, et al. Changes in Pericarp Metabolite Profiling of Four Litchi Cultivars During Browning[J]. Food Research International, 2019(120): 339–351.

[2] JIANG Y, DUAN X, JOYCE D, et al. Advances in understanding of enzymatic browning in harvested litchi fruit[J]. Food Chemistry, 2004, 88(3): 443–446.

[3] SIVAKUMAR D, TERRY L A, KORSTEN L, et al. An overview on litchi fruits quality and alternative postharvest treatments to replace sulfur dioxide fumigation[J]. Food Reviews International, 2010, 26: 162–188.

[4] ZHANG Z K, HUBER D J, QU H X, et al. Enzymatic browning and antioxidant activities in harvested litchi fruit as influenced by apple polyphenols[J]. Food Chemistry, 2015, 171: 191–199.

[5] LI T T, SHI D D, WU Q X, et al. Sodium para-aminosalicylate delays pericarp browning of litchi fruit by inhibiting ROS-mediated senescence during postharvest storage[J]. Food Chemistry, 2019, 278: 552–559.

[6] DUAN X W, LIU T, ZHANG D D, et al. Effect of pure oxygen atmosphere on antioxidant enzyme and antioxidant activity of harvested litchi fruit during storage[J]. Food Research International, 2011, 44(7): 1905–1911.

[7] FAJRINA N, TAHIR M. A critical review in strategies to improve photocatalytic water splitting towards hydrogen production[J]. International Journal of Hydrogen Energy, 2019, 44(2): 540–577.

[8] LI H, LUO Y, YANG P F, et al. Hydrogen as a complementary therapy against ischemic stroke: A review of it the evidence[J]. Journal of the Neurological Sciences, 2019, 396: 240–246.

[9] OHSAWA I, ISHIKAWA M, TAKAHASHI K, et al. Hydrogen acts as a therapeutic antioxidant by selectively reducing cytotoxic oxygen radicals[J]. Nature Medicine, 2007, 13(6): 688–694.

[10] IIDA A, NOSAKA N, YUMOTO T, et al. The clinical application of hydrogen as a medical treatment[J]. Acta Medica Okayama, 2016, 70(5): 331–337.

[11] YUN Z, GAO H, CHEN X, et al. Effects of hydrogen water treatment on antioxidant system of litchi fruit during the pericarp browning[J]. Food Chemistry, 2020, 336, Article 127618.

[12] JIANG, Y. Role of anthocyanins, polyphenol oxidase and phenols in lychee pericarp browning[J]. Journal of the Science of Food & Agriculture, 2000, 80(3): 305–310.

[13] CHI J, YU H M. Water electrolysis based on renewable energy for hydrogen production[J]. Chinese Journal of Catalysis, 2018, 39(3): 390–394.

[14] MURAMATSU Y, ITO M, OSHIMA T, et al. Hydrogen-rich water ameliorates bronchopulmonary dysplasia (BPD) in newborn rats[J]. Pediatric Pulmonology, 2016, 51(9): 928–935.

[15] BLOKHINA O, VIROLAINEN E, FAGERSTEDT K V. Antioxidants, oxidative damage and oxygen deprivation stress: A review[J]. Annals of Botany, 2003, 91(2): 179–194.

[16] SUZUKI N, KOUSSEVITZKY S, MITTLER R, et al. ROS and redox signaling in the response of plants to abiotic stress[J]. Plant Cell and Environment, 2012, 35(2): 259–270.

[17] RAUSCH T, WACHTER A. Sulfur metabolism: A versatile platform for launching defence operations[J]. Trends in Plant Science, 2005, 10(10): 503–509.

[18] ANJUM N A, AHMAD I, MOHMOOD I, et al. Modulation of glutathione and its related enzymes in plants' responses to toxic metals and metalloids-A review[J]. Environmental and Experimental Botany, 2012, 75: 307–324.

[19] EDWARDS R, DIXON D P, WALBOT V. Plant glutathione S-transferases: Enzymes with multiple functions in sickness and in health[J]. Trends in Plant Science, 2000, 5(5): 193–198.

[20] SMIRNOFF N, WHEELER G L. Ascorbic acid in plants: Biosynthesis and function[J]. Critical Reviews in Biochemistry and Molecular Biology, 2000, 35(4): 291–314.

[21] LEONG S Y, OEY I. Effect of endogenous ascorbic acid oxidase activity and stability on vitamin C in carrots (Daucus carota subsp sativus) during thermal treatment[J]. Food Chemistry, 2012, 134(4): 2075–2085.

[22] SMIRNOFF N, CONKLIN P L, LOEWUS F A. Biosynthesis of ascorbic acid in plants: A renaissance[J]. Annual Review of Plant Physiology and Plant Molecular Biology, 2001, 52: 437–467.

[23] HUANG C H, YU B, TENG Y W, et al. Effects of fruit bagging on coloring and related physiology, and qualities of red Chinese sand pears during fruit maturation[J]. Scientia Horticulturae, 2010, 121(2): 149–158.

[24] YU J G, LUO J L, NORTON P R. Electrochemical investigation of the effects of hydrogen on the stability of the passive film on iron[J]. Electrochimica Acta, 2002, 47(10): 1527–1536.

[25] WU Y, LIN H, LIN Y, et al. Effects of biocontrol bacteria Bacillus amyloliquefaciens LY-1 culture broth on quality attributes and storability of harvested litchi fruit[J]. Postharvest Biology and Technology, 2017, 132: 81–87.

[26] ALI S, KHAN A S, NAWAZ A, et al. Aloe vera gel coating delays postharvest browning and maintains quality of harvested litchi fruit[J]. Postharvest Biology and Technology, 2019, 157, Article 110960.

[27] SAPERS G M, MILLER R L. Browning inhibition in fresh-cut pears[J]. Journal of Food Science, 1998, 63(2): 342–346.

[28] ALI S, KHAN A S, MALIK A U. Postharvest l-cysteine application delayed pericarp browning, suppressed lipid peroxidation and maintained antioxidative activities of litchi fruit[J]. Postharvest Biology and Technology, 2016, 121: 135–142.

[29] ROBLES-SÁNCHEZ R M, ROJAS-GRAÜ M A, ODRIOZOLA-SERRANO I, et al. Effect of minimal processing on bioactive compounds and antioxidant activity of fresh-cut 'Kent' mango (Mangifera indica L.)[J]. Postharvest Biology and Technology, 2009, 51(3): 384–390.

[30] ZHENG X, TIAN S. Effect of oxalic acid on control of postharvest browning of litchi fruit[J]. Food Chemistry, 2006, 96(4):519–523.

[31] SELCUK N, ERKAN M. The effects of modified and palliflex controlled atmosphere storage on postharvest quality and composition of 'Istanbul' medlar fruit[J]. Postharvest Biology and Technology, 2015, 99: 9–19.

[32] BAHAR A, LICHTER A. Effect of controlled atmosphere on the storage potential of Ottomanit fig fruit[J]. Scientia Horticulturae, 2018, 227: 196–201.

[33] KHAN M R, SUWANAMORNLERT P, LEELAPHIWAT P, et al. Quality and biochemical changes of longan (Dimocarpus longan Lour cv. Daw) fruit under different controlled atmosphere conditions[J]. International Journal of Food Science & Technology, 2017, 52(10): 2163–2170.

[34] LIN Q, LU Y, ZHANG J, et al. Effects of high CO_2 in-package treatment on flavor, quality and antioxidant activity of button mushroom (Agaricus bisporus) during postharvest storage[J]. Postharvest Biology and Technology, 2017, 123: 112–118.

[35] SAJID A, AHMAD S K, AMAN U M, et al. Combined application of ascorbic and oxalic acids delays postharvest browning of litchi fruits under controlled atmosphere conditions[J]. Food Chemistry, 2021, 350, Article 129277.

[36] KOYUNCU M A, ERBAS D, ONURSAL C E, et al. Postharvest treatments of salicylic acid, oxalic acid and putrescine influences bioactive compounds and quality of pomegranate during controlled atmosphere storage[J]. Journal of Food Science and Technology, 2019, 56(1): 350–359.

[37] Ma Y, Li S, Yin X, et al. Effects of controlled atmosphere on the storage quality and aroma compounds of lemon fruits using the designed automatic control apparatus[J]. BioMed Research International, 2019, 2019(3): 1–17.

[38] ZHENG J, LI S, XU Y, et al. Effect of oxalic acid on edible quality of bamboo shoots (Phyllostachys prominens) without sheaths during cold storage[J]. LWT, 2019, 109: 194–200.

[39] RAZZAQ K, KHAN A S, MALIK A U, et al. Effect of oxalic acid application on Samar Bahisht Chaunsa mango during ripening and postharvest[J]. LWT-Food Science and Technology, 2015, 63(1): 152–160.

[40] SOGVAR O B, KOUSHESH SABA M, EMAMIFAR A. Aloe vera and ascorbic acid coatings maintain postharvest quality and reduce microbial load of strawberry fruit[J]. Postharvest Biology and Technology, 2016, 114: 29–35.

[41] SINGH S P, SAINI M K, SINGH J, et al. Preharvest application of abscisic acid promotes anthocyanins accumulation in pericarp of litchi fruit without adversely affecting postharvest quality[J]. Postharvest Biology and Technology, 2014, 96:14–22.

[42] JIANG X, LIN H, SHI J, et al. Effects of a novel chitosan formulation treatment on quality attributes and storage behavior of harvested litchi fruit[J]. Food Chemistry, 2018, 252: 134–141.

[43] ZHANG Z, HUBER D J, QU H, et al. Enzymatic browning and antioxidant activities in harvested litchi fruit as influenced by apple polyphenols[J]. Food Chemistry, 2015, 171: 191–199.

[44] BANERJEE A, PENNA S, VARIYAR P S. Allyl isothiocyanate enhances shelf life of minimally processed shredded cabbage[J]. Food Chemistry, 2015, 183: 265–272.

[45] SIKORA M, SWIECA M. Effect of ascorbic acid postharvest treatment on enzymatic browning, phenolics and antioxidant capacity of stored mung bean sprouts[J]. Food Chemistry, 2018, 239: 1160–1166.

[46] ALI S, ANJUM M A, NAWAZ A, et al. Effect of pre-storage ascorbic acid and Aloe vera gel coating application on enzymatic browning and quality of lotus root slices[J]. Journal of Food Biochemistry, 2020, 44(3), e13136.

[47] ALI S, KHAN A S, ANJUM M A, et al. Effect of postharvest oxalic acid application on enzymatic browning and quality of lotus (Nelumbo nucifera Gaertn.) root slices[J]. Food Chemistry, 2020, 312, Article 126051.

[48] LIU H, SONG L, YOU Y, et al. Cold storage duration affects litchi fruit quality, membrane permeability, enzyme activities and energy charge during shelf time at ambient temperature[J]. Postharvest Biology and Technology, 2011, 60(1): 24–30.

[49] ALI S, KHAN A S, MALIK A U, et al. Effect of controlled atmosphere storage on pericarp browning, bioactive compounds and antioxidant enzymes of litchi fruits[J]. Food Chemistry, 2016, 206: 18–29.

[50] ALTUNKAYA A, GÖKMEN V. Effect of various inhibitors on enzymatic browning, antioxidant activity and total phenol content of fresh lettuce (Lactuca sativa)[J]. Food Chemistry, 2008, 107(3): 1173–1179.

[51] SON S M, MOON K D, LEE C Y. Kinetic study of oxalic acid inhibition on enzymatic browning[J]. Journal of Agriculture and Food Chemistry, 2000, 48(6): 2071–2074.

[52] GILL S S, TUTEJA N. Reactive oxygen species and antioxidant machinery in abiotic stress tolerance in crop plants[J]. Plant Physiology and Biochemistry, 2010, 48(12): 909–930.

[53] NOCTOR G, FOYER C H. Ascorbate and glutathione: keeping active oxygen under control[J]. Annual Review of Plant Physiology and Plant Molecular Biology, 1998, 49(1): 249–279.

第10章 辣椒的包装保鲜方法

10.1　水杨酸联合磷酸钠溶液保鲜辣椒

10.1.1　引言

辣椒因其营养价值高、口感爽脆而深受消费者欢迎。由于它们在室温下极易腐烂，冷藏是广泛采用的方法用以抑制成熟和衰老。但是辣椒对低温敏感，在低于 7℃的温度下容易遭受冷害（CI），导致菜品表面出现斑点、水泡以及籽粒和花萼的褐变[1]。

细胞膜作为植物细胞中最重要的结构，可以维持细胞内环境的稳定性，保证生物化学反应的有效级联。然而在低温胁迫下，细胞膜从液体状态转变为固体—凝胶状态，同时膜脂成分被重塑。因此，膜脂代谢成为 CI 研究的一个热点，尤其是不饱和脂肪酸（FAs）的生物成因问题。由于细胞膜的不饱和现象与耐寒性呈正相关关系，不饱和脂肪酸的去饱和对研究人员具有重要意义。例如，甜菜碱通过保持较高的不饱和 / 饱和脂肪酸比例可以提高西葫芦的耐寒性[2]。此外，较高的膜脂不饱和导致桃子在 0℃下比在 5℃下更不容易发生 CI[3]。烟草、拟南芥和番茄也报道了类似的模式。这种效应的分子机制可能是由于不饱和脂肪酸顺式双键的存在，降低了致密饱和脂肪酸的容重。因此，一个更有效的不饱和脂肪酸去饱和的过程可以提高果实采后的不饱和性和抗寒性。饱和脂肪酸可通过 n-3 或 n-6 在内质网或质膜上催化生成单不饱和和多不饱和脂肪酸通路。在 n-6 途径中，硬脂酸（C18:0）在 SAD1、FAD2/6 和 FAD3/7/8 酶的作用下，可以转化为油酸（C18:1）、亚油酸（C18:2）和亚麻酸（C18:3）。同样，在n-3途径中，SAD2酶可以催化棕榈酸（C16:0）生成棕榈油酸（C16:1）。

水分是细胞内物质循环和细胞间信号传导的理想介质。通过提供适当的离子，水可以稳定各种各样的蛋白质，包括抗冻结蛋白质。此外，细胞的水分也具有重要的生物学意义，因为它在维持正常的细胞膨胀、膜通透性和膜双层结构方面发挥着关键作用。但是，在温度超出适当范围时，如遇寒时，植物容易受到脱水胁迫，引起不同程度的膜损伤[4]。因此，防止水分流失是植物维持正常细胞形态、抵御包括CI在内的非生物胁迫的有效途径。脯氨酸是一种众所周知的亲水化合物，可以为植物细胞提供渗透和冷冻保护。目前有研究表明，提高脯氨酸积累可以有效缓解果实的CI症状。文献[5]的研究表明，一氧化氮通过提高总脯氨酸的积累显著减轻了香蕉果实的CI症状。文献[6]的研究表明，竹笋CI耐受性的增强与脯氨酸代谢的激活也有关系。因此，在本试验中，提高脯氨酸相关的保水性可能是降低辣椒果实CI的关键切入点之一。

已有的大量研究表明，可以通过改变贮藏环境，如诱导低气压条件[7]，或应用化学药剂处理，如硝普钠[8]和茉莉酸甲酯（MeJA）[9]，有效地缓解采后果实的CI。食品添加剂磷酸钠（TSP）被美国食品和药物管理局认为是安全的，是一种广受欢迎的化学处理方法[10]。TSP通过提高pH值、组织离子强度和金属离子配合物的密度来提高农产品的质量[11]。利用TSP处理可以改善枣、桃、苹果等的采后品质，提高果实的水分含量，调节果实的能量代谢。但是TSP处理对辣椒采后的质量影响还知之甚少。

水杨酸（SA）是一种普遍存在的植物激素，对植物的生长发育和抗逆性至关重要。以往的研究发现，SA处理可以通过诱导桃子体内抗氧化酶的活性和内源SA的含量来减轻桃果实的CI[12]。在橙子[13]和香蕉[14]中也得到了类似的结果。这些研究结果表明，SA是一种有效的处理方法用于缓解采后果蔬的CI。文献[1]的研究结果表明，SA处理可以通过影响辣椒果实的抗氧化代谢来增强其耐寒性。但是目前对辣椒果实FAs去饱和减轻CI的分子机制尚缺乏深入的研究。

越来越多的证据表明，在缓解植物CI方面，联合处理比只用一种方法或化合物更有效。文献[15]的研究表明，草酸和1-甲基环丙烯（1-MCP）联合处理对甜柿子CI的降低效果优于单独处理。文献[16]的研究表明，热空气联合MeJA处理对枇杷的CI有一定的缓解作用。其他成功的联合处理方法包括SA与芦荟凝胶可食涂层或超声波处理，以及MeJA低温调理等[12, 13, 17]。因此，作者推测TSP与SA联合使用可能通过调节辣椒果实FAs的去饱和和保水性能来降低CI。为了验证这一假设，并探讨基于FAs去饱和和水分分布的分子生理机制，作者通过一系列微观、物理化学和分子实验，研究了TSP+SA处理对冷藏辣椒的协同效应。本试验可为辣椒及其他CI敏感商品采后冷藏条件的优化提供实证依据。

10.1.2　材料和方法

10.1.2.1　材料和采后处理

2019 年 5 月 14 日，在辽宁省锦州市某生态园人工采摘辣椒（C. annuum L. "606"）。选择无机械损伤或病斑的辣椒，立即送往实验室。首先用蒸馏水冲洗，在 20±1℃ 条件下风干，随机分为 4 组（每组设 3 个重复），处理方法如下：（1）对照组（CK）：蒸馏水浸泡；（2）TSP 处理（TSP）：浸泡在 0.5g L^{-1} 溶液中（含 1% 吐温 20）；（3）SA 处理（SA）：先浸泡蒸馏水，然后均匀喷洒 200μM SA 溶液（含 1% 吐温 20）；（4）TSP 和 SA 联合处理（TSP+SA）：先浸泡在 0.5g L^{-1}TSP 溶液中，风干后再均匀喷洒 200μM SA 溶液。

所有处理组的浸泡时间为 20min，风干温度为 20±1℃。风干后的辣椒样品均密封于罐子（50L）中，温度为在 20±1℃，时间为 10h。取出辣椒再预冷 24h。最后将辣椒包装在 PVC 塑料袋（厚度为 0.03mm）中，贮藏时间为 25d，贮藏温度为（4±1）℃，相对湿度为 80%～85%。为了模拟辣椒的货架期，冷藏结束后，再将辣椒放置在环境温度为（20±）1℃下 3d，总时间为 25+3d。在第 0 天和第 25 天对 CK 组及 TSP+SA 组样品进行了低温扫描电镜观察。将切好的辣椒条分别在 0、5、10、15、20、25 天和 25+3 天时放入液氮中冷冻，并在 80℃下保存，以备后续 CI 相关分析。

10.1.2.2　辣椒质量参数测试

本试验所有测试项目参照文献 [18] 的描述，包括辣椒的冷害指数测试，单位为 %；电解质渗透率测试，单位为 %；丙二醛（MDA）含量测试，单位为 μmol g^{-1} FW；脂氧合酶（LOX）活性测试，单位为 U g^{-1} FW；谷胱甘肽（GSH）含量测试，单位为 μmol g^{-1} FW；抗坏血酸（AsA）含量测试，单位为 μg mg^{-1} FW；脯氨酸含量测试，单位为 μg mg^{-1} FW。

10.1.3　测试结果

10.1.3.1　冷害指数测试结果

从图 10-1 可以看出，在贮藏的第 10 天，以斑点状水泡和花萼褐变为特征的 CI 症状在对照组和 TSP 组的样品中首次出现，而 SA 组和 TSP+SA 组在贮藏的第 15 天才出现明显的 CI 相关劣变现象。在整个贮藏期间，对照组的 CI 指数显著高于其他 3 组。在模拟货架期结束时，TSP 组、SA 组和 TSP+SA 组的 CI 指数分别比对照组降低了 23%、46% 和 53%。

10.1.3.2　外观照片和微观扫描电镜结果

每个处理组选择 3 个辣椒，在第 0、25 天和第 25+3 天进行外表观察。从图 10-2 可以看出，冷藏 25 天后，对照组样品出现典型的表面斑点和花萼褐变等 CI 症状，而其他 3 组均无明显症状。在 20℃贮藏的额外 3 天，对照组样品上的斑点斑块继续扩大和发展，最终形成严重的暗色水泡。同时，在 TSP 和 SA 组样品表面只观察到轻微的小斑点等 CI 症状。在整个贮藏期间，作者没有在 TSP+SA 组样品中观察到任何 CI 症状。

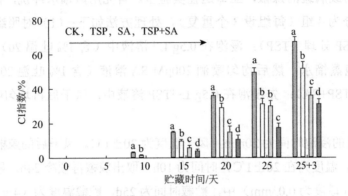

图 10-1　贮藏期间各处理组辣椒的冷害指数

其中：不同的小写字母表示处理组间数据差异的显著性（P<0.05）

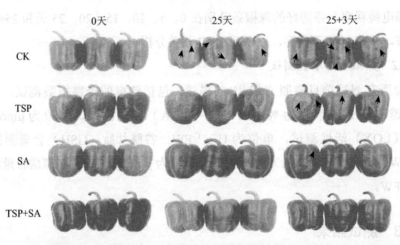

图 10-2　贮藏期间各处理组辣椒的外观照片，箭头表示有斑点和水泡[18]（后附彩图）

　　基于上述结果，作者采用解剖显微镜和低温扫描显微镜观察了辣椒的微观结构差异。辣椒果肉具有多种形态和功能不同的细胞，细胞按特定顺序排列，维持着辣椒的生理结构。从图 10-3 可以发现，在 4℃下贮藏 25 天后，对照组样品中贮藏水分的组织细胞间隙扩大，厚角组织变厚。作者还在对照组样品中发现了深色的区域，这意味着更严重的品质劣变。而 TSP+SA 组样品细胞排列整齐、密集，无明显组织坏死。低温扫描电镜分析表明，对照组样品的质膜被降解，细胞质渗漏严重。TSA+SA 组样品的形态结构正常，细胞无明显损伤。

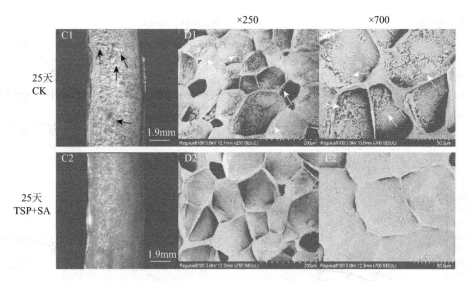

图 10-3　贮藏期间各处理组辣椒的切开微观显微镜照片（C1 和 C2）；
低温扫描电镜图（D1 和 D2，E1 和 E2）（后附彩图）

其中：（C1）（D1）（E1）中的箭头分别表示间隙扩张、细胞膜塌陷和细胞内容物的渗漏 [18]

10.1.3.3　电解质渗透率、MDA、GSH、AsA 含量和 LOX 活性测试结果

从图 10-4（a）可以看出，在所有处理组中，电解质渗透率随贮藏时间延长逐渐增加，从第 10 天开始差异显著。在第 25+3 天，TSP+SA 组样品的电解质渗透率最低，数值为 30.43%，比对照组、TSP 组和 SA 组分别低了 40%、21% 和 14%。从图 10-4（b）可以看出，在整个贮藏期间，4 个处理组样品的 MDA 含量均呈波动趋势。第 15 ~ 25 天，TSP 组和 SA 组的 MDA 含量均显著低于对照组，但 SA 组的 MDA 含量显著低于对照组，但显著高于 TSP+SA 组。从图 10-4（c）可以看出，除第 20 天外，对照组样品的 LOX 活性迅速增加。但是从第 10 天开始，TSP+SA 处理抑制了 LOX 的活性，表明 TSP+SA 处理发挥了更突出的作用。从图 10-4（d）可以看出，贮藏在 4℃条件下 20 天后，对照组和 TSP 组样品中的 GSH 含量逐渐下降，前者变化更明显。而 SA 组和 TSP+SA 组直到贮藏结束时，GSH 含量仍显著高于对照组。从图 10-4（e）可以看出，各处理组样品的 AsA 含量均呈波动趋势，但总体呈下降趋势。值得注意的是，除 TSP+SA 组外，其余 3 组在第 10 天和第 25 天的 AsA 含量较低，TSP+SA 组的 AsA 含量分别比对照组、TSP 组和 SA 组高 20 倍、2 倍和 1.7 倍。总的来说，TSP+SA 组在整个贮藏期间与其他组数值差异显著。

10.1.3.4　脯氨酸测试结果

从图 10-5 可以看出，4 组脯氨酸含量随贮藏时间的延长而波动。贮藏 5 天后，除第 20 天外，SA 组和 TSP+SA 组的脯氨酸含量显著高于其他两组，其中 TSP+SA 处理的效果最为显著。货架期结束时，4 组脯氨酸含量分别为 6.23、9.44、11.10 和 13.93μg g^{-1} FW。

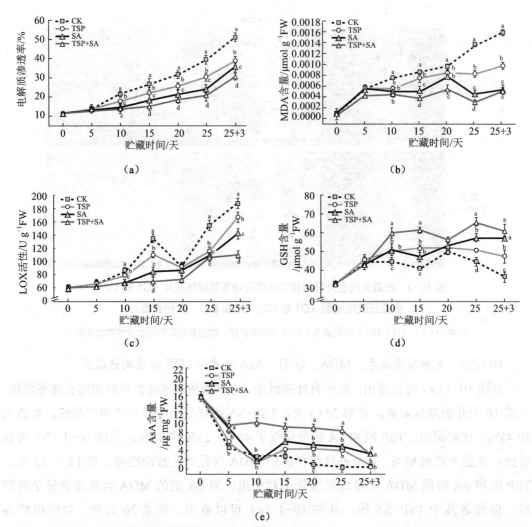

图 10-4　贮藏期间各处理组辣椒的电解质渗透率（a）、MDA 含量（b）、LOX 活性（c）、GSH 含量（d）和 AsA 含量（e）

其中：不同的小写字母表示处理组间数据差异的显著性（P<0.05）[18]

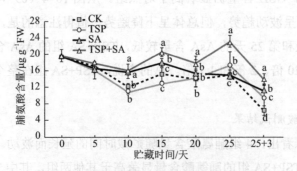

图 10-5　贮藏期间各处理组辣椒的脯氨酸含量

其中：不同的小写字母表示处理组间数据差异的显著性（P<0.05）[18]

10.1.3.5 水分保留测试结果

由于低场核磁共振（LF-NMR）可以通过监测水分子动力学准确地确定包括农产品在内的各种材料的水分分布和弛豫时间，因此，它被用于进一步研究对照组和 TSP+SA 组样品在 4℃下贮藏 25 天的保水差异。由于分子的弛豫行为不同，不同分子的弛豫时间也不同。一般认为，水分子越接近自由态，其弛豫时间越长。从图 10-6（a）可以看出，对照组和 TSP+SA 组在 811ms 之前的 LF-NMR 中没有明显的弛豫峰值，说明随着贮藏时间的延长，两组结合水都流失了。但在 811ms 后，两组样品均出现了一个峰，且 TSP+SA 组样品的幅值高于对照组，说明两组样品的水质子中，自由水占绝大多数，而 TSP+SA 组样品的自由水占比更大。利用磁共振成像（MRI）对辣椒果实的水分分布进行了更直观的测量。图像中的红色表示组织的水分含量较高，而绿色则相反。从图 10-6（b）和图 10-6（c）可以看出，MRI 验证了 LF-NMR 结果。在 MRI 扫描图中，TSP+SA 组样品的果肉呈现红色，表明水分含量较高。

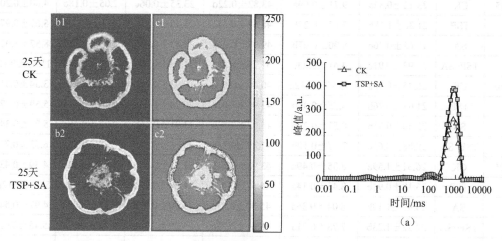

图 10-6 贮藏期间 CK 组和 TSP+SA 组辣椒的弛豫时间曲线（a）、核磁共振图（b1 和 b2，c1 和 c2）

其中：不同的小写字母表示处理组间数据差异的显著性（$P<0.05$）[18]

10.1.3.6 脂肪酸组成测试结果

作者鉴定出了 4 种饱和脂肪酸（FA）。从表 10-1 可以看出，饱和脂肪酸 C16:0 和 C18:0 在对照组样品中均有增加，但在其他 3 组中均有明显的抑制作用，尤其是 TSP+SA 组。而 4 组样品的 C18:2 含量均逐渐降低。而 TSP 组在模拟货架期期间抑制了这种降低趋势，但比 TSP+SA 组的程度要小。4 组样品的 C18:3 含量均在第 5～15 天贮藏期间升高，第 15 天后升高变慢。除第 25 天和第 25+3 天外，TSP+SA 组样品中的 C18:3 含量显著高于其他 3 组。第 25+3 天，TSP+SA 组样品的 C18:3 含量显著高于对照组和 TSP 组，但低于 SA 组。此外，作为膜不饱和的两个可靠指标，不饱和 FA/饱和 FA 比值与 DBI 均随贮藏时间的延长而增加。值得注意的是，TSP+SA 组的双键指数（DBI）显著高于其他 3 组，说明 TSP+SA 组样品的膜不饱和度显著升高。

表 10-1 贮藏期间各处理组辣椒的脂肪酸组成

贮藏时间/天	处理组	脂肪酸组成 /%				比值	双键指数
		棕榈树(C16:0)	硬脂酸(C18:0)	亚油酸(C18:2)	亚麻酸(C18:2)		
0	初值	26.18±1.36	9.63±0.41	50.06±0.81	14.12±0.14	1.79±0.59	3.98±0.91
5	CK	25.01±0.86a	10.48±0.06a	44.36±0.59d	20.15±0.23b	1.82±0.05c	4.20±0.12c
	TSP	24.32±3.28ab	7.65±0.75b	46.56±1.51c	21.47±1.02b	2.13±0.21bc	4.93±0.41bc
	SA	23.22±2.28b	7.01±0.42b	48.56±1.37b	21.21±0.50b	2.31±0.36b	5.32±0.66b
	TSP+SA	17.96±0.30c	6.32±0.38b	50.75±2.06a	24.97±2.72a	3.12±0.57a	7.27±0.50a
10	CK	24.26±0.08a	8.49±0.07a	45.59±0.06b	21.66±0.06c	2.05±0.05b	4.77±0.03c
	TSP	21.65±0.16b	8.29±0.10a	47.35±0.09b	22.71±0.04bc	2.34±0.10b	5.44±0.14b
	SA	21.48±0.20b	7.58±0.04a	47.32±0.12b	23.62±0.23b	2.44±0.54b	5.70±0.49b
	TSP+SA	21.25±0.21b	4.12±0.07b	48.62±0.14b	26.01±0.03a	2.94±0.09a	6.91±0.10a
15	CK	23.12±0.32a	9.71±0.09a	43.82±0.22d	23.35±0.06c	2.05±0.18c	4.80±0.20c
	TSP	21.36±1.18b	7.87±0.27b	46.62±0.65c	24.15±0.38c	2.42±0.82bc	5.67±0.97c
	SA	13.62±0.36c	8.00±0.07b	49.95±0.23b	28.43±0.13b	3.63±0.17b	8.57±1.02b
	TSP+SA	12.92±0.91c	4.41±0.23c	51.28±0.48a	31.39±0.37a	4.77±0.44a	11.35±0.16a
20	CK	26.25±0.68a	13.42±0.12a	40.40±0.69d	19.93±0.14c	1.52±0.71b	3.54±0.31c
	TSP	21.07±0.76b	8.75±0.30b	43.95±1.01c	26.24±2.03a	2.35±0.32a	5.59±0.72b
	SA	22.50±0.91b	8.57±0.25b	45.02±0.52b	23.91±0.16b	2.22±0.46a	5.21±0.34b
	TSP+SA	18.88±0.63c	7.57±0.10b	47.89±0.34a	25.66±0.30a	2.78±0.50a	6.53±0.77a
25	CK	26.31±1.59a	8.35±0.49a	43.98±0.54b	21.35±0.60b	1.88±0.38b	4.39±0.43c
	TSP	23.18±0.94b	8.45±0.14a	46.57±0.49a	21.80±0.47b	2.16±0.96a	5.01±0.12ab
	SA	23.97±1.19b	8.04±0.36a	45.00±0.41a	23.00±0.41a	2.12±0.06a	4.97±0.54b
	TSP+SA	22.32±1.23b	7.78±0.31a	45.61±0.72a	24.29±0.26a	2.32±0.17a	5.45±0.61a
25+3	CK	36.03±0.69a	12.39±0.02a	32.12±0.50d	19.46±0.21c	1.07±0.03c	2.53±0.40d
	TSP	29.61±0.27b	8.06±0.05b	41.73±0.03c	20.61±0.26c	1.65±0.14b	3.86±0.16c
	SA	27.43±0.02c	6.48±0.15c	39.57±0.20c	26.52±0.07a	1.95±0.09ab	4.68±0.29b
	TSP+SA	22.98±0.75d	6.42±0.19c	47.26±0.05a	23.35±0.06b	2.40±0.64a	5.60±0.57a

注：其中比值是不饱和脂肪酸 / 饱和脂肪酸的比值，双键指数计算参照文献 [18]，不同的小写字母表示处理组间数据差异的显著性（P<0.05）

10.1.3.7 去饱和脂肪酸的酶（FAD）活性及基因表达测试结果

从图 10-7 可以看出，对照组样品的 FAD 总活性随着贮藏时间的延长而下降，在第 20～25 天显著地急剧下降。相反，在其余 3 组中，FAD 活性在前 10 天有所增加，然后下降。在第 20～25 天，TSP+SA 组的 FAD 活性显著高于 TSP 组和 SA 组。然而在其他时间点，其余 3 组在 FAD 活性上没有差异，但在贮藏期间显著高于对照组。辣椒中的 SAD1 酶将 C18:0 转化为 C18:1。冷藏强烈地抑制了 CaSAD1 的表达，但 SA 组从第 15 天开始减弱了这种抑制。TSP+SA 处理完全抑制了 CaSAD1 的向下调节，导致 CaSAD1 的表达量在整个贮藏期间都远高于对照组和单一处理组。SAD2 酶催化饱和的 C16:0 生成单不饱和的

C16:1。各组的 CaSAD2 表达量均先下降后回升。TSP+SA 组样品在第 25+3 天表达量数值最高，分别比对照组、TSP 组和 SA 组高 46%、25% 和 13%。ω-6 去饱和酶 CaFAD2 和 CaFAD6 在贮藏开始时均呈显著升高趋势，在第 10 天下降。在第 5、15 天和第 25+3 天，TSP 组样品中的 CaFAD2 的表达量显著高于 TSP+SA 组和 SA 组。前 20 天，与对照组相比，SA 组和 TSP+SA 组显著上调了 CaFAD6 的表达量。随后，TSP 也显著上调了 CaFAD6 的表达量，达到与 SA 组和 TSP+SA 组相同的水平。在模拟货架期结束时，TSP 处理和 SA 处理比 TSP+SA 处理更能有效诱导 CaFAD6 的表达量。FAD7 酶将 C18:2 转化为 C18:3。作者在第 5 天观察到 TSP+SA 处理组的 CaFAD7 酶峰值。该峰值一直维持了 10 天。然而在第 25+3 天，SA 组样品的 CaFAD7 酶的相对表达量达到顶峰，数值为对照组、TSP 组和 TSP+SA 组的 1.91、1.92 和 1.61 倍。

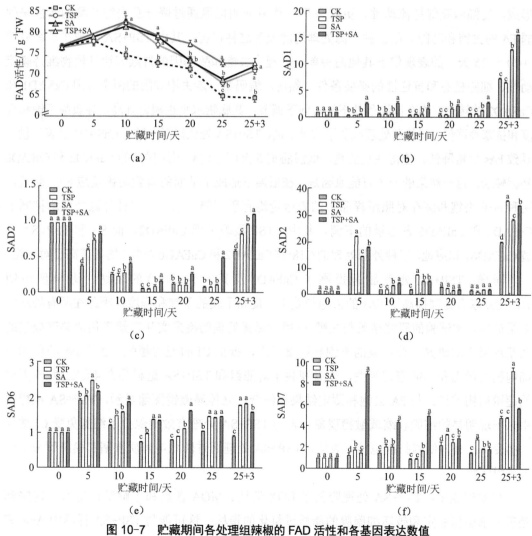

图 10-7　贮藏期间各处理组辣椒的 FAD 活性和各基因表达数值
其中：不同的小写字母表示处理组间数据差异的显著性（P<0.05）[18]

10.1.4 分析与讨论

冷害是果蔬冷链物流和低温贮藏中常见的生理病害，导致采后的抗病性和贮藏性降低。CI 的症状因品种、贮藏条件和采前因素等而异。在辣椒中，CI 症状的特征是表面斑点和水泡样斑块，伴随着籽粒和花萼的褐变。在本试验中，上述 CI 症状均出现在 4℃贮藏 25 天的辣椒中，在 20℃额外贮藏 3 天时出现恶化，但 TSP、SA 和 TSP+SA 处理缓解了这些症状，其中 TSP+SA 处理最有效。本试验的研究结果与以往通过 TSP 或 SA 处理改善苹果、石榴和李子的采后品质的研究结果一致 [19~21]。

作为一种精细调节的生物过程，有效的 FA 去饱和对抵抗 CI 是必不可少的。个别的脂类成分具有特定的物理相变温度。因此，低温可以使一些脂质进入凝胶状态，在细胞膜上形成半结晶薄片 [22]。在饱和脂肪酸中引入双键可以降低酰基链的堆积密度，防止薄片的形成，使细胞膜保持流动性，更耐寒 [23]。作者证明低温通过降低总去饱和酶的活性来削弱 FA 的去饱和功能。而三种外源处理均能改善这种损害，其中 TSP+SA 处理在贮藏后期（20～25 天）的表现优于其他两种单一处理。去饱和酶基因的持续表达是植物维持膜流动性、细胞稳态和抗逆性的必要条件。然而，编码第一步去饱和酶的两个基因 CaSAD1 和 CaSAD2 的转录产物在低温条件下显著向下调节，其底物水平也随之升高，导致膜不饱和程度和抗寒性降低。但外源处理减弱了这种下调，TSP+SA 处理甚至上调了 CaSAD1 的表达量，导致 FAs 含量降低。值得注意的是，低温胁迫 5 天可上调对照组样品的 CaFAD2 和 CaFAD6 基因转录。这一结果的一个可能原因是，在低温下形成了早期的自我防御反应 [24]。此后，两种 ω-6 去饱和酶在对照组样品中的表达量均有所下降。然而，三种外源处理均抑制了 CaFAD2 和 CaFAD6 表达量的下调。其中，TSP 显著上调 CaFAD2，而 SA 和 TSP+SA 上调 CaFAD6。相应地，三种外源处理的 C18:2（CaFAD2 和 CaFAD6 产物）均显著高于对照组。

同样，TSP+SA 处理显著提高了 CaFAD7 及其产物 C18:3 的表达，进一步说明 TSP+SA 联合处理提高了 FAs 的去饱和效率，提高了膜的不饱和程度，因此在所有处理中效果最佳。本试验的研究结果与文献 [25] 用褪黑素处理的桃果实和文献 [2] 用甜菜碱处理的西葫芦果实的研究一致，膜的不饱和程度越高，抵抗 CI 的能力越强。由于 FA 的代谢与细胞膜的形态和功能密切相关，作者观察了对照组和 TSP+SA 组样品在 4℃贮藏 25 天后的超微结构差异。与 FA 去饱和测定结果相结合，立体显微镜图像显示，TSP+SA 组样品中未出现明显的细胞收缩或皱褶现象，表明 TSP+SA 处理有效地保护了细胞免受 CI 诱导的劣变。此外，低温扫描电镜还表明，TSP+SA 处理通过防止电解质渗漏和膜降解来缓解细胞膜降解。

在本试验中，TSP+SA 处理降低了 LOX 活性、MDA 含量和电解质渗透率，这些都是破坏细胞膜稳定和破坏细胞膜的脂质过氧化的指标。这可能与 TSP+SA 样品中 AsA 和 GSH 含量较高有关。这两种化合物已被确定为有效的非酶促活性氧清除剂（ROS）。上述结果表明，TSP+SA 处理通过提高辣椒果实的 ROS 清除能力，延缓了辣椒果实的脂质过氧化，缓解了辣椒果实的 CI。本试验的结果与文献 [26] 用氯丁唑处理辣椒和文献 [27] 用黄体酮处理香蕉的研究一致，表明通过抑制上述三个指标和增强抗氧化代谢可以有效地减弱 CI。

渗透压或脱水是 CI 引起的代谢紊乱之一。脯氨酸是一种高度亲水的渗透调节剂，可以缓解植物的脱水胁迫，降低植物的冰点，其含量可以反映植物的耐寒性 [28]。多项研究表明，增加脯氨酸含量可以减轻 CI 症状，包括脱水应激。例如，文献 [29] 的研究结果表明，24- 表油菜素内酯激活了桃子的脯氨酸的生物合成，缓解了桃子的 CI。同样，文献 [30] 用草酸处理杧果和文献 [31] 用乙烯处理梨，其脯氨酸含量均增加，并赋予了更强的耐寒性。本试验发现，TSP+SA 组辣椒果实的脯氨酸积累量显著增加，表明 TSP+SA 处理通过促进与脯氨酸相关的保水能力提高了辣椒的耐寒性。此外，LF-NMR 和 MRI 表征结果也显示，TSP+SA 组的弛豫曲线幅值明显更高，红色面积更大，进一步证明了与对照组相比，TSP+SA 处理有效改善了辣椒果实的保水性能。

综上所述，本试验的研究结果表明，虽然单独使用 TSP 或 SA 可以缓解辣椒的 CI，但联合使用 TSP+SA 更有效。其中，TSP+SA 处理上调了 FAs 去饱和关键基因的表达，提高了 FAs 去饱和效率，提高了膜的不饱和程度，维持了细胞的组织结构和完整性。此外，TSP+SA 处理也能延缓膜脂的过氧化作用和提高脯氨酸含量相关的水分保留。因此，TSP+SA 的双重调控可作为优化辣椒果实低温贮藏条件、降低 CI 对辣椒果实有害影响的新参考。

10.2　壳聚糖—普鲁兰—石榴皮提取物复合涂层保鲜辣椒

10.2.1　引言

辣椒是一种重要的经济蔬菜，是维生素（A 和 C）和生物活性化合物的丰富来源。辣椒中的酚类化合物和黄酮类化合物是其抗氧化和抗菌特性的重要组成成分 [32]。但是由于其较高的呼吸速率、乙烯产生量和生理衰减，采收后质量的损失在 20% ～ 50%[33, 34]。其物理、生化、感官、贮藏性和耐腐性是检测辣椒品质下降的重要标志 [35]。由于辣椒营养成分的快速流失、呼吸速率、乙烯产生和酶活性的提高，贮藏期间保持其采后品质（物理、生化特性和贮藏性）是一个主要问题 [36]。辣椒在采收后会出现变软、皱缩、萎蔫和腐烂等问题，这将大大降低消费者的接受度 [34]。可食用涂层材料的应用是一个新概念，通过降低微生物腐殖、呼吸速率、脂质过氧化、乙烯产生和酶促反应来提高园艺产品的采后货架期 [37, 38]。

可食用涂层材料还能防止水分流失和水蒸气蒸腾[39]。近年来，由于可食涂层材料具有无毒、可食性、可生物降解性、环保、外观、添加剂的载体和阻隔性等特点，食品包装行业对可食用涂层材料的兴趣日益浓厚[40]。

壳聚糖是用于制备可食用涂层的最常用的聚合物，用于保持果蔬在贮藏期间的采后质量和货架期[41, 42]。它是可生物降解的，具有抗菌和抗氧化性能，也是天然抗氧化剂的良好载体[43]。同样，普鲁兰也是一种无毒、可生物降解的生物聚合物，具有良好的胶凝和成膜性能。它还具有对气体和水蒸气的阻隔性，并可作为添加剂和抗氧化剂的载体[44]。

石榴皮是石榴果实的副产物，是营养物质和酚类化合物的极佳来源，如没食子酸、鞣花酸、安石榴苷 A、安石榴苷 B 和其他可水解的单宁[45]。石榴皮作为天然抗氧化剂掺入可食用的涂层中，由于存在生物活性化合物，有助于抑制微生物生长和维持生物活性[46]。文献[47]使用壳聚糖—明胶和文献[48]使用壳聚糖—芦荟凝胶复合涂层延长了辣椒的货架期，他们的研究也表明复合涂层比单一涂层更有效地延长了辣椒的货架期。文献[37]和文献[49]利用脂质和壳聚糖为涂层材料，提高了木瓜和甜椒的货架期及质量属性。

本试验研究了壳聚糖—普鲁兰—石榴皮提取物复合涂层材料在室温（23±3℃，RH：40%～45%）和低温（4±3℃，RH：90%～95%）条件下贮藏18天期间对辣椒的效果。测定了贮藏期间（间隔3天）的理化特性（失重率、可滴定酸度、pH、可溶性固形物含量）、总酚含量、总黄酮含量、抗氧化活性和感官评价。

10.2.2 材料和方法

10.2.2.1 材料

新鲜辣椒购自（Sonepat，Haryana）农场，石榴果购自（Kullu，Himachal）果园。增塑剂、壳聚糖、普鲁兰、没食子酸、DPPH、氯化铝、槲皮素、碳酸钠等化学品和试剂由 Hi-media 和 Hi-tech 化工供应商提供。

10.2.2.2 石榴皮提取物的制备

人工去石榴皮，将石榴皮在 45℃下冻干 32h，得到干粉。以甲醇为提取溶剂，超声波（CUB-5，Citizen，40kHz，220～240V，New Delhi，India）辅助提取，时间为 30min，水浴温度为 45℃。将前述石榴皮提取物在真空旋转蒸发器蒸发，最终获得石榴皮提取物的浓度为 0.02g/mL，储存待用。

10.2.2.3 复合涂层溶液的制备

将壳聚糖用 0.5% 的柠檬酸溶液溶解形成壳聚糖溶液（2%），将普鲁兰用蒸馏水溶解形成普鲁兰溶液（2%）。将前述两种溶液分别在电磁搅拌器中在室温下（23±1℃）搅拌 60min。然后，按照 50：50 的比例将二者混合和均质（Polytron，PT-MR 3100 D Kinematica AG Switzerland），转速为 9000r/min，时间为 10min。在壳聚糖—普鲁兰复合涂层溶液中加入 1% 的甘油作为增塑剂和 5% 的石榴皮提取物。将前述混合物在磁力搅拌器中搅拌 1h，得到涂膜液备用。

10.2.2.4　涂膜与贮藏

采用文献 [50] 描述的涂膜方法：辣椒用氯化钙溶液（200ppm）彻底清洗，并在室温（23±1℃）下干燥 30min。准备 4 个分批（对照组和涂膜组）共 90 个辣椒。将两个批次的辣椒浸入涂膜溶液中 2min，然后保持干燥 15min，该过程重复两次。处理的和未处理的（对照组）样品分别贮藏在 23±1℃、RH 为 40%～45% 的房间和 4±3℃、RH 为 90%～95% 的低温环境中。具体分组为：室温对照组（Room control）；室温涂膜组（Room coated）；低温对照组（4℃ control）；低温涂膜组（4℃ coated）。对照组辣椒浸泡去离子水。在 18 天的贮藏期内，每隔 3 天测定相关理化参数和感官特性。

10.2.2.5　辣椒提取物的制备

为了评价辣椒的可滴定酸度、总酚含量、总黄酮含量和抗氧化活性，根据文献 [51] 的方法制备了辣椒提取物。使用均质器（Polytron，PT-MR 3100D Kinematica AG，Switzerland）将 10g 辣椒与 40mL 蒸馏水混合均质。制备的溶液（0.25g/mL）用细棉布过滤，在离心机（Sigma，318，KS，Germany）中离心 10min，转速为 10000rpm，得到澄清的辣椒提取物待用。

10.2.2.6　辣椒质量参数测试

本试验所有测试项目参照文献 [52] 的描述，包括辣椒的失重率测试，单位为 %；可溶性固形物（TSS）含量测试，单位为 °Brix；可滴定酸（TA）含量测试，单位为 %；pH 值测试；硬度测试，单位为 N；总酚含量（TPC）测试，单位为 mg GAE/g；总黄酮（TFC）含量测试，单位为 mg QE/g；抗氧化性（DPPH 自由基清除率）测试，单位为 %；感官评定包括新鲜度、颜色、质地、口感和总体可接受度。

10.2.3　结论与讨论

10.2.3.1　失重率分析

水果和蔬菜的生理性失重与水分流失与表皮的呼吸作用直接相关。水分流失是决定果蔬采后货架期的一个重要因素。从图 10-8 可以看出，在两种贮藏条件下，与对照组相比，复合涂层显著降低了辣椒贮藏期间的失重率。室温对照组样品在 18 天末的失重率最高，为 56.32±0.23%。而在 4℃条件下，涂膜组的失重率为 9.33±0.28%，对照组为 13.41±0.40%。由于蒸发和呼吸速率较高，室温下对照组样品的失重率较高。结果表明，复合涂层在室温和 4℃条件下均能有效保鲜辣椒 18 天。在室温和 4℃条件下，涂膜后的样品与未涂膜的样品的显著性差异较小。本试验的结果与文献 [39, 48, 53～56] 关于辣椒的结论一致，可食用涂层具有防止失水、减少合成和控制酶活性（PPO/POD）的特性，可以延缓辣椒贮藏期间的重量损失。

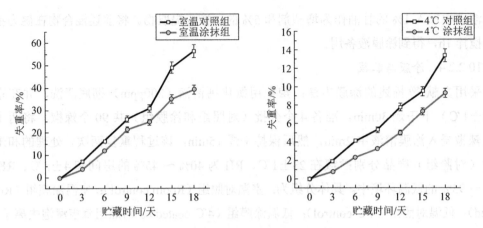

图 10-8　贮藏期间各处理组辣椒的失重率 [52]

10.2.3.2　TSS 含量分析

水果和蔬菜的总可溶性固形物（TSS）是影响消费者接受度的重要因素。随着贮藏时间的延长，由于复杂多糖水解转化为简单单糖，果胶物质和果汁浓度的转化，果实的 TSS 含量随贮藏时间的延长而逐渐增加 [57]。从图 10-9 可以看出，室温和 4℃条件下，贮藏期间辣椒的 TSS 含量呈增加趋势。4℃下涂膜组样品的 TSS 增幅最小，为 5.52±0.03ºBrix，对照组样品的 TSS 含量为 5.84±0.04ºBrix。贮藏期间，对照组样品的 TSS 含量较涂膜组增幅迅速。室温条件下，对照组样品的 TSS 增长率较高，为 7.32±0.21ºBrix。在 4℃条件下，对照组和涂膜组间差异不显著。结果表明，对照组样品的 TSS 增加程度高于涂膜组。这可能与果实的氧化和传质过程有关 [58]。将两种贮藏条件下涂膜组样品的 TSS 含量与对照组进行比较，结果表明，涂膜组样品在贮藏期间的合成、新陈代谢活性、失水率、水解酶活性以及糖在水分和气体中的转化均显著降低。代谢活动和呼吸速率的减缓过程导致 TSS 的降低，因为从其他碳水化合物到糖的转变速率降低 [37]。文献 [34] 也有相似的研究结论，可食用涂层能有效控制辣椒对柠檬酸的敏感性，降低氧化，提高辣椒的 TSS 含量。

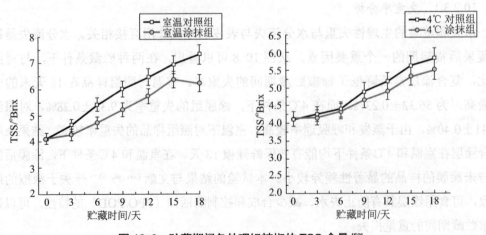

图 10-9　贮藏期间各处理组辣椒的 TSS 含量 [52]

10.2.3.3 TA 含量和 pH 分析

从图 10-10 可以看出，贮藏期间辣椒的 TA 含量随贮藏时间的延长而呈上升趋势，pH值随贮藏时间的延长而呈下降趋势。壳聚糖—普鲁兰复合涂层在减少辣椒采后损失方面具有一定的应用前景。本试验结果表明，在室温和 4℃ 条件下，由于呼吸和酶活性（PPO/POD）变慢，导致辣椒的 pH 值随 TA 的增加而降低[59]。第 18 天，室温对照组的 TA 增幅最大，为 0.26±0.17% ～ 1.07±0.09%，室温涂膜组为 0.77±0.00%。在 4℃ 时，涂膜组样品的 TA 最低，为 0.51±0.04%。

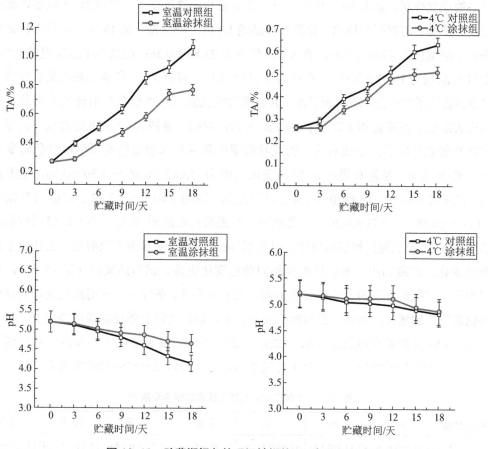

图 10-10　贮藏期间各处理组辣椒的 TA 含量和 pH[52]

与对照组相比，涂层处理对辣椒 pH 值的降低有显著的抑制作用。随着贮藏时间的延长，辣椒的 pH 值逐渐降低。第 0 天，涂膜组样品和对照组样品的 pH 值为 5.2±0.05。贮藏 18 天后，室温对照组的 pH 值降低幅度最大，分别为对照组 5.2±0.05 ～ 4.15±0.11，室温涂膜组为 5.2±0.05 ～ 4.66±0.20。在 4℃ 的贮藏条件下，辣椒的 pH 值降低较少。在 4℃ 条件下，贮藏期间对照组样品的 pH 范围从 5.2±0.05 降低到 4.82±0.00。贮藏结束时，pH 值在 4℃ 时下降最少。室温贮藏与 4℃ 贮藏的显著性差异最大，涂膜与未涂膜样品在室温条件下贮藏 18 天的差异最小。与对照组样品相比,复合涂膜在室温和冷藏条件下能够更好地保持辣椒的 TA 含量和 pH 值,这可能是由于其具有抗氧化剂和有机酸化合物。这一结果与文献 [60] 的研究结果一致,他们报道了阿拉伯胶对辣椒贮藏期间 pH 值的影响。本试验结果表明,应用复合膜保持了辣椒贮藏期间的 TA 含量和 pH 值,这可能是由于辣椒防御酶的激活降低了呼吸速率和新陈代谢活性,控制了酶活性和炭疽病的发生 [43, 61]。

10.2.3.4 颜色分析

颜色是消费者选择水果和蔬菜的一个重要因素。L* 值是果蔬表面的明暗度指标,代表产品的视觉外观。从表 10-2 可以看出,在室温和冷藏条件下,辣椒的 L* 值随贮藏时间的延长而降低。与对照组相比,涂膜组样品的 L* 值下降缓慢。第 18 天,对照组样品在室温条件下的数值为 13.65±0.14,在 4℃条件下为 21.86±0.36;明显低于涂膜组的 L* 值,室温时室温组为 16.93±0.36,4℃时为 25.44±0.36。得到的 L* 值表明辣椒的亮度丧失,同时表面出现了淡黄色。a* 代表了水果和蔬菜的绿色值,将 a* 值从负值转换为正值,表示产品失去绿色。在室温和 4℃条件下贮藏 18 天,对照组辣椒的 a* 值迅速由负向正变化。这可能与脱镁叶绿素的形成有关,脱镁叶绿素的形成标志着植物的颜色由绿色转变为棕色 [62]。贮藏期间,室温对照组 a* 值的变化范围为 −13.43±0.66 ～ 1.50±0.36,室温涂膜组为 −13.43±0.66 ～ −2.14±0.36,4℃对照组为 −13.43±0.66 ～ −3.22±0.36,4℃涂膜组为 −13.43±0.66 ～ −4.71±0.36。贮藏期间,对照组辣椒的 a* 值明显高于涂膜组辣椒。辣椒的颜色 b* 值也表现出相似的规律,对照组样品的 b* 值明显高于涂膜组。它代表了辣椒的黄色变化,贮藏期间,未涂膜的样品的黄色变化更高。试验结束时(第 18 天),与涂膜组相比,对照组样品的黄度值显著提高。在室温和 4℃条件下,施用涂层处理能显著控制辣椒黄度值的增加。此外,在两种贮藏条件下,涂层均能有效控制辣椒的褐变。产品颜色 a* 值与 b* 值的差异用色差(ΔE)表示。涂层的应用显著降低了色差值。它延缓了果实 L*、a* 和 b* 值的增加,这是由于对气体和水分的阻隔以及较低的呼吸速率 [63]。

表 10-2　贮藏期间各处理组辣椒的颜色参数 [52]

处理组	参数	0 天	3 天	6 天	9 天	12 天	15 天	18 天
Room control	L*	41.16±0.66b	37.31±0.13g	31.64±0.14e	27.19±0.14g	21.36±0.14gk	18.41±0.20i	13.65±0.14k
	a*	−13.43±0.66b	−10.93±0.55j	−8.02±0.47i	−5.73±0.14l	−3.62±0.51m	−2.97±0.05j	1.50±0.36l
	b*	12.21±0.06c	13.70±0.05h	15.22±0.47f	21.62±0.14h	27.67±0.51h	32.92±0.05d	35.60±0.36d
	ΔE	55.13±0.06a	54.61±0.55d	58.07±0.47b	56.14±0.14c	53.82±0.05d	55.55±0.51a	56.70±0.36b
Room coated	L*	41.16±0.66b	39.65±0.55f	36.11±0.47d	33.59±0.14f	28.67±0.51g	23.62±0.51h	16.93±0.36j
	a*	−13.43±0.66d	−11.19±0.05j	−8.87±0.47i	−7.17±0.14m	−5.86±0.51n	−5.63±0.51k	−2.14±0.36m
	b*	12.21±0.06c	12.75±0.55i	13.10±0.47g	18.59±0.14i	24.69±0.51i	28.91±0.05e	32.41±0.36f
	ΔE	55.13±0.06a	61.01±0.55b	58.68±0.48b	57.82±0.17a	56.56±0.51a	55.41±0.25a	57.77±0.36b

续表

处理组	参数	0 天	3 天	6 天	9 天	12 天	15 天	18 天
4℃ control	L*	41.16±0.66b	39.72±0.55f	36.06±0.47d	34.48±0.14e	30.51±0.51f	25.95±0.5g	21.86±0.36i
	a*	-13.43±0.66d	-11.23±0.05j	-9.93±0.47j	-8.11±0.14n	-6.28±0.51n	-5.44±0.15k	-3.22±0.36n
	b*	12.21±0.06c	12.69±0.05i	13.58±0.47c	16.99±0.14j	22.00±0.05j	27.95±0.51f	33.26±0.36e
	ΔE	55.13±0.06a	55.93±0.55c	59.99±0.47a	57.70±0.14a	55.02±0.32b	53.53±0.51b	55.55±0.36b
4℃ coated	L*	41.16±0.66b	40.79±0.55e	37.33±0.47c	35.45±0.14d	32.69±0.51e	28.08±0.51	25.44±0.36h
	a*	-13.43±0.66d	-12.08±0.05k	-10.68±0.47j	-9.32±0.14o	-7.37±0.05o	-6.69±0.51	-4.71±0.36o
	b*	12.21±0.06c	12.26±0.05i	12.53±0.47h	14.12±0.14k	18.30±0.51l	25.75±0.05	29.81±0.36g
	ΔE	55.13±0.06a	62.02±0.05a	59.08±0.47ab	56.94±0.16b	54.41±0.58c	52.06±0.32	54.60±0.37c

注：其中 L* 表示亮度值，a* 表示红绿值，b* 表示黄绿值，ΔE 表示色差。不同的小写字母表示数据间差异显著性（P ≤ 0.05）

10.2.3.5 硬度分析

脂质氧化、水分蒸腾和果胶物质的水解是影响果蔬贮藏期间硬度的主要因素。从图 10-11 可以看出，与对照组样品相比，涂层操作显著延缓了两种贮藏条件下辣椒硬度的降低。室温下对照组样品在贮藏期间的硬度下降幅度较大，变化范围为 1113.01±1.30 ～ 33.79±1.18g，这可能是由于果实组织蒸腾速率增加，细胞膨胀导致组织硬度下降。在两种贮藏条件下，与对照组相比，涂膜组样品的硬度保持率较高。本试验的结果表明复合涂层由于对气体和蒸腾作用的阻隔，保持了细胞膨胀，显著减少了辣椒硬度的下降。文献 [48, 54, 55, 64] 研究了用壳聚糖等可食用涂层对辣椒贮藏期间硬度的影响，结果表明，由于涂层具有阻隔水分和气体传输的特性，涂层可以保持辣椒的硬度。

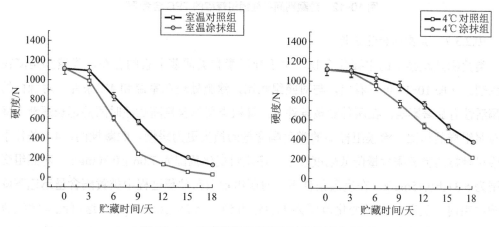

图 10-11　贮藏期间各处理组辣椒的硬度 [52]

10.2.3.6 总酚含量分析

植物材料中的酚类化合物具有抗氧化和抗菌等生物活性，并且具有清除自由基和降低疾病风险的能力。复合涂层处理在室温和4℃条件下对辣椒的酚类活性有积极的影响。在多糖涂层中加入石榴皮提取物，提高了涂层的多酚活性，并有助于保持产品的总酚含量 [51]。由于石榴皮含有较高的天然抗氧化剂，加入提取物的涂层处理后的样品，其酚活性的提高。从图10-12可以看出，对照组和涂膜组样品的 TPC 均随着贮藏时间的延长而下降。由于 PPO 和 POD 酶活性较高，在两种贮藏条件下，对照组与涂膜组样品相比，酚活性迅速下降。贮藏期间，室温对照组样品的总酚含量下降最多，变化范围为 64.58±0.15 ～ 27.33±0.26mg/g，室温涂膜组变化范围为 64.58±0.15 ～ 35.15±0.30mg/g；在4℃条件下，对照组变化范围为 64.58±0.15 ～ 36.95±0.40mg/g，涂膜组变化范围为 64.58±0.15 ～ 41.09±0.20mg/g。文献 [34, 44, 64] 等的研究结果表明，可食用涂层可以抑制辣椒贮藏过程中酚类化合物的损失，这可能是通过减少脂质氧化、延缓乙烯产生和控制酶活性来实现的。

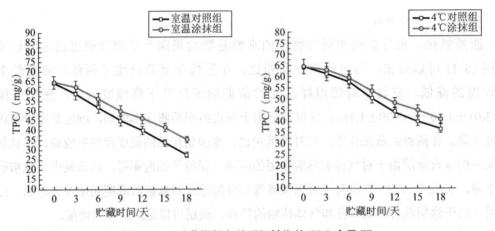

图 10-12　贮藏期间各处理组辣椒的 TPC 含量 [52]

10.2.3.7　类黄酮含量分析

类黄酮是蔬菜中的主要化合物，由于叶绿素和类胡萝卜素的存在，类黄酮是潜在的着色剂。从图10-13可以看出，与对照组相比，涂膜处理在室温和4℃条件下对辣椒的类黄酮活性有显著影响。在两种贮藏条件下，辣椒类黄酮含量随贮藏时间的延长逐渐下降。与对照组样品相比，涂膜组样品的类黄酮含量的损失更为缓慢。贮藏期间，4℃条件下，涂膜组辣椒的类黄酮含量降低幅度较小，涂膜组变化范围为 7.06±0.30mg/g，对照组变化范围为 6.31±0.15mg/g。在室温条件下，对照组辣椒在贮藏过程中类黄酮含量迅速下降。贮藏结束时，类黄酮含量变化范围为 11.95±0.57 ～ 4.28±0.31mg/g，这可能与呼吸速率的提高和酚类化合物的降解有关 [65]。结果表明，涂层处理对两种贮藏条件下的辣椒采后品质有显著影响。壳聚糖—普鲁兰—石榴皮提取物复合涂层在室温和4℃条件下均可在18天内维持辣椒的叶绿素和类胡萝卜素含量。

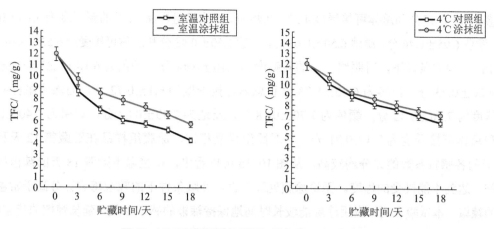

图 10-13　贮藏期间各处理组辣椒的 TFC 含量 [52]

10.2.3.8　抗氧化性分析

植物中的酚类和黄酮类化合物是一种潜在的自由基清除剂来源，可以产生抗氧化能力，对抗自由基中和作用造成的氧化损伤。抗氧化剂能对抗自由基所产生的许多氧化反应，延缓、控制组织损伤，降低机能和营养损失的风险。从图 10-14 可以看出，贮藏期间辣椒的抗氧化活性呈下降趋势。4℃涂膜组样品的抗氧化活性下降最少，变化范围为 $88.35 \pm 0.15\% \sim 62.33 \pm 0.30\%$。结果表明，复合涂层能维持辣椒的酚类含量和自由基的清除活性，从而防止辣椒变质。

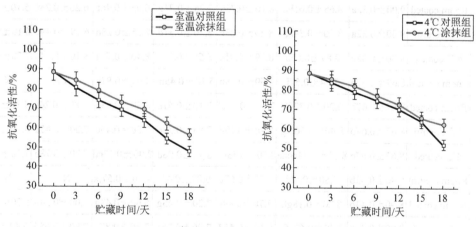

图 10-14　贮藏期间各处理组辣椒的抗氧化活性 [52]

10.2.3.9　感官评定分析

从表 10-3 可以看出，辣椒的总体可接受度评分和相关感官参数（新鲜度、颜色、质地、口感）评分均随贮藏时间的延长而降低。在室温和 4℃条件下，涂膜组辣椒获得了更高的感官评分，总体可接受性和相关感官参数均比对照组高。第 12 天，室温条件下，对照组样品的感官评价得分分别为新鲜度 4.00 ± 0.56 分，颜色 5.00 ± 1.05 分，质地 4.00 ± 0.87 分，口感 4.10±0.57 分和总体可接受度 4.27±0.48 分。而涂膜组样品 12 天的新鲜度为 6.10±0.48 分，颜色 6.95±0.46 分，质地 6.50±0.63 分，口感 6.60±0.43 分和总体可接受度 6.53±0.34 分。第 18 天，4℃条件下，对照组样品的新鲜度为 5.10±0.44 分，颜色为 6.10±0.23 分，质地为 6.80±0.23 分，口感为 6.40±0.23 分和总体可接受度为 6.1±0.72 分。而涂膜组样品的新鲜度为 7.20±0.32 分，颜色为 7.70±0.18 分，质地为 7.30±0.82 分，口感为 7.40±0.27 分和总体可接受度为 7.4±0.21 分。与对照组样品相比，涂膜组样品在贮藏第 12 天和第 18 天的各感官参数的评分均较高。从图 10-15 可以看出，在室温下贮藏 18 天的辣椒质量很差，达到不能接受的程度。无论涂膜处理与否，冷藏条件下的辣椒感官评分高于常温贮藏的辣椒。本试验表明，应用涂层能较长时间地保持辣椒的感官参数，延长辣椒的货架期。这是由于涂层可以产生阻隔作用，防止水分流失和酚的氧化。

表 10-3　贮藏期间各处理组辣椒的感官评定得分（分）

参数	处理	0 天	3 天	6 天	9 天	12 天	15 天	18 天
新鲜度	Room control	9.00±0.21a	7.28±0.92j	6.10±0.87i	5.48±0.53l	4.00±0.56k	N/A	N/A
	Room coated	9.00±0.21a	8.29±0.23fgh	7.25±0.34g	6.65±0.76i	6.10±0.48h	5.50±0.78j	4.00±0.56k
	4℃ control	9.00±0.21a	8.45±0.48def	7.86±0.65e	7.21±0.24g	6.80±0.34f	6.10±0.56gh	5.10±0.44f
	4℃ coated	9.00±0.21a	8.83±0.72ab	8.53±0.12bc	8.03±0.28d	7.90±0.87cd	7.50±0.34c	7.20±0.32d
颜色	Room control	9.00±0.32a	8.10±0.54h	7.21±0.15g	6.01±0.45k	5.00±1.05i	N/A	N/A
	Room coated	9.00±0.32a	8.65±0.61bc	8.10±0.73d	7.25±0.71g	6.95±0.46f	6.20±0.23f	5.10±0.34i
	4℃ control	9.00±0.32a	8.80±0.34ab	8.40±0.23c	8.10±0.31d	7.85±0.23d	6.79±0.49e	6.10±0.23g
	4℃ coated	9.00±0.32a	8.89±0.65a	8.79±0.91a	8.56±0.23a	8.40±0.78a	8.10±0.34a	7.70±0.18a
质地	Room control	8.67±0.67b	7.24±0.57j	6.69±0.78h	5.10±0.45m	4.00±0.87k	N/A	N/A
	Room coated	8.67±0.67b	5.20±0.32gh	7.80±0.35ef	7.10±0.61e	6.50±0.63g	5.80±0.24i	5.10±0.35i
	4℃ control	8.67±0.67b	8.40±0.56efg	8.20±0.19d	7.85±0.35e	7.50±0.45e	7.00±0.45d	6.80±0.23e
	4℃ coated	8.67±0.67b	8.62±0.74bcde	8.50±0.53bc	8.10±0.98d	7.90±0.73cd	7.70±0.78b	7.30±0.82c
口感	Room control	8.90±0.43b	7.80±0.56i	7.20±0.67g	6.09±0.43j	4.10±0.57jk	N/A	N/A
	Room coated	8.90±0.43b	8.20±0.18gh	7.70±0.89f	7.20±0.45g	6.60±0.43g	6.00±0.34h	5.20±0.57h
	4℃ control	8.90±0.43b	8.40±0.67efg	8.10±0.45d	7.90±0.76e	7.30±0.87e	7.00±0.65d	6.40±0.32f
	4℃ coated	8.90±0.43b	8.70±0.82abc	8.55±0.76bc	8.40±0.17b	8.20±0.52b	7.80±0.46b	7.40±0.27b
总体可接受度	Room control	8.90±0.14b	7.60±0.41i	6.80±0.52h	5.67±0.46l	4.27±0.48j	N/A	N/A
	Room coated	8.90±0.14b	8.33±0.21fgh	7.71±0.35ef	7.05±0.27h	6.53±0.34g	5.87±0.29i	4.85±0.56j
	4℃ control	8.90±0.14b	8.51±0.19cdrf	8.14±0.22d	7.76±0.38f	7.36±0.43e	6.72±0.42e	6.1±0.72g
	4℃ coated	8.90±0.14b	8.76±0.12ab	8.59±0.13b	8.27±0.24b	8.1±0.24bc	7.7±0.25b	7.4±0.21b

注：表中 N/A 表示没有数据，不同的小写字母表示数据间差异显著性（P≤0.05）

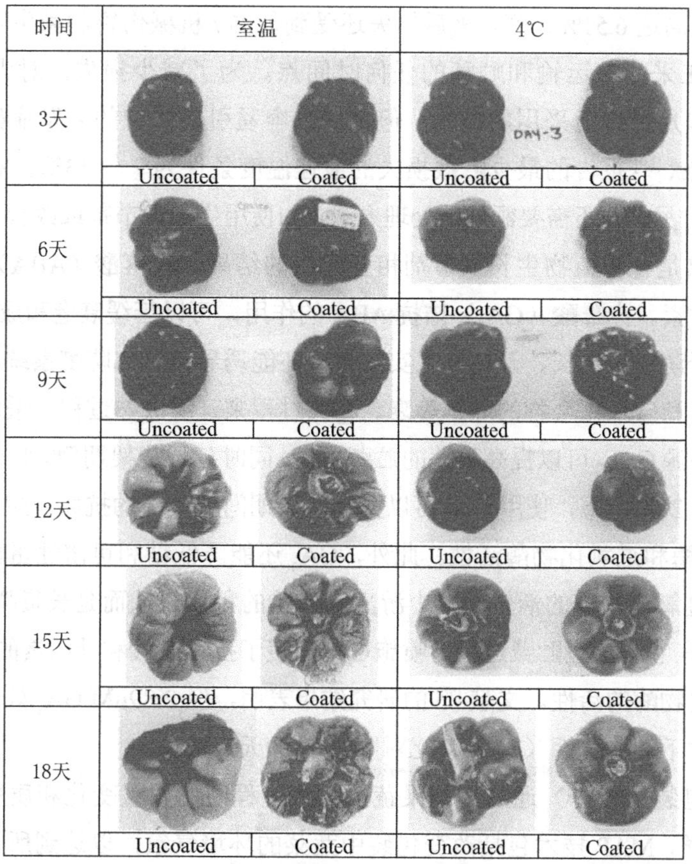

时间	室温		4℃	
3天	Uncoated	Coated	Uncoated	Coated
6天	Uncoated	Coated	Uncoated	Coated
9天	Uncoated	Coated	Uncoated	Coated
12天	Uncoated	Coated	Uncoated	Coated
15天	Uncoated	Coated	Uncoated	Coated
18天	Uncoated	Coated	Uncoated	Coated

图 10-15　贮藏期间各处理组辣椒的外观照片（后附彩图）

其中：Uncoated 表示没有涂层处理；Coated 表示有涂层处理 [52]

10.2.4　结论

目前的试验结果表明，壳聚糖—普鲁兰—石榴皮提取物复合涂层对于保持辣椒的理化质量及感官品质是有效的。复合涂层的应用延缓了其硬度的退化、感官特性和失重。同时，复合涂层还具有保留酚类、类黄酮和抗氧化性能的潜力。综上所述，壳聚糖—普鲁兰—石榴皮提取物涂层可以延长辣椒的货架期，保持其理化品质，可考虑将其应用于易腐园艺产品的贮藏。

10.3　外源赤霉酸联合改善气调包装保鲜辣椒

10.3.1　引言

新鲜辣椒由于水分含量高，代谢活跃，呼吸速率高和易衰老等是采后质量损失高的主要原因（损失高达 6.51%）[67]。采后损失还受到低温 / 机械伤害和微生物腐败的影响，这些可能发生在采后、运输和贮藏的任何时间点。为了减少损失，对大多数水果和蔬菜进行低温贮藏是最广泛采用的技术，但是低温容易引起辣椒的并发症如易受冷害（低于 7℃）[68]。文献 [69] 报告的最少贮藏损失的最佳温度条件为 7 ~ 13℃，相对湿度条件为 90% ~ 95%RH。另外，还需要额外的处理方法，如使用生长调节剂或改善气调包装技术。

衰老和成熟是各种植物生长调节剂相互作用的结果。脱落酸（ABA）被认为是促进衰老最有效的激素。赤霉酸（GA_3）拮抗 ABA 的作用，可以延缓衰老和成熟。此外，GA_3 不仅能促进种子萌发、生长、开花和果实发育，还能诱导抗氧化防御系统。GA_3 通过抑制叶绿素、蛋白质和碳水化合物的降解等衰老相关过程来延缓成熟过程。采用浸渍、喷涂或涂层方式施用外源 GA_3，可以提高果蔬的贮藏质量，同时延长货架期 [70]。此外，研究还发现，在低温（15℃和25℃）下，使用 GA_3 可以抑制贮藏期间表皮中的抗坏血酸和叶绿素降解，并降低 α- 淀粉酶和过氧化物酶活性。此外，GA_3 还能降低糖和可溶性蛋白的含量，降低多酚氧化酶和过氧化物酶的活性，减少游离氨基酸的积累，从而延长货架期。文献 [71] 的研究结果表明，在卷心莴苣贮藏过程中喷施 GA_3 延缓了抗坏血酸和叶绿素的降解，降低了 α- 淀粉酶和过氧化物酶的活性。文献 [70] 的研究结果表明，经 2.89μM GA_3 处理的青椒在冷藏（4±1℃）条件下的贮藏期（27 天）比对照组（18 天）长。

改善气调包装（MAP）通过抑制果蔬在贮藏过程中的数量变化和质量损失，被广泛应用于果蔬保鲜。MAP 技术包括改变包装中蔬菜的环境气氛，以达到所需的气体组成，以延缓自然变质过程，抑制微生物生长，并保持消费者认可的新鲜度指标的质量属性 [72]。与此相反，氧气促进了多种氧化反应和微生物的生长。因此，对于新鲜蔬菜来说，理想的气氛组成包括较低含量的氧气和较高含量的二氧化碳。研究表明，外源 GA_3 联合 MAP 可以提高辣椒 [70, 73] 和甜椒 [74] 的货架期。但是，据作者调查，目前没有发现同时施用外源 GA_3 联合 MAP 延长辣椒采后货架期的报道。因此，本研究旨在验证：（1）外源 GA_3 联合 MAP 能够延长辣椒的货架期，改善其品质属性；（2）外源 GA_3 联合 MAP 在保持辣椒品质特性和延长货架期方面具有协同作用。

10.3.2　材料和方法

10.3.2.1　试剂

乙醇、乙腈、甲醇、抗坏血酸、2,6- 二氯苯酚吲哚酚（DIP）、福林酚试剂和 $AlCl_3$ 购于（SLR Chemicals Pvt. Ltd.，New Delhi，India）公司。辣椒素、没食子酸和邻苯二酚购于（Sigma Aldrich，New Delhi，India）公司，赤霉素（GA_3）购于（Himedia，Mumbai，India）实验室。

10.3.2.2　辣椒原料

本试验对 2016—2017 年在印度泰米尔纳德邦维洛尔农业农场种植的 PKM-1 辣椒进

行了研究。PKM-1 是由印度泰米尔纳德邦佩里雅库拉姆园艺学院和研究所选育的 CO-1 x AC. No.1797 杂交 F4 代品种。农场位于北纬 12.9165°，东经 79.1325°，海拔 218 米。新鲜和成熟（绿色）的辣椒（cv. PKM-1）尺寸均匀（平均长度 3 ～ 5cm，平均直径 1 ～ 1.5cm，平均重量 3.35g），于 2017 年 8 月早上 6 ～ 8 时（温度 24℃，RH 76%）采收，选择无缺陷、无病害的辣椒作为试验材料。用水冲洗 8000g 辣椒，去除其表皮上附着的污垢。然后浸入 70%（v/v）乙醇溶液中 30s，再在室温（25±3℃）下浸入次氯酸钠溶液中（3μM）10min，然后消毒风干。上述辣椒样品被进一步分为 2 类，即（1）对照组样品和（2）GA₃ 处理样品。进一步细分为 6 个子类：（a）对照组（Control），记为 C；（b）GA₃ 处理，记为 GA；（c）对照 +LDPE，记为 C+LD；（d）对照 +RD45，记为 C+RD；（e）GA₃+LDPE，记为 GA+LD；（f）GA₃+RD45，记为 GA+RD。

10.3.2.3　包装材料

低密度聚乙烯（LDPE）、防雾膜（RD 45）和聚对苯二甲酸乙二醇酯（PET）容器（尺寸 11.8cm×11.8cm×8.3cm）分别购于（Abdos polymers Ltd.，New Delhi，India）公司、Cryovac（Sealed Corporation，Duncan，South Carolina）公司和 AS 食品包装（New Delhi，India）公司。它们的理化性质见表 10-4。

表 10-4　包装材料的理化参数 [75]

材料	尺寸	厚度	WVTR	OTR	CTR
PET	0.118m×0.118m×0.083m	1.52±0.3mm	27.2	60±5	25±3
LDPE	na	49.95±0.04μm	18.2	31420±1000	8504±550
RD45	na	17.75±0.12μm	23.2	32420±1000	12824±233

注：其中 WVTR 表示水蒸气透过率，单位为 $g\ m^{-2}\ day^{-1}$；OTR 表示氧气透过率，单位为 $cm^3 m^{-2}$；CTR 表示二氧化碳透过率，单位为 $cm^3 m^{-2}$

10.3.2.4　GA₃ 处理

将上述子类（b）GA₃、（e）GA+LDPE 和（f）GA+RD 中的辣椒（100±2g 的灭菌辣椒 30 ～ 35 个）在 25℃的 GA₃ 溶液（3μM）中浸泡 10min。将处理后的样品表面多余的溶液用消毒纸巾包裹，放在 BOD 培养箱中在 35±2℃温度下风干 30min。

10.3.2.5　MAP 处理

GA₃ 处理后的样品和对照组样品（100±2g）放在 PET 容器中，并使用封口器（Teknik Industries Trader，Ambala，India）密封，密封用的包装材料为 LDPE 和 RD45。包装材料所覆盖的总面积为 $0.014m^2$。GA₃ 处理后的样品贮藏在 BOD 培养箱（Industrial & Laboratory Tools Corporation，Chennai）中，温度为 8±2℃，相对湿度为 93±2%。而对照组样品则放进 PET 容器中并室温贮藏。试验设计流程如图 10-16 所示。

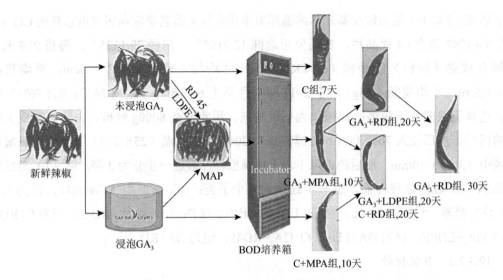

图 10-16　试验设计流程 [75]

10.3.2.6　辣椒质量参数测试

本试验所有测试项目参照文献 [75] 的描述，包括辣椒的失重率测试，单位为 %；硬度测试，单位为 N；颜色指数测试；顶空气体组成（CO_2 和 O_2）测试，单位为 %；呼吸速率测试，单位为 $CO_2 mL\ kg^{-1}h^{-1}$；可滴定酸（TA）含量测试，单位为 %；抗坏血酸（AsA）含量测试，单位为 $g\ kg^{-1}$；总酚含量（TPC）测试，单位为 $g\ GAE\ kg^{-1}$；类胡萝卜素含量测试，单位为 $g\ kg^{-1}$；总黄酮（TFC）含量测试，单位为 $g\ CE\ kg^{-1}$；抗氧化能力（AOA）测试，单位为 %；叶绿素含量测试，单位为 $g\ kg^{-1}$；辣椒素含量测试，单位为 $g\ kg^{-1}$。

10.3.3　分析与讨论

10.3.3.1　货架期分析

对照组、GA 组和 C+LD 组样品的货架期短，分别为 10 天、15 天和 12 天，而 C+RD 组和 GA+LD 组样品的货架期较长，分别为 20 天和 25 天，而 GA+RD 组样品的货架期最长，为 30 天。文献 [70] 的研究结果表明，施用 GA_3 处理的辣椒的货架期为 27 天，而对照组只有 9 天。本试验的结果表明，RD 45 包装的辣椒的货架期（30 天），比 LDPE 包装的辣椒的货架期（20 天）更长。

10.3.3.2　顶空气体组成和呼吸速率分析

从图 10-17 可以看出，贮藏 10 天后，RD45 膜保持了包装内的最佳顶空气体组成（C+RD 组中 CO_2: 0.92%，O_2: 9.15%），比 LDPE 膜（C+LD 组中 CO_2: 0.75%，O_2: 8.14%）更有效。GA+LD 和 GA+RD 包装在贮藏 10 天后仍保持了最佳顶空气体组成，GA+RD 包装中的 CO_2 值为 0.74%，O_2 值为 11.46%，GA+LD 包装中的 CO_2 值为 0.72%，O_2 值为 8.68%。GA+RD 包装在贮藏 30 天后仍能保持 1.94% 的 CO_2 和 4.15% 的 O_2 的最佳气体组成，从而

延长了辣椒的货架期。文献 [73] 也报道了相同范围的顶空气体组成，冷藏条件下 27 天贮藏期间，RD45 包装内的顶空气体组成为 3% 的 CO_2 和 5% 的 O_2，而 LDPE 包装内的顶空气体组成为 2.6% 的 CO_2 和 0.49% 的 O_2。

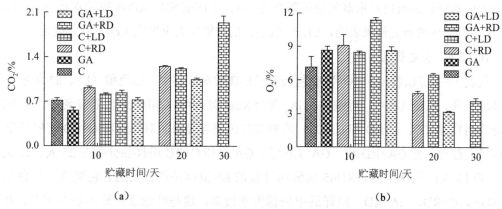

图 10-17　贮藏期间各处理组包装内的顶空气体含量 [75]

从表 10-5 中可以看出，GA、GA+RD 和 GA+LD 组样品的呼吸速率明显低于对照组，这可能是由于 GA_3 抑制了辣椒的成熟过程。本试验对于呼吸速率的测试结果与以往将 GA_3 单独应用于梨 [76] 和李子 [77] 的结果一致。改善气氛 [低（1% ～ 5%）O_2 和高（5% ～ 10%）CO_2] 被用于延长新鲜农产品的货架期。RD45 包装内辣椒的呼吸速率比 LDPE 包装低，可能是由于包装内存在最佳的改善气氛。这一现象可能是由于这两种包装材料对水蒸气和呼吸气体的阻隔性能不同，导致包装内产生了改善气氛 [78]。此外，低 O_2 气氛可以抑制乙烯的产生 [79]。抗雾膜（RD45）也能延缓衰老，降低呼吸速率 [73]。

表 10-5　贮藏期间各处理组辣椒的呼吸速率和失重率 [75]

参数	处理组	贮藏时间			
		0 天	10 天	20 天	30 天
呼吸速率	C	54.20±1.80	40.99±2.70	na	na
	GA	53.00±2.73	35.52±2.87*	na	na
	C+RD	53.96±3.33	36.55±2.50*	na	na
	C+LD	53.27±2.85	33.31±3.31*	29.45±2.39*	na
	GA+RD	53.73±4.41	38.52±2.30*	33.45±2.45*	20.35±1.09*
	GA+LD	52.75±3.27	34.50±3.27*	31.25±2.85*	na
失重率	C	na	11.91±0.24	na	na
	GA	na	9.27±0.22*	na	na
	C+RD	na	9.57±0.18	na	na
	C+LD	na	10.39±0.60*	15.67±0.20	na
	GA+RD	na	8.32±0.14*	11.93±0.30*	19.74±0.25
	GA+LD	na	8.76±0.32*	13.96±0.33*	na

注：表中的 * 表示处理组与对照组间数据的差异显著性

10.3.3.3 失重率分析

从表 10-5 可以看出，贮藏结束时，GA_3 处理后的样品的失重率低于未处理的样品。相比 LDPE 包装和对照组样品，RD45 包装内样品保持了较高的水分含量。这一现象可能是由于这两种包装材料对水蒸气的阻隔性能不同，LDPE 膜比 RD45 膜的水蒸气透过率更大[78]。文献[73]的研究结果表明，LDPE 包装内的辣椒的失重率比 RD45 包装更大。

10.3.3.4 表皮颜色分析

从表 10-6 可以看出，不同薄膜包装的辣椒在贮藏过程中，颜色值（L*、a* 和 b*）存在显著差异。贮藏过程中，对照组、GA_3 联合 MAP 处理组样品的 L* 值随衰老进程而增加。未处理组样品（C、C+RD 和 C+LD）的表皮颜色差异显著。对照组和 C+LD 组样品在 10 天后呈现红色，而 GA+RD 组、GA+LD 组、GA 组和 C+RD 组样品分别在 25 天、21 天、18 天和 15 天时保持绿色。RD45 包装内辣椒的 L* 值保持率比 LDPE 包装高。绿色色素在（GA，C+RD，GA+RD）组样品中的保留率较高，这与叶绿素降解率较低有关，叶绿素降解率较低是导致辣椒颜色变绿的原因（a* 值）。文献[73]也报道了 GA_3 和 RD45 膜在保持 a* 值方面有积极作用。所有样品的 b* 值也随着贮藏时间的延长而增加，而与包装膜种类和 GA_3 处理无关。相比于 C+RD 组、GA 组、GA+LD 组和 GA+RD 组样品，对照组和 C+LD 组样品的 b* 值增加更显著，但各颜色参数间无明显差异。GA_3 组、对照组、包装膜组和未包装的辣椒样品的颜色指数的差异可能是由于色素的氧化和分解所致[80]。与 LDPE 膜相比，RD45 膜具有更好的保绿效果。这可能是由于 RD45 包装内 CO_2/O_2 升高所致[73]。由于这两种包装材料在保持最佳气体成分含量、延缓衰老方面的阻隔特性不同，导致包装内辣椒的叶绿素降解缓慢，类胡萝卜素合成受限[80]。

表 10-6 贮藏期间各处理组辣椒的颜色指数[75]

参数	处理组	贮藏时间			
		0 天	10 天	20 天	30 天
L*	C	46.32±2.31	24.33±1.25	na	na
	GA	45.04±1.23	31.4±2.21	na	na
	C+RD	46.67±0.95	27.78±2.10	na	na
	C+LD	46.35±0.34	37.78±3.04	23.27±2.23	na
	GA+RD	43.73±0.43	38.19±2.45	29.45±2.39	22.12±2.06
	GA+LD	47.94±0.23	37.24±2.63	28.67±2.43	na
a*	C	-8.91±0.02	-1.29±1.23	na	na
	GA	-8.92±0.15	-3.72±0.21	na	na
	C+RD	-8.92±0.15	-5.78±0.85	na	na
	C+LD	-8.92±1.10	-2.18±1.13	10.45±0.96	na

参数	处理组	贮藏时间			
		0 天	10 天	20 天	30 天
a*	GA+RD	−8.92±0.56	−5.51±0.47	−3.78±0.34	3.89±0.45
	GA+LD	−8.90±0.51	−4.01±0.42	−2.08±0.39	5.95±0.43
b*	C	20.69±0.23	27.99±2.12	na	na
	GA	20.06±1.25	23.61±1.02	na	na
	C+RD	20.04±0.94	22.45±1.06	na	na
	C+LD	20.3±1.24	23.45±0.94	28.66±1.14	na
	GA+RD	20±1.25	21.63±0.62	24.7±0.45	28.67±0.54
	GA+LD	20.8±0.23	22.17±0.32	26.23±1.14	na

注：其中 L* 表示亮度值，a* 表示红绿值，b* 表示黄绿值

10.3.3.5 可滴定酸（TA）含量分析

从图 10-18 可以看出，各处理组样品之间的 TA 含量存在显著差异。GA_3 处理组样品的 TA 含量高于对照组。文献 [70] 的研究结果表明，经过 2.89μM GA_3 处理辣椒 45 天后，TA 含量从 0.307±0.006 降至 0.1237±0.006。由于有机酸是呼吸作用的主要底物，因此水果和蔬菜中酸度的降低是高呼吸速率的结果。GA_3 通过降低辣椒的呼吸速率来延缓衰老的作用已被报道 [70]。此外，RD45 包装的辣椒比 LDPE 包装的辣椒有更高的 TA。与 LDPE 包装相比，RD45 包装内样品的呼吸速率值较低。包装膜通过保持最佳的气氛组成，从而抑制有机酸的消耗，使呼吸速率最小化。这些试验结果可以归因于这两种包装材料在保持最佳气体组成含量时的阻隔性能的差异。

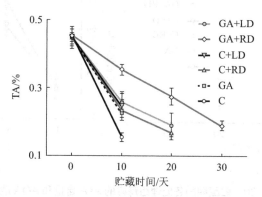

图 10-18　贮藏期间各处理组辣椒的 TA 含量 [75]

10.3.3.6 硬度分析

从图 10-19 可以看出，GA_3 处理的样品（GA、GA+RD 和 GA+LD）比未处理的样品（C、C+RD 和 C+LD）具有更高的硬度值。GA_3 联合 RD45 膜能有效地保持辣椒的硬度。

这可能是 GA₃ 导致呼吸速率降低，具有延缓衰老的能力。包装材料的种类对辣椒的硬度也有显著影响。RD45 包装的样品比 LDPE 包装的样品硬度高。这可能是由于呼吸速率增加时产生了自由基，影响细胞壁组织，增加了果胶酶在细胞壁果胶中的可得性，导致硬度下降[81]。此外，RD45 包装的样品的硬度高于 LDPE 包装样品，这与 RD45 膜保持最佳气氛的能力有关。硬度的保持也归因于低温，低温有利于降低呼吸、蒸腾、乙烯生成和细胞壁降解酶活性。进一步研究表明，MAP 也能减少青椒的硬度损失[82]。

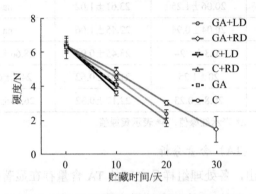

图 10-19　贮藏期间各处理组辣椒的硬度[75]

10.3.3.7　抗坏血酸（AsA）含量和抗氧化性（AOA）分析

从图 10-19（a）可以看出，AsA 含量在不同处理组间存在显著差异。GA+RD 组样品在贮藏过程中 ASA 含量明显高于其他组样品。GA₃ 联和 MAP 处理（尤其是使用 RD45 膜）能提高 AsA 的保留率，其原因可能是 RD45 包装内样品的呼吸速率较低。

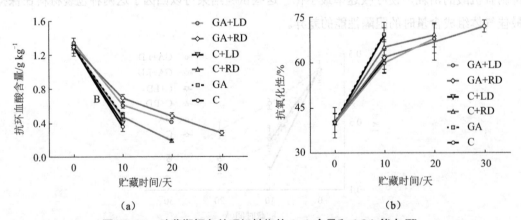

（a）　　　　　　　　　　　　（b）

图 10-20　贮藏期间各处理组辣椒的 AsA 含量和 AOA 能力[75]

从图 10-19（b）可以看出，AOA 值在不同处理组间存在显著差异。辣椒在成熟过程中 AOA 的变化在以往的研究中也有报道[83]。文献[70] 也报道了辣椒样品在 GA₃ 处理后，AOA 较低。GA₃ 处理后辣椒抗氧化活性较低，主要原因是辣椒成熟推迟，呼吸速率较低，主要代谢物向次生代谢物（如酚类化合物）的转化减少。成熟确实提高了抗氧化活性，这有助于亲脂性抗氧化物质的转换[84]。同时还观察到 MAP 对辣椒样品的 AOA 也有影响。与 LDPE 薄膜相比，RD45 膜能更有效地保留辣椒样品的 AOA。GA_3 联合 MAP 时，抗氧化活性较高。

10.3.3.8 总酚含量（TPC）和总黄酮含量（TFC）分析

从图 10-20（a）可以看出，TPC 在不同处理组间存在显著差异。文献[83]也观察到对照组样品中 TPC 的积累高于 MAP 组样品。贮藏期间，未处理组样品（C、C+LD 和 C+RD）的 TPC 积累速率较快，而处理组样品（GA、GA+RD 和 GA+LD）的 TPC 积累速率较慢，可能是由于成熟过程中 TFC 向次生 TPC 的代谢转化或酶解的差异所致。在 GA_3 处理的样品中，TPC 的积累速率明显低于对照组样品。在文献[70]的研究中，与对照组样品相比，GA_3 处理的辣椒中 TPC 的积累较低。此外，TPC 在 RD45 包装内样品中的积累速率比 LDPE 包装慢。这可能是由于相比 LDPE 薄膜，RD45 膜延迟了衰老和较低的呼吸速率。从图 10-20（b）可以看出，TFC 随着贮藏时间的延长逐渐降低。文献[85]也报道了 TFC 在成熟过程中的降解。与 LDPE 包装相比，在 RD45 包装内的样品，TFC 的降解速度较慢。此外，与对照组样品相比，GA_3 处理能有效抑制 TFC 降解。

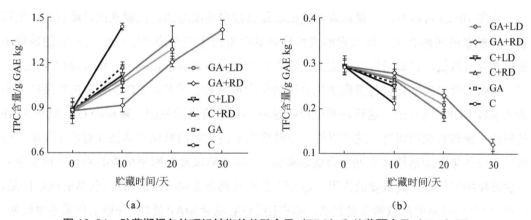

（a）　　　　　　　　　　　（b）

图 10-21　贮藏期间各处理组辣椒的总酚含量（TPC）和总黄酮含量（TFC）[75]

10.3.3.9 叶绿素含量和类胡萝卜素含量分析

从图 10-22（a）可以看出，叶绿素含量在整个贮藏过程中，各处理组间存在显著差异。叶绿素在贮藏过程中的降解是由于成熟过程激活了叶绿素降解酶[86]。GA_3 处理比其他处理能更有效保持较高的叶绿素含量。文献[71]的研究结果表明，对照组卷心莴苣叶片的叶绿素降解率也高于 GA_3 处理组叶片。RD45 包装内辣椒的叶绿素含量比 LDPE 包装高。GA_3 联合 MAP 处理组样品的叶绿素保留率较高。从图 10-22（b）可以看出，类胡萝卜素含量在贮藏过程中呈上升趋势。类胡萝卜素在贮藏期间的增加归因于叶绿素转化为类胡萝卜素[80]。同样，GA_3 处理后的样品类胡萝卜素含量较对照组低，与叶绿素降解有关。本试验结果表明，RD45 包装内辣椒的类胡萝卜素含量低于 LDPE 包装。与 LDPE 包装相比，

RD45 包装内样品的呼吸速率较低，从而延缓了类胡萝卜素的生物合成 [87]。本试验还发现，GA₃ 联合 MAP 共同作用时，辣椒类胡萝卜素的积累受到更有效的抑制，这可以归因为协同效应阻碍了类胡萝卜素的生物合成和叶绿素的降解 [87]。

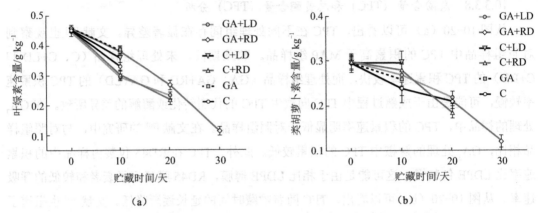

（a）　　　　　　　　　　（b）

图 10-22　贮藏期间各处理组辣椒的叶绿素含量和类胡萝卜素含量 [75]

10.3.3.10　辣椒素含量分析

从图 10-23 可以看出，辣椒素含量在贮藏过程中逐渐增加。辣椒素在贮藏过程中的积累与辣椒素的成熟有关，辣椒素的成熟导致辣椒素的生物合成 [88]。GA₃ 处理后的辣椒中辣椒素含量较低，其原因可能是主要代谢物转化为辣椒素的含量减少，导致辣椒成熟延迟 [83]。辣椒素含量的变化也与黄酮类化合物转化为辣椒素有关 [89]。RD45 包装内样品的辣椒素含量较 LDPE 包装低，这可能是低呼吸速率和延缓衰老的原因。辣椒经 GA₃ 联合 MAP 处理后，辣椒素积累缓慢，这可以进一步解释为更高的多酚氧化酶活性（有助于辣椒素降解）和低的果胶酶活性（有助于合成辣椒素），这些酶以及细胞壁果胶的降解在辣椒素的生物转化中发挥着至关重要的作用。文献 [73] 的研究结果表明，相比 RD45 包装的辣椒样品，LDPE 包装内样品的辣椒素含量较低。同时施用 GA₃ 联合 MAP 处理，辣椒素积累速度较慢。

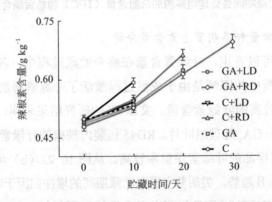

图 10-23　贮藏期间各处理组辣椒的辣椒素含量 [75]

10.3.3.11　主要成分分析

在本试验中，作者采用主要成分分析（PCA）来研究所有质量属性与样本分组之间的相关性，从图 10-24 可以看出，PCA 由两种主成分分析组成，贮藏第 10 天时的方差为 65.05%（第一组分）和 12.59%（第二组分），贮藏第 20 天时的方差为 65.05%（第一组分）和 12.59%（第二组分），贮藏第 30 天时的方差为 84.44%（第一组分）和 19.56%（第二组分）。

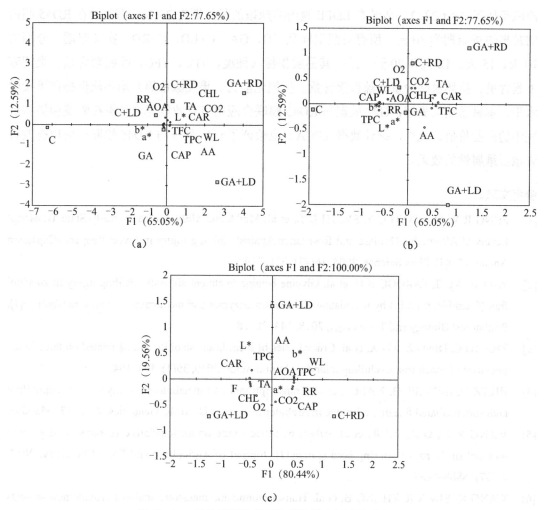

图 10-24　贮藏期间各处理组辣椒的主要成分分析[75]

理化参数与 GA_3 和 MAP（RD45 和 LDPE）均无明显相关性［见图 10-24（a）和图 10-23（b）］。从图 10-23（c）可以看出，30 天时辣椒样品的 TA、TFC、叶绿素含量、硬度、AA、AOA、O_2 和 CO_2 与 GA+RD 处理均呈正相关。而辣椒素含量、类胡萝卜素含量和 TPC 分别与 GA+LD 和 RD 处理呈正相关。PCA 强调了 GA 和 GA+RD 处理在保持观察到的理化参数的最佳质量方面的作用，从而延长了货架期。这些观察有助于检验上面提到的假设。基于主要成分分析，可以认为 GA_3 单独应用时对质量属性有显著影响，与 MAP

联合应用时表现出协同效应。结果还表明，MAP 确实延长了辣椒的货架期，并有助于保持最佳的质量属性。主要成分分析还表明，GA$_3$ 联合 MAP 处理可进一步改善质量属性。

10.3.4 结论

基于改善气调包装（RD45/LDPE 膜包装辣椒）联合 GA$_3$ 处理，可以得出的结论是，冷藏条件下（8±2℃），包装在 LDPE 膜内的辣椒的货架期为 25 天，而包装在 RD45 膜内的辣椒的货架期为 30 天。所有对照组样品（C、GA、C+LD、C+RD）在货架期（分别为 10 天、15 天、12 天和 20 天）后，其品质指标（硬度、TPC、TFC、叶绿素含量、类胡萝卜素含量、抗坏血酸含量、辣椒素含量、抗氧化能力、果皮颜色等）均不能保持在可接受水平。本试验结果表明，GA$_3$ 处理与 RD45 膜联合应用可有效地促进辣椒在贮藏和销售过程中的商业价值。此外，统计数据（PCA）也验证了 GA$_3$ 处理与 RD45 膜联合应用有改善青椒质量属性的效果。

参考文献：

[1] FUNG R W M, WANG C Y, SMITH D L, et al. MeSA and MeJA Increase Steady-State Transcript Levels of Alternative Oxidase and Resistance Against Chilling Injury in Sweet Peppers (Capsicum Annuum L.)[J]. Plant Science, 2004, 166(3): 711–719.

[2] YAO W, XU T, FAROOQ S U, et al. Glycine betaine treatment alleviates chilling injury in zucchini fruit (Cucurbita pepo L.) by modulating anti-oxidant enzymes and membrane fatty acid metabolism[J]. Postharvest Biology and Technology, 2018, 144: 20–28.

[3] ZHANG C, DING Z, XU X, et al. Crucial roles of mem-brane stability and its related proteins in the tolerance of peach fruit to chilling injury[J]. Amino Acids, 2010, 39(1): 181–194.

[4] HILTZ D, BENKEL B, NAIR P, et al. Transcriptional and metabolomic analysis of Ascophyllum nodosum mediated freezing tolerance in Arabidopsis thaliana[J]. BMC Genomics, 2012, 13: 643–666.

[5] WANG Y, LUO Z, DU R, et al. Effect of nitric oxide on antioxidative response and proline metabolism in banana during cold storage[J]. Journal of Agriculture and Food Chemistry, 2013, 61(37): 8880–8887.

[6] WANG K, YIN X R, ZHANG B, et al. Transcriptomic and metabolic analyses provide new insights into chilling injury in peach fruit[J]. Plant, Cell and Environment, 2017, 40(8): 1531–1551.

[7] SONG L, WANG J, SHAFI M, et al. Hypobaric treatment effects on chilling injury, mitochondrial dysfunction, and the ascorbate-glutathione (AsA-GSH) cycle in postharvest peach fruit[J]. Journal of Agriculture and Food Chemistry, 2016, 64(22): 4665–4674.

[8] JIAO C, CHAI Y, DUAN Y. Inositol 1,4,5-trisphosphate mediates nitric-oxide-induced chilling tolerance and defense response in postharvest peach fruit[J]. Journal of Agriculture and Food Chemistry, 2019, 67(17): 4764–4773.

[9] CHEN M, GUO H, CHEN S, et al. Methyl jasmonate promotes Phospholipid remodeling and

jasmonic acid signaling to alleviate chilling injury in peach fruit[J]. Journal of Agriculture and Food Chemistry, 2019, 67(35): 9958–9966.

[10] CAI J, CHEN J, LU G, et al. Control of brown rot on jujube and peach fruits by trisodium phosphate[J]. Postharvest Biology and Technology, 2015, 99: 93–98.

[11] OLADUNJOYE A O, SINGH S, IJABADENIYI O A. Trisodium phosphate enhanced phage lysis of Listeria monocytogenes growth on fresh-cut produce[J]. LWT-Food Science and Technology, 2017, 86: 312–317.

[12] YANG Z, CAO S, ZHENG Y, et al. Combined salicyclic acid and ultrasound treatments for reducing the chilling injury on peach fruit[J]. Journal of Agriculture and Food Chemistry, 2012, 60(5): 1209–1212.

[13] RASOULI M, KOUSHESH SABA M, RAMEZANIAN A. Nhibitory effect of salicylic acid and Aloe vera gel edible coating on microbial load and chilling injury of orange fruit[J]. Scientia Horticulturae, 2019, 247: 27–34.

[14] KHADEMI O, ASHTARI M, RAZAVI F. Effects of salicylic acid and ultrasound treatments on chilling injury control and quality preservation in banana fruit during cold storage[J]. Scientia Horticulturae, 2019, 249: 334–33.

[15] LI J, HAN Y, HU M, et al. Oxalic acid and 1-methylcyclopropene alleviate chilling injury of 'Youhou' sweet persimmon during cold storage[J]. Postharvest Biology and Technology, 2018, 137:134–141.

[16] JIN P, DUAN Y, WANG L, et al. Reducing chilling injury of loquat fruit by combined treatment with hot air and methyl jasmonate[J]. Food and Bioprocess Technology, 2014, 7(8): 2259–2266.

[17] WANG Y, GAO L, WANG Q, et al. Low temperature conditioning combined with methyl jasmonate can reduce chilling injury in bell pepper[J]. Scientia Horticulturae, 2019, 243: 434–439.

[18] GE W Y, ZHAO Y B, KONG X M, et al. Combining salicylic acid and trisodium phosphate alleviates chilling injury in bell pepper (Capsicum annuum L.) through enhancing fatty-acid desaturation efficiency and water retention[J]. Food Chemistry, 2020, 327, Article 127057.

[19] GE Y, CHEN Y, LI C, et al. Effect of trisodium phosphate dipping treatment on the quality and energy metabolism of apples[J]. Food Chemistry, 2019, 274: 324–329.

[20] SAYYARI M, CASTILLO S, VALERO D, et al. Acetyl salicylic acid alleviates chilling injury and maintains nutritive and bioactive compounds and antioxidant activity during postharvest storage of pomegranates[J]. Postharvest Biology and Technology, 2011, 60(2): 136–142.

[21] LUO Z, CHEN C, XIE J. Effect of salicylic acid treatment on alleviating post-harvest chilling injury of 'Qingnai' plum fruit[J]. Postharvest Biology and Technology, 2011, 62(2): 115–120.

[22] JOOSTE M, ROHWER E A, KIDD M, et al. Comparison of antioxidant levels and cell membrane composition during fruit development in two plum cultivars (Prunus salicina Lindl.) differing in chilling resistance[J]. Food Chemistry, 2014,180(180): 176–189.

[23] RAYIRATH P, BENKEL B, HODGES D, et al. Lipophilic components of the brown seaweed, Ascophyllum nodosum, enhance freezing tolerance in Arabidopsis thaliana[J]. Planta, 20096, 230(1): 135–147.

[24] ZHANG M, BARG R, YIN M, et al. Modulated fatty acid desaturation via overexpression of two distinct omega-3 desaturases differentially alters tolerance to various abiotic stresses in transgenic tobacco cells and plants[J]. The Plant Journal, 2005, 44(3): 361–371.

[25] GAO H, LU Z, YANG Y, et al. Melatonin treatment reduces chilling injury in peach fruit through its regulation of membrane fatty acid contents and phenolic metabolism[J]. Food Chemistry, 2018, 245: 659–666.

[26] LURIE S, RONEN R, LIPSKER Z, et al. Effects of paclobutrazol and chilling temperatures on lipids, antioxidants and ATPase activity of plasma membrane isolated from green bell pepper fruits[J]. Physiologia Plantarum, 1994, 91: 593–598.

[27] HAO J, LI X, XU G, et al. Exogenous progesterone treatment alleviates chilling injury in postharvest banana fruit associated with induction of alternative oxidase and antioxidant defense[J]. Food Chemistry, 2019, 286: 329–337.

[28] BOLT S, ZUTHER E, ZINTL S, et al. ERF105 is a transcription factor gene of Arabidopsis thaliana required for freezing tolerance and cold acclimation[J]. Plant, Cell and Environment, 2017, 40(1): 108–120.

[29] GAO H, ZHANG Z, LV X, et al. Effect of 24-epibrassinolide on chilling injury of peach fruit in relation to phenolic and proline metabolisms[J]. Postharvest Biology and Technology, 2016, 111: 390–397.

[30] LI P, ZHENG X, LIU Y, et al. Pre-storage application of oxalic acid alleviates chilling injury in mango fruit by modulating proline metabolism and energy status under chilling stress[J]. Food Chemistry, 2014, 142: 72–78.

[31] WEI C, MA L, CHENG Y, et al. Exogenous ethylene alleviates chilling injury of 'Huangguan' pear by enhancing the proline content and antioxidant activity[J]. Scientia Horticulturae, 2019, 257, Article 108674.

[32] RAFFO A, BAIAMONTE I, NARDO N, et al. Internal quality and antioxidants content of cold-stored red sweet peppers as affected by polyethylene bag packaging and hot water treatment[J]. European Food Research and Technology, 2007, 225: 395–405.

[33] SAMIRA A, WOLDETSADIK K, WORKNEH T S. Postharvest quality and shelf life of some hot pepper varieties[J]. Journal of Food Science and Technology, 2013, 50(5): 842–855.

[34] ULLAH A, ABBASI N A, SHAFIQUE M, et al. Influence of edible coatings on biochemical fruit quality and storage life of bell pepper cv. "Yolo Wonder"[J]. Journal of Food Quality, 2017, Article 2142409.

[35] MARTÍNEZ-ROMERO D, ALBURQUERQUE N, VALVERDE J M, et al. Postharvest sweet cherry quality and safety maintenance by aloe vera treatment: A new edible coating[J]. Postharvest Biology and Technology, 2006, 39(1): 93–100.

[36] XIE M H, ZHU J M, XIE J M. Effect factors on storage of green pepper[J]. Journal of Gansu Agricultural University, 2004, 3: 300–305.

[37] ALI A, MUHAMMAD M T, SIJAM K, et al. Effect of chitosan coatings on the physicochemical characteristics of Eksotika II papaya (Carica papaya L.) fruit during cold storage[J]. Food Chemistry, 2011, 124(2): 620–626.

[38] PRAKASH A, BASKARAN R, VADIVEL V. Citralnanoemulsion incorporated edible coating to extend the shelf life of fresh cut pineapples[J]. LWT-Food Science and Technology, 2020, 118, Article 108851.

[39] KUMAR N, NEERAJ OJHA A, SINGH R. Preparation and characterization of chitosan -pullulan blended edible films enrich with pomegranate peel extract[J]. Reactive and Functional Polymers, 2019, 144, Article 104350.

[40] HATMI R U, APRIYATI E, CAHYANINGRUM N. Edible coating quality with threetypes of starch and sorbitol plasticizer[J]. E3S Web of Conferences, 2020, 142, 1–9.

[41] MARIA A ROJAS-GRAU, MARIA S T, OLGA M B. Using polysaccharide-based edible coatings to maintain quality of fresh-cut Fuji apples[J]. LWT-Food Science and Technology, 2008, 41: 139–147.

[42] ROJAS-GRAÜ M A, TAPIA M S, MARTÍN-BELLOSO O. Using polysaccharide-based edible coatings to maintain quality of fresh-cut Fuji apples[J]. LWT-Food Science and Technology, 2008, 41(1): 139–147.

[43] EDIRISINGHE M, ALI A, MAQBOOL M, et al. Chitosan controls postharvest anthracnose in bell pepper by activating defense-related enzymes[J]. Journal of Food Science and Technology, 2014, 51(12): 4078–4083.

[44] SYNOWIEC A, GNIEWOSZ M, KRASNIEWSKA K, et al. Effect of meadowsweet flower extract-pullulan coatings on rhizopus rot development and postharvest quality of cold-stored red peppers[J]. Molecules, 2014, 19: 12925–12939.

[45] KUMAR N, NEERAJ, KUMAR S. Functional properties of pomegranate (Punicagranatum L.)[J]. International Journal on Policy and Information, 2018, 7(10): 71–81.

[46] SAXENA S, SHARMA L, MAITY, T. Enrichment of edible coatings and films with plant extracts or essential oils for the preservation of fruits and vegetables[J]. Biomedical and Food Applications, 2020, 34: 859–880.

[47] MANOJ H G, SREENIVAS K N S, SHANKARAPPA T H, et al. Studies on chitosan and aloe vera gel coatings on biochemical parameters and microbial population of bell pepper (capsicum annuum L.) under room condition[J]. International Journal of Current Microbiology and Applied Sciences, 2016, 5(1): 399–405.

[48] POVERENOVA E, ZAITSEV Y, ARNON H, et al. Effects of a composite chitosan–gelatin edible coating on postharvest quality and storability of red bell peppers[J]. Postharvest Biology and Technology, 2014, 96: 106–109.

[49] SIMONNE A H, MOORE C M, GREEN N R, et al. Lipid-based edible coatings improve shelf life and sensory quality without affecting ascorbic acid content of white bell peppers (Capsicum annuum L.)[J]. Proceedings of the Florida State Horticultural Society, 2014, 127: 147–151.

[50] MENEZES J, ATHMASELVI K A. Polysaccharide based edible coating on sapota fruit[J]. International Agrophysics, 2016, 30: 551–557.

[51] NAIR M S, SAXENA A, KAUR C. Effect of chitosan and alginate based coatings enriched with pomegranate peel extract to extend the postharvest quality of guava (Psidiumguajava L.)[J]. Food Chemistry, 2018, 240: 245–252.

[52] KUMAR N, PRATIBHA, NEERAJ, et al. Effect of active chitosan-pullulan composite edible coating enrich with pomegranate peel extract on the storage quality of green bell pepper[J]. LWT-Food Science and Technology, 2021, 138, Article 110435.

[53] BAKHY A, EMAN Z S N, ABOUL-ANEAN E D H. The effect of nano materials on edible coating and films' improvement[J]. International Journal of Pharmaceutical Research and Allied Sciences, 2018, 7(3): 20–24.

[54] NAIR M S, SAXENA A, KAUR C. Characterization and antifungal activity of pomegranate peel extract and its use in polysaccharide-based edible coatings to extend the shelf-life of capsicum (Capsicum annuum L.)[J]. Food and Bioprocess Technology, 2018, 11: 1317–1327.

[55] NASRIN T A A, RAHMAN M A, ISLAM M N, et al. Effect of edible coating on postharvest quality of bell pepper at room storage[J]. Bulletin of the Institute of Tropical Agriculture Kyushu University, 2018, 41: 73–83.

[56] ADETUNJI C O, OJEDIRAN J O, ADETUNJI J B, et al. Influence of chitosan edible coating on postharvest qualities of Capsicum annum L. during storage in evaporative cooling system[J]. Croatian Journal of Food Science and Technology, 2019, 11(1): 59–66.

[57] ABEBE Z, TOLA B, YETENAYET M A. Effects of edible coating materials and stages of maturity at harvest on storage life and quality of tomato (LycopersiconEsculentum Mill.) fruits[J]. African Journal of Agricultural Research, 2017, 12(8): 550–565.

[58] FORSELL P, LANTHINEN R, LAHELIN M, et al. Oxygen permeability of amylose and amylopectin films[J]. Carbohydrate Polymers, 2002, 47: 125–129.

[59] ESHETU A, IBRAHIM M A, FORSIDO F S, et al. Effect of beeswax and chitosan treatments on quality and shelf life of selected mango (Mangiferaindica L.) cultivars[J]. Heliyon, 2019, 5(1): 1-22.

[60] VALIATHAN S, ATHMASELVI K A. Gum Arabic based composite edible coating on green chillies[J]. International Agrophysics, 2018,32(2): 193–202.

[61] AZMAI W N S M, LATIF N S A, ZAIN, N M. Efficiency of edible coating chitosan and cinnamic acid to prolong the shelf life of tomatoes[J]. Journal of Tropical Resources and Sustainable Science, 2019, 7: 47–52.

[62] ARTES F, GOMEZ P. Packaging and color control: The case of fruit and vegetables. In R. Avenhainen (Ed.), Novel food packaging techniques (p. 416). CRC Press and Woodhead Publishing, 2003.

[63] ZHANG D L, QUANTICK P C. Antifungal effects of chitosan coating on fresh strawberries and raspberries during storage[J]. The Journal of Horticultural Science and Biotechnology, 1998, 73: 763–767.

[64] XING Y, LI X, XU Q, et al. Effects of chitosan coating enriched with cinnamon oil on qualitative

properties of sweet pepper (Capsicum annuum L.)[J]. Food Chemistry, 2011, 124: 1443–1450.

[65] HOWARD L R, TALCOTT S T, BRENES C H, et al. Changes in phytochemical and antioxidant activity of selected pepper cultivars (Capsicum species) as influenced by maturity[J]. Journal of Agricultural and Food Chemistry, 2000, 48:1713–1720.

[66] TUNGMUNNITHUM D, THONGBOONYOU A, PHOLBOON A. Flavonoids and other phenolic compounds from medicinal plants for pharmaceutical and medical aspects: An Overview[J]. Medicine (Baltimore), 2018, 5(3), 93.

[67] CIPHET. Report on Assessment of Quantitative Harvest and Post-harvest Losses[J]. ICAR-Central Institute of Post-Harvest Engineering & Technolog, 2015.

[68] LIM C S, KANG S M, CHO J L, et al. Bell pepper (Capsicum annuum L.) fruits are susceptible to chilling injury at the breaker stage of ripeness[J]. HortScience, 2007, 42 (7): 1659–1664.

[69] GONZÁLEZ-AGUILAR G A, AYALA-ZAVALA J F, RUIZ-CRUZ S, et al. Effect of temperature and modified atmosphere packaging on overall quality of fresh-cut bell peppers[J]. LWT-Food Science and Technology,2004, 37 (8): 817–826.

[70] PANIGRAHI J, GHEEWALA B, PATEL M, et al. Gibberellic acid coating: a novel approach to expand the shelf-life in green chili (Capsicum annuum L.)[J]. Scientia Horticulturae, 2017, 225: 581–588.

[71] TIAN W, LV Y, CAO J, et al. Retention of iceberg lettuce quality by low temperature storage and postharvest application of 1-methylcyclopropene or gibberellic acid[J]. Journal of Food Science and Technology, 2014, 51 (5): 943–949.

[72] JAT L, PAREEK S, SHUKLA K B. Physiological responses of Indian jujube (Ziziphus mauritiana Lamk.) fruit to storage temperature under modified atmosphere packaging[J]. Journal of the Science of Food and Agriculture, 2013, 93: 1940–1944.

[73] CHITRAVATHI K, CHAUHAN O P, RAJU P S, et al. Postharvest shelf-life extension of green chilies (Capsicum annuum L.) using shellac-based edible surface coatings[J]. Postharvest Biology and Technololy, 2015, 92: 146–148.

[74] SAHOO N R, BAL L M, PAL U S, et al. A comparative study on the effect of packaging material and storage environment on shelf life of fresh bell-pepper[J]. Journal of Food Measurement and Characterization, 2014, 8 (3): 164–170.

[75] MAURYA V K, RANJAN V, GOTHANDAM K M, et al. Exogenous gibberellic acid treatment extends green chili shelf life and maintain quality under modified atmosphere packaging[J]. Scientia Horticulturae, 2020, 269, Article 108934.

[76] ZHAO Y X, FENG Z S, LI X W, et al. Effect of ultrasonic and MA packaging method on quality and some physiological changes of fragrant pear[J]. Journal of Xinjiang Agricultural University, 2007, 30: 61–63.

[77] CHEN Z, ZHU C. Combined effects of aqueous chlorine dioxide and ultrasonic treatments on postharvest storage quality of plum fruit (Prunus salicina L.)[J]. Postharvest Biology and Technology, 2011, 61 (2–3): 117–123.

[78] CHAUHAN O P, RAJU P S, SINGH A, et al. Shellac and aloe-gel-based surface coatings for maintaining keeping quality of apple slices[J]. Food Chemistry, 2011, 126 (3): 961–966.

[79] YANG S F, HOFFMAN N E. Ethylene biosynthesis and its regulation in higher plants[J]. Annual Review of Plant Physiology, 1984, 35 (1): 155–189.

[80] DEEPA N, KAUR C, GEORGE B, et al. Antioxidant constituents in some sweet pepper (Capsicum annuum L.) genotypes during maturity[J]. LWT-Food Science and Technology, 2007, 40 (1): 121–129.

[81] NOHL H. Generation of superoxide radicals as byproduct of cellular respiration[J]. In Annales de biologieclinique, 1994, 52 (3): 199–204.

[82] EDUSEI V O, OFOSU-ANIM J, JOHNSON P N T, et al. Extending post-harvest life of green chilli pepper fruits with modified atmosphere packaging[J]. Ghana Journal of Horticulture, 2012, 10: 131–140.

[83] GHASEMNEZHAD M, SHERAFATI M, PAYVAST G A. Variation in phenolic compounds, ascorbic acid and antioxidant activity of five coloured bell pepper (Capsicum annuum) fruits at two different harvest times[J]. Journal of Functional Foods, 2011, 3 (1): 44–49.

[84] CANO A, ACOSTA M, ARNAO M B. Hydrophilic and lipophilic antioxidant activity changes during on-vine ripening of tomatoes (Lycopersicon esculentum Mill.)[J]. Postharvest Biology and Technology, 2003, 28 (1): 59–65.

[85] MENICHINI F, TUNDIS R, BONESI M, et al. The influence of fruit ripening on the phytochemical content and biological activity of Capsicum chinense Jacq[J]. Cv Habanero. Food Chemistry, 2009, 114 (2): 553–560.

[86] HORNERO-MÉNDEZ D, MÍNGUEZ-MOSQUERA M I. Chlorophyll disappearance and chlorophyllase activity during ripening of Capsicum annuum L. Fruits[J]. Journal of the Science of Food and Agriculture, 2002, 82 (13): 1564–1570.

[87] SINGH R, GIRI S K, KOTWALIWALE N. Shelf-life enhancement of green bell pepper (Capsicum annuum L.) under active modified atmosphere storage[J]. Food Packaging and Shelf Life, 2014, 1 (2): 101–112.

[88] BARBERO G F, RUIZ A G, LIAZID A, et al. Evolution of total and individual capsaicinoids in peppers during ripening of the Cayenne pepper plant (Capsicum annuum L.)[J]. Food Chemistry, 2014, 153: 200–206.

[89] SUKRASNO N, YEOMAN M M. Phenylpropanoid metabolism during growth and development of Capsicum frutescens fruits[J]. Phytochemistry, 1993, 32 (4): 839–844.

第11章 黄瓜的包装保鲜方法

11.1 添加 CaO-NP 的 P（VAc-co-VA）乳液涂层保鲜黄瓜

11.1.1 引言

水果和蔬菜的采后损失仍然是一个世界性的严重问题。水果和蔬菜一旦收获后，它们的新陈代谢更快，会导致更快地衰老。而且呼吸速率增加，产生了更多的储备消耗，如糖类，有机酸和蛋白质的消耗[1]。此外，果蔬产品在贮藏过程中还会发生与颜色、重量减轻、微生物腐败有关的变化[2]。因此，在贮藏期间通常采用不同的处理方法，如低温处理和涂层处理。任何涂层的主要目标都是通过改变果蔬产品周围的气氛，控制水蒸气的转移，减少气体交换（CO_2 和 O_2），以及抑制微生物腐败导致的品质恶化来延长园艺产品的货架期[3]。用于保存食品和采后园艺产品的薄膜和涂层配方的研究引起了广泛的关注，在这方面强烈建议其成分是可食用的和天然的[4]。涂层材料中通常包含添加剂，以改善材料的性能和保持产品质量[5]。基于高分子化合物的涂层材料在控制水分散失方面非常有效。此外，它们还能提高食品的亮度和外观。不足的是，有些涂层材料的力学性能较差，如结构完整性和黏结性较差，涂层易碎[6]。

聚乙烯醇（PVA）是一种具有低氧气渗透性、化学稳定性好和抗拉强度好等特性的聚合物，广泛用于制备薄膜和涂层[7]。以乙烯醇（VA）和醋酸乙烯（VAc）共聚为基础的涂

层 [P（VAc-co-VA）] 已应用于一些水果，可保持果实的硬度、减少失重、延缓成熟，并可保持果实的外观和品质 [8, 9]。在环境条件下，该涂层对樱桃番茄和黄瓜的硬度、成熟和减少失重均有积极作用 [8, 10]。但在高湿条件下，其物理性质发生变化，保护效果也随之变化。此外，P（VAc-co-VA）乳液不具有抗菌性能。文献 [11] 通过在 P（VAc-co-VA）乳液中添加壳聚糖来解决以上不足。另外，纳米技术使用纳米颗粒或纳米材料作为食品添加剂，因为它们的纳米尺寸使得它们可以更有效地渗透到组织中，并起到优异的增强效果 [12]。尽管用于园艺产品贮藏的涂层配方并不是一个新问题，但纳米技术的应用可以产生具有额外性能的新配方，如抑制微生物腐败和改善材料性能 [3]。此外，旨在保持园艺产品的质量并确保其食品安全的纳米材料的使用正在增加 [12]。文献 [13] 的研究结果表明，在聚对苯二甲酸乙二醇酯中加入碳酸钙纳米粒子（$CaCO_3$-NP）可以改善涂层的阻隔性能。文献 [14] 的研究结果表明，氧化钙纳米粒子（CaO-NP）在聚甲基丙烯酸甲酯（PMMA）涂层中的应用提高了其性能和材料的微观硬度。CaO-NP 具有多种应用和性能，包括抗菌活性 [15]。此外，CaO-NP 良好的抗菌性能也具有潜在的食品应用前景 [16]。然而，有关 CaO-NP 在采后园艺产品中的应用的技术文献报道较少。在苹果（cv. Red Delicious）植株中，将纳米级Ca 应用于叶片，获得了更高的产量，更好的果实品质，并延迟了成熟 [17]。

钙（Ca）在细胞水平层面上作为信号分子和作为细胞壁的组成部分，对于园艺产品是必不可少的，而且它与植物和果实中的不同生理过程有广泛的联系，如呼吸作用、叶绿素含量、衰老等 [18]。Ca 通过质外体引入并与细胞壁结合，维持其结构并保护其不被酶降解 [19]。文献 [4] 报道称，将 Ca 添加到聚合物薄膜（豆科树胶—蜡—矿物油）中，并应用于柠檬上，该复合涂层表现出更均匀的表面，更致密的结构，并为涂层提供了更高的稳定性，改善了水蒸气阻隔性能。

黄瓜平均采后货架期为 15 天 [10]。在此期间，黄瓜易发黄或变色、脱水、重量减轻、冻害、腐烂、物理损伤、染菌病（细菌和真菌污染）等 [20]。贮藏过程中的变质会降低商业价值，并造成采后损失。黄瓜的水分含量超过 90%，是一种低热量的新鲜食品。此外，黄瓜中具有重要治疗作用的活性化合物，包括抗氧化合物、多酚和葫芦素等具有抗炎、抗癌、镇静等作用 [21, 22]。因此，对黄瓜进行贮藏是至关重要的。在此基础上，本试验研究了添加 CaO-NP 的 P（VAc-co-VA）乳液涂层对黄瓜采后货架期的影响。

11.1.2　材料和方法

11.1.2.1　黄瓜原料

黄瓜的品种是 Induran RZ F1（22 ～ 960），是由 Rijk Zwaan 培育的杂交品种。将种子播种在托盘里，等待发芽。发芽后被移植到砧木上，并分别移植到土壤中。种植期为2019 年 6 月至 9 月，采用聚乙烯膜覆盖，精细化田间管理并根据作物要求施用营养液。

黄瓜成熟后在早晨采摘,选择无损坏和/或畸形的黄瓜,经清洗和干燥后进行后续涂层操作。

11.1.2.2 P（VAc-co-VA）乳液制备

所有试剂（分析级）均购于（Sigma-Aldrich, Saint Louis，MO，U.S.A.）公司。VAc在30℃下真空蒸馏、搅拌,将 VAc 收集在玻璃烧瓶中,盖上盖子,避光,4℃保存。在夹套反应器中的溶液组成为 300mL 蒸馏水,0.068g 的过硫酸铵,0.7g 的十二烷基硫酸钠,Cao-NP（不同浓度：50、100 和 150mgL^{-1}）,0.1% 的甘油和 25.05g 的聚乙烯醇（PVA、BP-24，Chang Chun Petrochemicals，Taiwan）。此溶液以 250r/min 的速度搅拌 1h;一旦PVA 溶解,通入 60min 超高纯度的氩气。另外,将 60g VAc 和乙醚（2mL）的混合溶液通入氩气 3min,使用气密注射器以 0.249mL min^{-1} 的流量将混合溶液注入前述夹套反应器中。反应温度保持在 60℃,搅拌 220r/min,氩气持续通入反应器中直至单体耗尽,反应时间为 2h。

11.1.2.3 包装方法

包装处理如下：（1）对照组（没有乳液）,记为 Control（No Latex）;（2）P（VAc-co-VA）乳液涂层没有添加 Cao-NP,记为 Latex（Alone）;（3）添加 50mgL^{-1}CaO-NP 的乳液涂层,记为（Latex+CaO-NP 50mgL^{-1}）;（4）添加 100mgL^{-1}CaO-NP 的乳液涂层,记为（Latex+CaO-NP 100mgL^{-1}）;（5）添加 150mgL^{-1}CaO-NP 的乳液涂层,记为（Latex+CaO-NP 150mgL^{-1}）。通过预试验,确定上述所使用的浓度。涂层操作是由手动完成,薄薄地涂于黄瓜表面后经过干燥,然后在整个测试期间贮藏在 10±1.5℃ 的冷藏室中。

11.1.2.4 黄瓜质量参数测试

本试验所有测试项目参照文献[23]的描述,包括视觉质量参数测试,根据贸易和/或消费的特点,基于脱水、颜色变化和总外观质量,建立了视觉质量标尺。尺度值从 1 到 5（见图11-1）的含义如下：（1）基本没有变化;（2）轻微的变化;（3）有限的变化;（4）严重变化;（5）极端变化。

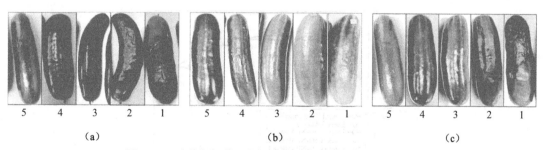

图 11-1 贮藏期间黄瓜的视觉质量得分基准（后附彩图）

其中：（a）脱水;（b）颜色变化;（c）总外观质量[23]

颜色指数测试;失重率测试,单位为 %;硬度测试,单位为 N;pH 值测试;可溶性固形物（TSS）含量测试,单位为 °Brix;可滴定酸（TA）含量测试,单位为 %;成熟指数（MI）测试,单位为 TSS/TA;叶绿素含量（叶绿素 a 和叶绿素 b）测试,单位为 μg g^{-1} FW;

总酚化合物含量测试，单位为 μg GAE g^{-1} FW；抗氧化能力测试，单位为 μmoles GAE g^{-1} FW。

11.1.3 结果与讨论

11.1.3.1 视觉质量参数测试结果

黄瓜的视觉质量劣变主要是由于脱水造成的，通常表现为表面粗糙。图 11-2（a）为黄瓜脱水的评分标准。从图 11-2（a）可以看出，贮藏期间各处理组之间得分没有显著差异。贮藏 21 天后，Latex（Alone）组样品的脱水率较高，CaO-NP50 组的脱水率较低，CaO-NP100 组次之。黄瓜在贮藏期间保持了良好的品质（标尺值为 3）。文献[9] 的研究结果表明，P（VAc-co-VA）涂层的使用降低了辣椒在贮藏过程中的重量损失和硬度，抑制了果实的脱水。尽管黄瓜极易腐烂，但在 24 天的贮藏过程中，所有乳液处理组和对照组样品脱水后的视觉品质均没有显著改变。文献[24] 的研究表明，经 CaCl$_2$ 处理的黄瓜的货架期为 22 天，未处理的黄瓜的货架期为 16 天。在本试验中，贮藏条件（如温度、湿度）和采前、采后处理可以使黄瓜在贮藏 24 天后仍获得良好的品质。

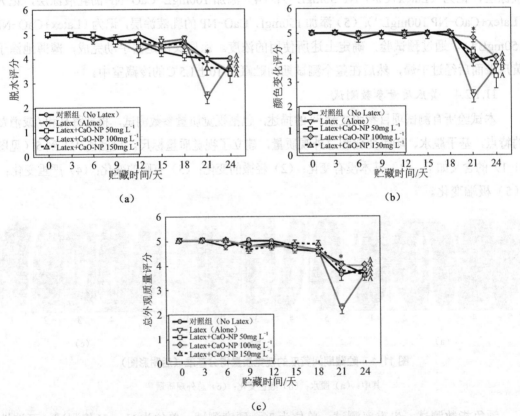

图 11-2　贮藏期间黄瓜的视觉质量得分

其中：（a）脱水；（b）颜色变化；（c）总外观质量

不同字母表示基于 Tukey's 检验差异显著性（P ≤ 0.05），* 表示各处理间的差异显著性[23]

颜色变化是用绿色到黄色的尺度来评估的，如图11-2（b）所示。从图11-2（b）可以看出，CaO-NP100组样品的颜色变化较小，CaO-NP150组次之。相比之下，在贮藏结束（第21天和第24天）时，Latex（Alone）组样品的颜色变化最为显著。第21天，CaO-NP100组样品最绿，CaO-NP50处理次之；而Latex（Alone）组样品则改变了它们的外观，但直到第24天仍保持在允许的限度内［见图11-3（b）］。文献[25]的研究结果表明，贮藏温度为15℃时，黄瓜会发生黄变。在本试验中，在10+1.5℃条件下，黄瓜仍保持绿色，黄色的很少。

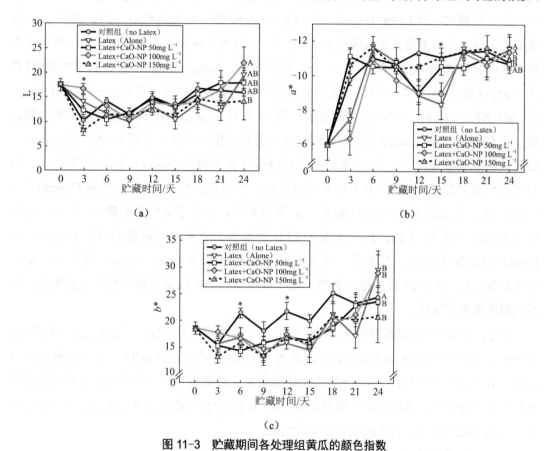

图11-3　贮藏期间各处理组黄瓜的颜色指数

其中：L表示亮度值，a*表示颜色变化从绿色（-）到红色（+），b*表示颜色变化从蓝色（-）到黄色（+）

不同字母表示基于Tukey's检验差异显著性（P≤0.05），*表示各处理间的差异显著性[23]

总外观质量的评价结果显示，CaO-NP100组样品的质量最高，其次是CaO-NP150组［见图11-3（c）］。在贮藏的前几天（0天、3天和6天），样品的总体质量保持得比最后几天（18天、21天和24天）好。但在贮藏24天后，所有黄瓜的质量均高于一般质量（标尺值为3），因此仍可上市销售。需要注意的是，在24天贮藏期间，各样品上均未发现微生物，这可能与CaO-NP和涂层的使用有关。文献[15]报道了CaO-NP的广谱抗菌作用，包括耐药性的人类病原菌（大肠杆菌、铜绿假单胞菌、肺炎克雷伯菌、金黄色葡萄球菌、伤寒沙门氏菌、霍乱弧菌和痢疾志贺氏菌等）。在本试验中，CaO-NP 可抑制黄瓜贮藏过程中微生物的生长发育。CaO-NP 产生超氧自由基，增加了氧化应激，可以破坏细胞膜和杀死细菌[26]，表明 CaO-NP 在食品中的应用潜力巨大[16]。

11.1.3.2 颜色指数分析

从图 11-3（a）可以看出，与其他处理组相比，Latex（Alone）组样品的亮度值最高。CaO-NP150 组的亮度值最低，这与使用较高浓度 CaO-NP 产生了不透明有关。贮藏结束时，有一种倾向，即 Latex（alone）组、CaO NP-50 组，尤其是 CaO-NP100 组样品的颜色更光亮些，其对消费者更具吸引力。文献[27]的研究结果表明，高 L 值是由于样品表面聚集的水分和光线所致。从图 11-3（b）可以看出，Latex（alone）和 CaO-NP100 组样品的 a*[从绿（-）到红（+）] 结果在坐标系中呈现更多的正值，而 Control（no Latex）和 CaO-NP150 组 a* 值呈现更多的负值。第 15 天时，Latex（alone）组呈现出更多的正值，而 Control（no Latex）和 CaO-NP150 组的数值出现下降。从第 15 天开始，各处理组之间没有显著差异。文献[28]报道了涂膜降低了黄瓜的生理活性，黄瓜贮藏在 10℃ 和 25℃ 时仍保持绿色。从图 11-3（c）可以看出，贮藏期间的 b* 值最高的是 Control（no Latex）组，最低的是 CaO-NP150 组。贮藏过程中，对应于采样后的第 3、6、9、12 天 b* 值较低，随后的第 18、21、24 天 b* 值显著增加。在第 6 天和第 12 天，Control（no Latex）组的 b* 值较高，呈黄色。相比之下，CaO-NP50 和 Latex（alone）组样品的数值分别较低。L、a* 和 b* 值的变化表明，由于成熟过程的叶绿素分解和胡萝卜素生成，黄瓜的颜色发生了变化。

在 L、a* 和 b* 中观察到的变化（见图 11-3）与使用评分尺度（见图 11-2）得到的结果一致。文献[29]的研究结果表明，贮藏温度为 13℃ 时，用添加 $CaCO_3$ 的卡拉胶涂层龙贡果后，其 L 值有所下降。文献[30]的研究结果表明，贮藏期间，涂有玉米淀粉和明胶的黄瓜的 L 值有所下降。涂层组和对照组样品的 a* 与 b* 值也有微小差异。本试验中的涂层乳液和加入 CaO-NP 的复合乳液也有相似的结果。

11.1.3.3 失重率分析

从图 11-4 可以看出，失重率在各处理间存在显著差异，其中 Latex（Alone）组样品的失重率最高，CaO-NP50 组失重率最低。文献[31]的研究结果表明，P（VAc-co-VA）涂层相比未涂层，对果实具有轻微的保护作用。添加含钙涂层的果实的失重率较对照组和其他不含钙配方低[4]。在第 6、9、12 天和第 15 天，失重率较低的是 Control（no Latex）组，其次是 CaO-NP50 组，二者数值相近。从第 15 天开始，失重率下降的百分比超过了 6%，这也可以解释为在第 15 天之后，黄瓜视觉色彩上的变化。文献[32]的研究结果表明，脱水会导致水分从水果转移到环境中，从而导致重量下降，重量下降超过 6% 代表水果的质量严重下降。文献[24]用 $CaCl_2$ 处理黄瓜，其重量损失低于对照组。

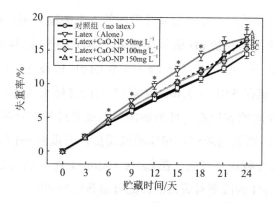

图 11-4　贮藏期间各处理组黄瓜的失重率

其中：不同字母表示基于 Tukey's 检验差异显著性（P ≤ 0.05），∗ 表示各处理间的差异显著性[23]

11.1.3.4　硬度分析

黄瓜极易因水分散失和真菌生长而导致硬度下降。从图 11-5 可以看出，在整个贮藏过程中，各处理组间样品的硬度值差异不显著，但数值波动较大；这可能是由于使用了不同的样品，因为尽管每组测试了 9 个样品试图减少差异，但这是一个破坏性的测试。据文献[33] 报道，在采后处理中加入 Ca 源可以延长货架期，由于其形态学、酶和感官效应而保持质量。钙在果胶基质中可成键，使细胞膜具有刚性，提高对细菌的抵抗力[34]。第 15 天之后，由于失水使表皮具有弹性，硬度值呈现出明显的增加。文献[35] 的研究结果表明，使用不同的包装材料会增加黄瓜的硬度，原因是脱水和失重。文献[36] 的研究结果表明，由于黄瓜在贮藏 15 天后，细胞壁中间层降解，产生了质地变软的效果。文献[28] 报道了涂层后黄瓜的呼吸速率降低，延缓了硬度下降。

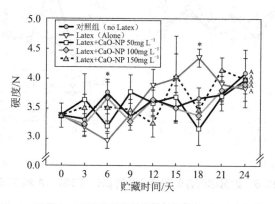

图 11-5　贮藏期间各处理组黄瓜的硬度

其中：不同字母表示基于 Tukey's 检验差异显著性（P ≤ 0.05），∗ 表示各处理间的差异显著性[23]

11.1.3.5　pH、TSS、TA 和 TSS/TA 分析

测定了添加 CaO-NP 的涂层对黄瓜相关化合物含量的影响。采后处理的目标之一是

保持营养化合物和感官参数，这是消费者接受度的一个关键方面。从图 11-6（a）可以看出，贮藏期间不同处理间样品的 pH 值差异显著。CaO-NP50 组样品的 pH 值最高，其次为 CaO-NP100；相比之下，Control（no Latex）组的 pH 值最低。但是差值很小，处理组和未处理组样品的 pH 值在 5.01 ～ 5.40。文献 [29] 的研究结果表明，添加 $CaCO_3$-NP 的涂层不会影响样品贮藏期间的 pH 值。pH 值的降低与成熟过程中叶绿素的降解有关 [37]。文献 [30] 的研究结果表明，添加玉米淀粉和明胶涂层后，黄瓜的 pH 值有所增加，原因是施用涂层后黄瓜的代谢和呼吸速率较低。在 Latex（Alone）组和加入 CaO-NP 的复合乳液中也发现了类似的结果。pH 的改变对黄瓜的口感有显著影响 [35]。

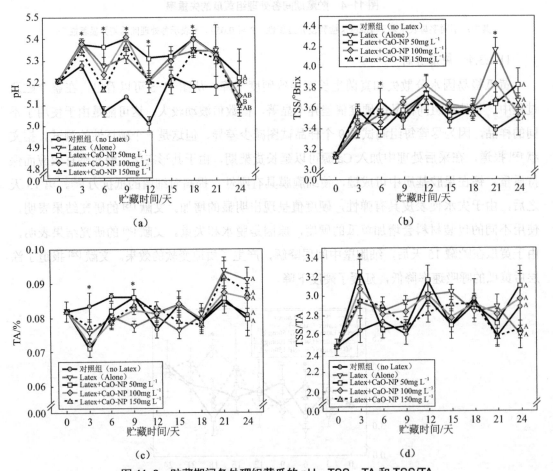

图 11-6　贮藏期间各处理组黄瓜的 pH、TSS、TA 和 TSS/TA

其是：不同字母表示基于 Tukey's 检验差异显著性（P ≤ 0.05），* 表示各处理间的差异显著性 [23]

从图 11-6（b）可以看出，各处理组间样品的 TSS 含量无显著差异，但是 Control（no Latex）组和贮藏的第 0、3、6 天和第 9 天，TSS 值有降低的趋势。黄瓜的 TSS 值在 3.12 ～ 4.16 内变化。文献 [38] 的研究结果表明，贮藏温度为 20℃条件下，15 天贮藏期间涂层比未涂层的黄瓜有更高的 TSS 含量。文献 [39] 的研究结果表明，室温贮藏期间，使用不同的壳聚糖和芦荟基涂层保鲜黄瓜，其 TSS 含量增加，但没有观察到显著差异。文献 [24] 的研究结果表明，室温贮藏期间，涂层组黄瓜的 TSS 含量有所增加，但低于对照组的增量。

从图 11-6（c）可以看出，各处理组间的 TA（% 柠檬酸）没有显著差异，黄瓜中柠檬酸含量在 0.071% ~ 0.093%。文献 [40] 将可滴定酸度效应与涂层的使用和代谢过程的减缓联系在一起，涂层延迟了果蔬成熟时柠檬酸转化为糖的过程。TSS 与 TA 的比值（TSS/TA 表示成熟度指数，MI）表示果实的甜度。从图 11-6（d）可以看出，黄瓜的 MI 增加至第 12 天，从第 21 天 MI 减少，贮藏期间的 MI 无明显变化。在第 24 天，Control（no Latex）组、CaO-NP50 组和 CaO-NP100 组样品的 MI 有增加的趋势。在本试验中，作者没有观察到 CaO-NP 对 P（VAc-co-VA）涂层在贮藏期间对黄瓜的营养特性有明显影响。另外，CaO-NP 具有广谱抗菌特性，目前尚未有发现其毒性的证据 [16]。黄瓜上未观察到微生物的原因可能与涂层与纳米粒子的结合有关。此外，复合涂层延缓了黄瓜的成熟过程，并在不显著改变黄瓜风味的情况下保留了其化学成分。

11.1.3.6　叶绿素含量分析

黄瓜外果皮叶绿素 a 含量在不同处理组间存在显著差异（见图 11-7），CaO-NP100 和 CaO-NP150 组样品的叶绿素 a 含量较高，而 Control（no Latex）组样品在贮藏 24 天后的叶绿素 a 含量较低。不同处理组间样品外果皮的叶绿素 b 含量差异显著，CaO-NP50、CaO-NP100 和 CaO-NP150 组含量最高。而 Control（no Latex）组和 Latex（Alone）组含量最低。CaO-NP100、CaO-NP50 和 CaO-NP150 组样品的外果皮总叶绿素含量较高，而 Control（no Latex）组和 Latex（Alone）组的总叶绿素含量最低。与未涂层样品相比，添加 CaO-NP 的涂层在贮藏过程中保持了果皮的绿色和较高的叶绿素含量。文献 [41] 的研究结果表明，使用尺寸小于 200nm 的壳聚糖涂层保鲜黄瓜，低呼吸速率降低了叶绿素的降解。叶绿素的降解受 pH、氧化系统和叶绿素酶活性变化的影响，而这些变化受到呼吸作用和成熟过程的影响 [42]。文献 [43] 的研究结果表明，涂层可以防止果皮干燥，从而避免液泡分解和色素损失。黄瓜中果皮的叶绿素 a 含量在不同处理组间存在显著差异，CaO-NP100 和 CaO-NP150 组较高，CaO-NP50 组样品最低。各处理组间中果皮的叶绿素 b 含量和总叶绿素含量无显著差异。涂层对黄瓜叶绿素含量的主要影响似乎是在外果皮，而不是在中果皮。本试验结果表明，涂层后黄瓜的叶绿素含量明显高于 Control（no Latex）组样品，这可能与涂层的阻隔作用和 CaO-NP 的阻熟作用有关。Ca 可以使植物中叶绿素含量更高，并降低果实衰老 [18]。文献 [44] 指出外源 Ca 的施用会影响叶绿素含量，因为 Ca 对细胞膜具有很高的稳定性。

11.1.3.7　总酚含量和抗氧化能力分析

黄瓜中果皮的总酚类化合物含量以 CaO-NP50 组最高，最低为 Control（no Latex）组。外果皮中，各处理组间样品的总酚类化合物含量差异显著，其中，Latex（Alone）组、CaO-NP50 组、CaO-NP150 组和 CaO-NP100 组的总酚类化合物含量最高，而 Control（no

Latex）组含量最低。Ca 在氧化胁迫下参与活性氧过程，激活酚类化合物的合成和积累[45]。文献[29] 的研究结果表明，用添加 $CaCO_3$ 的卡拉胶涂层龙贡果后，在采后贮藏的前 4 天，酚类化合物的含量有所下降。在此之后，酚类化合物的含量再次增加。本试验在黄瓜中也观察到类似的现象。作者将这些变化归因于采后酚类化合物的氧化。文献[44] 指出外源 Ca 的应用可以引起酚类化合物的积累（见图 11-8）。

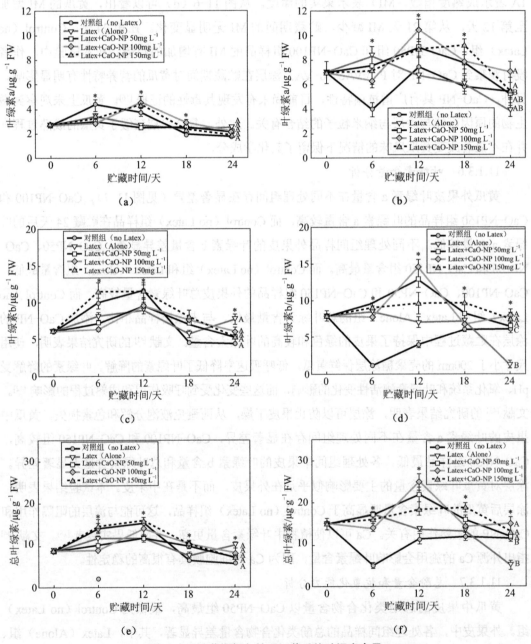

图 11-7 贮藏期间各处理组黄瓜的叶绿素含量

其中：（a）、（c）和（e）图表示中果皮，（b）、（d）和（f）图表示外果皮。

不同字母表示基于 Tukey's 检验差异显著性（P ≤ 0.05），* 表示各处理间的差异显著性[23]

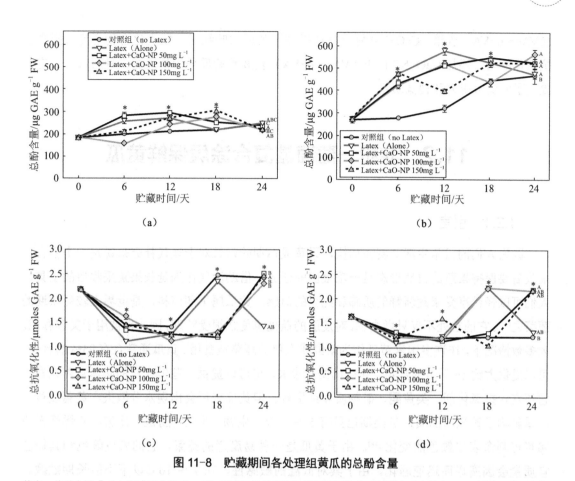

图 11-8 贮藏期间各处理组黄瓜的总酚含量

其中：总酚含量［（a）图表示中果皮，（b）图表示外果皮］和总抗氧化性［（c）图表示中果皮，（d）图表示外果皮］
不同字母表示基于 Tukey's 检验差异显著性（P ≤ 0.05），＊ 表示各处理间的差异显著性[23]

在黄瓜中果皮的总抗氧化能力中，Control（no Latex）组样品的抗氧化能力最高。当 CaO-NP 添加量分别为 50、100 和 150mg L⁻¹ 时，该值较低。外果皮的抗氧化能力则表现出显著差异；CaO-NP100 组样品表现出更强的抗氧化能力。而 Control（no Latex）组样品表现出最低的抗氧化能力。采收前外源施用 Ca 可提高果实的抗氧化能力[46]。Ca 与超氧化物歧化酶、过氧化物酶和过氧化氢酶等抗氧化酶的活性有关，可改变抗氧化能力[44]。因此，涂层中 Ca 的存在可能对黄瓜的酚类化合物的含量和抗氧化能力有一定的影响。抗氧化剂的含量会随着发育和衰老过程以及一些因素而改变。但自由基增加所产生的氧化应激会降低抗氧化能力[47]。

纳米涂层和纳米复合材料在延长食品货架期和防止食品变质等方面具有广阔的应用前景。本文报道的结果支持这些作者的观点，因为添加到 P（VAc-co-VA）乳液中的 CaO-NP 极大地改变了涂层。综上所述，涂层对黄瓜的视觉品质有积极的影响，主要表现在外观和绿色，具有更大的光亮度和更少的失重率。TSS、TA 和 MI 不受涂层处理的影响。P

（VAc-co-VA）乳液 +CaO-NP 复合材料提高了黄瓜的叶绿素、酚类化合物含量，提高了抗氧化能力。添加 CaO-NP 的 P（VAc-co-VA）乳液是黄瓜采后处理的一种新选择，它们提高了购买吸引力和视觉质量。

11.2　淀粉—葡萄糖复合涂层保鲜黄瓜

11.2.1　引言

因为人们的日常生活节奏在加快，果蔬成熟期的延长对于现代社会来说是一个福音。采收后要保持果蔬的自然形态是一项艰巨的任务。借助涂层作为延长果蔬采收后的工具，人们可以轻松享受果蔬新鲜的质感和纯正的口感。黄瓜属于葫芦科，是世界上较受欢迎的蔬菜之一。它的益处不仅只做食物，对皮肤的益处也使之很受欢迎，因此也被用于美容领域。大多数情况下，在许多国家黄瓜作为新鲜或煮熟的蔬菜被食用。黄瓜通常含有 95% 的水分，可以提供大约 16 千卡的热量，16% 的维生素 K，也可以提供一些低含量的必需营养元素。它还富含抗氧化剂、类黄酮、矿物质和维生素。但黄瓜采后会出现水分散失、萎蔫发黄，严重影响了黄瓜的品质，货架期也只有 5 ～ 7 天。生物 / 非生物胁迫、冷害、乙烯暴露或腐烂可刺激表皮颜色的变化 [48]。由于黄瓜是一种易腐烂的蔬菜，它的表皮颜色和其他感官质量会因腐烂而迅速恶化。由于其对低温的敏感性，在 7 ～ 10℃ 以下不能长期贮藏。因此，杀菌剂、化学防腐剂、控制气调包装、改善气调包装等多种技术用来延长黄瓜的货架期，并保持其贮藏期间的优势 [49]。

可食用的涂层可以定义为外涂于水果和蔬菜表面的物质，通过增加水果和蔬菜表面的额外光泽来改善外观。可食用涂层用于延长易腐烂水果和蔬菜的货架期，也提高了对生态和健康食品的需求 [50]。此外，可食用涂层可以部分阻隔水蒸气、芳香化合物和气体（O_2 和 CO_2），降低水分散失和呼吸速率，并保持果蔬的味道和质地 [51]。同时，涂层对 O_2 和 CO_2 的渗透作用，可以控制水分的传输和减少表面的损耗。贮藏期间，被涂层果蔬失重减少，表皮颜色保持，呼吸速率下降，酶促褐变大幅度地减缓，最终结果是货架期显著延长 [52 ～ 54]。

研究人员一直在研究用于黄瓜的可食用涂层材料，其中一些人成功地使用了阿拉伯胶 [55]、瓜尔胶 [56] 为基础的涂层材料，森柏尔保鲜剂 [57] 和臭氧水处理 [58]。但是迄今为止，还没有关于淀粉—葡萄糖溶液用于黄瓜的报道。在此背景下，本试验揭示了由还原糖（葡萄糖）、保护剂（淀粉）组成的淀粉—葡萄糖溶液在提高黄瓜品质、延长货架期和冷藏保鲜中的作用（±4℃），并测试不同参数，包括表皮颜色、感官评价、失重率、抗氧化活性（DPPH 自由基清除率和亚铁离子螯合）、酶活性（过氧化氢酶和过氧化物酶）、蛋白质、脯氨酸和总可溶性糖含量。

11.2.2　材料和方法

11.2.2.1　淀粉和葡萄糖溶液制备

分别加入 1.0、1.5 和 2.0μM 的淀粉溶液（标记为 S）及 2.5μM 的 D- 葡萄糖溶液（标记为 G），制备淀粉和葡萄糖的水相分散体。淀粉和葡萄糖购于（Himedia，Mumbai，India）公司。然后将上述混合物在 2.45GHz 的微波炉中固化 60s，以使混合物呈现半透明状。

11.2.2.2　涂膜处理

黄瓜采自印度古吉拉特邦的蔬菜大棚，并由 Radha Krishna Reddy（来自于 Central Council，Siddha Arumbakkam，Chennai，India）博士鉴定。采收的黄瓜（宽 3 ～ 4 英寸。每个黄瓜的长度约为 6 英寸）用自来水冲洗，去除沾在表皮上的污垢，再用蒸馏水重新清洗。使用浸渍法将黄瓜浸泡在 1.0、1.5 和 2.0μM 的淀粉溶液及 2.5μM 的 D- 葡萄糖溶液中，然后保存在无菌容器中，贮藏温度为 ±4℃。未浸泡的黄瓜作为对照组，记为 Control。分别观察对照组和 SG 涂层组黄瓜 30 天的生长情况，相关参数每 10 天测试一次。

11.2.2.3　黄瓜质量参数测试

本试验所有测试项目参照文献 [59] 的描述，包括表皮颜色测试；感官评定测试；失重率测试，单位为 g；总可溶性糖（TSSC）含量测试，单位为 mg g^{-1}；蛋白质含量测试，单位为 μg g^{-1}；脯氨酸含量测试，单位为 μmol g^{-1}；过氧化氢酶（CAT）活性测试，单位为 nmol min^{-1} g^{-1}；过氧化物酶（POD）活性测试，单位为 U g^{-1}；DPPH 自由基清除能力测试，单位为 %；亚铁离子螯合能力（FICA）测试，单位为 %。

11.2.3　分析与讨论

11.2.3.1　表皮颜色分析

从图 11-9 可以看出，室温下施用 SG 涂层，黄瓜的货架期延长至 30 天，而对照组黄瓜的货架期为 10 天。SG 涂层组黄瓜的表皮颜色由绿色变成了黄绿色（30 天后），而对照组黄瓜的颜色为橙黄色（10 天后）。最初，所有黄瓜都是统一的绿色。对照组样品的果皮颜色在贮藏 6 天后明显变为黄绿色，并出现黄色斑块（速度比 SG 涂层组快得多），开始腐烂，在贮藏 10 天后呈现橙黄色。1.5μM+2.5μM SG 涂层组样品在贮藏 30 天内不会变黄或黄绿色，仍能保持绿色。这可能是由于淀粉和葡萄糖的共同作用，使黄瓜包裹在适当的覆盖层里，调节了呼吸速率。另外，1.0μM+2.5μM 或 2.0μM+2.5μM SG 涂层组样品在贮藏 10 天后的果皮颜色从绿色变成了黄绿色。文献 [55] 的研究结果表明，在 25℃条件下，随着贮藏时间（16 天贮藏期）的延长，对照组和涂层处理组黄瓜的绿色逐渐变为黄色。在本试验中，作者观察到 SG 涂层组黄瓜的表皮颜色在 30 天内基本保持不变，而对照组黄瓜有急剧变化。

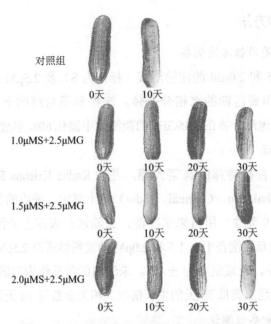

对照组

0天　10天

1.0μMS+2.5μMG

0天　10天　20天　30天

1.5μMS+2.5μMG

0天　10天　20天　30天

2.0μMS+2.5μMG

0天　10天　20天　30天

图 11-9　贮藏期间各处理组黄瓜的表皮颜色 [59]

11.2.3.2　感官评定分析

从图 11-10 可以看出，贮藏 30 天后黄瓜的颜色发生了显著变化。黄瓜的绿色主要是由于叶绿素的存在，叶绿素包括叶绿素 a 和叶绿素 b，其中叶绿素 a 是绿色的，叶绿素 b 是黄绿色的 [60]。本试验结果表明，随着叶绿素 a 含量的不断减少，叶绿素 b 含量逐渐增加，黄瓜的绿色逐渐变为黄色。随着贮藏时间的延长，每个参数的分数都在下降。而涂层组黄瓜的感官评价得分较高。1.0μM+2.5μM 和 2.0μM+2.5μM SG 涂层组黄瓜的结果优于对照组，但逊于 1.5μM+2.5μM SG 涂层组。

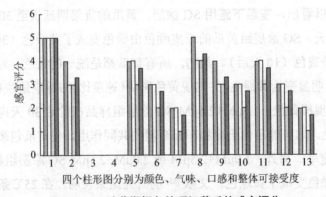

四个柱形图分别为颜色、气味、口感和整体可接受度

图 11-10　贮藏期间各处理组黄瓜的感官评分

其中：横坐标 1 表示第 0 天，0μM SG 涂层；2 表示第 10 天，0μM SG 涂层；3 表示第 20 天，0μM SG 涂层；4 表示第 30 天，0μM SG 涂层；5 表示第 10 天，1.0μM SG 涂层；6 表示第 20 天，1.0μM SG 涂层；7 表示第 30 天，1.0μM SG 涂层；8 表示第 10 天，1.5μM SG 涂层；9 表示第 20 天，1.5μM SG 涂层；10 表示第 30 天，1.5μM SG 涂层；11 表示第 10 天，2.0μM SG 涂层；12 表示第 20 天，2.0μM SG 涂层；13 表示第 30 天，2.0μM SG 涂层 [59]

11.2.3.3　失重率分析

从表 11-1 可以看出，随着贮藏时间的延长，黄瓜的失重率显著下降。黄瓜在贮藏过程中，SG 涂层组样品的失重率小于对照组。SG 涂层显著抑制了黄瓜重量的损失，并起到部分保护的作用，防止水分散失。涂层组样品的有限失重可能是由于涂层对气体（O_2 和 CO_2）、水蒸气的部分阻隔作用，并降低了呼吸速率[50, 51]，文献[55]的研究结果表明，使用阿拉伯胶涂层保鲜黄瓜，贮藏温度为 10℃ 和 25℃，16 天贮藏期间，涂层组样品的失重率低于对照组。本试验结果表明，1.5μM+2.5μM SG 涂层组样品的失重率低于 1.0μM+2.5μM SG 涂层组和 2.0μM+2.5μM SG 涂层组。

表 11-1　贮藏期间各处理组黄瓜的相关参数

处理组	贮藏时间/天	失重率/g	TSSC/mg g⁻¹	蛋白质含量/μg g⁻¹	脯氨酸含量/μmol g⁻¹	CAT 活性/nmol min⁻¹ g⁻¹	POD 活性/ug⁻¹	DPPH/%	FICA/%
0	0	113.716±0.117a	1.484±0.068a	0.376±0.059a	0.042±0.002ef	1.907±0.015a	2.433±0.275a	0.766±0.005i	1.702±0.450j
Control	10	106.700±0.264c	1.037±0.001c	0.306±0.002bcd	0.059±0.001c	1.696±0.015e	2.321±0.001bc	21.050±0.040f	28.640±0.360f
	20	76.666±0.113h	1.233±0.023d	0.282±0.013ef	0.072±0.010a	1.383±0.015h	1.979±0.039ef	27.103±0.105d	37.910±0.026c
	30	—	—	—	—	—	—	—	—
1.0μM+2.5μM SG	10	116.320±0.854c	0.903±0.002b	0.325±0.004bc	0.074±0.003b	1.586±0.015c	2.248±0.002c	20.280±0.043g	24.916±0.056h
	20	109.593±0.490e	1.119±0.001d	0.306±0.004e	0.094±0.001b	1.510±0.010g	1.807±0.023g	24.166±0.065f	33.810±0.056f
	30	96.856±0.212g	1.08±0.003ef	0.275±0.008g	0.108±0.001cd	1.140±0.036j	1.628±0.010h	35.143±0.058c	43.620±0.070c
1.5μM+2.5μM SG	10	122.543±0.509b	1.249±0.017b	0.330±0.005b	0.094±0.001a	1.806±0.008b	2.358±0.002b	25.210±0.101e	32.460±0.052d
	20	117.490±0.271d	1.320±0.005d	0.311±0.005d	0.108±0.001ab	1.711±0.010f	2.033±0.025cd	35.280±0.105b	40.710±0.090b
	30	108.596±0.500f	1.367±0.011e	0.303±0.015f	0.117±0.000c	1.523±0.032i	1.775±0.007fg	45.300±0.140a	51.526±0.087a
2.0μM+2.5μM SG	10	113.713±1.348c	0.884±0.002b	0.291±0.002cd	0.060±0.001cd	1.411±0.010d	1.933±0.056de	19.303±0.100h	22.543±0.055i
	20	98.596±0.697f	1.087±0.003d	0.283±0.001ef	0.085±0.001de	1.336±0.035h	1.750±0.010fg	22.330±0.183h	30.760±0.036g
	30	86.940±0.381gh	1.200±0.020f	0.272±0.004g	0.097±0.001f	1.127±0.028k	1.446±0.015h	31.496±0.085e	38.200±0.300e

注：表中数据是基于 Duncan's multiple range test，字母表示数据间差异显著性（P<0.05），"—"表示数据缺失[59]

11.2.3.4 TSSC 分析

从表 11-1 可以看出，在整个贮藏期间，SG 涂层组黄瓜和对照组黄瓜的总可溶性糖含量都有所增加。相比于 1.0μM+2.5μM SG 涂层组和 2.0μM+2.5μM SG 涂层组样品，1.5μM+2.5μM SG 涂层组样品的在室温下贮藏 30 天（对照组为 10 天）时，其糖含量最高。外层涂层可以覆盖黄瓜表皮中直接参与呼吸作用的微小气孔，随着呼吸作用的降低，较高的糖含量可以延长黄瓜的货架期。碳水化合物是植物结构的重要组成部分，多是游离单糖和多糖，而高糖含量提高了黄瓜对干旱胁迫的耐受性 [61]。

11.2.3.5 蛋白质含量和脯氨酸含量分析

从表 11-1 可以看出，1.5μM+2.5μM SG 涂层组样品的蛋白质含量最高，而 1.0μM+2.5μM SG 涂层组和 2.0μM+2.5μM SG 涂层组的蛋白质含量最低。脯氨酸含量在所有 SG 涂层组黄瓜中都增加了，但是 1.5μM+2.5μM SG 涂层组样品含有更高的脯氨酸含量。在非生物胁迫下，脯氨酸可以在植物中积累 [62]。文献 [61] 的研究结果表明，在胁迫处理过程中，PEG 诱导的黄瓜幼苗脱水后脯氨酸含量增加。因此，脯氨酸含量增加，代表产品耐受性增加。

11.2.3.6 CAT 活性和 POD 活性分析

CAT 活性的逐渐降低会导致组织中 H_2O_2 的聚集。文献 [63] 的研究结果表明，将黄瓜置于对照温度下，CAT 活性在 48h 内恢复到正常水平。在本试验中，随着贮藏时间的延长，黄瓜的货架期和风味随着 CAT 活性的降低而下降。与 1.0μM+2.5μM SG 涂层组和 2.0μM+2.5μM SG 涂层组黄瓜相比，1.5μM+2.5μM SG 涂层组延长了黄瓜的货架期，但 CAT 酶活性显著降低。POD 是一种重要的酶，负责对氧自由基的解毒。它可以在多种底物上催化多种反应，这会导致果蔬的不利褐变，并伴随着风味恶化、营养损害和变色 [64]。从表 11-1 中可以看出，室温贮藏期间，涂层组和对照组样品的 POD 活性均下降，但 1.5μM+2.5μM SG 涂层组的结果比 1.0μM+2.5μM SG 涂层组和 2.0μM+2.5μM SG 涂层组好。文献 [65] 的研究结果表明，在贮藏的前 4 天过程中，黄瓜 POD 活性逐渐下降至新鲜黄瓜初始 POD 活性的 70%。文献 [66] 的研究结果表明，对照组的 POD 酶活性也在 30 天内显著下降。在贮藏结束时，所有处理后的样品的 POD 活性均较低。本试验的结果与之前的研究结果一致。

11.2.3.7 DPPH 自由基清除能力和 FICA 分析

抗氧剂是一种能在自由基氧化过程中起反应的物质，是氧的清除者。DPPH 自由基清除能力取决于 DPPH 稳定自由基的能力和在抗氧化剂存在下的脱色能力 [67]。从表 11-1 可以看出，与对照组黄瓜相比，SG 涂层对黄瓜 DPPH 自由基的清除能力在最初的 10 天明显增强，新鲜黄瓜提取物表现出的最大活性为 80%。文献 [56] 的研究结果表明，使用瓜尔胶—肉桂精油—蜡复合涂层，黄瓜表现出了较好的抗氧化清除活性。1.5μM+2.5μM SG 涂层组样品的抗氧化活性优于其他处理组。

亚铁离子被认为是有效的促氧剂，在生物系统中与过氧化氢相互作用，产生高度活性的羟基自由基。啡咯嗪与亚铁离子（Fe^{+2}）可形成稳定的洋红色络合物。在其他螯合剂的存在下，络合物的形成被打断，络合物的颜色消失。从表 11-1 可以看出，贮藏期间各处理组样品的亚铁离子螯合活性增强了。但是与 1.0μM+2.5μM SG 涂层组和 2.0μM+2.5μM SG 涂层组相比，1.5μM+2.5μM SG 涂层的活性更强，其螯合铁离子的速率更快。

11.2.4　结论

SG 涂层处理后，黄瓜的颜色、气味、口感等感官特性发生了显著变化，失重率较少，DPPH 自由基清除能力和亚铁离子螯合能力显著增强。过氧化氢酶和过氧化物酶活性降低，蛋白质含量降低，脯氨酸和可溶性糖含量增加。不同浓度（1.0μM、1.5μM 和 2.0μM）的淀粉溶液 +2.5μM D- 葡萄糖溶液作为可食涂层应用于黄瓜上，在低温冷藏 30 天的长贮藏期中，有利于延缓黄瓜的成熟过程，延长黄瓜的货架期。本试验结果表明，1.5μM+2.5μM SG 涂层比 1.0μM+2.5μM SG 涂层和 2.0μM+2.5μM SG 涂层的保鲜效果更好，1.5μM+2.5μM SG 涂层较好地延长了黄瓜的货架期。总之，在室温条件下使用 SG 涂层可以延长黄瓜的货架期。因此，可以说，SG 涂层将是一种很有前途的水果和蔬菜采后保鲜方法。

11.3　肉桂精油—壳聚糖纳米粒子复合涂层保鲜黄瓜

11.3.1　引言

黄瓜属于葫芦科，是世界上重要的经济作物。货架期短（小于 14 天），主要与硬度损失、变色、脱水和真菌腐烂有关[68]。采后作物的真菌病原体中，丝状卵霉病菌（P. Drechsleri）是一种常见的作物致病菌。这种病菌可引起许多蔬菜作物如葫芦科和茄科作物的萎蔫、发黏和腐烂[69]。在伊朗有超过 25 万公顷的灌溉土地上种植瓜类和黄瓜，它们经常被一种当地称为"绿死病"的严重枯萎病所摧毁，这种病是由 P. drechsleri 引起的[70]。卵霉菌类，如 P. drechsleri，有一种独特的生理机能，导致大多数杀菌剂对它们无效[71]。在这方面，一些研究表明精油（EOs）及其成分对食品相关的变质和致病微生物具有抑制作用[72, 73]。在各种 EOs 中，肉桂精油（CEO）已经成为不同种类真菌的生长抑制剂[74]。其抑菌活性主要来源于其主要成分肉桂醛、丁香酚和单萜类化合物[75, 76]。然而，和其他 EOs 一样，CEO 是一种挥发性化合物，在热、压力、光和氧气的作用下很容易降解。此外，CEO 不溶于水，某些应用需要受控释放[77]。因此，在食品加工和贮藏过程中，封装是一种有效的方法来增加抗菌化合物的物理稳定性和增强其生物活性。此外，封装可改善生物活性化合物的水溶性，控制传递，提高吸收，降低毒性和成本，减少所需的数量[78]。

因为微胶囊可以保证对抗菌化合物的保护，防止蒸发或降解，纳米封装系统，由于高比表面积，在靶向位点特异性传递和细胞间有效吸收方面具有通用优势，这可能产生更高的抗菌活性[79]。文献[80]的研究结果表明，将丁香酚和香芹酚封装到纳米表面活性剂胶束中可增强其抗菌活性。文献[81]的研究结果表明，牛奶中加入胶束封装的丁香酚，与未加入胶束封装的丁香酚相比，其抑菌效果相差很小或近似相同。

近年来，壳聚糖（CS）由于其被公认为的安全性、生物相容性和优良的生物降解性，在生物活性化合物的封装方面受到了广泛关注[82]。CS 已经显示了其装载和传递敏感生物活性化合物的能力，如亲脂性药物，多酚化合物以及维生素。然而，利用 CS 粒子作为外壳在纳米尺度范围内封装 CEO 显然还没有被研究过。

本试验的目标如下：（1）评价在优化条件下获得的 CEO-CSN 对黄瓜病原菌（P. drechsleri）的抑制效果；（2）评价 CEO-CSN 复合涂层对黄瓜贮藏过程中理化和微生物特性的影响。

11.3.2　材料和方法

11.3.2.1　材料

中分子量壳聚糖（脱乙酰度 75%～85%，CAS 9012-76-4）、吐温 80（CAS9005-65-6）、三聚磷酸（TPP）（CAS 7758-29-4；纯度大于 98%），冰醋酸（CAS 64-19-7；纯度大于 99%）和氢氧化钠（CAS1310-73-2；纯度大于 97%）购自（Sigma-Aldrich Co.，St. Louis，MOMo，USA）公司。CEO 精油（100% 纯度）购自（Magnolia Co.，IRAN）公司。生产商提供的 CEO 主要成分为肉桂醛（68.95%）、苯甲醛（9.94%）、（E）- 肉桂乙酸酯（7.44%）、柠檬烯（4.42%）和丁香酚（2.77%）。

从有机农场购买处于成熟期的黄瓜，在低温条件下运输到实验室，并在同一天进行涂层处理。以 P. drechsleri（IRAN 1156C）为试验菌种，25℃下接种在马铃薯葡萄糖琼脂（PDA；1L 的马铃薯浸提液含 20g/L 葡萄糖和 15g/L 琼脂）培养基上 7 天。然后将培养 7 天的孢子悬置在无菌生理盐水（8.5g/L NaCl）中，用血细胞计调整至浓度 10^5/mL。

11.3.2.2　CEO-CSN 复合涂层制备

参照文献[83]描述的离子凝胶法制备 CEO-CSN。在室温下将壳聚糖溶解在 1%（v/v）的醋酸溶液中制得壳聚糖溶液（CSN，0.3%w/v，50mL，pH=4.6）。然后将 Tween 80（CAS 9005-65-6）作为表面活性剂加入前述溶液中，在 45℃下搅拌 2h，得到均匀的混合物。将 CEO 逐渐滴入前述混合物中，搅拌 30min，得到油包水型乳液。添加不同的 CEO 含量，得到 CS 与 CEO 的重量比分别为 1∶0、1∶0.25、1∶0.50、1∶0.75 和 1∶1.00。将 TPP 溶液（0.3%w/v，20mL，pH=5.6）滴加到前述乳液（CEO-CSN）或 CSN 溶液中，室温下持续搅拌 60min，自动获得负载 CEO 的 CSN 纳米悬浮液。

11.3.2.3 涂层处理

将黄瓜分别浸泡在两种涂层溶液（CEO-CSN 或 CSN）中 2min。将 400 个黄瓜放置在尼龙过滤器上晾干，沥干多余的液体。对照组（Control）黄瓜浸泡在蒸馏水中 2min。然后，将黄瓜放入聚丙烯托盘（每托盘 5 个黄瓜），贮藏温度为 10±1℃、相对湿度为 90% ~ 95%，贮藏时间为 21 天。每 3 天提取样品进行理化和微生物学评价。此外，检测黄瓜是否存在明显的真菌感染，结果表示为不同时间的果实感染百分比。

11.3.2.4 黄瓜质量参数测试

本试验所有测试项目参照文献 [84] 的描述，包括黄瓜致病率（人为接菌）测试，单位为 %；发病严酷度测试，单位为 %；腐烂率测试，单位为 %；失重率测试，单位为 %；硬度测试，单位为 N；颜色指数测试；呼吸速率测试，单位为 $\mu g\ kg^{-1}\ s^{-1}$；菌落总数测试，单位为 $\log_{10}$ CFU/kg。

11.3.3 分析与讨论

11.3.3.1 不同处理对人工接菌黄瓜的致病率和严酷度分析

从图 11-11（a）可以看出，CEO-CSN 组黄瓜的致病率最低（0%），其次是 CSN 组（38.66%）和 CEO 组（75.84%）。这意味着，减少致病率最有效的处理是 CEO-CSN。该处理不仅能有效地抑制黄瓜腐烂，而且能延缓病害症状的发生，减缓贮藏期 P. drechsleri 的生长。对照组黄瓜从贮藏第 4 天开始腐烂，而涂有 CEO 和 CSN 涂层的黄瓜的腐烂时间分别推迟到第 5 天和第 6 天。此外，涂有 CEO-CSN 和人工接菌的黄瓜在贮藏期间（9 天）没有明显的真菌生长。

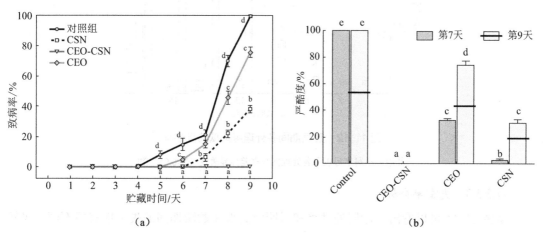

图 11-11 Control、CEO、CSN 和 CEO-CSN 处理对人工接菌黄瓜的影响

其中：（a）致病率；（b）严酷度，贮藏条件为 4℃ 下 7 天、20℃ 下 2 天。数据是基于 Tukey's range test，
字母表示数据间差异显著性（P ≤ 0.05）[84]

同样，与对照组相比，涂层处理显著降低了黄瓜发病的严酷程度。从图 11-11（b）可以看出，与对照组相比，CEO-CSN 处理在第 7 天降低了 100% 的发病严酷程度，CEO 处理为 70%，CSN 处理为 97%，而在第 9 天，CEO 处理为 26%，CSN 处理为 70%。此外，经 CEO-CSN 处理的黄瓜未见明显的植物毒性症状，但是用纯 CSN 和 CEO 处理的黄瓜呈现出植物毒性症状，表现为伤口周围的干燥和褐变。

当某些化合物与果蔬组织接触时，许多因素会影响其生物活性。文献 [85] 的研究结果表明，在冷藏草莓中，封装在改性 CS 涂层中的柠檬烯精油的抗真菌效果高于薄荷精油，但是游离（非封装）精油的体外抗真菌效果呈现相反的趋势。在抑制真菌生长试验结果的基础上，后续仅筛选和研究 1.5g/L CEO-CSN 处理对黄瓜的货架期和质量的影响。

11.3.3.2 腐烂率分析

从图 11-12 可以看出，随着贮藏时间的延长，黄瓜染病程度逐渐升高，对照组样品的腐烂率明显最高，其次是 CSN 组和 CEO-CSN 组。在 10±1℃ 下贮藏 15 天后，CEO-CSN 组黄瓜的腐烂程度（3.2%）显著低于 CSN 组（10.95%）和对照组黄瓜（97.73%）。第 21 天，CEO-CSN 组黄瓜的腐烂程度（26.1%），仍显著低于对照组（100%）和 CSN 组（44.87%）。从图 11-13 可以看出，对照组未涂层黄瓜在第 15 天时脱水皱缩，霉变严重，而 CEO-CSN 组黄瓜在第 21 天仍然保持了良好的含水状态，外观较绿。

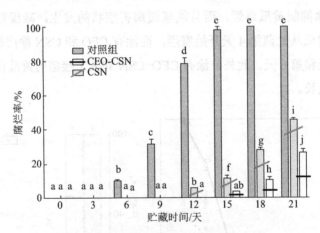

图 11-12　贮藏期间各处理组黄瓜的腐烂率

其中：小写字母表示各处理间数据差异显著性（P<0.05）[84]

11.3.3.3 失重率分析

从图 11-14 可以看出，涂层处理组和对照组黄瓜在贮藏期间的失重率有所不同，虽然两组黄瓜的失重率在贮藏期间逐渐增加，但对照组样品在整个贮藏期间的失重率高于涂层处理组。对照组的最大失重率约为 12%，而 CEO-CSN 和 CSN 组的最大失重率分别为 8.55% 和 9.82%。这表明，与对照组相比，添加和不添加 CEO 的 CSN 处理组黄瓜的失重率分别降低了 29% 和 18%。直至第 15 天，在 CSN 中添加 CEO 对黄瓜的失重率影响不显著。第 18 天和第 21 天，CEO-CSN 处理保持失重率的效果优于 CSN 处理。这一发现与文献 [86] 的研究结果相反，他们报道纳米壳聚糖和负载铜的纳米壳聚糖涂层在 3 周内对草莓控制失重率的效果差不多。

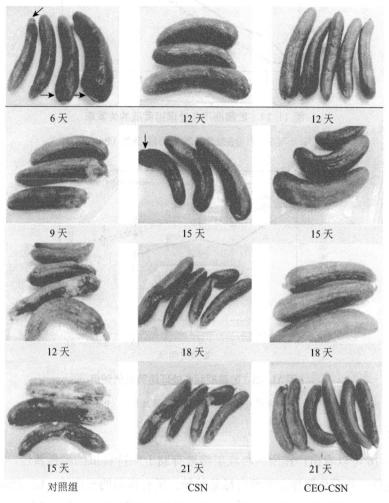

图 11-13　贮藏期间各处理组黄瓜的外观照片 [84]（后附彩图）

11.3.3.4　硬度分析

从图 11-15 可以看出，涂层组黄瓜的硬度值高于对照组。在贮藏 15 天后，对照组样品的硬度损失约 30%，而涂层组样品在整个贮藏过程中显然更硬，在第 15 天，CEO-CSN 组和 CSN 组样品的硬度损失仅为 13% ～ 16%。对照组样品软化更快，在 10±1℃条件下贮藏大约 15 天后完全成熟。硬度是质地的组成部分之一，它是一种复杂的感官属性，包括脆度和多汁性，是决定园艺产品可接受性的关键因素 [87]。与本试验结果一致，其他研究报道了纳米壳聚糖和 EOs 单独或联合作为涂层材料可以提高果实的硬度 [86, 89]。

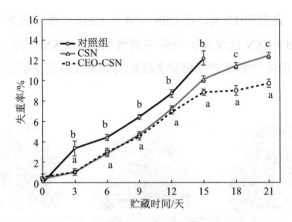

图 11-14　贮藏期间各处理组黄瓜的失重率

其中：小写字母表示各处理间数据差异显著性（P<0.05）[84]

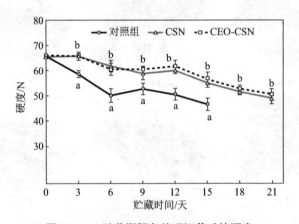

图 11-15　贮藏期间各处理组黄瓜的硬度

其中：小写字母表示各处理间数据差异显著性（P<0.05）[84]

11.3.3.5　颜色指数分析

从图 11-16 可以看出，施用两种涂层溶液有助于保持黄瓜的颜色属性，而 CEO-CSN 组和 CSN 组黄瓜的颜色属性之间没有显著差异。所有样品的亮度值（L）都随着贮藏时间的延长而下降；涂层组样品在货架期结束时显示出比对照组更高的亮度值［见图 11-16（a）］。文献[89]和文献[90]的研究结果表明，未涂层组果实的水分流失和表面褐变更为显著。a* 值在整个贮藏过程中增加了，所有处理组黄瓜均呈绿色［见图 11-16（b）］。在第 15 天，涂层组样品的 b* 值变化较小，显著低于对照组［见图 11-16（c）］。涂层通过防止氧化或酶促褐变来保持黄瓜的绿色。a* 值和 b* 值的微小变化是黄瓜没有发生氧化褐变的良好指标[91]。

11.3.3.6　呼吸速率分析

贮藏过程中呼吸速率是衡量果蔬品质的一个重要指标。可食用涂层导致果皮内二氧化碳浓度高，氧气浓度低，从而降低了呼吸速率[92]。文献[93]报道了壳聚糖 -g- 水杨酸涂层可以降低黄瓜在低温和常温下的呼吸速率。从图 11-17 可以看出，与对照组样品相比，

CEO-CSN 和 CSN 组黄瓜的呼吸速率显著降低。CEO-CSN 涂层在降低黄瓜呼吸速率方面比 CSN 涂层更有效，尽管两种涂层处理之间的差异仅在第 6 天和第 12 天比较显著。一些研究人员报道，EOs 及其单萜类成分由于其亲脂性，可以破坏细胞完整性，抑制微生物的呼吸 [94, 95]。CEO-CSN 涂层抑制呼吸的性能更好是由于 CEO 的抑菌活性，它对真菌细胞壁表面和结构的破坏伴随着呼吸速率的下降。

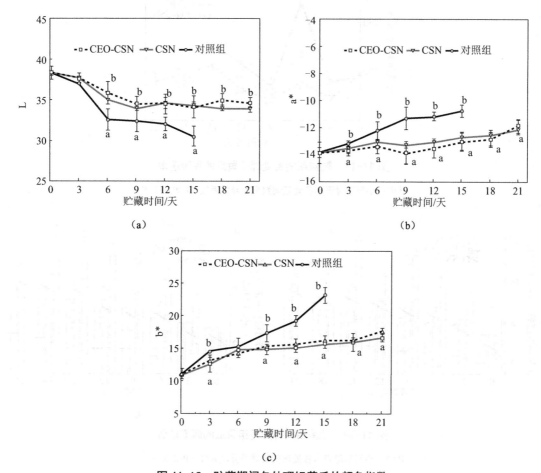

图 11-16　贮藏期间各处理组黄瓜的颜色指数

其中：L 是亮度值（a），a* 是绿色值（b），b* 是黄色值（c）。小写字母表示各处理间数据差异显著性（P<0.05）[84]

11.3.3.7　菌落总数分析

从图 11-18（a）可以看出，CSN 和 CEO-CSN 涂层对抑制需氧菌、酵母菌和霉菌的生长非常有效。涂层后的黄瓜在整个贮藏过程中微生物数量显著降低。两种涂层处理后的黄瓜的菌落数量也有显著差异。CEO-CSN 组样品在贮藏 6 天时的菌落数量值显著低于 CSN 组样品。对照组样品的需氧菌总数在贮藏结束时从 2.05 增加到 $11.67\log_{10}$ CFU/kg，而用 CEO-CSN 组样品保持在 $5\log_{10}$ CFU/kg 以下。从图 11-18（b）可以看出，在所有处理组样品中，酵母菌和霉菌的数量随贮藏时间的延长而增加。然而，涂层组样品的菌落数量在整个贮藏过程中均较低。以 $5\log_{10}$ CFU/kg 的需氧平板计数或酵母菌和霉菌计数为临界极限[96]，只有 CEO-CSN 涂层能延长黄瓜的货架期。文献[89]的研究结果表明，应用多糖为基础的多层抗菌可食用涂层能够保持鲜切木瓜的微生物品质。

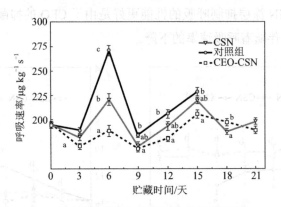

图 11-17　贮藏期间各处理组黄瓜的呼吸速率

其中：小写字母表示各处理间数据差异显著性（P<0.05）[84]

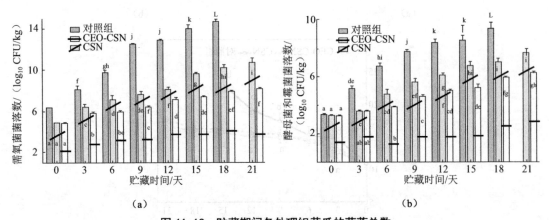

（a）　　　　　　　　　　　　　　（b）

图 11-18　贮藏期间各处理组黄瓜的菌落总数

其中：小写字母表示各处理间数据差异显著性（P<0.05）[84]

11.3.4　结论

本试验制备了负载 CEO 的 CS 纳米粒子，CEO-CSN 涂层在贮藏 7 天内显著降低了黄瓜的致病率和严酷程度。与纯 CSN 涂层相比，1.5g/L CEO-CSN 涂层在降低呼吸速率、减少微生物菌落数量、保持果实质量等方面均有显著效果。本试验结果表明，CEO-CSN 涂层在黄瓜保鲜中具有延长采后货架期的潜力。

参考文献：

[1]　GONZÁLEZ, V. Reconocimiento e Inspección De Alimentos De Origen Vegetal Parámetros

Indicadores De calidad. Frutas y Hortalizas[J]. Instituto Canario De Investigaciones Agrarias.2011.

[2] SANDHYA, L. Modified Atmosphere Packaging of Fresh Produce: Current Status and Future Needs[J]. Food Science and Technology, 2010(43): 381–392.

[3] JOSE A, PAREEK S, RADHAKRISHNAN E K. Advances in edible fruit coating materials[J]. Advances in Agri-Food Biotechnology. Springer, Singapore, 2020, 391–408.

[4] BÓSQUEZ-MOLINA E, VERNON-CARTER E J. Efecto de plastificantes y calcio en la permeabilidad al vapor de agua de películas a base de goma de mezquite y cera de candelilla[J]. Rev. Mex. Ing. Quím. 2005, 4 (2): 157–162.

[5] RUELAS-CHACÓN X, REYES-VEGA M L, VALDIVIA-URDIALES B, et al. Conservación de frutas y hortalizas frescas y mínimamente procesadas conrecubrimientos comestibles[J]. Rev. Científica de la Universidad Autónoma de Coahuila, 2013, 5 (9): 31–37.

[6] FERNÁNDEZ-VALDES D, BAUTISTA-BANOS S, FERNÁNDEZ-VALDES D, et al. Películasy recubrimientos comestibles: una alternativa favorable en la conservación poscosecha de frutas yhortalizas[J]. Rev. Cienc. Tec. Agropecu, 2015, 24 (3): 52–57.

[7] RUGGERI E, KIM D, CAO Y, et al. A multilayered edible coating to extend produce shelf life[J]. ACS Sustainable Chemistry and Engineering, 2020, 8 (38): 14312–14321.

[8] ALVARADO R L. Síntesis De Poliacetato De Vinilo Compatible Con Alimentos Mediante Polimerización En Heterofase Para Aplicación En El Recubrimiento De Frutas[J]. Instituto Tecnológico de Durango, Durango, Mexico. 2011.

[9] ORTÍZ G. Efectos Del Acolchado Plástico y La Fertilización Química y Biológica Sobre La Calidad y Vida De Anaquel De pimiento, Asistida Con Recubrimiento Biodegradable De Poliacetato De Vinilo-Alcohol Polivinílico[J]. Centro de Investigación en Química Aplicada, México, 2013.

[10] CRUZ-GÓMEZ B A. Efectos De La Aplicación De Biofertilizantes y Fosfitos De Potasio Durante Cultivo y Un Recubrimiento De Poli (acetato de Vinilo-Co-Alcohol vinílico) Sobre La Calidad y Vida Poscosecha De Pepino (Cucumis Sativus L.)[J]. Centro de Investigaciónen Química Aplicada, México, 2015.

[11] VIDAL-MONTERO C. Evaluación Del Efecto De Recubrimientos Políḿericos En La Conservación De Calidad y Vida Postcosecha De Naranja (Citrus×Sinensis)[J]. Centro de Investigación en Química Aplicada. México, 2017.

[12] SHARMA S, RAWAT N, KUMAR S, et al. Nanotechnology for food: regulatory issues and challenges. Advances in Agri-Food Biotechnology[M]. Springer, Singapore, 2020, 367–389.

[13] AVOLIO R, GENTILE G, AVELLA M, et al. Polymer-filler interactions in PET/CaCO$_3$ nanocomposites: chain ordering at the interface and physical properties[J]. European Polymer Journal, 2013,49: 419–427.

[14] AGUILERA-CAMACHO L D, HERNÁNDEZ-NAVARRO C, MORENO K J, et al. Improvement effects of CaO nanoparticles on tribological and microhardness properties of PMMA coating[J]. Journal of Coatings Technology and Research, 2015, 12 (2): 347–355.

[15] MARQUIS G, RAMASAMY B, BANWARILAL S, et al. Evaluation of antibacterial activity of plant mediated CaO nanoparticles using Cissus quadrangularis extract[J]. Journal of Photochemistry and Photobiology B: Biology, 2016, 155: 28–33.

[16] ROY A, GAURI S S, BHATTACHARYA M, et al. Antimicrobial activity of CaO nanoparticles[J]. Journal of Biomedical Nanotechnology, 2013, 9 (9): 1570–1578.

[17] RANJBAR S, RAMEZANIAN A, RAHEMI M. Nano-calcium and its potential to improve 'Red Delicious' apple fruit characteristics[J]. Horticulture, Environment, and Biotechnology, 2019, 61(1): 23–30.

[18] POOVAIAH BW. Role of calcium in prolonging storage life of fruits and vegetables[J]. Food Technology, 1986, 40 (5): 86–89.

[19] WHITE P J, BROADLEY M R. Calcium in plants[J]. Annals of Botany, 2003, 92: 487–511.

[20] ELIZALDE M G, MANJARREZ I R, GARCÍA Y H, et al. Calidad fisicoquímica y sensorial de pepino orgánico (Cucumissativus L.) encerado[J]. Rev. Iber. Tecnol. Postcosecha, 2017, 18(2):17–18.

[21] SHARMA V, SHARMA L, SANDHU K S. Cucumber (Cucumis Sativus L.). In Antioxidants in Vegetables and Nuts-Properties and Health Benefits[M]. Springer, Singapore, 2020, 333–340.

[22] UTHPALA T G G, MARAPANA R A U, LAKMINI K P C, et al. Nutritional bioactive compounds and health benefits of fresh and processed cucumber (Cucumis Sativus L.)[J]. Sumerianz Journal of Biotechnology, 2020, 3 (9): 75–82.

[23] CID-LÓPEZ M L, SORIANO-MELGAR L DE A A S, GARCÍA-GONZÁLEZ A, et al. The benefits of adding calcium oxide nanoparticles to biocompatible polymeric coatings during cucumber fruits postharvest storage[J]. Scientia Horticulturae, 2021, 287(6), Article 110285.

[24] NAVEENA B, IMMANUEL G. Effect of calcium chloride & sodium chloride on storage life of vegetables[J]. Journal of Pharmacognosy & Phytochemistry, 2019, 8(5): 1989–1994.

[25] DHALL R K, SHARMA S R, MAHAJAN B V C. Effect of shrink wrap packaging for maintaining quality of cucumber during storage[J]. Journal of Food Science and Technology, 2011, 49: 495–499.

[26] KARIMI E. En: Nanotechnology for Agriculture: Crop Production & Protection. Antimicrobial activities of nanoparticles[M]. Springer, Singapore, 2019, 171–206.

[27] MANJUNATHA M, ANURAG R K. Effect of modified atmosphere packaging and storage conditions on quality characteristics of cucumber[J]. Journal of Food Science and Technology, 2014, 51: 3470–3475.

[28] FAHAD A J, KASHIF G, ELFADIL E B. Effect of gum arabic edible coating on weight loss firmness and sensory characteristics of cucumber (Cucumis sativus L.) fruit during storage[J]. Pakistan Journal of Botany, 2012, 44 (4): 1439–1444.

[29] LICHANPORN I, NANTACHAI N, TUNGANURAT P. Effect of calcium carbonate-nanoparticles-longkong peel extracts coating on quality browning of longkong fruit[J]. EasyChair preprint, 2019, 964.

[30] KUMAR R, GHOSHAL G, GOYAL M. Biodegradable composite films/coatings of modified corn

starch/gelatin for shelf life improvement of cucumber[J]. Journal of Food Science and Technology, 2021, 58:1227-1237.

[31] CORTEZ-MAZATÁN G Y, VALDEZ-AGUILAR L A, LIRA-SALDIVAR H, et al. Polyvinyl acetate an edible coating for fruits. Effect on selected physiological and quality characteristics of tomato[J]. Revista Chapingo. Serie horticultur, 2014, 17 (1): 15–22.

[32] DUAN J, WU R, STRIK B C, et al. Effects of edible coatings on the quality of fresh blueberries (Duke and Elliott) under commercial storage conditions[J]. Postharvest Biology and Technology, 2014, 59, 71–79.

[33] CASAS-FORERO N, CÁEZ-RAMÍREZ G. Morfometric and quality changes by application of three calcium sources under mild termal treatment in pre-cut fresh melon (Cucumis melo L.)[J]. Revista Mexicana De Ingenieria Quimica, 2011, 10 (3): 431–444.

[34] USTUN N H, YOKAS A L, SAYGILI H. Influence of potassium and calcium levels on severity of tomato pith necrosis and yield of greenhouse tomatoes[J]. Acta Horticulturae, 2006, 808: 345–350.

[35] MALEKI G, SEDAGHAT N, WOLTERING E J, et al. Chitosan-limonene coating in combination with modified atmosphere packaging preserve postharvest quality of cucumber during storage[J]. Journal of Food Measurement & Characterization, 2018, 12 (3): 1610–1621.

[36] SOGVAR O B, KOUSHESH-SABA M, EMAMIFAR A. Aloe vera and ascorbic acid coatings maintain postharvest quality and reduce microbial load of strawberry fruit[J]. Postharvest Biology and Technology, 2016, 114: 29–35.

[37] VERHEUL M J, SLIMESTAD R, JOHNSEN L R. Physicochemical changes and sensory evaluation of slicing cucumbers from different origins[J]. European Journal of Horticultural Science, 2013, 78 (4): 176–183.

[38] MORENO-VELÁZQUEZ D, CRUZ-ROMERO W, GARCÍA-LARA E, et al. Cambios fisicoquímicos poscosecha en trescultivares de pepino con y sin película plástica[J]. Rev. Mex. Cienc. Agríc, 2013, 4 (6): 909–920.

[39] AJIBOYE A E, GBOYINDE P. Effects of chitosan and aloe vera gel coatings on the preservation characteristics of cucumber samples[J]. Advanced Journal of Graduate Research, 2020, 8 (1): 82–90.

[40] QUINTERO C J, FALGUERA V, ALDEMAR-MUNOS H. Películas y recubrimientos comestibles: importancia y tendencias recientes en la cadena hortofrutícola[J]. Revista Tumbaga, 2010, 5: 93–118.

[41] MOHAMMADI A, HASHEMI M, HOSSEINI S M. Postharvest treatment of nanochitosan-based coating loaded with Zataria multiflora essential oil improves antioxidant activity and extends shelf-life of cucumber[J]. Innovative Food Science & Emerging Technologies, 2016, 33: 580–588.

[42] HAMZAH H M, OSMAN A, TAN C P, et al. Carrageenan as an alternative coating for papaya (Carica papaya L. cv. Eksotika)[J]. Postharvest Biology and Technology, 2013, 75: 142–146.

[43] KUMARI P, BARMAN K, PATEL V B, et al. Reducing postharvest pericarp browning and preserving health promoting compounds of litchi fruit by combination treatment of salicylic acid and chitosan[J]. Scientia Horticultura, 2015, 197: 555–563.

[44] GAO Q, XIONG T, LI X, et al. Calcium and calcium sensors in fruit development and ripening[J]. Scientia Horticultura, 2019, 253: 412–421.

[45] JACOBO-VELÁZQUEZ D A, MARTINEZ-HERNÁNDEZ G B, RODRIGUEZ S, et al. Plants as biofactories: physiological role of reactive oxygen species on the accumulation of phenolic antioxidants in carrot tissue under wounding and hyperoxia stress[J]. Journal of Agricultural and Food Chemistry, 2011, 59 (12): 6583–6593.

[46] AN B, LI B, QIN G, et al. Exogenous calcium improves viability of biocontrol yeasts under heat stress by reducing ROS accumulation and oxidative damage of cellular protein[J]. Current Microbiology, 2012, 65 (2): 122–127.

[47] COSTANTINI D, VERHULST S. Does high antioxidant capacity indicate low oxidativestress[J]. Functional Ecology, 2009, 23 (3): 506–509.

[48] SCHOUTEN R E, TIJSKENS L M M, VAN KOOTEN O. Predicting keeping quality of batches of cucumber fruit based on a physiological mechanism[J]. Postharvest Biology and Technology, 2002, 26: 209–220.

[49] WANG C Y, QI L. Modified atmosphere packing alleviates chilling injury in cucumbers[J]. Postharvest Biology and Technology, 1997, 10: 195–200.

[50] ESPINO-DÍAZ M, DE JESÚS ORNELAS-PAZ J, MARTÍNEZ-TÉLLEZ M A, et al. Development and characterization of edible films based on mucilage of Opuntia ficus-indica (L)[J]. Journal of Food Science, 2010, 75: E347–E352.

[51] GONZÁLEZ-AGUILAR G A, AYALA-ZAVALA J F, OLIVAS G I, et al. Preserving quality of fresh-cut products using safe technologies[J]. Journal fur Verbraucherschutz und Lebensmittelsicherheit, 2010, 5: 65–72.

[52] WONG D W S, TILLIN S J, HUDSON J S, et al. Gas exchange in cut apples with bilayer coatings[J]. Journal of Agriculture and Food Chemistry, 1994, 42:2278–2285.

[53] BALDWIN E A, BURNS J K, KAZOKAS W, et al. Effect of two edible coatings with different permeability characteristics on mango (Mangifera indica L.) ripening during storage[J]. Postharvest Biology and Technology, 1999, 17: 215–226.

[54] LE TIEN C, VACHON C, MATEESCU M A, et al. Milk protein coatings prevent oxidative browning of apples and potatoes[J]. Journal of Food Science, 2001, 66: 512–516.

[55] AL-JUHAIMI F, GHAFOOR K, BABIKER E E. Effect of gum arabic edible coatings on weight loss, firmness and sensory characteristics of cucumber (Cucumis sativus L.) fruit during storage[J]. Pakistan Journal of Botany, 2012, 44: 1439–1444.

[56] SAHA A, TYAGI S, GUPTA R K, et al. Guar gum based edible coating on cucumber (Cucumis sativus L.)[J]. European Journal of Pharmaceutical and Medical Research, 2016, 3: 558–570.

[57] KAYNAS K, OZELKOK I. Effect of semperfresh on postharvest behavior of cucumber (Cucumis sativus L.) and summer squash (Cucurbita pepo L.) fruits[J]. Acta Horticulturae, 1999, 492: 213–220.

[58] ZHANG M, XIAO G, LUO G, et al. Effect of coating treatments on the extension of the shelf-life of

minimally processed cucumber[J]. International Agrophysics, 2004, 18: 97–102.

[59] PATEL C, PANIGRAHI J. Starch glucose coating-induced postharvest shelf-life extension of cucumber[J]. Food Chemistry, 2019, 288: 208–214.

[60] JESPERSEN D, ZHANG J, HUANG B. Chlorophyll loss associated with heat-induced senescence in bentgrass[J]. Plant Science, 2016, 249: 1–12.

[61] ZHANG M, DUAN L, TIAN X, et al. Uniconazole-induced tolerance of soybean to water deficit stress in relation to changes in photo-synthesis, hormones and antioxidant system[J]. Plant Physiology, 2007, 164: 709–717.

[62] RADY M M, VARMA C B, HOWLADAR S M. Common bean (Phaseolus vulgaris L.) seedlings overcome NaCl stress as a result of presoaking in Moringa oleifera leaf extract[J]. Scientia Horticulturae, 2013, 162: 63–70.

[63] OMRAN R G. Peroxide levels and the activities of catalase, peroxidase, and indoleacetic acid oxidase during and after chilling cucumber seedlings[J]. Plant Physiology, 1980, 65: 407–408.

[64] ALIKHANI M. Enhancing safety and shelf life of fresh-cut mango by application of edible coatings and microencapsulation technique[J]. Journal of Food Sciences and Nutrition, 2014, 2: 210–217.

[65] JANG M J, CHO I Y, LEE S K. Effect of dill pickling process, H_2O_2 and storage duration on lipooxygenase, peroxidase and catalase activities in cucumber and brine[J]. Agricultural Chemistry and Biotechnology, 1996, 39: 222–226.

[66] WANG Y S, TIAN S P, XU Y. Effects of high oxygen concentration on pro- and anti-oxidant enzymes in peach fruits during postharvest periods[J]. Food Chemistry, 2005, 91: 99–104.

[67] KUMARASAMY Y, BYRES M, COX P J, et al. Screening seeds of some scottish plants for free-radical scavenging activity[J]. Phytotherapy Research, 2007, 2: 615–621.

[68] MARTIN-BELLOSO O, FORTUNY R S. Advances in Fresh-cut Fruits and Vegetables Processing[M]. CRC Press, 2011.

[69] SABERI-RISEH R, HAJIEGHRARI B, ROUHANI H, et al. Effects of inoculum density and substrate type on saprophytic survival of Phytophthora drechsleri, the causal agent of gummosis (crown and root rot) on pistachio in Rafsanjan, Iran[J]. Communications in Agricultural and Applied Biological Sciences, 2004, 69: 653–656.

[70] ALAVI A, STRANGE R, WRIGHT G. The relative susceptibility of some cucurbits to an Iranian isolate of Phytophthora drechsleri[J]. Plant Pathology, 1982, 31: 221–227.

[71] THAKUR R, MATHUR K. Downy mildews of India[J]. Crop Protection, 2002, 21: 333–345.

[72] DE CAMPOS A M, SÁNCHEZ A, ALONSO A M J. Chitosan nanoparticles: a new vehicle for the improvement of the delivery of drugs to the ocular surface[J]. Application to cyclosporin A. International Journal of Pharmaceutics, 2011, 224: 159–168.

[73] DE SOUSA J P, DE AZERÊDO G A, DE ARAÚJO TORRES R, et al. Synergies of carvacrol and 1, 8-cineole to inhibit bacteria associated with minimally processed vegetables[J]. International Journal of Food Microbiology, 2012, 154: 145–151.

[74] CARMO E S, LIMA E, SOUZA O, et al. Effect of Cinnamomum zeylanicum blume essential oil on the rowth and morphogenesis of some potentially pathogenic Aspergillus species[J]. Brazilian Journal of Microbiology, 2008, 39: 91–97.

[75] MIYAZAWA M, HASHIMOTO Y, TANIGUCHI Y, et al. Headspace constituents of the tree remain of Cinnamomum camphora[J]. Nature Product Letters, 2001, 15: 63–69.

[76] SIMIĆ A, SOKOVIĆ M, RISTIĆ M, et al. The chemical composition of some Lauraceae essential oils and their antifungal activities[J]. Phytotherapy Research, 2004, 18: 713–717.

[77] MARTÍN Á, VARONA S, NAVARRETE Á, et al. Encapsulation and co-precipitation processes with supercritical fluids: applications with essential oils[J]. Open Chemical Engineering Journal, 2010, 5:31–41.

[78] FANG Z, BHANDARI B. Encapsulation of polyphenols–a review[J]. Trends in Food Science & Technology, 2010, 21: 510–523.

[79] EZHILARASI P, KARTHIK P, CHHANWAL N, et al. Nanoencapsulation techniques for food bioactive components: a review[J]. Food & Bioprocess Technology, 2013, 6: 628–647.

[80] GAYSINSKY S, DAVIDSON P M, BRUCE B D, et al. Growth inhibition of Escherichia coli O157: H7 and Listeria monocytogenes by carvacrol and eugenol encapsulated in surfactant micelles[J]. Journal of Food Protection, 2005, 68: 2559–2566.

[81] GAYSINSKY S, TAYLOR T M, DAVIDSON P M, et al. Antimicrobial efficacy of eugenol microemulsions in milk against Listeria monocytogenes and Escherichia coli O157: H7[J]. Journal of Food Protection, 2007, 70: 2631–2637.

[82] KEAWCHAOON L, YOKSAN R. Preparation, characterization and in vitro release study of carvacrol-loaded chitosan nanoparticles[J]. Colloids and Surfaces B: Biointerfaces, 2011, 84: 163–171.

[83] MOHAMMADI A, HASHEMI M, HOSSEINI S. Nanoencapsulation of Zataria multiflora essential oil preparation and characterization with enhanced antifungal activity for controlling Botrytis cinerea, the causal agent of gray mould disease[J]. Innovative Food Science & Emerging Technologies, 2015, 28: 73–80.

[84] MOHAMMADI A, HASHEMI M, HOSSEINI S M. Chitosan nanoparticles loaded with Cinnamomum zeylanicum essential oil enhance the shelf life of cucumber during cold storage[J]. Postharvest Biology and Technology, 2015, 110: 203–213.

[85] VU K, HOLLINGSWORTH R, LEROUX E, et al. Development of edible bioactive coating based on modified chitosan for increasing the shelf life of strawberries[J]. Food Research International, 2011, 44: 198–203.

[86] ESHGHI S, HASHEMI M, MOHAMMADI A, et al. Effect of nanochitosan-based coating with and without copper loaded on physicochemical and bioactive components of fresh strawberry fruit (Fragaria × ananassa Duchesne) during storage[J]. Food & Bioprocess Technology, 2014, 7: 2397–2409.

[87] KONOPACKA D, PLOCHARSKI W. Effect of storage conditions on the relationship between apple firmness and texture acceptability[J]. Postharvest Biology and Technology, 2004, 32: 205–211.

[88] ABDOLAHI A, HASSANI A, GHOSTA Y, et al. Study on the potential use of essential oils for decay control and quality preservation of Tabarzeh table grape[J]. Journal of Plant Protection Research, 2010, 50: 45–52.

[89] BRASIL I, GOMES C, PUERTA-GOMEZ A, et al. Polysaccharide-based multilayered antimicrobial edible coating enhances quality of fresh-cut papaya[J]. LWT-Food Science and Technology, 2012, 47: 39–45.

[90] RATTANAPANONE N, LEE Y, WU T, et al. Quality and microbial changes of fresh-cut mango cubes held in controlled atmosphere[J]. HortScience, 2001, 36: 1091–1095.

[91] ROCHA A M, MORAES A M. Effects of controlled atmosphere on quality of minimally processed apple (cv. Jonagored)[J]. Journal of Food Processing and Preservation, 2000, 24: 435–451.

[92] ÖZDEN Ç, BAYINDIRLI L. Effects of combinational use of controlled atmosphere, cold storage and edible coating applications on shelf life and quality attributes of green peppers[J]. European Food Research and Technology, 2002, 214: 320–326.

[93] ZHANG Y, ZHANG M, YANG H. Postharvest chitosan-g-salicylic acid application alleviates chilling injury and preserves cucumber fruit quality during cold storage[J]. Food Chemistry, 2014, 174: 558–563.

[94] ANDREWS R, PARKS L, SPENCE K. Some effects of Douglas fir terpenes on certain microorganisms[J]. Applied and Environmental Microbiology, 1980, 40: 301–304.

[95] COX S, MANN C, MARKHAM J, et al. The mode of antimicrobial action of the essential oil of Melaleuca alternifolia (tea tree oil)[J]. Journal of Applied Microbiology, 2000, 88: 170–175.

[96] PAO S, PETRACEK P. Shelf life extension of peeled oranges by citric acid treatment[J]. Food Microbiology, 1997, 14: 485–491.

第12章 十字花科菜的包装保鲜方法

12.1 叶酸溶液保鲜西兰花

12.1.1 引言

西兰花属于十字花科，含有大量促进健康的生物活性化合物，如维生素 C[1]、酚类物质和芥子苷 [2]。这些营养物质具有抗菌、抗氧化和抗癌特性 [3]。但是西兰花在运输和营销展示或消费者购买后的货架期只有几天。在此期间，它们开始变黄，营养成分迅速下降。有报道称，改善气调技术、红色发光二极管（LED）照射、植物激素和化学处理都可以保持西兰花的外观质量和延缓衰老 [1, 4~6]。但是这些方法可能不能完全满足消费者对高质量、营养丰富的蔬菜的需求。因此，有必要进一步确定一种安全有效的方法，以防止西兰花过早衰老和维持采后西兰花的营养成分。

叶酸指的是四氢叶酸及其衍生物，也就是维生素 B9。它是一种水溶性维生素，由吡啶、对氨基苯甲酸和谷氨酸组成 [7, 8]。人体叶酸缺乏会导致严重的后果，包括脊柱裂伤、先天性无脑畸形和贫血等 [9]。目前，粮农组织 / 世卫组织建议成人每日叶酸的摄入量为 400μg/ 天，孕妇为 600μg/ 天 [10]。人类和动物不能合成叶酸，完全依赖于饮食来源（如绿色蔬菜）以满足每日的叶酸需求 [11]。叶酸在植物一碳转移反应中起着重要的辅助因子作用。叶酸还在 DNA 生物合成和甲基化中发挥作用，这两者都对维持正常细胞功能至关重要 [10]。

叶酸在植物中的新功能最近也被发现。例如，有报道称叶酸通过核糖开关机制调控基因表达，并参与叶绿素的生物合成和氧化应激耐受[12]。叶酸在我国是一种注册食品添加剂（GB 15570—2010），被广泛用于功能食品中，因此引起了人们极大的研究兴趣。然而，关于外源施用叶酸对贮藏期间水果和蔬菜采后生理的影响的资料很少。本试验的目的是确定 5mg L⁻¹ 叶酸处理对采后西兰花外观属性、营养成分含量、抗氧化和叶绿素代谢的影响。试验结果为西兰花贮藏保鲜技术的进一步研究奠定了基础。

12.1.2　材料和方法

12.1.2.1　试剂

叶酸和 5- 甲基四氢叶酸购自（Shanghai Macklin Biochemical Co.，Ltd.，China）公司。氯化铝（AlCl₃）、福林酚、磷酸二氢钠、磷酸氢二钠、3,5- 二硝基水杨酸购自（Xilong Scientific Co.，Ltd.，Guangdong，China）公司。草酸、硫酸、偏磷酸、醋酸、钼酸铵、甲醇、丙酮、乙醇、碳酸钠、亚硝酸钠、氢氧化钠、三氯乙酸、盐酸羟胺、4- 氨基苯磺酸、四氯化钛、盐酸、氢氧化铵、乙二胺四乙酸（EDTA）、聚乙烯吡咯烷酮（PVP）、愈创木酚、抗坏血酸等均购自（Beijing Chemical Works，China）公司。

12.1.2.2　原料和处理

采摘处于成熟期（种植后 100 天）的西兰花（北京顺义的蔬菜农场），要求颜色深绿，花序紧凑。采收后在其上加冰，在 3 小时内送回实验室。选取颜色均匀、无机械创伤、无病害、无虫害损伤的西兰花作为试验材料。在初步试验中，选取 0.5、1、2.5、5、7.5、10 和 12.5mg L⁻¹ 的叶酸溶液。初步试验结果表明，5mg L⁻¹ 叶酸对采后品质属性有显著影响（见图 12-1）。因此，5mg L⁻¹ 叶酸处理可作为后续广泛研究的基础。

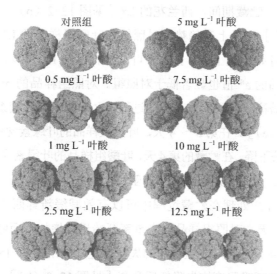

图 12-1　20±1℃下，不同浓度叶酸处理的西兰花在贮藏 4 天后的照片 [14]（后附彩图）

将西兰花随机分为两组，每组 54 个样品。一组用 5mg L⁻¹ 叶酸浸泡 10min（记为 5mg L⁻¹ Folic acid），另一组用蒸馏水浸泡 10min（对照组，记为 Control）。处理后的样品经过风干，放入 0.04mm 厚的聚乙烯薄膜袋中，在 20±1℃条件下贮藏 4 天。每天评估外观属性、失重率、呼吸强度、乙烯生产量和相对电导率。每天从两个处理组各取 6 个样品，液氮中快速冷冻，然后在 −80℃条件下保存以便进行后续分析。分析包括测定营养物质含量、活性氧自由基（ROS）含量、抗氧化酶活性等 [13]。

12.1.2.3 西兰花质量参数测试

本试验所有测试项目参照文献 [14] 的描述，包括感官评分；颜色指数测试；叶绿素含量测试，单位为 g kg⁻¹；失重率测试，单位为 %；呼吸强度测试，单位为 mg CO₂ kg⁻¹h⁻¹；乙烯生产量测试，单位为 μL kg⁻¹h⁻¹；可溶性固形物（TSS）含量测试，单位为 %；维生素 C 含量测试，单位为 g kg⁻¹；总酚含量测试，单位为 g kg⁻¹；总黄酮含量测试，单位为 g kg⁻¹；芥子苷含量测试，单位为 g kg⁻¹；叶酸含量测试，单位为 g kg⁻¹；相对电导率测试，单位为 %；丙二醛（MDA）含量测试，单位为 mmol g⁻¹；活性氧自由基（O₂⁻）生产率测试，单位为 μmol min⁻¹kg⁻¹；过氧化氢（H₂O₂）含量测试，单位为 mmol kg⁻¹；过氧化物酶（POD）活性测试，单位为 Unites；过氧化氢酶（CAT）活性测试，单位为 Unites；抗坏血酸过氧化物酶（APX）活性测试，单位为 Unites。

12.1.3 测试结果

12.1.3.1 感官评定、颜色指数和绿叶素含量

从图 12-2（a）可以看出，贮藏 4 天后，西兰花的感官评分呈稳步下降趋势，但在整个贮藏期间，叶酸组样品的品质评分高于对照组。贮藏 4 天后，对照组样品的感官评分为 3.67 分，叶酸组为 6.67 分。贮藏期间，西兰花的 L*［见图 12-2（b）］、a*［见图 12-2（c）］和 b*［见图 12-2（d）］值呈上升趋势。对照组和叶酸组样品的 L* 值在贮藏前 2 天均保持相对稳定，但随后开始迅速上升。然而，叶酸组样品的 L* 值显著低于对照组。在整个贮藏期间，叶酸组样品的 a* 值也显著低于对照组。对照组样品的 b* 值在贮藏 2 天后迅速升高，贮藏结束时显著高于叶酸组。在贮藏过程中，对照组和叶酸组样品的叶绿素含量均有所下降［见图 11-2（e）］。在第 3 ～ 4 天，叶酸组样品的叶绿素含量保持稳定，而对照组样品的叶绿素含量显著下降。在贮藏的第 4 天，叶酸组样品的叶绿素含量是对照组的 2.06 倍。

12.1.3.2 失重率、呼吸强度和乙烯生产量

与对照组相比，叶酸处理在贮藏过程中可以有效减缓新鲜西兰花的重量损失［见图 12-3（a）］。贮藏第 2 天，对照组样品的失重率开始迅速增加，而叶酸组样品的失重率保持较低且稳定。贮藏 4 天后，对照组样品的失重率是叶酸组的 26.18 倍。在贮藏过程中，叶酸组和对照组样品的呼吸强度均先降低后升高［见图 12-3（b）］。但是叶酸组样品在贮

藏第 1 天的呼吸强度明显低于对照组。两组的呼吸峰值均出现在第 2 天，但叶酸组数值仍较低。两组的呼吸强度在第 3 天和第 4 天略有下降，两组在贮藏期内没有观察到显著差异。总的来说，叶酸组样品的呼吸强度在 4 天的贮藏期间是较低的。图 12-3（c）显示了贮藏期间乙烯生产量的变化。贮藏两天后，叶酸组样品中的乙烯含量先急剧下降后上升。而对照组的乙烯含量则不断增加。值得注意的是，在第 2～4 天，叶酸组样品的乙烯生产量显著低于对照组。此外，在贮藏的 4 天里，乙烯生产量在对照组和叶酸组样品中分别提高了 70.0% 和 48.6%。

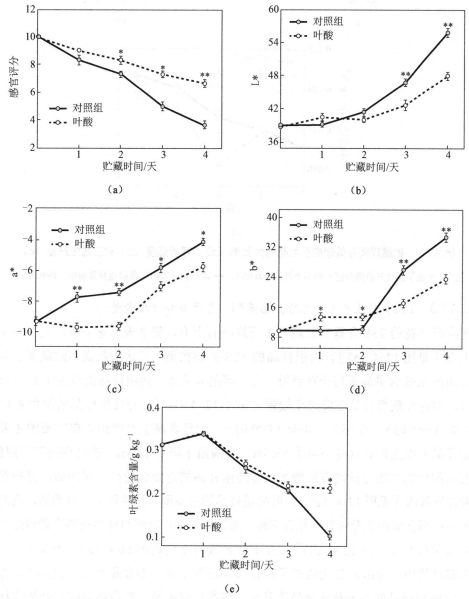

图 12-2　贮藏期间各处理组西兰花的感官评分（a）、颜色指数（b、c、d）和叶绿素含量（e）

其中：＊表示各处理组间数据差异显著性（P<0.05），＊＊表示各处理组间数据差异显著性（P<0.01）[14]

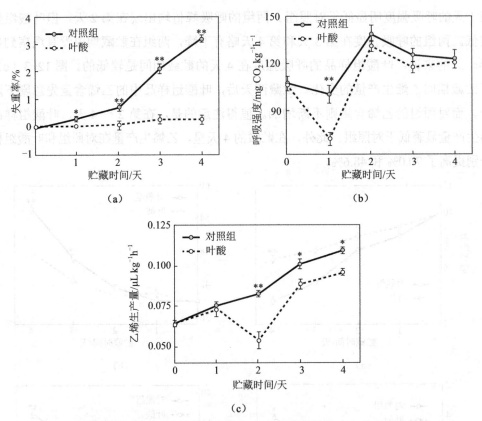

图 12-3　贮藏期间各处理组西兰花的失重率（a）、呼吸强度（b）和乙烯生产量（c）

其中：* 表示各处理组间数据差异显著性（P<0.05），** 表示各处理组间数据差异显著性（P<0.01）[14]

12.1.3.3　TSS、维生素 C、总酚、总黄酮、芥子苷和叶酸含量

两组西兰花的 TSS 含量在贮藏第 1 天均略有上升，第 2 天迅速下降，第 3～4 天又略有上升 [见图 12-4（a）]。两组样品的 TSS 值均在第 1 天达到最高。贮藏第 3 天，叶酸组样品的 TSS 含量显著高于对照组。在贮藏的 4 天里，两组样品的维生素 C 含量都逐渐下降，但是叶酸组样品下降速度较慢 [见图 12-4（b）]。叶酸组样品的维生素 C 含量在第 1 天（P<0.05），在第 2～4 天（P<0.01），均显著高于对照组。在贮藏的 4 天里，对照组样品的维生素 C 含量下降了 63.4%，叶酸组下降了 48.3%。在叶酸组和对照组中，西兰花组织中的总酚含量均有所增加。叶酸组样品的总酚含量高于对照组，且在第 3 天两组间差异显著 [见图 12-4（c）]。叶酸组样品的总黄酮含量总体呈上升趋势，而对照组样品的总黄酮含量在 2 天内先上升后下降。除第 2 天外，叶酸组样品在整个贮藏过程中的总黄酮含量较高 [见图 12-4（d）]。芥子苷含量的变化见图 12-4（e），结果表明，在 4 天的贮藏过程中，两组西兰花的芥子苷含量都逐渐下降，但在整个贮藏过程中，除第 2 天外，叶酸组样品的芥子苷含量显著升高。值得注意的是，贮藏结束时，叶酸组样品的芥子苷含量是对照组的 4 倍。在贮藏的 4 天里，叶酸组西兰花的叶酸含量稳步上升，而在

对照组的西兰花中，叶酸含量保持相对稳定，数值较低［见图 12-4（f）］。在整个贮藏期间，叶酸组样品的叶酸含量显著高于对照组。叶酸处理过的西兰花在贮藏结束时叶酸含量增加了 27.6%，而对照组的叶酸含量则下降了 2.4%。

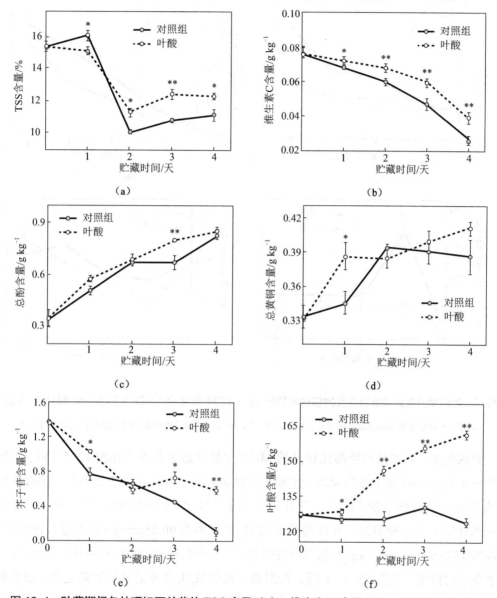

图 12-4　贮藏期间各处理组西兰花的 TSS 含量（a）、维生素 C 含量（b）、总酚含量（c）、
总黄酮含量（d）、芥子苷含量（e）和叶酸含量（f）

其中：＊表示各处理组间数据差异显著性（P<0.05），＊＊表示各处理组间数据差异显著性（P<0.01）[14]

12.1.3.4　相对电导率、MDA 含量、O_2^- 生产率和 H_2O_2 含量

两组西兰花的相对电导率在 4 天的贮藏过程中都呈现出稳定的增加趋势［见图 12-5（a）］。然而值得注意的是，叶酸组样品的整体相对电导率增加值较少。叶酸组样品的相对电导率

在第 2、3 天（P<0.05）和第 4 天时（P<0.01）显著低于对照组。贮藏 4 天后，叶酸组样品的相对电导率升高了 1.7%，对照组升高了 3.2%。

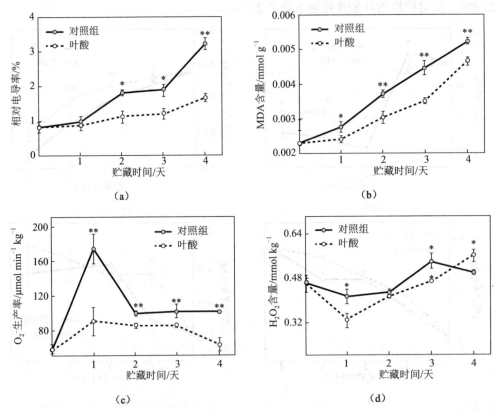

图 12-5　贮藏期间各处理组西兰花的相对电导率（a）、MDA 含量（b）、O_2^- 生产率（c）和 H_2O_2 含量（d）

其中：∗ 表示各处理组间数据差异显著性（P<0.05），∗∗ 表示各处理组间数据差异显著性（P<0.01）[14]

贮藏期间，对照组和叶酸组样品的 MDA 含量都迅速升高 [见图 12-5（b）]。但在第 2~4 天，叶酸组样品的 MDA 含量升高值显著小于对照组（P<0.01）。总的来说，对照组和叶酸组样品的 MDA 含量分别增加了 129.4% 和 103.9%。两组西兰花的 O_2^- 生产率在第 1 天急剧增加。叶酸组样品的 O_2^- 生产率为 90.55μmol min^{-1} kg^{-1}，而对照组样品为 174.66μmol min^{-1} kg^{-1}。值得注意的是，在整个贮藏期间，叶酸组样品的 O_2^- 生产率显著低于对照组 [见图 12-5（c）]。两组西兰花的 H_2O_2 含量总体呈下降趋势。在贮藏的第 1 天和第 3 天，叶酸组样品的 H_2O_2 含量显著低于对照组 [见图 12-5（d）]。

12.1.3.5　POD、CAT 和 APX 活性

贮藏期间两组西兰花的 POD 活性均呈逐渐下降的趋势 [见图 12-6（a）]。对照组样品的 POD 活性比叶酸组更早开始迅速下降，叶酸组样品的 POD 活性直到贮藏 3 天后才开始迅速下降。值得注意的是，在整个贮藏期间，叶酸组样品的 POD 活性显著高于对照组。贮藏结束时，叶酸组样品的 POD 活性比对照组高 1.20 倍。在 4 天的贮藏期间，两组西兰

花的 CAT 活性均呈稳步上升趋势［见图 12-6（b）］。但值得注意的是，在整个贮藏期间，叶酸组样品的 CAT 活性显著高于对照组。贮藏结束时，叶酸组样品的 CAT 活性提高了31.6%，对照组样品提高了 25.4%。与 CAT 活性相比，APX 活性在 4 天的贮藏期间均呈稳步下降趋势［见图 12-6（c）］。对照组样品的 APX 活性在贮藏第 1 天显著下降，但叶酸组样品的 APX 活性则保持相对稳定。贮藏第 1 天，叶酸组样品的 APX 活性显著高于对照组，是对照组的 1.54 倍。贮藏 4 天后，对照组和叶酸组样品的 APX 活性较开始时分别下降了 96.9% 和 80.9%。

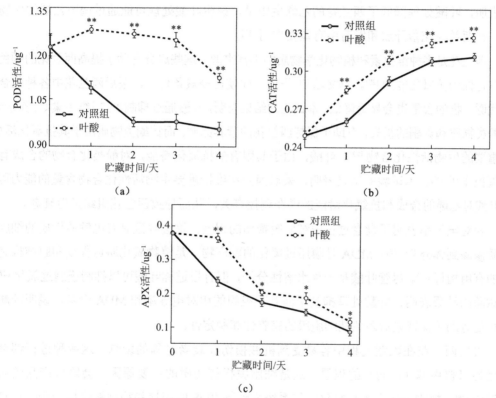

图 12-6　贮藏期间各处理组西兰花的 POD 活性（a）、CAT 活性（b）和 APX 活性（c）

其中：* 表示各处理组间数据差异显著性（P<0.05），** 表示各处理组间数据差异显著性（P<0.01）[14]

12.1.4　讨论

新鲜西兰花由于热量低、膳食纤维含量高、抗坏血酸含量高，并含有多种抗癌和抗氧化合物，在世界许多地方都很受欢迎[15]。西兰花需要在花期前采收，伴随采收操作而产生的能量、营养和激素的突然破坏所产生的应激力，会激活西兰花的衰老过程，并表现为叶绿素降解（变黄）和营养价值的降低，这些变化降低了西兰花的经济价值[16]。本试验结果表明，与对照组西兰花相比，采后浸泡在叶酸溶液中的西兰花具有以下作用：显著抑制叶绿素降解，延缓花期开放；减少乙烯生成；TSS、维生素 C、芥子苷、叶酸、总酚和黄酮类化合物含量较高；活性氧自由基生成量减少；降低了 H_2O_2 和 MDA 的积累；增强了防御相关酶和抗氧化酶活性。

西兰花具有较高的采后呼吸速率，这增加了代谢底物的消耗，加速了与成熟或衰老相关的过程，增加了西兰花的失水率和黄变率 [17]。在本试验中，将西兰花头浸泡在叶酸中会降低重量减轻的速度和呼吸强度，这两者都能延缓采后西兰花在贮藏期间的衰老。乙烯浓度与西兰花的衰老密切相关，在贮藏期间的花蕾变黄中也发挥重要作用 [18]。本试验结果表明，叶酸处理降低了西兰花的乙烯生成量，说明叶酸处理可能通过调节乙烯的生物合成，在西兰花花蕾开放和发育中有重要作用 [19]。

西兰花是多种维生素和植物化学物质的丰富来源，这些成分有助于提高西兰花的颜色、感官特性和抗氧化能力 [20]。据文献 [21] 报道，即使在冷藏条件下，采后西兰花中各种化合物和代谢产物的含量也会显著降低。本试验的结果表明，叶酸通过抑制 TSS、维生素 C、芥子苷、总酚类物质和黄酮的损失，有助于保持西兰花的营养品质。而黄酮类物质由于其抗氧化活性，是重要的生物活性化合物 [22]。叶酸，由于其固有的抗氧化潜能，对酚类化合物的合成有正向调控作用 [23]。本试验的结果表明，采后西兰花维持重要生物活性化合物含量的能力可能与叶酸对乙烯的合成和抗氧化潜能的潜在调控有关，从而导致西兰花组织延迟衰老。

相对电导率表明了衰老过程中细胞膜损伤的程度，这会导致具有电解质性质的细胞质溶质渗漏到体外 [24, 25]。MDA 是膜脂过氧化的副产物，是植物氧化胁迫程度和膜结构完整性的有用指标 [26]。尽管叶酸是一种水溶性分子，但有报道称叶酸可以抑制膜脂过氧化 [27]。本试验的结果表明，叶酸处理抑制了西兰花组织的相对电导率和 MDA 含量，说明叶酸处理可能有助于保持采后西兰花细胞膜的完整性和稳定性。

采后西兰花在贮藏过程中容易受到机械损伤和衰老过程的影响，这两种过程都会增加活性氧自由基（ROS）的积累，这是细胞膜损伤变质的主要原因，会降低产品的质量和销路 [28]。植物进化出了抗氧化防御系统来限制 ROS 的积累和抑制氧化损伤 [29]。CAT、POD 和 APX 是主要的抗氧化酶。CAT 和 POD 可以清除应激反应中积累的过量 ROS，而 APX 作为一种信号分子，负责调节 ROS 浓度 [30]。叶酸作为一种抗氧化剂可以清除自由基（如·OH 和 O·），并保护生物分子免受自由基的损害 [31]。本试验的结果表明，叶酸组西兰花的 POD、CAT 和 APX 酶活性均高于对照组，说明叶酸处理后西兰花具有较低的活性氧自由基和 H_2O_2 含量。这些数据表明，叶酸可以通过促进抗氧化代谢抑制 ROS 的产生，从而减少氧化应激引起的细胞膜损伤，延缓西兰花衰老。

12.1.5 结论

叶酸对西兰花的作用与降低呼吸强度、抑制乙烯生成、增强抗氧化酶活性有关。

这些对西兰花生理的影响降低了细胞膜的损伤程度，这可以从叶酸处理的西兰花中相对电导率和 MDA 含量的降低以及 ROS 含量的降低得到证明。根据本试验获得的数据，叶酸处理是一种有效的方法来维持贮藏西兰花的质量外观和营养价值，并可以延长其货架期。

12.2　W/O/W 双层乳液涂层保鲜西兰花

12.2.1　引言

由于富含维生素、抗氧化剂和芥子苷，西兰花成为一种全球流行的蔬菜，以营养价值高而闻名 [32]。由于采后呼吸速率高，西兰花易衰老，一周内颜色就会由绿色变为黄色。西兰花采后黄变现象极大地限制了它的货架期。黄变是西兰花衰老的典型现象，还伴随着叶绿素的降解 [33]。西兰花在贮藏过程中的品质下降会产生浪费，随后的营养损失也会导致经济和有益健康成分的损失。因此，无论是对销售者还是消费者来说，为了延长西兰花的货架期，都需要延缓西兰花的衰老，延缓其黄变和营养损失，从而提供更好的经济和健康价值。

能量供应已被证明是控制采后水果和蔬菜衰老的一个关键因素 [34]。能量供应不足会引起植物生理紊乱。生理紊乱会破坏细胞结构，加速衰老和叶绿素降解 [35, 36]。越来越多的证据表明，能荷含量与西兰花的衰老呈负相关。文献 [37] 报道了呼吸过剩和能量供应不足导致采后西兰花衰老。而据文献 [38] 报道，硫化氢处理通过保持足够的能量供应，延缓了西兰花的黄变。这些研究清楚地指出了能量供应在西兰花衰老过程中的作用，可以有效地调控能量供应以延长西兰花采后贮藏期间的货架期。

油菜素内酯是多羟基甾体中的一类，被定义为第六类植物激素，普遍存在于植物中 [39]。油菜素内酯是活性最强的油菜素类固醇，被广泛用作植物生长调节剂。除此之外，它的生物活性还能通过调节生理过程延缓青椒 [40] 和竹笋 [41] 的衰老。肉桂精油，一种天然的防腐添加剂，被食品和药物管理局（FDA）认定为具有公认的安全性。肉桂精油具有优良的抗菌和抗氧化性能，也被应用于采后番石榴果实 [42] 和草莓 [43] 的保鲜。油菜素内酯和肉桂精油对水果和蔬菜采后均有贮藏效果，可进行增效试验。

W/O/W 双层乳液被证实是一种用于包封生物活性成分的多相共传递系统。双层乳液由于其内部或外部液滴的聚结、内部液滴的收缩或膨胀以及乳化剂亲水亲脂平衡的不同等途径的破坏，容易发生失稳 [44]。因此，结合蛋白质和多糖胶体的优点，制备了蛋白质—多糖复合物作为乳化剂和稳定剂。文献 [45] 和文献 [46] 已经报道了由不同蛋白质—多糖复合物（包括乳清蛋白－果胶和乳清蛋白—阿拉伯胶）稳定的 W/O/W 双层乳液。因此，利用这些蛋白质—多糖胶体复合物制备的 W/O/W 双层乳液可用于包封油菜素内酯和肉桂精油。据本文作者所知，含有油菜素内酯和肉桂精油的 W/O/W 双层乳液对水果和蔬菜衰老影响的报道很少。

为延长西兰花的货架期和提高其品质，本试验设计了一种 W/O/W 双层乳液作为共传递系统稳定油菜素内酯和肉桂精油，研究该复合乳液涂层对西兰花的保鲜效果。研究了 W/O/W 双层乳液涂层处理对采后西兰花叶绿素含量、相关降解酶及能荷状态的影响。

12.2.2　材料和方法

12.2.2.1　试剂

油菜素内酯、肉桂精油、明胶、NaCl、$HClO_4$、KOH、KH_2PO_4、K_2HPO_4、$NaNO_3$、Na_3VO_4、（NH4）$_2MoO_4$、Mg_2SO_4、Ca（NO_3）$_2$、琥珀酸钠、叠氮化钠、2, 6- 二氯靛酚、二甲基苯二胺、细胞色素 C 等化学药品均购自（Sangon Biotech Co., Shanghai, China）公司。阿拉伯胶（GA）和高甲氧基果胶（HMP，干物质含量 ≥ 74%，DE=60%）、橄榄油、乙醇、丙酮、甲醇、乙腈、三盐酸缓冲液、乙二胺四乙酸（EDTA）、甘露醇、蔗糖、牛血清白蛋白（BSA）、半胱氨酸、聚乙烯醇吡咯烷酮（PVPP）和聚甘油多油酸酯（PGPR）购自（Aladdin Industrial Co., Shanghai, China）公司。乳清蛋白（WPC，蛋白质含量为 80%）购自（Fonterra Co., Auckland, New Zealand）公司。

12.2.2.2　W/O/W 双层乳液制备

W/O/W 双层乳液的制备方法参照文献[45]，首先，将 20mg 油菜素内酯溶于 100mL 乙醇中作为原液备用。其次，在 20mL 油菜素内酯原液中加入 0.5g 明胶和 50mg NaCl。用蒸馏水将混合物稀释到 50mL 作为内水相（记为 W1）。最后，在 30mL 橄榄油中加入 0.8g 肉桂精油和 0.5g PGPR，在 25℃下搅拌 15min。搅拌过程中，将 10mL W1 滴加到油相中。在超声破碎机（JY96-IIN, Scientz, China）中制备 W/O 型乳液，超声功率为 80W、频率为 25kHz、超声时间为 2min（工作时间 3s；间歇时间 3s），在 4℃下保存 30min，完成溶胶凝胶转化。最后，取 10mL W/O 乳液加入 30mL 乳清蛋白—阿拉伯胶（WPC-GA）或乳清蛋白—高甲氧基果胶（WPC-HMP）复合物中（配方见表 12-1），在 25℃下搅拌 10min。将前述复合乳液在超声破碎机中超声处理，功率为 80W、频率为 25kHz、超声时间为 2min（工作时间 3s；间歇时间 3s），最后得到 W/O/W 双层乳液。

表 12-1　W/O/W 双层乳液配方 [46]

样品	WPC/g	GA/g	HMP/g
1	1	3	0
2	2	2	0
3	3	1	0
4	1	0	3
5	2	0	2
6	3	0	1

　　基于以上配方，作者测试了两种 W/O/W 双层乳液对于油菜素内酯和肉桂精油的包封率，试验结果表明，由 WPC-HMP 制备的 W/O/W 双层乳液对油菜素内酯和肉桂精油的包封率均高于由 WPC-GA 制备的 W/O/W 双层乳液。对于油菜素内酯，样品 4 的包封率最高，为 92%。肉桂精油的包封率也最高，为 88%。根据以上测量结果，作者选择稳定性最好、包封率最高的 4 号样品（WPC：HMP=1：3）作为后续对西兰花贮藏效果测试的配方 [46]。

12.2.2.3　涂层处理

　　选择最佳配比的 W/O/W 双层乳液探究其对西兰花的保鲜效果。西兰花采自中国杭州的种植场，采后 1h 内运至实验室，然后在 5℃下冷却 4h，以消除田间热。选取尺寸均匀、无虫害、无机械损伤的样品，在测试前冲洗干燥。将西兰花切成直径为 3 ～ 4cm 的小块。然后将样本随机分为两组，每组 30 个。试验组西兰花样品在 W/O/W 双层乳液（记为 W/O/W double emulsion）中浸泡 10s。对照组（记为 Control）用蒸馏水代替。然后将所有样品风干，置于 25℃培养箱中贮藏 5 天，每天测定西兰花的生理参数。

12.2.2.4　西兰花质量参数测试

　　本试验所有测试项目参照文献 [46] 的描述，包括颜色指数测试；叶绿素含量测试，单位为 g kg^{-1}；叶绿素酶活性测试，单位为 U mL^{-1}；脱镁螯合酶活性测试，单位为 U mL^{-1}；三磷酸腺苷（ATP）含量测试，单位为 mg kg^{-1}；二磷酸腺苷（ADP）含量测试，单位为 mg kg^{-1}；一磷酸腺苷（AMP）含量测试，单位为 mg kg^{-1}；能荷测试（EC），EC=（ATP+1/2ADP）/（ATP+ADP+AMP）；琥珀酸脱氢酶（SDH）活性测试，单位为 U g^{-1}；细胞色素 C 氧化酶（CCO）活性测试，单位为 U g^{-1}；质子 ATP 酶（H$^+$-ATPase）活性测试，单位为 U g^{-1}；钙离子 ATP 酶（Ca^{2+}-ATPase）活性测试，单位为 U g^{-1}。

12.2.3　测试结果

12.2.3.1　颜色指数

　　从图 12-7（a）～（c）可以看出，西兰花的 L*、a* 和 b* 值在整个贮藏期间都呈上升趋势。W/O/W 双层乳液处理显著延缓了增长的速度。贮藏结束时，W/O/W 双层乳液组样品的 L*、a* 和 b* 值分别比对照组低了 9%、93% 和 22%。从图 12-7（d）可以看出，西兰花的颜色逐渐由绿色变为黄色。W/O/W 双层乳液处理对西兰花色泽的维持效果明显优于对照组。

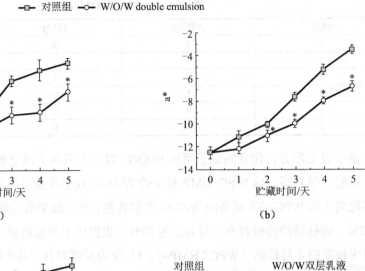

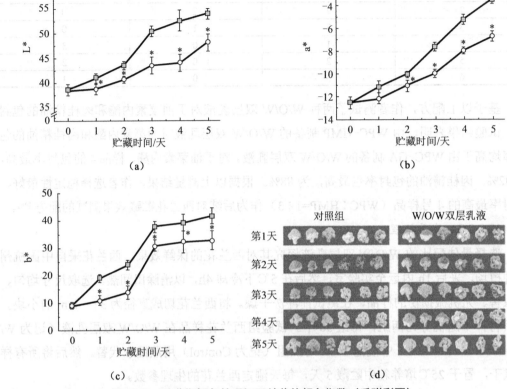

图 12-7 贮藏期间各处理组西兰花的颜色指数（后附彩图）

其中：颜色（d）和外观照片；（a～c）*表示各处理组间数据差异显著性（P<0.05）[46]

12.2.3.2 叶绿素含量、叶绿素酶活性、脱镁螯合酶活性

从图 12-8（a）可以看出，对照组西兰花在贮藏过程中叶绿素含量显著下降。W/O/W 双层乳液处理显著抑制了叶绿素含量的下降，使叶绿素含量在贮藏后提高了 62%。两组样品的叶绿素酶活性在前 3 天迅速下降，在 3 天后数值保持相对稳定 [见图 12-8（b）]。图 12-8（c）显示了贮藏过程中的脱镁螯合酶活性呈上升趋势，而 W/O/W 双层乳液对脱镁螯合酶活性有抑制作用。贮藏 5 天后，叶绿素酶活性和脱镁螯合酶活性分别比对照组降低了 9% 和 24%。

12.2.3.3 ATP、ADP、AMP 含量和能荷计算结果

从图 12-9（a）～（c）可以看出，贮藏过程中两组西兰花的 ATP 和 ADP 含量逐渐降低，AMP 含量逐渐增加。W/O/W 双层乳液处理显著地抑制了 ATP 和 ADP 含量的减少，同时推迟了 AMP 含量的增加。贮藏结束时，ATP 和 ADP 含量相比于对照组，高了 48% 和 37%，AMP 含量低了 15%。与对照组相比，W/O/W 双层乳液组样品的能荷数值保持在一个相对较高的水平 [见图 12-9（d）]。W/O/W 双层乳液组样品在贮藏 5 天后，能荷值提高了 10%。

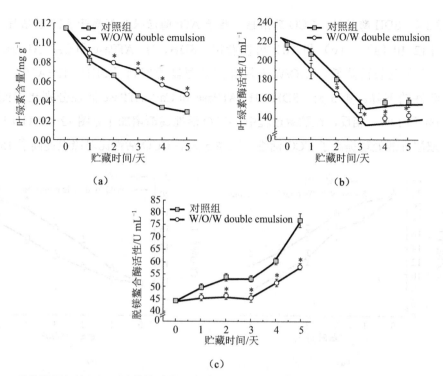

图 12-8　贮藏期间各处理组西兰花的叶绿素含量（a）、叶绿素酶活性（b）和脱镁螯合酶活性（c）

其中：＊表示各处理组间数据差异显著性（P<0.05）[46]

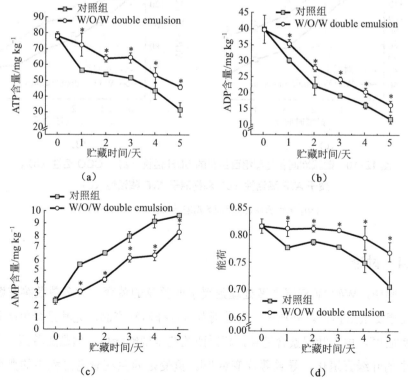

图 12-9　贮藏期间各处理组西兰花的 ATP 含量（a）、ADP 含量（b）、AMP 含量（c）和能荷（d）

其中：＊表示各处理组间数据差异显著性（P<0.05）[46]

12.2.3.4　SDH 酶活性、CCO 酶活性、质子 ATP 酶活性和钙离子 ATP 酶活性

从图 12-10（a）、（c）和（d）可以看出，SDH、H^+-ATPase 和 Ca^{2+}-ATPase 活性随着贮藏时间的延长而降低。W/O/W 双层乳液处理显著抑制了 SDH、H^+-ATPase 和 Ca^{2+}-ATPase 活性的下降。第 5 天，SDH、H^+-ATPase 和 Ca^{2+}-ATPase 活性分别比对照组高了47%、51% 和 14%。相反，在贮藏过程中，CCO 活性逐渐增加［见图 12-10（b）］。此外，W/O/W 双层乳液处理提高了 CCO 活性，贮藏 5 天后 CCO 活性比对照组提高了 15%。

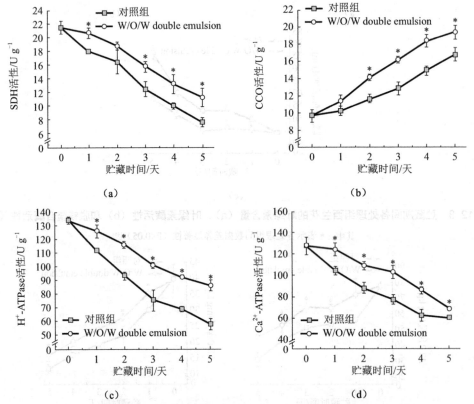

（a）　　　　　　　　　　　　　　（b）

（c）　　　　　　　　　　　　　　（d）

图 12-10　贮藏期间各处理组西兰花的 SDH 活性（a）、CCO 活性（b）、
质子 ATP 酶活性（c）和钙离子 ATP 酶活性（d）

其中：* 表示各处理组间数据差异显著性（P<0.05）[46]

12.2.4　讨论

在本试验中，W/O/W 双层乳液处理延缓了西兰花的黄变。大多数蔬菜在贮藏过程中由于衰老而遭受采后损失。外观被认为是消费者选择新鲜产品，尤其是绿色蔬菜最重要的商品品质特征[38]。由于叶绿素含量高，新鲜西兰花呈现鲜绿色。但是随着西兰花的劣变，小花萼片中的叶绿素退化，导致萼片变黄[47]。黄变是西兰花衰老过程中的典型特征，与其货架期密切相关[33]。叶绿素在西兰花中的降解包括两部分：叶绿素在叶绿体中转化为

非绿色分解产物，然后非绿色的分解代谢产物被运送到液泡中[48]。在叶绿素酶和脱镁螯合酶的催化下，叶绿素通过释放叶绿醇和 Mg^{2+} 转化为卟啉 a。第一步，叶绿素 a 在叶绿素酶的作用下去除叶绿醇，转化为脱植基叶绿素 a。在第二步中，脱镁螯合酶催化叶绿素降解，从脱植基叶绿素 a 中去除 Mg^{2+}，生成卟啉 a。叶绿素降解途径的下一步是将卟啉 a 转化为红色的叶绿素分解代谢物[49]。值得一提的是，叶绿素分解酶不仅是叶绿素分解多步骤途径的第一酶，而且是翻译后调节介导叶绿素分解代谢的限速酶[50]。在本试验中，绿色西兰花叶绿素含量的变化与叶绿素酶活性和脱镁螯合酶活性的变化密切相关。在 W/O/W 双层乳液中，油菜素内酯和肉桂精油的协同作用抑制了这两种叶绿素降解酶的活性，从而提高了叶绿素含量。双层乳液涂层还通过抑制细胞膜的破坏来保护叶绿体的结构，从而维持叶绿素的产量[51]。这就是为什么西兰花的绿色在衰老过程中保持得更好的原因。文献[40]也报道了类似的结果，油菜素内酯处理通过延缓衰老过程中叶绿素含量的降解来保持青椒品质。肉桂精油涂层抑制了番石榴果实的酶活性，降低了叶绿素的降解[42]。

呼吸代谢对活体组织是必不可少的，但过高的呼吸速率会导致代谢物质的过度消耗，加速水果和蔬菜的衰老[52]。采用 W/O/W 双层乳液浸泡西兰花，可降低采后西兰花贮藏过程中的呼吸速率，延缓西兰花的衰老。能量供应也是控制采后果蔬衰老的重要因素[34, 53]。由于能量供应不足，西兰花会出现生理紊乱，加速衰老[37]。前人研究证实叶绿素的降解与能量代谢有关[50]。在本试验中，ATP、ADP 含量的降低和 AMP 含量的增加导致了采后贮藏西兰花能荷的降低，这与文献[38]的研究结果一致。ATP 含量不足和能荷低是西兰花采后快速衰老的原因[37]。本试验表明，W/O/W 双层乳液处理保持了西兰花较高的 ATP 含量，并抑制了能荷的下降趋势，有效地延缓了西兰花的黄变。另外，参与代谢的酶，如 SDH 酶、CCO 酶、H^+-ATPase 和 Ca^{2+}-ATPase，也参与植物组织的能量供应[35]。例如，SDH 酶和 CCO 酶都是三羧酸循环（TCA）和电子传递链（ETC）中的限速酶。SDH 在 TCA 中催化琥珀酸氧化为富马酸，在 ETC 中催化泛醌为泛醇，而 CCO 是呼吸性 ETC 的末端酶，在线粒体中通过氧化磷酸化产生 ATP[54]。在本试验中，W/O/W 双层乳液处理诱导 SDH 酶和 CCO 酶活化，导致 ATP 和能荷含量升高。ATP 酶是一种参与能量释放的酶。H^+-ATPase 参与 ATP 分解为 ADP 和游离磷酸离子，为质子跨膜转运提供能量和电化学驱动力[38]。Ca^{2+}-ATPase 利用 ATP 水解产生的能量将 Ca^{2+} 从细胞质转运到细胞外环境，维持 Ca^{2+} 在细胞内的稳态。一旦 Ca^{2+} 的稳态被打破，线粒体、液泡或整个细胞的功能就会紊乱，导致能量不足，加速果蔬衰老[37]。本试验结果表明，W/O/W 双层乳液处理抑制了 H^+-ATPase 和 Ca^{2+}-ATPase 活性的下降，维持了线粒体的完整性和能量供应。文献[37]的研究结果表明，油菜素内酯能显著提高西兰花的 SDH 酶、CCO 酶、H^+-ATPase 和 Ca^{2+}-ATPase 的活性。由此可见，W/O/W 双层乳液通过维持代谢酶的活性，提供了充足的能量，抑制了采后西兰花的衰老。由此推断，油菜素内酯与肉桂精油的协同作用以及双层乳液结构的保护阻隔作用是其具有保鲜效果的主要原因。

12.2.5 结论

综上所述，本试验开发了一种新型 W/O/W 双层乳液，作为油菜素内酯和肉桂精油的共传递系统，可有效抑制西兰花的衰老过程。用 WPC-HMP 复合物（1∶3）制备的 W/O/W 双层乳液具有最好的储存稳定性和最高的包封率。双层乳液处理通过抑制叶绿素降解酶的活性来保持西兰花的绿色。此外，维持能量代谢酶的活性也抑制了衰老过程，这些酶提供了最高含量的 ATP 和能荷。本试验表明，所制备的 W/O/W 双层乳液在延缓西兰花衰老过程中具有很大的潜力，并为保持西兰花采后品质提供了潜在机制。这项研究也可以复制到其他采后易质量损失的蔬菜和水果上，进一步地研究需要确定乳液涂层对蔬菜其他感官品质和功能性的影响。

12.3 1-MCP 保鲜卷心菜

12.3.1 引言

卷心菜广泛分布在世界许多地区，由于其含有大量的抗氧剂和抗癌化合物（包括抗坏血酸、类胡萝卜素、酚类、芥子苷和萝卜硫素），因此被推荐作为饮食用于预防癌症[54]。然而，卷心菜是一种容易腐烂的产品，它的视觉和感官品质在很大程度上取决于它的贮藏条件。例如，新鲜的卷心菜可以在低温下保存几个月；而在 30℃时，它的货架期只有 2～4 天，这是因为它的叶子会黄变和受到其他疾病的影响[55]。不同的贮藏方法，如涂上防腐剂[56] 和发光二极管（LED）照射[57]，对卷心菜的货架期和营养品质的影响已被广泛研究。但由于工艺复杂、食品安全问题等原因，此类方法尚未在实践中得到广泛应用。在目前的产业链中，低温冷藏[58] 和控制气调包装[59] 被推荐用于卷心菜的贮藏。然而，这些设施在发展中国家并不总是可用的，采后的贮藏、处理、运输和销售阶段经常遇到高温，卷心菜由于叶子黄变而导致的迅速衰老致使货架期缩短。开发有效的技术来抑制采后的变质和延长卷心菜的货架期是有利于生产者、加工者、零售商和消费者的必要条件。

卷心菜叶片的绿色是一种重要的商品品质，但是由于叶绿素的分解，蔬菜采后的颜色降解迅速。植物激素乙烯可促进降解过程[60]。相反，1-甲基环丙烯（1-MCP）可以抑制乙烯的作用，从而抑制叶绿素在各种园艺作物中的降解。文献[61] 研究发现，1-MCP 通过抑制叶片叶绿素的损失可以延长小白菜的货架期。文献[62] 和文献[63] 分别在鲜切芹菜和香菜叶片中观察到了类似的结果，进一步证明 1-MCP 可以作为一种采后处理技术来控制叶菜黄变。但 1-MCP 的效果因品种、处理时间、浓度和温度的不同而不同。比如文献[64] 的研究结果表明，1-MCP 处理抑制了大白菜的叶片脱落。文献[65] 证明了 1-MCP 的应用可以保持泡菜用白菜的品质。相反，澳大利亚研究人员发现 1-MCP 对采后大白菜的货架期没有影响 [66]。很明显，蔬菜对 1-MCP 的反应取决于产品属性。然而，就本书作者所知，目前还没有关于 1-MCP 对卷心菜贮藏特性影响的资料。

本试验研究了乙烯是否参与了卷心菜的衰老过程，并对 1-MCP 在维持卷心菜品质和延长货架期方面的作用进行了评价。

12.3.2 材料和方法

12.3.2.1 原料

卷心菜（品种为 Tianwei 55 和 Sugan 27）于 2019 年 5 月底从（Lishui plant science base，Nanjing，Jiangsu Province，China）农场收获。采收后 1h 内将运至实验室，修剪去除 2～3 片老叶。

12.3.2.2 试验设计

实验一：采后 1-MCP 或外源乙烯熏蒸对卷心菜视觉品质和内源乙烯产量的影响

将两个品种的卷心菜（Tianwei 55 和 Sugan 27）随机分为 3 组，每组 50 个，每组试验重复 3 次。在一个密封的塑料容器（100L）中，两组卷心菜分别接受 1-MCP（$1.0\mu L\ L^{-1}$，根据作者预试验的结果，记为 1-MCP）或乙烯（$100\mu L\ L^{-1}$，根据作者预试验的结果，记为 C_2H_4）熏蒸处理，处理时间为 12h。第三组作为对照组（记为 Control），没有进行 1-MCP 或乙烯熏蒸。将处理后的卷心菜用塑料薄膜包裹，在 $25\pm1℃$、$85\%\sim90\%$ 的相对湿度条件下贮藏 8 天，观察其衰老行为，评估乙烯产量和视觉质量的变化。

实验二：1-MCP 熏蒸对采后卷心菜衰老特性的影响

为了证实 1-MCP 在卷心菜衰老中的作用，作者又进行了另一项试验。共选择 240 个卷心菜（Sugan 27），分为 2 个处理组，每组 120 个。新鲜卷心菜在 $25\pm1℃$ 条件下暴露于 $1\mu L\ L^{-1}$ 的 1-MCP 中 12h，对照组的卷心菜在没有 1-MCP 的情况下密封在相同的容器中 12h。然后卷心菜被贮藏在 $25\pm1℃$ 条件下，进行衰老代谢。每隔两天，用手剥去每个处理组 30 个卷心菜最外层的 3 片叶子，宽度为 0.4～0.6cm。在分析前，叶片样品立即在液氮中冷冻，并在 -70℃ 保存备用。

12.3.2.3 卷心菜质量参数测试

本试验所有测试项目参照文献 [68] 的描述，包括颜色指数测试；乙烯产量测试，单位为 $ng\ kg^{-1}\ s^{-1}$；呼吸速率测试，单位为 $nmol\ kg^{-1}\ s^{-1}$；丙二醛（MDA）含量测试，单位为 $mmol\ kg^{-1}$；叶绿素含量测试，单位为 $mg\ kg^{-1}$；芥子苷总量测试，单位为 $g\ kg^{-1}$；萝卜硫素总量测试，单位为 $mg\ kg^{-1}$；亚硝酸盐含量测试，单位为 $mg\ kg^{-1}$；叶酸含量测试，单位为 $mg\ kg^{-1}$；抗坏血酸含量测试，单位为 $mg\ kg^{-1}$；总酚含量测试，单位为 $mg\ kg^{-1}$；抗氧化能力测试：包括 DPPH 自由基清除能力，单位为 %；超氧阴离子（O_2^-）清除能力，单位为 %；羟基自由基（·OH）清除能力，单位为 %；还原能力（OD_{517}）。

12.3.3 测试结果

12.3.3.1 卷心菜衰老过程中的乙烯产量

从图 12-11（a）可以看出，衰老卷心菜（0.55ng kg^{-1} s^{-1}）的乙烯产量高于新鲜卷心菜（0.21ng kg^{-1} s^{-1}），表明乙烯可能参与了衰老过程。进一步的分析表明，乙烯作用抑制剂1-MCP可以抑制内源乙烯的生成，而外源乙烯作用刺激了内源乙烯的生成［见图 12-11（b）］。外观照片结果表明，当分别用 1-MCP 或外源乙烯熏蒸处理时，卷心菜的劣变速度有所延迟或加速［见图 12-11（c）］。整体外观评分结果表明，无论是 Tianwei 55 还是 Sugan 27，1-MCP处理均能延缓卷心菜的衰老过程，最长货架期从 6 天延长到 8 天。相反，外源乙烯处理的卷心菜经历了快速衰老，并缩短了货架期。说明卷心菜对乙烯敏感，1-MCP 的抑制作用延缓了卷心菜的衰老过程。

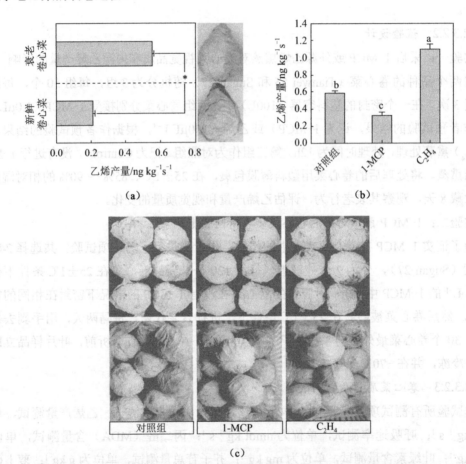

图 12-11 衰老过程中的乙烯产量（a），不同处理组卷心菜的乙烯产量（b）和外观照片（c）（后附彩图）

其中：* 表示基于根据 t 检验的显著差异性；而不同的小写字母表示基于最小显著差异（LSD）检验，P=0.05

12.3.3.2 "Sugan 27" 卷心菜的外观照片、外观总评分和颜色指数

从图 12-12（a）可以看出，外表面叶片黄化和表面黑点是最普遍的劣变症状。随着

贮藏时间的延长，两处理组卷心菜外观属性的劣变都在增加，但在 1-MCP 处理组中样品劣变的面积明显减少。对照组样品在贮藏第 4 天开始出现明显的黄变，第 6 天表面出现了褐色斑点，这将明显影响其商业价值。相比之下，1-MCP 处理延缓了黄变过程，该过程始于贮藏的第 6 天。1-MCP 组样品在贮藏第 8 天的外观属性仍然优于对照组样品在贮藏第 6 天的外观属性。以上结果清楚地表明，外源 1-MCP 处理可抑制采后卷心菜的劣变。

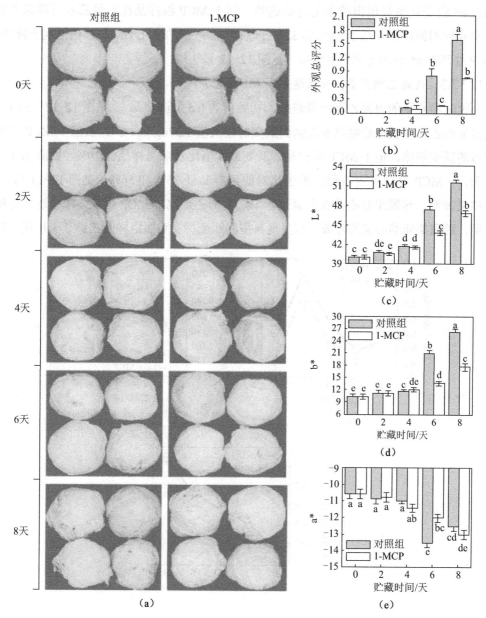

图 12-12　外源 1-MCP 处理对 "Sugan 27" 卷心菜的外观照片（a），
外观总评分（b）和颜色指数（c、d、e）的影响

其中：不同的小写字母表示基于最小显著差异（LSD）检验，P=0.05

与图 12-12（a）的变化相一致，从图 12-12（b）可以看出，对照组样品在第 6 天的外观总评分接近 1 分。但 1-MCP 组样品在贮藏第 8 天的外观总评分接近于 1，说明经 1-MCP 处理后，卷心菜的货架期可以从 6 天延长到 8 天。卷心菜叶片颜色的变化如图 12-12（c）～（e）所示。从图 12-12（c）中可以看出，L* 值随着贮藏时间的延长而增加，1-MCP 组样品在 4 天后的 L* 值显著低于对照组。从图 12-12（d）可以看出，在贮藏 4 天后，两个处理组样品的 b* 值变化也呈现出稳步上升的趋势，而 1-MCP 组样品在贮藏第 6 天和第 8 天的 b* 值分别比对照组样品低了 35% 和 32%。与 L* 和 b* 值的变化不同，a* 值呈现下降特征，1-MCP 处理对 a* 值的变化没有影响［见图 12-12（e）］。

12.3.3.3　内源乙烯产量、呼吸速率和 MDA 含量

采收时卷心菜的内源乙烯产量较低，初始值为 0.53ng kg^{-1}s^{-1}［见图 12-13（a）］。对照组样品的乙烯产量在贮藏第 6 天达到跃变的最大值 1.37ng kg^{-1}s^{-1}。虽然 1-MCP 组样品有相似的跃变规律，但 1-MCP 组样品的跃变最大值比对照组样品低 19%。贮藏第 4 天和第 8 天，1-MCP 组样品的乙烯产量也比对照组样品低 36% 和 56%［见图 12-13（a）］。以上结果表明，对照组卷心菜在贮藏过程中产生的乙烯比 1-MCP 组多。呼吸速率分析结果表明，贮藏期间卷心菜的呼吸历程呈现典型的跃变型。对照组样品在第 2 天出现了呼吸

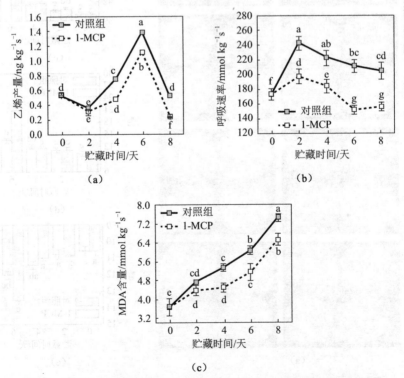

（a）　　　　　　　　　　　　　（b）

（c）

图 12-13　外源 1-MCP 处理对 "Sugan 27" 卷心菜的内源乙烯产量（a），
呼吸速率（b）和 MDA 含量（c）的影响

其中：不同的小写字母表示基于最小显著差异（LSD）检验，P=0.05

跃变峰,相比第 0 天,数值高了 139%,之后呼吸速率开始下降,直到贮藏结束。虽然在 1-MCP 组样品中也观察到相似的趋势,但在贮藏的第 2、4、6 天和第 8 天,1-MCP 组样品的呼吸速率分别比对照组样品低 18%、17%、28% 和 23% [见图 12-13 (b)]。以上结果表明,1-MCP 处理降低了卷心菜的呼吸速率。通过测定丙二醛(MDA)含量可以测定脂质的过氧化程度。图 12-13 (c) 表明,两组样品的 MDA 含量在贮藏过程中都逐渐增加。与初始含量相比,1-MCP 组样品和对照组样品在贮藏结束时的 MDA 含量分别提高了 77% 和 103%。以上数据表明,1-MCP 处理能有效地降低卷心菜采后 MDA 的积累。

12.3.3.4　叶绿素含量

叶绿素含量是一个直接与绿色组织衰老状态和蔬菜消费偏好相关的参数。正如预期的那样,图 12-14 表明,从贮藏开始到第 8 天,叶绿素 a 含量有所下降,其中 1-MCP 组样品(含量为 16.69mg kg⁻¹)的下降幅度小于对照组样品(含量为 15.22mg kg⁻¹)[见图 12-14 (a)]。第 8 天,1-MCP 处理也延缓了卷心菜叶绿素 b 含量的下降 [见图 12-14 (b)]。同样,总叶绿素含量随着贮藏期的延长而下降 [见图 12-14 (c)],但这种下降同样被 1-MCP 处理显著延缓。

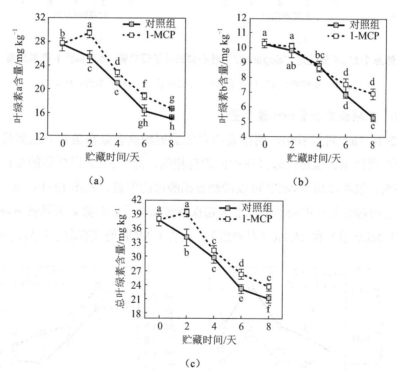

图 12-14　外源 1-MCP 处理对"Sugan 27"卷心菜的叶绿素 a 含量(a),
叶绿素 b 含量(b)和总叶绿素含量(c)的影响

其中:不同的小写字母表示基于最小显著差异(LSD)检验,P=0.05

12.3.3.5　芥子苷总量和萝卜硫素总量

从图 12-15 (a) 可以看出,对照组和 1-MCP 组卷心菜中的芥子苷总量均有所下降,但 1-MCP 处理显著减缓了这种下降趋势。例如，1-MCP 组样品的芥子苷总量在贮藏第 6 天和第 8 天时分别比对照组高 1.39 倍和 2.21 倍。从图 12-15（b）可以看出，卷心菜的萝卜硫素总量在贮藏过程中呈现先上升后下降的趋势。贮藏前 2 天，两组萝卜硫素总量均有所增加，但 1-MCP 组样品的萝卜硫素总量（含量为 40.89mg kg⁻¹）显著高于对照组（含量为 35.88mg kg⁻¹）。第 4 天无显著差异，随后对照组和 1-MCP 组样品的萝卜硫素总量一直下降到贮藏结束，而 1-MCP 组样品的萝卜硫素总量下降趋势有所减缓，第 8 天的萝卜硫素总量较对照组高 67.44%。

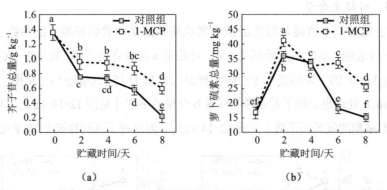

图 12-15　外源 1-MCP 处理对 "Sugan 27" 卷心菜的芥子苷总量（a）和萝卜硫素总量（b）的影响

其中：不同的小写字母表示基于最小显著差异（LSD）检验，P=0.05

12.3.3.6　亚硝酸盐含量和叶酸含量

从图 12-16（a）可以看出，两组卷心菜的亚硝酸盐含量在第 6 天达到最大值，之后一直下降至贮藏结束。虽然贮藏过程中的趋势相似，但 1-MCP 组样品的亚硝酸盐含量显著低于对照组，说明施用 1-MCP 可以抑制亚硝酸盐的积累。从图 12-16（b）可以看出，两组卷心菜的叶酸含量在贮藏后的第 2 天都保持较高含量，到第 8 天显著下降为初始浓度的 33.7%（1-MCP 组）和 24.3%（对照组），说明 1-MCP 处理有利于叶酸的保留。

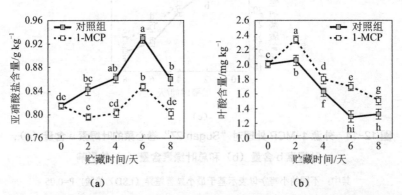

图 12-16　外源 1-MCP 处理对 "Sugan 27" 卷心菜的亚硝酸盐含量（a）和叶酸含量（b）的影响

其中：不同的小写字母表示基于最小显著差异（LSD）检验，P=0.05

12.3.3.7　抗氧化能力

1-MCP 对抗坏血酸的影响如图 12-17（a）所示，随着贮藏时间的延长，抗坏血酸含量明显下降，而 1-MCP 处理可以抑制抗坏血酸的损失。贮藏 8 天后，对照组和 1-MCP 组卷心菜的抗坏血酸含量分别下降了 31% 和 15%。同样，总酚含量在采收时最高，贮藏时逐渐降低。1-MCP 组样品在 8 天内的总酚含量值下降了 22%，而对照组则下降了 40%［见图 12-17（b）］。与抗坏血酸和总酚含量的变化相一致，DPPH、O_2^- 和 ·OH 的清除活性呈现出依赖于衰老过程的下降趋势。而在整个贮藏过程中，1-MCP 组卷心菜的 DPPH 清除

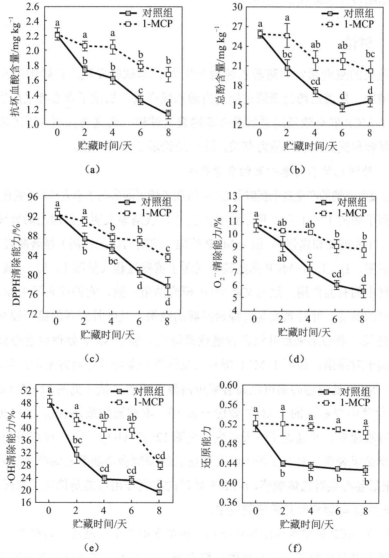

图 12-17　外源 1-MCP 处理对 "Sugan 27" 卷心菜的抗坏血酸含量（a）、总酚含量（b）、DPPH 清除能力（c）、O_2^-· 清除能力（d）、·OH 清除能力（e）和还原能力（f）的影响

其中：不同的小写字母表示基于最小显著差异（LSD）检验，P=0.05

活性显著高于对照组［见图 12-17（c）］。卷心菜的 ·OH 清除活性在第 0 天约为 10%，对照组在贮藏后 2 天内保持相对稳定，1-MCP 组在贮藏后 4 天内保持相对稳定，之后明显下降。相比之下，1-MCP 处理可以显著延缓 ·OH 清除活性下降［见图 12-17（e）］。1-MCP 组卷心菜的 O_2^- 清除活性在贮藏 6 天内相对稳定，仅在贮藏 8 天时才出现明显下降。相对地，对照组的 O_2^- 清除活性随着贮藏时间的延长而明显下降。在贮藏第 2、4、6 和 8 天时，1-MCP 组卷心菜的 O_2^- 清除活性分别比对照组提高了 36%、68%、70% 和 45%。正如预期的那样，1-MCP 处理也减少了还原能力的损失。与对照组相比，1-MCP 组样品在第 2、4、6 天和第 8 天的还原能力分别提高了约 18%。

12.3.4　讨论

水果和蔬菜的衰老通常伴随着乙烯的产生 [61]。本试验发现，乙烯浓度在卷心菜衰老过程中有所增加。外源乙烯处理通过提高内源乙烯产量，加重了卷心菜采后症状的劣变。乙烯抑制剂 1-MCP 能有效延缓采后卷心菜的衰老过程，而这与抑制内源乙烯的产生、减轻叶绿素的降解和提高抗氧化能力有关。这一结论基于以下证据。

12.3.4.1　外源乙烯参与卷心菜的衰老代谢

衰老卷心菜中乙烯的产量高于新鲜卷心菜，说明乙烯可能参与了衰老过程［见图 12-11（a）］。这一推论得到了如图 12-11（c）所示结果的支持，该结果表明，外源乙烯处理加速了劣变的视觉症状（叶片黄变和腐烂），但 1-MCP 处理（抑制乙烯的作用）显著减轻了这些症状。进一步试验表明，$1\mu L\ L^{-1}$ 1-MCP 熏蒸显著延缓了黄变过程（见图 12-12），说明了 1-MCP 在卷心菜保鲜中的有益作用。这与文献 [61] 的研究结果一致，它们证明了 1-MCP 的应用可以延迟大白菜的黄变。叶片黄变是叶绿素降解的结果，是叶片衰老的第一视觉症状。随着贮藏时间的延长，卷心菜采后叶绿素含量逐渐降低。但 1-MCP 处理后卷心菜叶片中叶绿素含量显著高于对照组，说明 1-MCP 能有效延缓卷心菜叶片中叶绿素的降解和黄化。

此外，1-MCP 处理卷心菜可以显著减少内源乙烯的产量［见图 12-13（a）］。这与在其他水果和蔬菜中观察到的 1-MCP 效应一致 [69]。本试验结果还表明，1-MCP 处理降低了卷心菜的呼吸速率，并延迟了呼吸跃变［见图 12-13（b）］。这一观点得到了文献 [70] 的支持，该文献结果表明，对李子呼吸跃变期延长的抑制会伴随着乙烯产量的降低。本试验结果表明，采后卷心菜对乙烯敏感，1-MCP 处理的有利作用可能是抑制了内源乙烯的产生，从而延缓了叶绿素降解和叶片黄变的发生。

12.3.4.2　1-MCP 保留生物活性化合物，抑制卷心菜中亚硝酸盐的积累

芸苔属类蔬菜是生物活性化合物的良好来源，如酚类、芥子苷和萝卜硫素。芥子苷是芸苔属类蔬菜中一组具有重要健康促进作用的含硫和含氮的次生代谢产物 [71]，当植物组织受损时，芥子苷可从液泡中释放出来，经芥子酶水解释放萝卜硫素 [54]。据报道，西兰

花采后芥子苷会大量流失[72]。在本试验中，采后卷心菜也出现了类似的损失，但 1-MCP 处理抑制了损失，说明 1-MCP 处理可能是保留芥子苷含量的有效方法。这与文献[73]的研究结果一致，他们证明 1-MCP 处理可以改善西兰花贮藏过程中芥子苷的保留情况。萝卜硫素是芥子苷酶解的产物。萝卜硫素因其具有增强致癌物解毒和阻断化学致癌作用的生物活性而受到食品科学家和营养学家的广泛关注[74]。本试验已经证明，用 1-MCP 处理可以延缓卷心菜中萝卜硫素的流失［见图 12-15 (b)］。这与文献[75]的研究结果一致，他们证明 1-MCP 处理提高了西兰花的萝卜硫素含量。

叶酸是一种不稳定的营养物质，天然存在于很多食物中，尤其是绿叶蔬菜。本试验的结果表明，卷心菜在贮藏过程中叶酸含量下降［见图 12-16 (b)］。这与文献[76]的研究结果一致，他们认为豌豆在贮藏过程中失去了 12% 的叶酸含量。然而，本试验的结果也表明，1-MCP 处理显著抑制了卷心菜中叶酸的损失。这表明 1-MCP 是一种潜在的保存具有对消费者健康有益的生物活性成分的处理方法，可以提高卷心菜的营养价值。但是 1-MCP 抑制这些生物活性成分损失的机制需要进一步阐明。

蔬菜中的亚硝酸盐含量因其易致癌亚硝胺的形成而受到越来越多的关注。文献[77]的研究结果表明，由于内源性硝酸盐还原酶失活，在冷藏贮藏期间，蔬菜中的亚硝酸盐含量变化很小，而在室温贮藏的第 4 天，菠菜和不结球包心菜中的亚硝酸盐含量急剧上升，然后下降。在本试验中，贮藏在环境温度下的卷心菜也观察到了类似的亚硝酸盐变化，而 1-MCP 处理显著抑制了亚硝酸盐的积累。

12.3.4.3 1-MCP 可缓解卷心菜采后抗氧化能力的下降

抗氧剂是一种重要的植物化学物质，具有多种生物活性。当活性氧（ROS）超过可用抗氧剂的 ROS 清除能力时，就会发生氧化应激。氧化应激与采后园艺作物的质量和适销性下降有关[78]。植物进化出了有效的抗氧化系统来清除和移出 ROS[79]。本试验研究了抗坏血酸、总酚含量的变化以及对 DPPH、O_2^- 和 ·OH 的清除能力。卷心菜的抗坏血酸含量在贮藏过程中显著下降（见图 12-17），但 1-MCP 处理减缓了这一下降趋势。文献[69]也观察到了这一现象，他们证明 1-MCP 处理显著提高了西兰花和中国芥菜的抗坏血酸含量。总酚含量在植物抗氧化胁迫相关疾病中起着重要作用。与抗坏血酸的影响相似，1-MCP 处理显著抑制了卷心菜总酚含量的下降。这与文献[67]的研究结果一致，他们表明 1-MCP 的应用延缓了火龙果总酚含量的下降。1-MCP 处理后样品组织中酚类物质含量的升高与 1-MCP 维持细胞膜通透性的作用有关[80]。通过对 DPPH、O_2^- 和 ·OH 自由基的清除，卷心菜的抗氧化能力在贮藏过程中有所下降，而 1-MCP 处理后卷心菜的抗氧化能力显著提高。这一结果与 1-MCP 处理降低卷心菜还原能力损失的效果一致（见图 12-17）。因此，1-MCP 处理对卷心菜抗氧化能力、抗坏血酸和总酚含量均有促进作用。这与文献[81]的研究结果一致，他们通过 DPPH 清除活性和还原能力测定，证明番石榴果实中的抗坏血酸和总酚与抗氧化能力密切相关。本试验结果表明，1-MCP 处理对卷心菜主要抗氧化化合物的积累和抗氧化活性的保持有积极的影响。

较高的抗氧化清除活性可以降低组织中的 ROS 含量[82]。因此，氧化应激可能在 1-MCP 处理后的卷心菜中减轻。膜脂过氧化产物（MDA）的分析表明，1-MCP 组卷心菜的 MDA 含量低于对照组 [见图 12-13（c）]。在苹果中也报道了类似的结果，1-MCP 处理的果实 MDA 含量降低，而 ROS 清除能力增加[83]。广泛的研究也表明，1-MCP 处理可以抑制脂质过氧化的增殖[84, 85]。本试验的研究结果明确支持使用 1-MCP 干预卷心菜的衰老过程。

12.3.5 结论

本试验表明，使用 1-MCP 可延长卷心菜的货架期，缓解采后变质，延缓叶绿素降解，保持了芥子苷、萝卜硫素和叶酸含量。1-MCP 熏蒸后，采后卷心菜中丙二醛和亚硝酸盐的含量也较低。处理后卷心菜的乙烯产量受到抑制，呼吸速率降低。此外，1-MCP 处理抑制了抗坏血酸、总酚的损失和 DPPH、O_2^- 和 ·OH 自由基的清除活性。这些结果表明，采后使用 1-MCP 可能是延长采后卷心菜货架期、维持外观和营养价值的有效手段。

12.4 超声联合 MAP 处理保鲜小白菜

12.4.1 引言

小白菜是中国主要的食用叶菜之一，叶子是明亮的绿色，口感微甜，富含多种维生素和矿物质[86]。然而，这种蔬菜在贮藏和运输过程中会失水、枯萎和变黄，导致小白菜的新鲜品质丧失，货架期缩短。因此，一种延长小白菜新鲜度和保持其贮藏品质的方法是非常必需的。

冷藏贮藏是延缓新鲜水果和蔬菜变质常用的方法之一，因为这种做法有助于抑制生化反应和微生物活性[87]。最近，改善气调包装（MAP）因其能够限制有害的氧化反应和改变呼吸速率以及减少农产品的水分流失而受到广泛关注[88]。MAP 被认为是一种延长货架期和保持各种新鲜产品质量的有效方法[89]。文献[90]的研究结果表明，添加 2%～5% 的氧气，可以降低水果和蔬菜的呼吸速率与衰老。文献[91]报道了低浓度的 O_2 和高浓度的 CO_2 气氛可以有效地保留甜樱桃的风味，高达 80% 的总挥发性化合物被保留下来。文献[92]也报道了低浓度的 O_2 和高浓度的 CO_2 环境可以延长番石榴的货架期。但是，之前对小白菜 MAP 的研究非常有限。出于这个原因，本书作者采用了对其他产品有效的气体成分作为本试验工作的起点。更重要的是，本试验的重点是可行地利用超声波和 MAP 相结合的方法来提高小白菜的贮藏质量。

为了进一步提高 MAP 技术在延长货架期和保持新鲜农产品品质方面的能力，MAP 应该结合使用其他适当的加工技术。在这些可行的技术中，超声波是较有前途的技术之一。超声波被归类为一种能产生空化和机械效应的非热技术，可用于增强食品的保存效果[93]。各种超声相关技术已经被应用于水果和蔬菜的加工和保鲜[94]。例如，超声处理曾被应用于保鲜果汁和保持果蔬的营养和品质[95]。文献[96]报道超声和香草醛联合使用可有效改善草莓汁的口感、质量和安全性；该果汁中的微生物菌数减少，感官质量可接受。超声波能耗低，价格便宜，也具有环保和高度的安全性[97]。

文献[98]评估了热超声（TS）结合微酸性电解水（SAcEW）处理在冷藏期间对鲜切甘蓝的保鲜效果，结果表明 TS 联合 SAcEW 处理能有效延长鲜切甘蓝的货架期，4℃下可延长 4 天，7℃下可延长 6 天左右。文献[99]研究发现，将超声波与精油联合使用可以去除接种在莴苣菜叶片上的沙门氏菌。文献[100]研究了联合使用超声波和紫外光（UV-C）灭活果汁中的微生物。UV-C 光在透明和非不透明的果汁培养基中显示出有限的灭活微生物的能力。然而，同时使用 UV-C 光和超声波可以有效地灭活不透明的橙汁中的微生物。

虽然已经有研究使用超声波来延长各种水果和蔬菜的货架期，但大多数研究只关注微生物失活，对贮藏过程中关键品质特性和酶活性变化的影响进行了研究，结果表明，关键品质特性和酶活性在贮藏过程中可能起着重要作用。在前人有限的研究工作中，文献[100]对黄瓜采后贮藏品质进行了研究。这些研究人员在控制气调包装之前采用超声波处理，以保存与风味相关的挥发物和黄瓜的贮藏质量，帮助产品贮藏更长时间。但是利用超声波对水果和蔬菜进行贮藏前的预处理仍处于小规模的试验阶段[101]。

基于上述资料的缺乏，本试验以小白菜为研究对象，研究了超声波联合 MAP 处理对小白菜在相对湿度为 90±4%、温度为 4±1℃条件下贮藏品质的影响。测试了小白菜的菌落总数、失重率、颜色指数、细胞膜通透性、丙二醛含量、可溶性固形物含量、抗坏血酸含量、叶绿素含量以及过氧化物酶和多酚氧化酶活性。

12.4.2　材料和方法

12.4.2.1　试剂

平板计数琼脂、无菌生理盐水、乙酸—醋酸钠缓冲液、愈创木酚溶液、过氧化氢溶液、邻苯二酚溶液、草酸、80%（v/v）丙酮溶液等，均购于（Sinopharm Chemical Reagent Co.，Ltd.，Beijing，China）公司；三氯乙酸和 2- 硫代巴比妥酸购于（XYZ，Darmstadt，Germany）公司。

12.4.2.2　原料

新鲜的小白菜由手工采自（Wuxi，Jiangsu，China）蔬菜农场，采收后，将小白菜立即运往实验室进行分类。选用颜色正常，无黄变、褐变和机械损伤的小白菜用于试验。

12.4.2.3　超声处理

参照文献 [102] 的方法，将新鲜小白菜浸泡在超声频率为 30kHz、功率强度为 2.4W/g 的超声波水浴槽（JY98-3D；NingboUltrasonic Instrument Co., Zhejiang, China）中，浸泡时间分别为 5min、10min 和 15min，然后沥干水分。液体体积为 2L，介质为去离子水；在整个处理过程中，水浴温度控制在 20±1℃。对照组小白菜仅在去离子水中浸泡 5min，不做超声处理。样品表面多余的水分用纸巾轻轻擦掉。

12.4.2.4　MAP 包装处理

小白菜（200g±2g）放置在厚度为 48μm 的高密度聚乙烯袋（40cm×35cm）中。25℃、相对湿度为 100%（RH）时，塑料袋子的氧气透过率为 4.5mL/m²/ 天 /atm；40℃时，相对湿度为 90% 时，塑料袋子的水蒸气透过率为 8g/m²/ 天。使用气体混合器（K. Kang KK-180, Suzhou, China）在真空环境中对塑料袋子进行气流冲洗，MAP 气体置换类型为真空填充置换 [103]。初始封装气体浓度确定为 5% O_2 和 10% CO_2；其余平衡气体为 N_2。对照组（记为 Control）样品不包装贮藏。所有样品在 4±1℃，90±4% RH 条件下贮藏 30 天。每隔 5 天（0、5、10、15、20、25、30 天）采集样品进行贮藏质量分析。分别标记为 MAP（未超声处理）、UT-5min+MAP（超声处理 5min）、UT-10min+MAP（超声处理 10min）、UT-15min+MAP（超声处理 15min）。

12.4.2.5　小白菜质量参数测试

本试验所有测试项目参照文献 [104] 的描述，包括菌落总数测试，单位为 log CFU/g^{-1}；失重率测试，单位为 %；颜色指数测试；细胞膜通透性测试，单位为 %；丙二醛（MDA）含量测试，单位为 $μmol\ kg^{-1}$；过氧化物酶（POD）活性测试，单位为 $Ug^{-1}\ min^{-1}$；多酚氧化酶（PPO）活性测试，单位为 $Ug^{-1}\ min^{-1}$；可溶性固形物（TSS）含量测试，单位为 °Brix；抗坏血酸含量测试，单位为 $g\ kg^{-1}$；叶绿素含量测试，单位为 $g\ kg^{-1}$。

12.4.3　结果与讨论

12.4.3.1　贮藏期间小白菜的菌落总数分析

从图 12-18 可以看出，对照组、MAP 组、UT-5min+MAP 组、UT-10min+MAP 组、UT-15min+MAP 组小白菜的初始菌落总数分别为 7.11 log CFU/g^{-1}、7.11 log CFU/g^{-1}、6.48 log CFU/g^{-1}、6.01 log CFU/g^{-1} 和 6.41 log CFU/g^{-1}。超声处理后样品的菌落总数低于对照组，但不显著。随着贮藏时间的延长，菌落总数增加。贮藏 15 天后，菌落总数迅速增加。贮藏结束时，各处理组样品的菌落总数分别为 8.56 log CFU/g^{-1}、8.41 log CFU/g^{-1}、8.36 log CFU/g^{-1}、8.13 log CFU/g^{-1} 和 8.38 log CFU/g^{-1}。尽管在抑制菌落总数减少方面，应用联合处理技术没有显示出很大的改善，但这种处理被认为在保持小白菜的其他质量特性方面是有效的，这将在后面的章节中讨论。

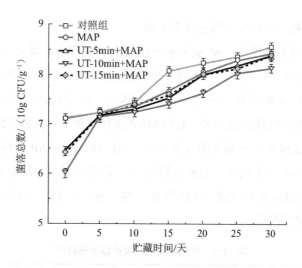

图 12-18　贮藏期间各处理组小白菜的菌落总数 [104]

12.4.3.2　贮藏期间小白菜的失重率分析

水果和蔬菜的质量损失反映了呼吸作用引起的水分散失 [105]。从图 12-19 可以看出，贮藏期间，所有处理组样品的失重率逐渐增加。对照组和 UT+MAP 组之间的失重率有显著差异。UT-10min+MAP 组样品的失重率最低，为 1.878%±0.062%，该值低于文献 [106] 提到的 2% 的可接受限值。这说明 UT-10min+MAP 处理可有效延缓小白菜失重率的增加。这可能是由于超声波处理后，小白菜中的水分子和大分子之间的氢键得以保留，从而减少了水分的散失 [100]。文献 [107] 同样报道了 10min 超声处理可有效减少经 MAP 处理的鲜切黄瓜的失重率。UT-15min+MAP 组样品在贮藏 20 天后的失重率明显加快。这可能是由于超声波在延长使用时间时对叶片表面膜的破坏作用，从而造成更多的失水。虽然超声与 MAP 联合处理是一种很有前途的保鲜方法，但延长超声处理时间不宜使用。

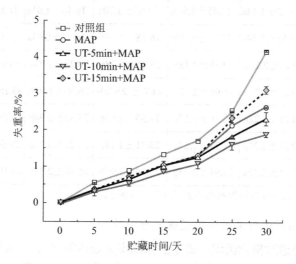

图 12-19　贮藏期间各处理组小白菜的失重率 [104]

12.4.3.3 贮藏期间小白菜的颜色指数分析

L* 值表示小白菜的亮度值，b* 值表示小白菜的黄变程度。从表 12-2 可以看出，所有处理组样品的 L* 值呈下降趋势。在整个贮藏过程中，对照组样品的 L* 值显著低于各处理组样品。b* 值在贮藏期间呈上升趋势；b* 值越高，叶子越黄。这是因为小白菜在贮藏时间延长时，会出现萎蔫和黄变现象。UT+MAP 组样本的 b* 值显著低于对照组。处理后的样品在整个贮藏过程中呈不明显的发黄现象。UT-10min+MAP 组样品的 b* 值最低。这可能是由于适当的超声空化效应，有助于降低小白菜的代谢率，从而导致黄变率最低，亮度最高[100]。本试验的结果与文献[108]的研究结果一致，他们发现经 10min 超声处理可以有效地维持生菜和草莓的颜色。

表 12-2　贮藏期间小白菜的颜色指数 [104]

颜色指数	处理组	贮藏时间 / 天					
		0	5	10	15	25	30
L*	Control	57.99±1.97a	49.66±2.36b	47.88±2.99b	47.36±4.73b	54.81±3.08a	38.64±2.95c
	MAP	57.99±1.97a	51.15±2.46ab	51.42±2.19a	51.92±2.28a	56.08±2.82a	46.86±3.83b
	UT-5min+MAP	57.99±1.97a	49.80±1.02b	48.65±0.81b	54.56±2.50a	56.73±4.49a	49.45±4.04ab
	UT-10min+MAP	57.99±1.97a	53.02±1.72a	53.63±2.61a	54.77±3.33a	58.18±4.05a	52.92±5.01a
	UT-15min+MAP	57.99±1.97a	52.98±1.89a	52.59±1.86a	54.62±2.01a	57.21±3.13a	47.59±3.97b
a*	Control	-14.85±1.14a	-18.78±0.91c	-17.92±1.11d	-15.88±2.33a	-16.18±2.73b	-15.05±0.64ab
	MAP	-14.85±1.14a	-18.07±0.64bc	-17.23±0.96cd	-16.44±0.55a	-16.37±2.84b	-14.12±2.76ab
	UT-5min+MAP	-14.85±1.14a	-15.73±1.20a	-15.76±0.68ab	-15.46±1.49a	-11.45±4.04a	-13.30±2.31a
	UT-10min+MAP	-14.85±1.14a	-17.45±0.90b	-14.65±1.70a	-16.46±1.01a	-16.68±3.81b	-17.31±1.16c
	UT-15min+MAP	-14.85±1.14a	-17.45±0.90b	-16.18±1.16bc	-16.32±0.97a	-15.67±2.74b	-15.22±1.16b
b*	Control	19.21±2.22a	29.38±2.73a	27.35±2.78a	29.26±1.99a	35.03±5.86a	30.24±3.05a
	MAP	19.21±2.22a	25.68±2.18b	24.77±2.93ab	26.00±1.99b	33.15±4.04ab	29.15±1.85a
	UT-5min+MAP	19.21±2.22a	20.89±1.17c	21.36±1.81c	26.33±2.94b	30.15±1.39bc	29.61±5.33a
	UT-10min+MAP	19.21±2.22a	21.28±2.67c	20.71±3.17c	23.21±3.74c	28.66±3.48c	17.48±4.29b
	UT-15min+MAP	19.21±2.22a	25.91±2.05b	24.14±2.95b	26.50±2.83b	30.10±4.76bc	27.04±3.64a

注：表中小写字母表示各处理组数据间的差异显著性（P<0.05）

12.4.3.4 贮藏期间小白菜的细胞膜通透性分析

细胞膜通透性是通过植物组织中离子的渗漏率来表达的[109]。当水果和蔬菜的细胞膜被破坏时，电解质的渗漏会导致分泌物的导电性增加。因此，测量渗出液的导电性可以提供细胞膜通透性的信息[110]。从图 12-20 可以看出，各处理组样品的细胞膜通透性随贮藏时间的延长而逐渐增加，表明细胞膜发生了劣变；通透性越高，细胞膜的完整性越差[111]。贮藏初期，小白菜的细胞膜通透性为 8.35%±0.13%，贮藏末期，UT-10min+MAP 组样品的细胞膜通透性为 22.98%±1.85%，对照组样品为 45.23%±11.05%。UT-10min+MAP 组样品在整个贮藏过程中细胞膜通透性的增加是最慢的，这一速率明显低于对照组。细胞膜通透性的增加与细胞壁降解酶活性的增加有关[112]。超声波的空化作用可以抑制这些酶的活性，从而降低细胞膜的损伤率。但是长时间使用超声处理可能会破坏细胞膜，正如前面提到的质量损失部分的结果一样。

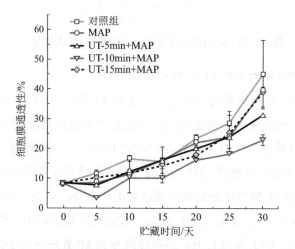

图 12-20　贮藏期间各处理组小白菜的细胞膜通透性[104]

12.4.3.5　贮藏期间小白菜的 MDA 含量分析

MDA 是膜脂过氧化的产物，其含量与细胞膜损伤程度呈正相关[113]。丙二醛可以与蛋白质和核酸反应，改变这些大分子的构型。MDA 还可以与这些分子产生交联反应，从而使其丧失生物学功能。丙二醛还可以松弛纤维素分子之间的氢键，抑制蛋白质的合成[114]。因此，MDA 的积累会对果蔬的细胞质膜和细胞器产生破坏作用。从图 12-21 可以看出，MDA 含量在贮藏开始时为 9.47μmol/kg^{-1}±2.38μmol/kg^{-1}，贮藏结束时增加到 19.45μmol/kg^{-1}±0.17μmol/kg^{-1}（对照组），18.37μmol/kg^{-1}±2.71μmol/kg^{-1}（MAP 组），16.64μmol/kg^{-1}±0.75μmol/kg^{-1}（UT-5min+MAP 组），12.43μmol/kg^{-1}±0.67μmol/kg^{-1}（UT-10min+MAP 组），15.87μmol/kg^{-1}±0.14μmol/kg^{-1}（UT-15min+MAP 组）。UT+MAP 组样品的 MDA 含量均显著低于对照组和 MAP 组。说明超声与 MAP 联合处理可以延缓小白菜贮藏过程中 MDA 的积累。这可能与超声有助于降低膜质过氧化程度，从而降低 MDA 含量有关[115]。与贮藏开始时相比，UT-10min+MAP 组样品 MDA 含量增加了 31.26%，约为对照组的 2 倍。文献[116] 也报道了在 95% 相对湿度条件下，10min 超声处理可以降低蘑菇中 MDA 的积累。

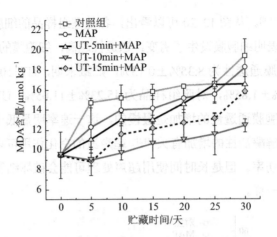

图 12-21　贮藏期间各处理组小白菜的 MDA 含量 [104]

12.4.3.6　贮藏期间小白菜的 POD 和 PPO 活性分析

酶促褐变是果蔬保鲜中重要的问题之一。过氧化物酶是一种氧化还原酶，是果蔬成熟和衰老的生理指标。它能催化酚类化合物、谷胱甘肽和抗坏血酸的氧化，产生变色 [115]。从图 12-22（a）可以看出，POD 活性在短时间内升高后呈下降趋势。UT-10min+MAP 组样品的 POD 活性显著低于对照组。UT-10min+MAP 处理可有效降低小白菜的 POD 活性。多酚氧化酶能催化简单的酚类化合物氧化形成醌类化合物，醌类化合物可进一步聚合形成棕色或黑色的色素物质 [117]。在果蔬采后成熟、衰老和贮藏过程中，组织褐变与 PPO 活性密切相关。从图 12-22（b）可以看出，超声波联合 MAP 处理有助于抑制 PPO 活性，UT-10min+MAP 组样品在贮藏 15 天后的 PPO 活性最低。上述的酶失活行为主要是由于超声空化气泡破裂的作用，导致局部压力和温度急剧升高，导致酶的失活。这种崩塌所产生的声波也可能引起强烈的剪切作用，导致蛋白质变性和多肽链上氢键和范德华力间相互作用的破坏，从而使 POD 和 PPO 失活 [118, 119]。

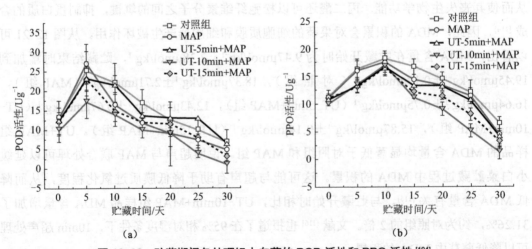

（a）　　　　　　　　　　　　　　（b）

图 12-22　贮藏期间各处理组小白菜的 POD 活性和 PPO 活性 [104]

12.4.3.7 贮藏期间小白菜的 TSS 含量、抗坏血酸含量和叶绿素含量分析

TSS 含量反映了小白菜可溶性糖的碳水化合物代谢机制。因此，TSS 含量的变化是判断小白菜贮藏品质的重要参数。从图 12-23（a）可以看出，TSS 含量在贮藏初期呈上升趋势，贮藏后期逐渐下降。TSS 含量的最初增加是由于果实的后熟和水分的蒸发。随着贮藏时间的延长，小白菜为了维持正常的生理代谢活动，发生呼吸作用，营养物质被消耗，导致 TSS 含量下降，这确实反映了蔬菜的衰老过程[120]。

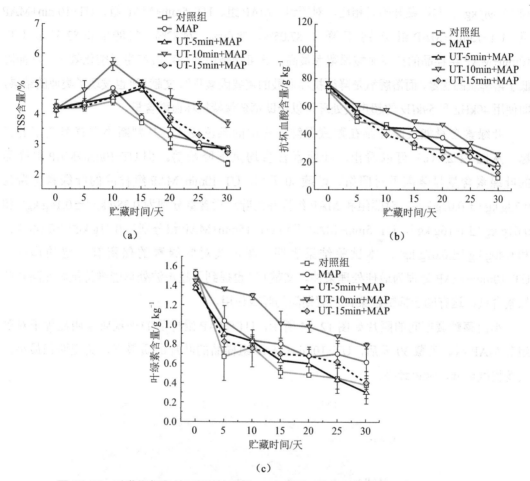

（a）

（b）

（c）

图 12-23　贮藏期间各处理组小白菜的 TSS 含量、抗坏血酸含量和叶绿素含量[104]

不同时间超声波处理的小白菜中 TSS 含量均高于对照组。UT-10min+MAP 组样品的 TSS 含量显著高于其他组样品。这说明超声波的适当应用有助于延缓小白菜中可溶性固形物的降解。这可能是由于超声波的空化和机械作用，有助于抑制碳水化合物的酶解[121]。植物细胞内的水分由于超声波的作用而分解产生了 H^+ 和 OH^- 自由基，这反过来又会导致酸度的增加，抑制了糖类的水解[122, 123]。对照组样品中 TSS 含量最低可能是由于蔬菜的变质和发酵，糖转化为酸、二氧化碳或酒精的结果[124]。文献[107] 也报道了类似的结果，

10min 超声处理可以有效保持鲜切黄瓜在贮藏期间的 TSS 含量。

抗坏血酸对果蔬营养品质的评价具有重要意义。从图 12-23（b）可以看出，随着贮藏时间的延长，抗坏血酸含量呈下降趋势。UT-10min+MAP 组小白菜的抗坏血酸含量明显高于对照组。由此可见，超声波处理可减少小白菜抗坏血酸的流失，保持小白菜的营养价值。贮藏 30 天后，对照组、MAP 组、UT-5min+MAP 组、UT-10min+MAP 组、UT-15min+MAP 组样品的抗坏血酸含量分别为 9.29g kg^{-1}、15.78g kg^{-1}、18.88g kg^{-1}、25.21g kg^{-1} 和 12.89g kg^{-1}；与贮藏开始时相比，对照组、MAP 组、UT-5min+MAP 组、UT-10min+MAP 组、UT-15min+MAP 组分别下降了 87.05%、78.00%、74.82%、66.89% 和 82.67%。UT-10min+MAP 组样品的抗坏血酸保留率最高。这可能是由于超声波产生了空化效应，从而降低了溶解氧的含量，而溶解氧是降解抗坏血酸的重要因素[125]。文献[126] 也发现了类似的结果，即使用 40kHz 和 59kHz 的超声波处理可以帮助草莓保持抗坏血酸含量。

叶绿素含量能反映叶菜在贮藏保鲜过程中的颜色变化，是判断小白菜黄变率的指标。从图 12-23（c）可以看出，叶绿素含量均呈下降趋势。但 UT-10min+MAP 组样品的叶绿素含量显著高于对照组。贮藏 30 天后，UT-10min+MAP 组样品的叶绿素含量为 0.78g kg^{-1}±0.03g kg^{-1}，对照组和 MAP 组样品的叶绿素含量分别为 0.38g kg^{-1}±0.14g kg^{-1} 和 0.61g kg^{-1}±0.16g kg^{-1}。UT-5min+MAP 组和 UT-15min+MAP 组分别为 0.31g kg^{-1}±0.14g kg^{-1} 和 0.40g kg^{-1}±0.07g kg^{-1}。本试验结果表明，超声波对叶绿素的保留有一定的作用，UT-10min+MAP 处理为最佳处理条件。文献[126] 也提到了超声波处理能维持抗坏血酸和叶绿素含量，这有助于抑制蔬菜在贮藏期间的呼吸作用。

小白菜贮藏期间的照片如图 12-24 所示，UT+MAP 组样品的外观质量明显优于对照组和 MAP 组。贮藏 30 天后，UT-10min+MAP 组样品的叶片品质最好，黄变面积最小，萎蔫程度最低，绿色最亮。

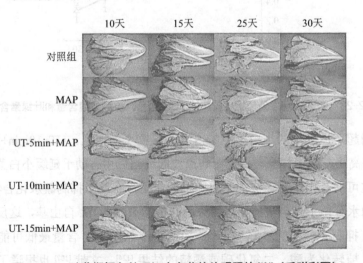

图 12-24　贮藏期间各处理组小白菜的外观照片 [104]（后附彩图）

12.4.4　结论

根据菌落总数、失重率、颜色变化、细胞膜通透性、MDA 含量、POD 与 PPO 活性及 TSS 含量、抗坏血酸含量和叶绿素含量的数据，本试验结果表明，在冷藏 30 天内，UT+MAP 组小白菜的品质保持优于对照组和 MAP 组。在超声处理组的样品中，10min 超声处理显著抑制了失重率、颜色指数变化和 MDA 含量的增加，降低了细胞膜通透性的增加速率以及 POD 和 PPO 活性。UT-10min+MAP 组小白菜的 TSS 含量、抗坏血酸和叶绿素含量变化较小。本文作者将继续研究初始气体成分对包装小白菜生理和品质的影响，以得出更适合这种产品的气体组成。

12.5　富氢水联合真空预冷处理保鲜小白菜

12.5.1　引言

小白菜是一种常见的绿叶蔬菜，在中国和其他地方被广泛食用 [127]。由于富含维生素和矿物质，具有丰富的营养价值。由于其叶片表面积大，获得热能和光能能力强，导致采后易劣变，货架期短。颜色变黄是叶片衰老的一个常见特征。因此必须找到有效的采后处理技术，以控制小白菜迅速的衰老过程，从而延长货架期。

真空预冷是叶菜保鲜的常用方法。它可以最大限度地减少田间热对叶菜的影响，此外，降低贮藏温度到一个合适的范围内也有利于贮藏和保鲜 [128, 129]。但是，由于叶菜中水分占 90% 以上（w/w），真空预冷过程会导致水分散失，严重影响叶菜的新鲜度。过多的水分散失通常会导致萎蔫，从而降低叶菜的质量和营养价值。人们发现，在真空预冷之前，给叶菜补充水分可以减少水分散失 [130, 131]。然而，在补充水分过程中添加外源物质是否能抑制叶菜的衰老，目前还不完全清楚。

近年来，氢分子（H_2）被证实是植物在非生物胁迫（包括盐胁迫和低温胁迫）下参与防御反应、开花和萌发的内源信号 [132, 133]。文献 [134] 研究发现，施用氢气和富氢水（HRW）均能延缓采后猕猴桃衰老。最近，文献 [135] 研究发现 H_2 抑制了内源乙烯的产生，缓解了乙烯信号的传递，从而延长了鲜切花朵的货架期。H_2 具有良好的渗透性和吸附性，且无残留影响，优于其他防腐剂。它还具有抗氧化作用，被证明可以延缓衰老，因此，H_2 在果蔬保鲜中的应用越来越受到人们的关注 [136]。但是富氢水（作为 H_2 供体）对采后叶菜的贮藏效果尚未得到充分的证明。

因此，本试验首先从颜色参数、叶绿素及其衍生物含量及叶绿素酶降解活性的变化来研究施用 HRW 对小白菜叶片衰老的影响。其次通过研究采后小白菜中叶绿素含量、抗氧化物质、丙二醛含量、抗氧化酶活性和活性氧自由基清除率的变化，研究 HRW 联合真空预冷处理对小白菜抗氧化能力的影响。

12.5.2 材料和方法

12.5.2.1 原料

小白菜购于（Zhongcai Logistics Whole-sale Market in Nanjing，Jiangsu Province，PR China）市场。采摘后 1h 内送到江苏省农业科学院农产品保鲜实验室。选取大小相同，呈亮绿色，无黄叶或病害症状的小白菜用于试验。

12.5.2.2 试验一 富氢水（HRW）处理对小白菜叶绿素代谢的影响

参照文献[137]的方法，在常温（20～25℃）和标准大气压下，使用 H_2 发生器（AYH-300，Beijing，China）收集纯化的 H_2（99.99%，v/v），以 200mL min^{-1} 的速度通入 10L 蒸馏水中，持续 3h，直至饱和。随后，将饱和的 HRW 立即用蒸馏水稀释，制备 50% 的 HRW 溶液。根据文献[134]的方法测定 H_2 浓度，采用气相色谱仪（GC 7820；Agilent Technologies Inc.，USA）分析 50% 的 HRW 溶液中 H_2 浓度。

然后，小白菜放入装有 10L 蒸馏水的塑料盒中（对照组，记为 Control），或用 50% HRW（记为 HRW）浸泡 10min（时间根据作者预试验确定），然后在 20±1℃ 的空气中干燥约 6h，最后装入打孔的聚乙烯塑料袋中，该塑料袋可以保持袋中的气体成分类似于环境中空气的成分组成，同时可防止水分散失。每袋装 5 个小白菜，平均重量为 250～350g，每个处理进行 3 次重复。为了探索 HRW 处理对小白菜采后衰老的影响，样品贮藏在温度为 20±1℃、相对湿度为 80%～90% 的环境中 4 天，每天取样，叶片在液氮中快速冻结并在 -80℃ 条件下贮藏以便进行后续分析。

12.5.2.3 试验二 富氢水联合真空预冷处理对小白菜衰老和抗氧化能力的影响

本试验包括四种处理方法：

（a）对照组（Control）：新鲜的未经处理的小白菜贮藏在 6～10℃ 环境中；

（b）真空预冷组（Precooling）：新鲜小白菜接受真空预冷处理；

（c）蒸馏水 + 真空预冷组（Water+Precooling）：新鲜小白菜浸泡在蒸馏水中 10min，然后进行真空预冷处理；

（d）富氢水 + 真空预冷组（HRW+Precooling）：新鲜小白菜在 50% HRW 中浸泡 10min，然后进行真空预冷处理。

每个处理组的小白菜质量为 5kg；真空预冷处理条件：初始温度为 25℃、终温为 6℃；最终压力为 800pa；真空预冷时间为 30min。将小白菜整齐地摆放在架子上，放置在真空预冷室中间，将温度传感器放入小白菜中间，设置后开始预冷过程。处理后装入打孔的聚乙烯塑料袋中，每袋装 5 个小白菜，平均重量为 250～350g，每个处理进行 3 次重复。为了模拟超市的低温销售环境，将上述预冷的小白菜贮藏在温度为 6～10℃、相对湿度为 80%～90% 的环境中，贮藏时间为 12 天。每 3 天取样 1 次，叶片在液氮中快速冻结并在 -80℃ 条件下贮藏以便进行后续分析。

12.5.2.4　小白菜质量参数测试

本试验所有测试项目参照文献[138]的描述，包括颜色指数测试；叶绿素，包括叶绿素 a（Chl a）和叶绿素 b（Chl b）含量测试，单位均为 mg kg^{-1}；叶绿素代谢产物，包括脱镁叶绿素 a（Pheo a）和脱镁叶绿素 b（Pheo b）；脱植基叶绿素 a（Chd a）和脱植基叶绿素 b（Chd b）；脱镁叶绿酸 a（Phb a）和脱镁叶绿酸 b（Phb b）含量测试，单位均为 g kg^{-1}；叶绿素降解酶，包括叶绿素酶（Chalse）、脱镁螯合酶（MDCase）、脱镁叶绿素酶（PPH）和脱镁叶绿素加氧酶（PAO）活性测试，单位均为 U g^{-1}；失重率测试，单位为 %；总酚含量测试，单位为 g kg^{-1}；抗坏血酸含量测试，单位为 mg kg^{-1}；丙二醛（MDA）含量测试，单位为 mmol kg^{-1}；谷胱甘肽还原酶（GR）活性测试，单位为 U g^{-1}；过氧化氢酶（CAT）活性测试，单位为 U g^{-1}；超氧化物歧化酶（SOD）活性测试，单位为 U g^{-1}；DPPH 自由基清除率测试，单位为 %；羟基自由基（·OH）清除率测试，单位为 %；超氧阴离子（O$_2$$^-$）清除率测试，单位为 %。

12.5.3　测试结果

12.5.3.1　小白菜的外观质量和颜色指数（HRW 处理）

随着贮藏时间的延长，对照组样品从第 2 天开始逐渐变黄［见图 12-25（a）］，产品在第 4 天几乎失去了价值。经 HRW 处理后，至贮藏第 3 天，样品颜色呈黄色。小白菜叶片颜色指数的变化见图 12-25（b）～（d）。从图 12-25（b）中可以明显看出，L* 值随着贮藏时间的延长而增加。2 天后，HRW 组样品的 L* 值显著低于对照组。b* 值的变化如图 12-25（c）所示，贮藏 2 天后，两组样品的 b* 值均呈稳步上升趋势，但 HRW 组样品在贮藏第 3 天和第 4 天时的 b* 值分别比对照组样品低了 19% 和 16%。与 L* 值和 b* 值的变化不同，a* 值呈现下降趋势，HRW 处理对 a* 值的变化没有影响［见图 12-25（d）］。

12.5.3.2　叶绿素降解代谢产物（HRW 处理）

贮藏期间，小白菜的 Chl a 和 Chl b 含量显著降低，而 HRW 处理可以显著缓解这种趋势［见图 12-26（a）～（b）］。贮藏第 4 天时，对照组样品的 Chl a 和 Chl b 含量分别损失了 73% 和 82%，而 HRW 组样品的损失只有 56% 和 67%，上述结果表明，HRW 处理延缓了叶绿素的降解过程。在叶绿素酶的作用下，通过脱除 Chl a 和 Chl b 的叶绿醇基可以生成 Chd a 和 Chd b[139]。Chd a 和 Chd b 含量在整个贮藏期间呈下降趋势［见图 12-26（c）～（d）］，Chd a 和 Chd b 的初始含量分别为 486.15mg kg^{-1} 和 208.49mg kg^{-1}。HRW 组样品的 Chd a

和 Chd b 的降解速度明显减缓，尤其是在第 3 天，Chd a 和 Chd b 的含量显著高于对照组。在脱镁螯合酶的作用下，Chd a 剥离 Mg^{2+} 形成 Pheo a[140]。从图 12-26（e）中可以看出，HRW 组样品中 Pheo a 的含量增加，并在第 2 天达到最大值，然后下降。此后，随着贮藏时间的延长，Pheo a 的含量略有增加，而对照组样品中 Pheo a 的含量随之下降。贮藏第 1、2、4 天时，HRW 组样品的 Pheo a 的含量分别是对照组的 3.04 倍、3.40 倍和 2.57 倍。Pheo a 在 PPH 存在下转化为 Phb a。从图 12-26（f）可以看出，在贮藏过程中，随着降解过程的进行，所有样品中 Phb a 的含量都在下降。除第 2 天外，HRW 组样品中 Phb a 的含量始终高于对照组样品。贮藏 4 天后，HRW 组样品的 Phb a 含量是对照组的 1.47 倍。这表明，HRW 处理显著抑制了叶绿素衍生物的降解。

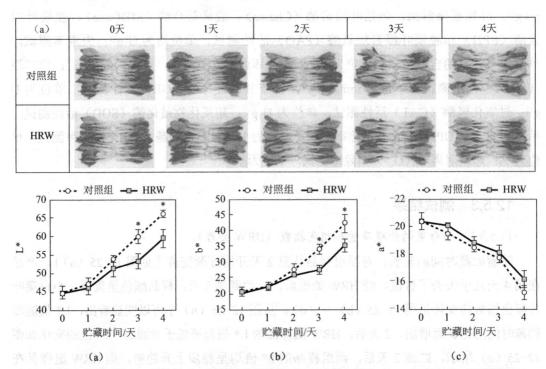

图 12-25　贮藏期间 HRW 处理对小白菜的外观质量（a）和颜色指数（b、c）的影响（后附彩图）

其中：＊表示基于 t 检验的数据差异显著性（P<0.05）[138]

12.5.3.3　叶绿素降解酶活性（HRW 处理）

随着贮藏的进行，Chlase 活性先升高后降低［见图 12-27（a）］。对照组样品的活性在第 1 天达到峰值，为 2.28U g^{-1}，之后逐渐下降。HRW 组样品的 Chlase 活性在第 3 天达到峰值，为 2.07U g^{-1}，低于对照组。在贮藏的第 1 天和第 4 天，HRW 组样品的 Chlase 活性分别比对照组低 26% 和 17%。从图 12-27（b）可以看出，对照组样品的 MDCase 活性在贮藏的前 2 天呈上升趋势，然后在贮藏的整个过程中呈下降趋势。相比之下 HRW 组样品在整个贮藏过程中，MDCase 活性随之下降。因此，HRW 处理可以显著抑制 MDCase

反应活性。对照组样品的 PPH 活性在第 2 天达到最大值，为 2.00U g^{-1}，之后迅速下降。HRW 组样品的 PPH 活性下降缓慢，PPH 活性显著低于对照组，从图 12-27（c）可以看出，这种趋势在贮藏的第 2 天和第 4 天表现得最为明显。PAO 活性呈波动趋势[见图 12-27（d）]，在第 1 天和第 4 天，HRW 组样品的 PAO 活性均低于对照组。在贮藏的第 4 天，对照组样品的 PAO 活性平均值比 HRW 组高 1.56 倍。

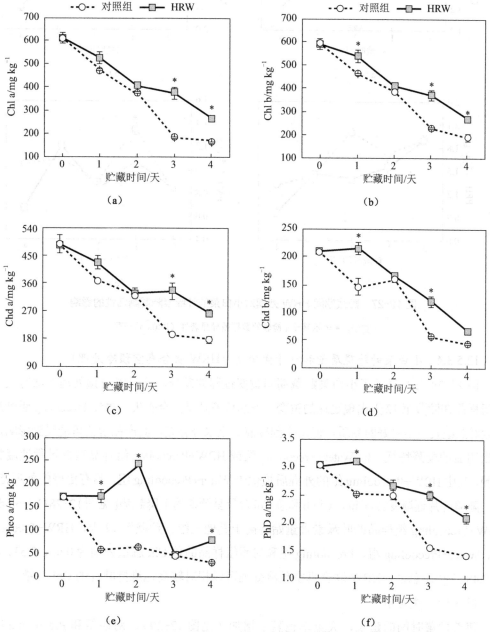

图 12-26　贮藏期间 HRW 处理对小白菜的叶绿素含量和代谢产物含量的影响

其中：* 表示基于 t 检验的数据差异显著性（P<0.05）[138]

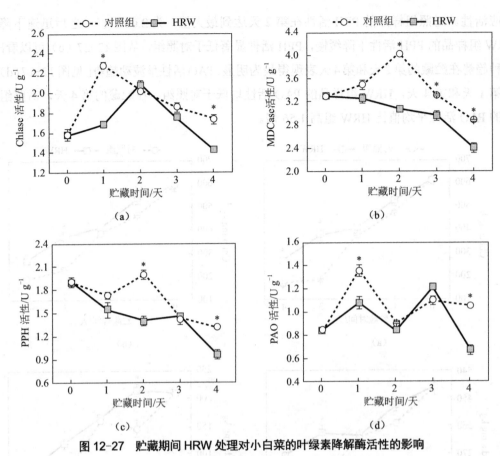

图 12-27　贮藏期间 HRW 处理对小白菜的叶绿素降解酶活性的影响

其中：* 表示基于 t 检验的数据差异显著性（P<0.05）[138]

12.5.3.4　小白菜的外观质量和叶绿素含量（HRW 联合真空预冷处理）

图 12-28（a）显示了小白菜贮藏期间黄变过程的差异，这可能与预处理方法有关。对照组样品在贮藏第 12 天出现迅速的黄变，产品价值几乎完全丧失。虽然 Precooling 组叶片外观较对照组表现出更好的品质，但由于预冷前缺乏水分补充，其产品价值可能受到影响，表现出明显的萎蔫特征。但 Water+Precooling 组或 HRW+Precooling 组样品黄变过程速度相对较慢，其中 HRW+Precooling 组的外观质量优于 Water+Precooling 组，具有更好的外观特性。

随着叶片逐渐变黄，Chl a、Chl b 和总 Chl 含量呈预期的下降趋势［见图 12-28（b）~（d）］。HRW+Precooling 组样品的叶绿素含量始终高于其他三组。贮藏第 12 天，HRW+Precooling 组、Water+Precooling 组、Precooling 组和对照组样品的总 Chl 总量分别为 0.62、0.53、0.52 和 0.48g kg⁻¹。总之，HRW 联合真空预冷处理可以相对较高地维持叶片的 Chl 含量。

12.5.3.5　失重率

随着贮藏时间的延长，失重率也随之增加（见图 12-29）。对照组和 Precooling 组样品的失重率显著高于 HRW+Precooling 组和 Water+Precooling 组，说明预冷前补水的重要性。

贮藏第 12 天，HRW+Precooling 组、Water+Precooling 组、Precooling 组和对照组的失重率分别为 6%、8%、12% 和 14%，表明 HRW 减缓了失重率。

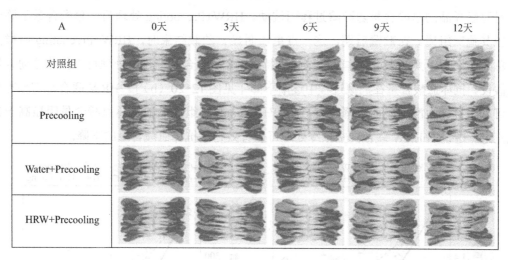

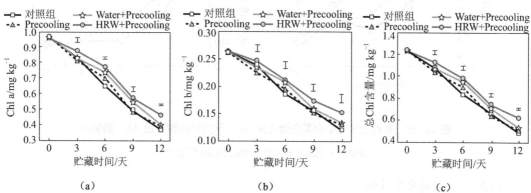

(a)　　　　　　　　　　　(b)　　　　　　　　　　　(c)

图 12-28　各种处理对小白菜叶绿素含量（a、b 和 c）的影响（后附彩图）

其中：I 表示显著水平为 5% 的 LSD 检验[138]

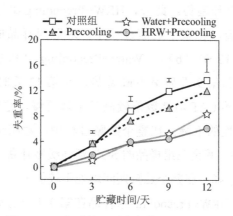

图 12-29　各种处理对小白菜失重率的影响

其中：I 表示显著水平为 5% 的 LSD 检验[138]

12.5.3.6 总酚和抗坏血酸含量

从图 12-30（a）可以看出，HRW+Precooling 组、Water+Precooling 组、Precooling 组和对照组样品的总酚含量随贮藏过程而波动。HRW+Precooling 处理后，总酚含量下降速度较其他三组慢。在贮藏后期，这一点更加明显。贮藏结束时，HRW+Precooling 组样品的总酚含量高于其他三组。本试验结果支持了 HRW 联合真空预冷处理可以保持总酚含量的假设。抗坏血酸含量在贮藏过程中逐渐下降［见图 12-20（b）］。HRW 联合真空预冷处理可减缓抗坏血酸含量的下降速度，HRW+Precooling 组样品的抗坏血酸含量明显高于其他三组。这说明 HRW 联合真空预冷处理可以有效延缓抗坏血酸含量的下降。

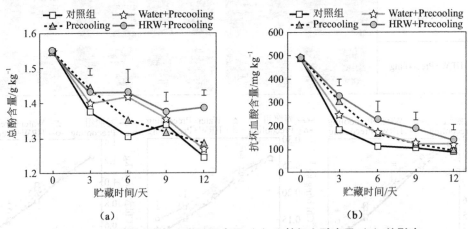

图 12-30　各种处理对小白菜总酚含量（a）和抗坏血酸含量（b）的影响

其中：Ⅰ 表示显著水平为 5% 的 LSD 检验[138]

12.5.3.7 抗氧化酶活性

谷胱甘肽还原酶（GR）是植物体内的一种抗氧化酶，它的活性反映了植物对逆境响应的能力。从图 12-31（a）可以看出，对照组样品的 GR 活性逐渐下降，其他三组样品的 GR 活性始终呈上升趋势。此外，HRW+Precooling 组样品的 GR 活性在整个贮藏过程中保持较高的数值。在整个贮藏过程中，对照组样品的过氧化氢酶（CAT）活性低于其他三组［见图 12-31（b）］。Water+Precooling 组和 Precooling 组样品的 CAT 活性分别在贮藏第 6 天和第 9 天后呈下降趋势，在第 12 天时显著增加。相比之下，HRW+Precooling 组样品的 CAT 活性数值较高且下降缓慢。这说明 HRW 联合真空预冷处理能有效抑制 CAT 活性的下降。在整个贮藏过程中，对照组样品的超氧化物歧化酶（SOD）活性呈下降趋势，其余三组样品的 SOD 活性缓慢升高［见图 12-31（c）］。对照组样品的 SOD 活性明显下降，在整个贮藏期间均处于较低水平。其余三组样品的 SOD 变化趋势基本一致。其中，HRW+Precooling 组样品在第 9 天一直处于较高水平，SOD 活性为 0.27U g^{-1}，显著高于其他三组。

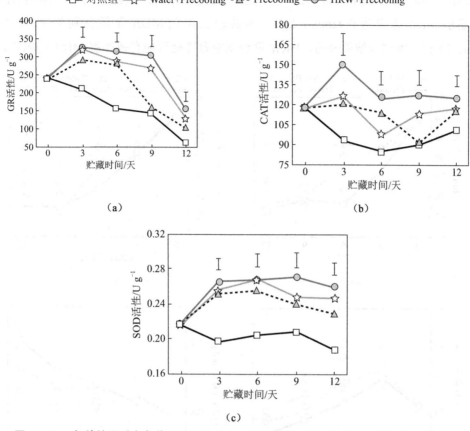

图 12-31　各种处理对小白菜 GR 活性（a）、CAT 活性（b）和 SOD 活性（c）的影响

其中：Ⅰ 表示显著水平为 5% 的 LSD 检验[138]

12.5.3.8　活性氧清除率和 MDA 含量

图 12-32 各种处理对小白菜 DPPH 自由基清除率（a）、$O_2^-\cdot$ 清除率（b）、$\cdot$OH 清除率（c）和 MDA 含量（d）的影响，图中 Ⅰ 表示显著水平为 5% 的 LSD 检验[138]。

从图 12-32（a）可以看出，在整个贮藏过程中，各处理组样品的 DPPH 自由基清除率均逐渐降低，但 HRW+Precooling 组样品的 DPPH 清除率仍高于其他三组。贮藏结束时，HRW+Precooling 组样品的 DPPH 清除率为 71%，显著高于其他三组。叶片采后 $O_2^-\cdot$ 清除率呈现两种不同的趋势［见图 12-32（b）］。对照组的 $O_2^-\cdot$ 清除率逐渐降低，整体清除率处于较低水平，其他三组 $O_2^-\cdot$ 清除率先下降后略有升高。HRW+Precooling 组的 $O_2^-\cdot$ 清除率显著高于其他处理组，特别是在贮藏第 6 天和第 12 天。如图 12-32（c）所示，对照组$\cdot$OH 清除率在第 3 天达到最高值，之后逐渐下降，低于其他处理组。相比之下，HRW+Precooling 处理组对$\cdot$OH 清除率在第 6 天达到峰值，然后下降，HRW+Precooling 组样品的清除率在第 6 天和第 9 天显著高于其他组。如图 12-32（d）所示，丙二醛（MDA）含量有增加的趋势，与对照组相比，Precooling 处理显著减缓了 MDA 含量的增加。从第

6天开始，不同处理组样品的 MDA 含量逐渐发生变化。贮藏结束时，HRW+Precooling 组样品的 MDA 含量为 0.92mmol kg^{-1}，而其他三组的 MDA 含量分别为 1.21、1.06 和 1.15mmol kg^{-1}。本试验结果表明，HRW 联合真空预冷处理能有效抑制 MDA 的积累。

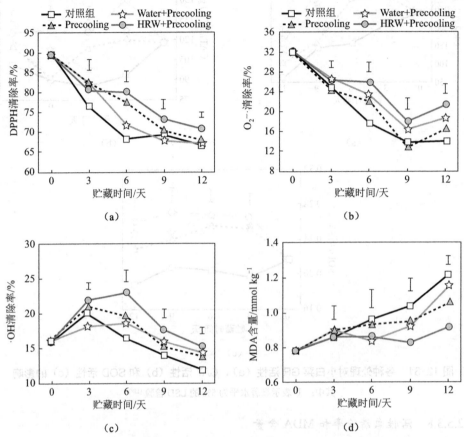

图 12-32　各种处理对小白菜 DPPH 自由基清除率（a）、O$_2$·清除率（b）、
·OH 清除率（c）和 MDA 含量（d）的影响

其中：I 表示显著水平为 5% 的 LSD 检验[138]

12.5.4　讨论

　　真空预冷会导致叶菜水分散失，将叶菜浸泡在富氢水（HRW）中，可以减轻这种影响。本试验结果表明，施用 50% HRW 可以延缓叶片变黄。进一步的研究结果表明，HRW 与真空预冷处理相结合，可以抑制叶绿素（Chl）的降解，并保持抗氧化能力。

　　小白菜叶片由绿变黄是其衰老的重要形态标志。这主要是由于 Chl 的降解。本试验以叶 Chl 及衍生物的相关含量为指标，对 Chl 代谢衍生物进行了研究。研究证明，施用 50% HRW 能够维持较低的 L* 值和 b* 值，减缓 Chl a、Chl b 和总 Chl 含量的下降。此外，施用 50% HRW 可以保持 Chl 衍生物具有更高的降解率，这可能与相关酶（Chlase、

MDCase、PPH、PAO）的活性降低有关。文献 [141] 的研究结果表明，LED 辐照处理的小白菜中 Chl 的降解与 Chlase、PAO 和 MDCase 活性受到抑制有关。在茶叶中也发现了类似的结果，文献 [142] 报道了采后茶叶中 Chl 的降解，可以通过抑制 MDCase、Chlase 和 PAO 的活性来延缓。本试验通过调节 Chl 代谢活性，延缓了小白菜叶片的衰老，保持了良好的色泽和品质，延长了小白菜的货架期。

通常采用真空预冷工艺快速降低温度。在预冷前不补充水分往往会导致组织过度失水和迅速萎蔫。由于真空预冷过程的失水较多，在使用前通常要采取补水措施 [143]。与此结论一致，本试验结果表明，在预冷前不补水，贮藏过程中失重率增加。补水后，失重率显著下降，对比于补水效果，施用 HRW 的补水效果更好。

本试验的结果表明 HRW 联合真空预冷处理可以延迟 Chl 的降解，比 Precooling 处理或 Water+precooling 处理保持了更好的外观质量特性。由此可见，HRW 与真空预冷相结合可以有效地维持小白菜的 Chl 含量，从而延缓小白菜的衰老过程。

植物具有抗氧化酶和活性氧（ROS）系统。GR、CAT 和 SOD 是重要的抗氧化酶 [144]。它们相互协调以保持氧化还原平衡。本试验结果表明，使用 HRW 联合真空预冷处理增加抗氧化酶（GR、CAT 和 SOD）的活性，从而抑制了抗氧化剂物质（总酚和抗坏血酸）的减少。这些结果与文献 [145, 146] 在幼苗中得到的结果一致，他们研究发现 HRW 能提高 SOD、CAT、APX、GR 等抗氧化酶的活性。文献 [147] 也报道了施用 50% HRW 可以提高大白菜的 CAT 和 SOD 活性，从而降低氧化损伤。然而，值得注意的是，本试验中在贮藏的前 3 天，对照组小白菜的抗氧化酶活性下降，但是在其他预冷组中该活性是增加的，这表明采后快速预冷处理可以显著提高抗氧化酶的活性。HRW 与真空预冷联合使用对采后小白菜的保鲜效果更佳。

随着植物衰老，细胞死亡加速，活性氧的产生逐渐增加，代谢平衡被破坏。同时，膜脂过氧化程度和膜透性增加 [148]。在本试验中，DPPH 自由基、O_2^-·和·OH 清除率可以用来表征活性氧的清除水平。MDA 是膜脂过氧化的主要分解产物，其含量可直接显示组织膜脂过氧化程度 [149]。本试验的研究结果表明，HRW 联合真空预冷处理显著减缓了 DPPH 自由基、O_2^-·和·OH 清除率的下降，有效抑制了 MDA 的积累。这与文献 [134] 使用 HRW 浸泡猕猴桃可以提高 DPPH 自由基、O_2^-·和·OH 清除率，延缓衰老过程的结果一致。与调节细胞氧化还原电位相关的有益作用也被广泛记录，文献 [150] 的研究结果表明，HRW 调节抗氧化能力的潜在机制可能与 H_2 本身的特性有关。它容易扩散到细胞质中，并迅速到达细胞核和线粒体。在细胞内，H_2 不仅直接与破坏性的自由基发生反应 [148]，而且还能增强 SOD、CAT 等抗氧化酶的活性 [137]。

活性氧积累造成的严重膜脂损伤容易导致由 Chlase 和 Chl 诱发的反应，从而促进 Chl 的降解 [151]。本试验的研究结果表明，HRW 和真空预冷联合处理可以抑制 MDA 的积累，同时降低自由基的清除率，这对缓解 Chl 的降解有积极作用。然而，对其他绿色蔬菜的进一步研究可以有效地证实和强化本文的观点，这将对国民经济和农业的可持续发展作出巨大的贡献。

12.5.5 结论

本试验结果表明，50% HRW 处理能有效延缓叶绿素的降解。HRW 和真空预冷联合处理可提高抗氧化酶活性，延缓自由基清除率下降，抑制丙二醛的积累，从而维持叶绿素含量，可以延缓小白菜采后的黄变和衰老。

参考文献：

[1] CAI J H, LUO F, ZHAO Y B, et al. 24-Epibrassinolide Treatment Regulates Broccoli Yellowing During Shelf Life[J]. Postharvest Biology and Technology, 2019(157): 87–95.

[2] LV J, WU J, ZUO J, et al. Effect of Se treatment on the volatile compounds in broccoli[J]. Food Chemistry, 2017, 216: 225–233.

[3] PEZESHKPOUR V, KHOSRAVANI S A, GHAEDI M, et al. Ultrasound assisted extraction of phenolic acids from broccoli vegetable and using sonochemistry for preparation of MOF-5 nanocubes: Comparative study based on micro-dilution broth and plate count method for synergism antibacterial effect[J]. Ultrasonics Sonochemistry, 2018, 40(Pt A): 1031–1038.

[4] WANG L, ZHANG Y, CHEN Y, et al. Investigating the relationship between volatile components and differentially expressed proteins in broccoli heads during storage in high CO_2 atmospheres[J]. Postharvest Biology and Technology, 2019, 153: 43–51.

[5] JIANG A, ZUO J, ZHENG Q, et al. Red LED irradiation maintains the postharvest quality of broccoli by elevating antioxidant enzyme activity and reducing the expression of senescence-related genes[J]. Scientia Horticulturae, 2019, 251: 73–79.

[6] ZHENG Q, ZUO J, GU S, et al. Putrescine treatment reduces yellowing during senescence of broccoli (Brassica oleracea L. vaitalicar.)[J]. Postharvest Biology and Technology, 2019, 152: 29–35.

[7] DŁUGOSZ-GROCHOWSKA O, KOŁTON A, WOJCIECHOWSKA R. Modifying folate and polyphenol concentrations in Lamb's lettuce by the use of LED supplemental lighting during cultivation in greenhouses[J]. Journal of Functional Foods, 2016, 26: 228–237.

[8] SCOTT J, REBEILL F, FLETCHER J. Review: Folic acid and folates: The feasibility for nutritional enhancement in plant foods[J]. Journal of the Science of Food and Agriculture, 2000, 80(7): 795–824.

[9] LUCOCK M. Folic acid: Nutritional biochemistry, molecular biology, and role in disease processes[J]. Molecular Genetics and Metabolism, 2000, 71: 121–138.

[10] SHOHAG M J I, WEI Y Y, YU N, et al. Natural variation of folate content and composition in spinach (Spinacia oleracea) germplasm[J]. Journal of Agricultural and Food Chemistry, 2011, 59: 12520–12526.

[11] HARE T J O', PYKE M, SCHEELINGS P, et al. Impact of low temperature storage on active and storage forms of folate in choy sum (Brassica rapa subsp. parachinensis)[J]. Postharvest Biology and Technology, 2012, 74: 85–90.

[12] SHA L, LING J, CHONGYING W, et al. Research advances in the functions of plant folates[J]. Chinese Bulletin of Botany, 2013, 47: 525–533.

[13] CAO J K, JIANG W B, ZHAO Y M. Guidance for Postharvest Physiological and Biochemical Experiments of Fruits and Vegetables[J]. Beijing: China Light Industry Press, 2007.

[14] XU D, ZUO J, FANG Y, et al. Effect of folic acid on the postharvest physiology of broccoli during storage[J]. Food Chemistry, 2020, 339, Article 127981.

[15] AGUSTIN M B, MARIA E G L, VILLARREAL N M, et al. Effect of visible light treatments on postharvest senescence of broccoli (Brassica oleracea L.)[J]. Journal of the Science of Food and Agriculture, 2011, 91: 355–361.

[16] HASPERUÉ J H, GÓMEZ-LOBATO M E, CHAVES A R, et al. Time of day at harvest affects the expression of chlorophyll degrading genes during postharvest storage of broccoli[J]. Postharvest Biology and Technology, 2013, 82: 22–27.

[17] LI L, LV F Y, GUO Y Y, et al. Respiratory pathway metabolism and energy metabolism associated with senescence in postharvest broccoli (Brassica oleracea L. var. italica) florets in response to O_2/CO_2 controlled atmospheres[J]. Postharvest Biology and Technology, 2016, 111: 330–336.

[18] ASODA T, TERAI H, KATO M, et al. Effects of postharvest ethanol vapor treatment on ethylene responsiveness in broccoli[J]. Postharvest Biology and Technology, 2009, 52(2): 216–220.

[19] GARCÍA-SALINAS C, RAMOS-PARRA P A, DÍAZDELA G, et al. Ethylene treatment induces changes in folate profiles in climacteric fruit during postharvest ripening[J]. Postharvest Biology and Technology, 2016, 118: 43–50.

[20] SERRANO M, MARTINEZ-ROMERO D, GUILLÉN F, et al. Maintenance of broccoli quality and functional properties during cold storage as affected by modified atmosphere packaging[J]. Postharvest Biology and Technology, 2006, 39(1): 61–68.

[21] VALLEJO F, TOMÁS-BARBERÁN F, GARCÍA-VIGUERA C. Health-promoting compounds in broccoli as influenced by refrigerated transport and retail sale period[J]. Journal of Agricultural and Food Chemistry, 2003, 51(10): 3029–3034.

[22] SÁNCHEZ-PUJANTE P J, GIONFRIDDO M, SABATER-JARA A B, et al. Enhanced bioactive compound production in broccoli cells due to coronatine and methyl jasmonate is linked to antioxidative metabolism[J]. Journal of Plant Physiology, 2020, 248, Article 153136.

[23] BURGUIERES E, MCCUE P, KWON Y I, et al. Effect of vitamin C and folic acid on seed vigour response and phenolic-linked antioxidant activity[J]. Bioresource Technology, 2007, 98(7): 1393–1404.

[24] JIANG Y, SHIINA T, NAKAMURA N, et al. Electrical conductivity evaluation of postharvest strawberry damage[J]. Journal of Food Science, 2001, 66(9): 1392–1395.

[25] DING F, WANG R. Amelioration of postharvest chilling stress by trehalose in pepper[J]. Scientia Horticulturae, 2018, 232: 52–56.

[26] LIU K, YUAN C, CHEN Y, et al. Combined effects of ascorbic acid and chitosan on the quality maintenance and shelf life of plums[J]. Scientia Horticulturae, 2014, 176: 45–53.

[27] JOSHI R, ADHIKARI S, PATRO B S, et al. Free radical scavenging behavior of folic acid: Evidence for possible antioxidant activity[J]. Free Radical Biology and Medicine, 2001, 30(12): 1390–1399.

[28] SABBAN-AMIN R, FEYGENBERG O, BELAUSOV E, et al. Low oxygen and 1-MCP pretreatments delay superficial scald development by reducing reactive oxygen species (ROS) accumulation in stored 'Granny Smith' apples[J]. Postharvest Biology and Technology, 2011, 62(3): 295–304.

[29] IMAHORI Y, BAI J, BALDWIN E. Antioxidative responses of ripe tomato fruit to postharvest chilling and heating treatments[J]. Scientia Horticulturae, 2016, 198: 398–406.

[30] MITTLER R. Oxidative stress, antioxidants and stress tolerance[J]. Trends in Plant Science, 2002, 7(9): 405–410.

[31] GLISZCZYŃSKA-ŚWIGŁO A. Folates as antioxidants[J]. Food Chemistry, 2007, 101(4):1480-1483.

[32] LI Y, CAO S, HAN A, et al. Sucrose alleviated programmed cell death in broccoli after harvest[J]. Postharvest Biology and Technology, 2020, 160, Article 111032.

[33] XU F, WANG H, TANG Y, et al. Effect of 1-methylcyclopropene on senescence and sugar metabolism in harvested broccoli florets[J]. Postharvest Biology and Technology, 2016, 116: 45–49.

[34] AGHDAM M S, SAYYARI M, LUO, Z. Exogenous application of phytosulfokine α (PSK α) delays yellowing and preserves nutritional quality of broccoli florets during cold storage[J]. Food Chemistry, 2020, 333, Article 127481.

[35] JIN P, ZHU H, WANG L, et al. Oxalic acid alleviates chilling injury in peach fruit by regulating energy metabolism and fatty acid contents[J]. Food Chemistry, 2014, 161: 87–93.

[36] LI D, ZHANG X, LI L, et al. Elevated CO_2 delayed the chlorophyll degradation and anthocyanin accumulation in postharvest strawberry fruit. Food Chemistry, 2019, 285: 163–170.

[37] LI L, LV F Y, GUO Y Y, et al. Respiratory pathway metabolism and energy metabolism associated with senescence in postharvest Broccoli (Brassica oleracea L. var. italica) florets in response to O_2/CO_2 controlled atmospheres[J]. Postharvest Biology and Technology, 2016, 111: 330–336.

[38] LI D, LI L, GE Z, et al. Effects of hydrogen sulfide on yellowing and energy metabolism in broccoli[J]. Postharvest Biology and Technology, 2017, 129: 136–142.

[39] AGHDAM M S, ASGHARI M, FARMANI B, et al. Impact of postharvest brassinosteroids treatment on PAL activity in tomato fruit in response to chilling stress[J]. Scientia Horticulturae, 2012, 144: 116–120.

[40] WANG Q, DING T, GAO L, et al. Effect of brassinolide on chilling injury of green bell pepper in storage[J]. Scientia Horticulturae, 2012, 144: 195–20.

[41] LIU Z, LI L, LUO Z, et al. Effect of brassinolide on energy status and proline metabolism in postharvest bamboo shoot during chilling stress[J]. Postharvest Biology and Technology, 2016, 111: 240–246.

[42] ETEMADIPOOR R, RAMEZANIAN A, MIRZAALIAN DASTJERDI A, et al. The potential of gum arabic enriched with cinnamon essential oil for improving the qualitative characteristics and storability of guava (Psidium guajava L.) fruit[J]. Scientia Horticulturae, 2019, 251: 101–107.

[43] CHU Y, GAO C C, LIU, X, et al. Improvement of storage quality of strawberries by pullulan coatings incorporated with cinnamon essential oil nanoemulsion[J]. LWT, 2020, 122, Article 109054.

[44] DICKINSON E. Double emulsions stabilized by food biopolymers[J]. Food Biophysics, 2011, 6: 1–11.

[45] HUANG H, BELWAL T, AALIM H, et al. Protein-polysaccharide complex coated W/O/W emulsion as secondary microcapsule for hydrophilic arbutin and hydrophobic coumaric acid[J]. Food Chemistry, 2019, 300, Article 125171.

[46] HUANG H, WANG D, BELWAL T, et al. A novel W/O/W double emulsion co-delivering brassinolide and cinnamon essential oil delayed the senescence of broccoli via regulating chlorophyll degradation and energy metabolism[J]. Food Chemistry, 2021, 3056, Article 129704.

[47] XU F, TANG Y, DONG S, et al. Reducing yellowing and enhancing antioxidant capacity of broccoli in storage by sucrose treatment[J]. Postharvest Biology and Technology, 2016, 112: 39–45.

[48] CHRIST B, HÖRTENSTEINER S. Mechanism and significance of chlorophyll breakdown[J]. Journal of Plant Growth Regulation, 2014, 33: 4–20.

[49] SHI J, GAO L, ZUO J, et al. Exogenous sodium nitroprusside treatment of broccoli florets extends shelf life, enhances antioxidant enzyme activity, and inhibits chlorophyll-degradation[J]. Postharvest Biology and Technology, 2016, 116: 98–104.

[50] WANG Y, LUO Z, DU, R. Nitric oxide delays chlorophyll degradation and enhances antioxidant activity in banana fruits after cold storage[J]. Acta Physiologiae Plantarum, 2015, 37, Article number 74.

[51] CAKMAK H, KUMCUOGLU S, TAVMAN S. Production of edible coatings with twin-nozzle electrospraying equipment and the effects on shelf-life stability of fresh-cut apple slices[J]. Journal of Food Process Engineering, 2018, 41(1), e12627.

[52] LI D, LI L, XIAO G, et al. Effects of elevated CO_2 on energy metabolism and γ-aminobutyric acid shunt pathway in postharvest strawberry fruit[J]. Food Chemistry, 2018, 265: 281–289.

[53] JIN P, ZHANG Y, SHAN T, et al. Low-temperature conditioning alleviates chilling injury in loquat fruit and regulates glycine betaine content and energy status[J]. Journal of Agricultural and Food Chemistry, 2015, 63: 3654–3659.

[54] HAN N, KU K M, KIM J. Postharvest variation of major glucosinolate and their hydrolytic products in Brassicoraphanus 'BB1'[J]. Postharvest Biology and Technology, 2019, 154: 70–78.

[55] AKPOLAT H, BARRINGER SA. The effect of pH and temperature on cabbage volatiles during storage[J]. Journal of Food Science, 2015, 80: 1878–1884.

[56] HYUN J E, BAE Y M, YOON J H, et al. Preservative effectiveness of essential oils in vapor phase combined with modified atmosphere packaging against spoilage bacteria on fresh cabbage[J]. Food Control, 2015, 51: 307–313.

[57] LEE Y J, HA J Y, OH J E, et al. The effect of LED irradiation on the quality of cabbage stored at a

low temperature[J]. Food Science & Biotechnology, 2014, 23: 1087–1093.

[58] ZHU Z W, WU X W, GENG Y, et al. Effects of modified atmosphere vacuum cooling (MAVC) on the quality of three different leafy cabbages[J]. LWT-Food Science and Technology, 2018, 94: 190–197.

[59] OSHER Y, CHALUPOWICZ D, MAURER D, et al. Summer storage of cabbage[J]. Postharvest Biology and Technology, 2018, 145: 144–150.

[60] GOMEZ-LOBATO M E, HASPERUE J H, CIVELLO P M, et al. Effect of 1-MCP on the expression of chlorophyll degrading genes during senescence of broccoli (Brassica oleracea L.)[J]. Scientia Horticulturae, 2012, 144: 208–211.

[61] Al-Ubeed H M S, Wills R B H, Bowyer M C, et al. Comparison of hydrogen sulphide with 1-methylcyclopropene (1-MCP) to inhibit senescence of the leafy vegetable, pak choy[J]. Postharvest Biology and Technology, 2018, 137: 129–133.

[62] MASSOLO J F, FORTE L G, CONCELLON A, et al. Effects of ethylene and 1-MCP on quality maintenance of fresh cut celery[J]. Postharvest Biology and Technology, 2019, 148: 176–183.

[63] HASSAN F A S, MAHFOUZ S A. Effect of 1-methylcyclopropene (1-MCP) on the postharvest senescence of coriander leaves during storage and its relation to antioxidant enzyme activity[J]. Scientia Horticulturae, 2012, 141: 69–75.

[64] MENG J, ZHOU Q, ZHOU X, et al. Ethylene and 1-MCP treatments affect leaf abscission and associated metabolism of Chinese cabbage[J]. Postharvest Biology and Technology, 2019, 157: Article 110963.

[65] HONG S J, PARK N I, KIM B S, et al. Postharvest application of 1-MCP to maintain quality during storage on Kimchi cabbage 'Choongvvang'[J]. Horticultural Science & Technology, 2018, 36: 215–223.

[66] PORTER K L, COLLINS G, KLIEBER A. 1-MCP does not improve the shelf-life of Chinese cabbage[J]. Journal of the Science of Food and Agriculture, 2005, 85: 293–296.

[67] LIU R L, GAO H Y, CHEN H J, et al. Synergistic effect of 1-methylcyclopropene and carvacrol on preservation of red pitaya (Hylocereus polyrhizus)[J]. Food Chemistry, 2019, 283: 588–595.

[68] HU H L, ZHAO H H, ZHOU H S, et al. The application of 1-methylcyclopropene preserves the postharvest quality of cabbage by inhibiting ethylene production, delaying chlorophyll breakdown and increasing antioxidant capacity[J]. Scientia Horticulturae, 2021, 281, Article 109986.

[69] SUN B, YAN H Z, LIU N, et al. Effect of 1-MCP treatment on postharvest quality characters, antioxidants and glucosinolates of Chinese kale[J]. Food Chemistry, 2012, 131: 519–526.

[70] FARCUH M, TOUBIANA D, SADE N, et al. Hormone balance in a climacteric plum fruit and its non-climacteric bud mutant during ripening[J]. Plant Science, 2019, 280: 51–65.

[71] HWANG E S, JANG M R, KIM G H. Effects of storage condition on the bioactive compound contents of Korean cabbage[J]. Food Science & Biotechnology, 2012, 21: 1655–1661.

[72] CIESLIK E, LESZCZYNSKA T, FILIPIAK-FLORKIEWICZ A, et al. Effects of some technological processes on glucosinolate contents in cruciferous vegetables[J]. Food Chemistry, 2007, 105: 976–981.

[73] YUAN G F, SUN B, YUAN J, et al. Effect of 1-methylcyclopropene on shelf life, visual quality, antioxidant enzymes and health-promoting compounds in broccoli florets[J]. Food Chemistry, 2010, 118: 774–781.

[74] BAUMAN J E, ZANG Y, SEN M, et al. Prevention of carcinogen-induced oral cancer by sulforaphane[J]. Cancer Prevention Research, 2016, 9: 547–557.

[75] XU F, WANG H F, TANG Y C, et al. Effect of 1-methylcyclopropene on senescence and sugar metabolism in harvested broccoli florets[J]. Postharvest Biology and Technology, 2016, 116: 45–49.

[76] STEA T H, JOHANSSON M, JAGERSTAD M, et al. Retention of folates in cooked, stored and reheated peas, broccoli and potatoes for use in modern large-scale service systems[J]. Food Chemistry, 2007, 101: 1095–1107.

[77] CHUNG J C, CHOU S S, HWANG D F. Changes in nitrate and nitrite content of four vegetables during storage at refrigerated and ambient temperatures[J]. Food Additives & Contaminants, 2004, 21: 317–322.

[78] ZHAO Y T, ZHU X, HOU Y Y, et al. Postharvest nitric oxide treatment delays the senescence of winter jujube (Ziziphus jujuba Mill. cv. Dongzao) fruit during cold storage by regulating reactive oxygen species metabolism[J]. Scientia Horticulturae, 2020, 261, Article 109009.

[79] HU H L, LI P X, WANG Y N, et al. Hydrogen-rich water delays postharvest ripening and senescence of kiwifruit[J]. Food Chemistry, 2014, 156: 100–109.

[80] FAN X G, SHU C, ZHAO K, et al. Regulation of apricot ripening and softening process during shelf life by post-storage treatments of exogenous ethylene and 1-methylcyclopropene[J]. Scientia Horticulturae, 2018, 232, 63–70.

[81] THAIPONG K, BOONPRAKOB U, CROSBY K, et al. Comparison of ABTS, DPPH, FRAP, and ORAC assays for estimating antioxidant activity from guava fruit extracts[J]. Journal of Food Composition & Analysis, 2006, 19: 669–675.

[82] SALA J M, LAFUENTE M T. Catalase enzyme activity is related to tolerance of mandarin fruits to chilling[J]. Postharvest Biology and Technology, 2000, 20: 81–89.

[83] HONG K Q, HE Q G, XU H B, et al. Effects of 1-MCP on oxidative parameters and quality in 'Pearl' guava (Psidium guajava L.) fruit[J]. The Journal of Horticultural Science & Biotechnology, 2013, 88: 117–122.

[84] LI P X, HU H L, LUO S F, et al. Shelf life extension of fresh lotus pods and seeds (Nelumbo nucifera Gaertn.) in response to treatments with 1-MCP and lacquer wax[J]. Postharvest Biology and Technology, 2017, 125: 140–149.

[85] DU M J, JIA X Y, LI J K, et al. Regulation effects of 1-MCP combined with flow microcirculation of sterilizing medium on peach shelf quality[J]. Scientia Horticulturae, 2020, 260, Article 108867.

[86] DU S, ZHANG Y, LIN X, et al. Regulation of nitrate reductase by nitric oxide in Chinese cabbage pakchoi (BrassicachinensisL.)[J]. Plant Cell & Environment, 2008, 31(2): 195–204.

[87] ALEXANDRE E M C, BRANDÃO T R S, SILVA C L M. Efficacy of non-thermal technologies and

sanitizer solutions on microbial load reduction and quality retention of strawberries[J]. Journal of Food Engineering, 2012, 108(3): 417–426.

[88] CALEB O J, OPARA U L, MAHAJAN P V, et al. Effect of modified atmosphere packaging and storage temperature on volatile composition and postharvest life of minimally-processed pomegranate arils (cvs. 'Acco' and 'Herskawitz')[J]. Postharvest Biology & Technology, 2013, 79: 54–61.

[89] ALAK G, HISAR S A, HISAR O, et al. Biogenic amines formation in Atlantic bonito (Sarda sarda) fillets packaged with modified atmosphere and vacuum, wrapped in chitosan and cling film at 4 degrees C[J]. European Food Research and Technology, 2011, 232(1): 23–28.

[90] JAYAS D S, JEYAMKONDAN S. Modified atmosphere storage of grains meats fruits and vegetables[J]. Biosystems Engineering, 2002, 82(3): 235–251.

[91] GOLIÁŠ J, LÉTAL J, VESELÝ O. Effect of low oxygen and high carbon dioxide atmospheres on the formation of volatiles during storage of two sweet cherry cultivars[J]. Horticultural Science, 2012, 39(4): 172–180.

[92] TEIXEIRA G H A, CUNHA L C, FERRAUDO A S, et al. Quality of guava (Psidium guajava L. cv. Pedro Sato) fruit stored in low O_2 controlled atmospheres is negatively affected by increasing levels of CO_2[J]. Postharvest Biology and Technology, 2016, 111: 62–68.

[93] MASON T J, PANIWNYK L, LORIMER J P. The uses of ultrasound in food technology[J]. Ultrasonics Sonochemistry, 1996, 3(3): 253–260.

[94] MOTHIBE K J, ZHANG M, NSOR-ATINDANA J, et al. Use of ultrasound pretreatment in drying of fruits: drying rates, quality attributes, and shelf life extension[J]. Drying Technology, 2011, 29(14):1611–1621.

[95] PARAMJEET K, GOGATE P R. Evaluation of ultrasound-based sterilization approaches in terms of shelf life and quality parameters of fruit and vegetable juices[J]. Ultrasonics Sonochemistry, 2016, 29(123): 337–353.

[96] CASSANI L, TOMADONI B, PONCE A, et al. Combined use of ultrasound and vanillin to improve quality parameters and safety of strawberry juice enriched with prebiotic fibers[J]. Food and Bioprocess Technology, 2017, 10(5): 1–12.

[97] CHEMAT F, ZILL-E-HUMA, KHAN M K. Applications of ultrasound in food technology: processing, preservation and extraction[J]. Ultrasonics Sonochemistry, 2011, 18(4): 813–835.

[98] MANSUR A R, OH D H. Combined effects of thermosonication and slightly acidic electrolyzed water on the microbial quality and shelf life extension of fresh-cut kale during refrigeration storage[J]. Food Microbiology, 2015, 51: 154–162.

[99] MILLAN-SANGO D, MCELHATTON A, VALDRAMIDIS V P. Determination of the efficacy of ultrasound in combination with essential oil of oregano for the decontamination of Escherichia coli on inoculated lettuce leaves[J]. Food Research International, 2015, 67: 145–154.

[100] CHAR C D, MITILINAKI E, GUERRERO S N, et al. Use of high-intensity ultrasound and UV-C light to inactivate some microorganisms in fruit juices[J]. Food and Bioprocess Technology,

2010, 3(6): 797–803.

[101] FENG L, ZHANG M, ADHIKARI B, et al. Effect of ultrasound combined with controlled atmosphere on postharvest storage quality of cucumbers (Cucumis sativus L.)[J]. Food and Bioprocess Technology, 2018, 11(7): 1328–1338.

[102] XU Y T, ZHANG L F, ZHONG J J, et al. Power ultrasound for the preservation of postharvest fruits and vegetables[J]. International Journal of Agricultural & Biological Engineering, 2013, 6(2): 116–125.

[103] KNORR D, ZENKER M, HEINZ V, et al. Applications and potential of ultrasonics in food processing[J]. Trends in Food Science & Technology, 2004, 15(5): 261–266.

[104] MANNHEIM C H, NEHAMA P. Interaction between packaging materials and foods[J]. Packaging Technology & Science, 2010, 3(3): 127–132.

[105] ZHANG X T, ZHANG M, DEVAHASTIN S, et al. Effect of Combined Ultrasonication and Modified Atmosphere Packaging on Storage Quality of Pakchoi (Brassica chinensis L.)[J]. Food and Bioprocess Technology, 2019, 12(1): 1573–1583.

[106] JIANG T J. Effect of alginate coating on physicochemical and sensory qualities of button mushrooms (Agaricus bisporus) under a high oxygen modified atmosphere[J]. Postharvest Biology and Technology, 2013, 76: 91–97.

[107] MANOLOPOULOU H, XANTHOPOULOS G, DOUROS N, et al. Modified atmosphere packaging storage of green bell peppers: quality criteria[J]. Biosystems Engineering, 2010, 106(4): 535–543.

[108] FAN K, ZHANG M, JIANG F. Ultrasound treatment to modified atmospheric packaged fresh-cut cucumber: influence on microbial inhibition and storage quality[J]. Ultrasonics Sonochemistry, 2019, 54: 162–170.

[109] BIRMPA A, SFIKA V, VANTARAKIS A. Ultraviolet light and ultrasound as non-thermal treatments for the inactivation of microorganisms in fresh ready-to-eat foods[J]. International Journal of Food Microbiolog, 2013, 167(1): 96–102.

[110] DUAN X W, SU X G, SHI J, et al. Effect of low and high oxygen-controlled atmospheres on enzymatic on browning of litchi fruit[J]. Journal of Food Biochemistry, 2009, 33(4): 572–586.

[111] CHEN H, ZHANG M, BHANDARI B, et al. Evaluation of the freshness of fresh-cut green bell pepper (Capsicum annuum var. grossum) using electronic nose[J]. LWT-Food Science and Technology, 2017, 87: 77–84.

[112] TESSMER M A, BESADA C, HERNANDO I, et al. Microstructural changes while persimmon fruits mature and ripen. Comparison between astringent and non-astringent cultivars[J]. Postharvest Biology and Technology, 2016, 120: 52–60.

[113] XING Y, LI X, XU Q, et al. Effects of chitosan-based coating and modified atmosphere packaging (MAP) on browning and shelf life of fresh-cut lotus root (Nelumbo nucifera Gaerth)[J]. Innovative Food Science and Emerging Technologies, 2010, 11(4): 684–689.

[114] CÁRDENAS-CORONEL W G, CARRILLO-LÓPEZ A, VÉLEZ-DE-LA-ROCHA R, et al. Biochemistry

and cell wall changes as sociated to noni (Morinda citrifolia L.) fruit ripening[J]. Journal of Agricultural and Food Chemistry, 2015, 64(1): 302–309.

[115] SANTOS J, FERNANDES F A N, OLIVEIRA L D S. Influence of ultrasound on fresh-cut mango quality through evaluation of enzymatic and oxidative metabolism[J]. Food and Bioprocess Technology, 2015, 8(7): 1532–1542.

[116] LI N, CHEN F M, CUI F J, et al. Improved postharvest quality and respiratory activity of straw mushroom (Volvariella volvacea) with ultrasound treatment and controlled relative humidity[J]. Scientia Horticulturae, 2017, 225: 56–64.

[117] FANG Z X, ZHANG M, SUN Y F, et al. Polyphenol oxidase from bayberry (Myrica rubra Sieb. et Zucc.) and its role in anthocyanin degradation[J]. Food Chemistry, 2007, 103(2): 268–273.

[118] BAŞLAR M, ERTUGAY M F. The effect of ultrasound and photosonication treatment on polyphenoloxidase (PPO) activity, total phenolic component and colour of apple juice[J]. International Journal of Food Science and Technology, 2013, 48(4): 886–892.

[119] MAWSON R, GAMAGE M, TEREFE N S, et al. Ultrasound in enzyme activation and inactivation. In: FENG H, BARBOSA-CANOVAS G, WEISS J. (eds) Ultrasound Technologies for Food and Bioprocessing[J]. Food Engineering Series. Springer, New York, NY, 2011, 369–404.

[120] BRUMMELL D A, HARPSTER M H. Cell wall metabolism in fruit softening and quality and its manipulation in transgenic plants[J]. Plant Molecular Biology, 2001, 47(1–2): 311–339.

[121] ISLAM M, ZHANG M, ADHIKARI B. The inactivation of enzymes by ultrasound-a review of potential mechanisms[J]. Food Reviews International, 2014, 30(1): 1–21.

[122] CRUZ CANSINO N, PÉREZ CARRERA, ZAFRA ROJAS Q, et al. Ultrasound processing on green cactus pear (Opuntia ficus indica) juice: physical, microbiological and antioxidant properties[J]. Journal of Food Processing & Technology, 2013, 4(9): 1–7.

[123] PANDEY S. Juice blends—a way of utilization of under-utilized fruits, vegetables, and spices: a review[J]. Critical Reviews in Food Science & Nutrition, 2011, 51(6): 563–570.

[124] COSTA M G M, FONTELES T V, JESUS A L T D, et al. Sonicated pineapple juice as substrate for L. casei cultivation for probiotic beverage development: process optimisation and prouct stability[J]. Food Chemistry, 2013, 139(1–4): 261–266.

[125] BHAT R, KAMARUDDIN N, MIN-TZE L, et al. Sonication improves kasturi lime (Citrus microcarpa) juice quality[J]. Ultrasonics Sonochemistry, 2011, 18(6): 1295–1300.

[126] CAO S, HU Z, PANG B, et al. Effect of ultrasound treatment on fruit decay and quality maintenance in strawberry after harvest[J]. Food Control, 2010, 21(4): 529–532.

[127] ZHANG X T, ZHANG M, DEVAHASTIN S, et al. Effect of combined ultrasonication and modified atmosphere packaging on storage quality of pakchoi (Brassica chinensis L.)[J]. Food & Bioprocess Technology, 2019, 12: 1573–1583.

[128] SUN D W, ZHENG L. Vacuum cooling technology for the agri-food industry: past, present and future[J]. Journal of Food Engineering, 2006, 77: 203–214.

[129] ZHU Z W, WU X W, GENG Y, et al. Effects of modified atmosphere vacuum cooling (MAVC) on the quality of three different leafy cabbages[J]. LWT-Food Science and Technology, 2018, 94: 190–197.

[130] DING T, LIU F, LING J G, et al. Comparison of different cooling methods for extending shelf life of postharvest broccoli[J]. International Journal of Agricultural and Biological Engineering, 2016, 9: 178–185.

[131] MUKAMA M, AMNAW A, BERRY T M, et al. Energy usage of forced air precooling of pomegranate fruit inside ventilated cartons[J]. Journal of Food Engineering, 2017, 215:126–133.

[132] GUAN Q, DING X W, JIANG R, et al. Effects of hydrogen-rich water on the nutrient composition and antioxidative characteristics of sprouted black barley[J]. Food Chemistry, 2019, 299: 178–185.

[133] WU Q, SU N N, HUANG X, et al. Hydrogen-rich water promotes elongation of hypocotyls and roots in plants through mediating the level of endogenous gibberellin and auxin[J]. Functional Plant Biology, 2020, 47: 771–778.

[134] HU H L, LI P X, WANG Y N, et al. Hydrogen-rich water delays postharvest ripening and senescence of kiwifruit[J]. Food Chemistry, 2014, 156: 100–109.

[135] WANG C L, FANG H, GONG T Y, et al. Hydrogen gas alleviates postharvest senescence of cut rose 'Movie star' by antagonizing ethylene. Plant Molecular Biology, 2020, 102: 271–285.

[136] LI L N, LIU Y H, WANG S, et al. Magnesium Hydride-Mediated Sustainable Hydrogen Supply Prolongs the Vase Life of Cut Carnation Flowers via Hydrogen Sulfide[J]. Frontiers in Plant Science, 2020, 11: 595376.

[137] JIN Q J, ZHU K K, CUI W T, et al. Hydrogen gas acts as a novel bioactive molecule in enhancing plant tolerance to paraquat-induced oxidative stress via the modulation of heme oxygenase-1 signalling system[J]. Plant Cell & Environment, 2013, 36: 956–969.

[138] AN R H, ZHOU H S, ZHANG Y T, et al. Effects of hydrogen-rich water combined with vacuum precooling on the senescence and antioxidant capacity of pakchoi (Brassica rapa subsp. Chinensis)[J]. Scientia Horticulturae, 2021, 289, Article 110469.

[139] OHMIYA A, HIRASHIMA M, YAGI M, et al. Identification of genes associated with chlorophyll accumulation in flower petals[J]. Plos One, 2014, 9, e113738.

[140] AMIR-SHAPIRA D, GOLDSCHMIDT E E, Altman A. Chlorophyll catabolism in senescing plant tissues: in vivo breakdown intermediates suggest different degradative pathways for citrus fruit and parsley leaves[J]. Proceedings of the National Academy of Sciences, 1987, 84: 1901–1905.

[141] ZHOU F H, ZUO J H, XU D Y, et al. Low intensity white light-emitting diodes (LED) application to delay the senescence and maintain quality of postharvest pakchoi [Brassica campestris L. ssp. chinensis (L.) Makino var. communis Tsen et Lee] [J]. Scientia Horticulturae, 2020, 262, Article 109060.

[142] YU X L, HU S, HE C, et al. Chlorophyll metabolism in postharvest tea (Camellia sinensis L.) leaves: variations in color values, chlorophyll derivatives, and gene expression levels under different withering treatments[J]. Journal of agricultural and food chemistry, 2019, 67: 10624–10636.

[143] LIU E H, HU X B, LIU SY. Experimental study on effect of vacuum pre-cooling for post-harvest leaf lettuce[J]. Research on Crops, 2014, 15: 907–911.

[144] LIU K D, YUAN C C, CHEN Y, et al. Combined effects of ascorbic acid and chitosan on the quality maintenance and shelf life of plums[J]. Scientia Horticulturae, 2014, 176: 45–53.

[145] XU S, ZHU S S, JIANG Y L, et al. Hydrogen-rich water alleviates salt stress in rice during seed germination[J]. Plant & Soil, 2013, 370: 47–57.

[146] ZHANG X N, ZHAO X Q, WANG Z Q, et al. Protective effects of hydrogen-rich water on the photosynthetic apparatus of maize seedlings (Zea mays L.) as a result of an increase in antioxidant enzyme activities under high light stress[J]. Plant Growth Regulation, 2015, 77: 43–56.

[147] WU Q, SU N N, CAI J T, et al. Hydrogen-rich water enhances cadmium tolerance in Chinese cabbage by reducing cadmium uptake and increasing antioxidant capacities[J]. Journal of Plant Physiology, 2015, 175: 174–182.

[148] HU H L, LI P X, SHEN WB. Preharvest application of hydrogen-rich water not only affects daylily bud yield but also contributes to the alleviation of bud browning[J]. Scientia Horticulturae, 2021, 287, Article 110267.

[149] JĘDRZEJUK A, RABIZA-SWIDER J, SKUTNIK E, et al. Growing conditions and preservatives affect longevity, soluble protein, H_2O_2 and MDA contents, activity of antioxidant enzymes and DNA degradation in cut lilacs[J]. Scientia Horticulturae, 2018, 228: 122–131.

[150] WU M Z, XIE X D, WANG Z, et al. Hydrogen-rich water alleviates programmed cell death induced by GA in wheat aleurone layers by modulation of reactive oxygen species metabolism[J]. Plant physiology and biochemistry, 2021, 163: 317–326.

[151] VICENTINI F, HORTENSTEINER S, SCHELLENBERG M, et al. Chlorophyll breakdown in senescent leaves identification of the biochemical lesion in a stay-green genotype of Festuca pratensis Huds[J]. New Phytologist, 1995, 129: 247–252.

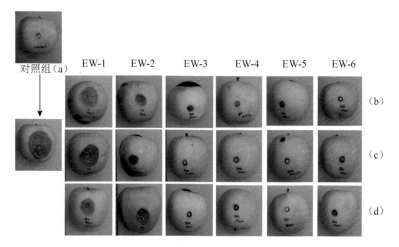

图 2-8 5℃下 3 周贮藏期内，不同浓度的电解水浸泡处理下苹果的菌斑病变 [15]

（a）对照组；（b）浸泡时间为 5min；（c）浸泡时间为 10min；（d）浸泡时间为 15min

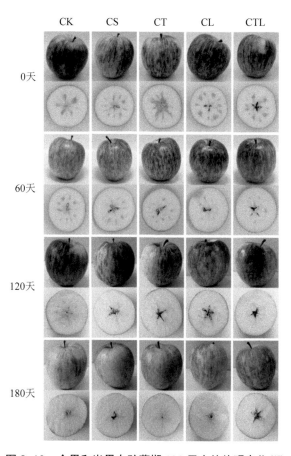

图 2-10 全果和半果在贮藏期 180 天内的外观变化 [45]

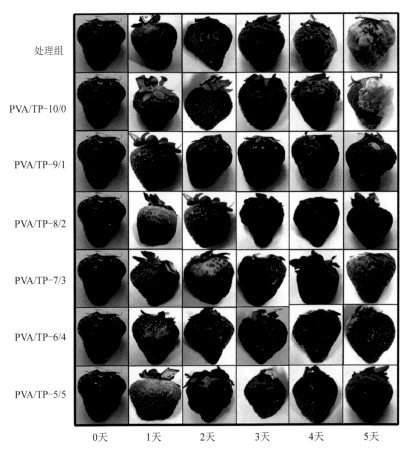

处理组

PVA/TP-10/0

PVA/TP-9/1

PVA/TP-8/2

PVA/TP-7/3

PVA/TP-6/4

PVA/TP-5/5

0天　　　1天　　　2天　　　3天　　　4天　　　5天

图 3-2　贮藏期间各组草莓的腐烂照片 [8]

10℃，4天，2017年12月　　　　　　20℃，2天，2018年4月

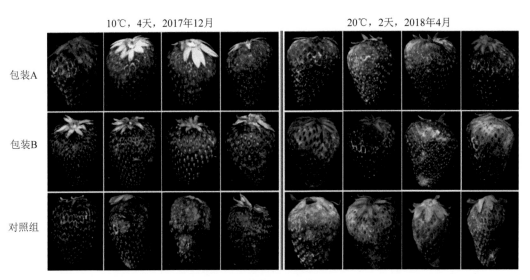

包装A

包装B

对照组

图 3-14　草莓外观照片 [29]

（a）　　　　　　　　　　　　　（b）

图 3-19　贮藏第 12 天时草莓的照片

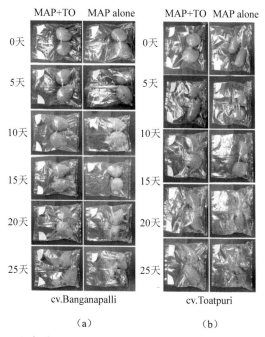

（a）　　　　　　　　（b）

图 4-1　贮藏期间 MAP+TO 组和 MAP alone 组杧果（cv. Banganapalli 和 cv. Totapuri）的照片[4]

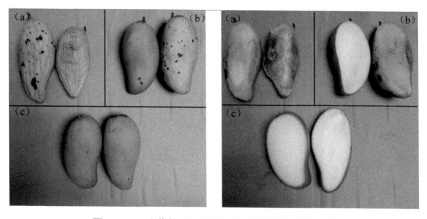

图 4-14　贮藏第 21 天时，各处理组杧果的照片

（a）对照组；（b）PLA 组；（c）抗菌膜组[21]

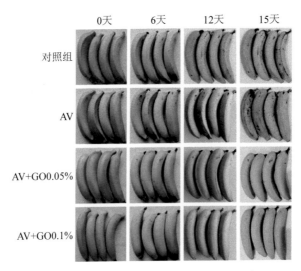

图 5-3　贮藏期间各处理组香蕉的外观照片 [7]

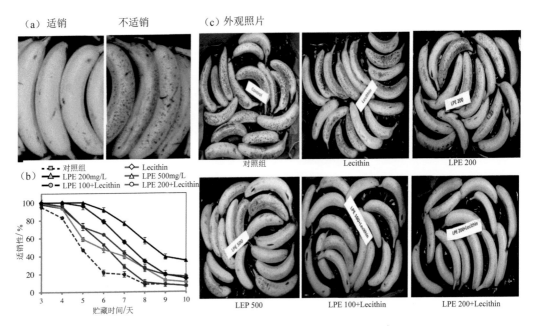

图 5-7　贮藏期间各处理组香蕉的适销性和外观照片 [34]

対照組   LPE+Lecithin   NAA

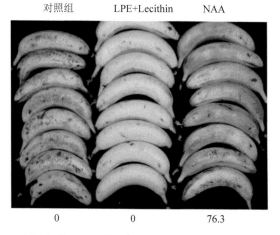

0   0   76.3

图 5-8 室温条件下，贮藏第 5 天时各处理组香蕉的外观照片 [34]

（a）U-NVP组、25℃

（b）U-VP组、25℃

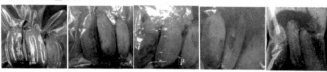

（c）U-NVP组、9℃

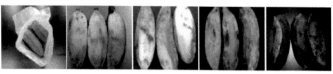

（d）U-VP组、9℃

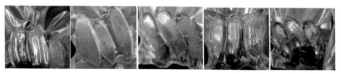

图 5-11 贮藏期间 U-VP 组和 U-NVP 组未去皮香蕉的照片，
从左至右依次为 0、7、14、21 天和 28 天 [55]

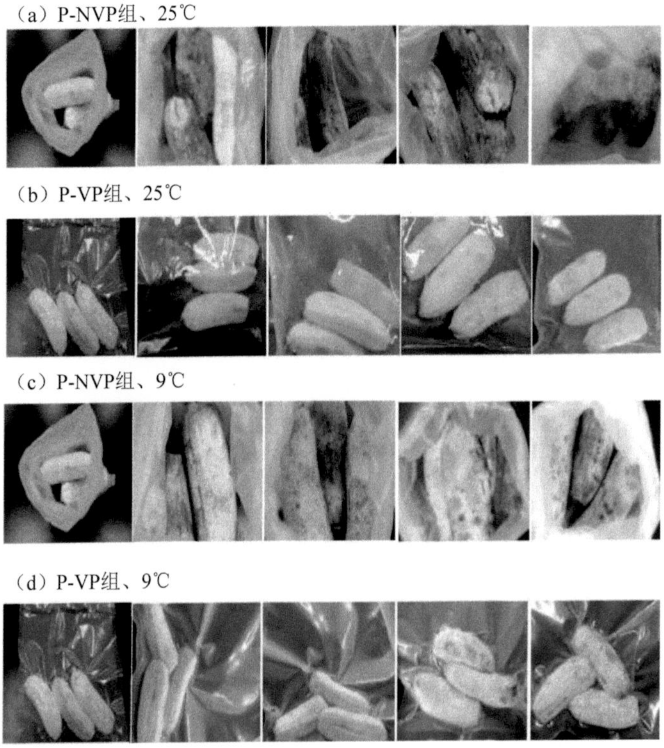

（a）P-NVP组、25℃

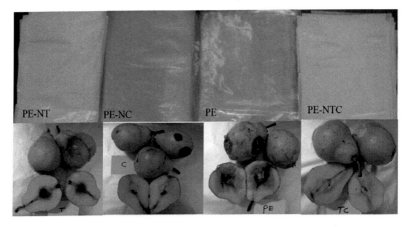

（b）P-VP组、25℃

（c）P-NVP组、9℃

（d）P-VP组、9℃

图 5-12　贮藏期间 P-NVP 组和 P-VP 组去皮香蕉的照片，
从左至右依次为 0、7、14、21 天和 28 天 [55]

PE-NT　　PE-NC　　PE　　PE-NTC

图 6-9　贮藏第 48 天时各包装膜梨果的全果和半果照片 [16]

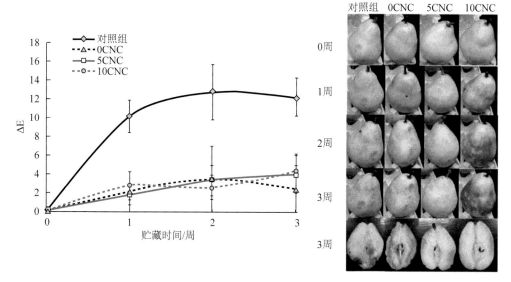

图 6-17　室温贮藏 3 周期间，各处理组梨果的色差变化和外观照片 [55]

	对照组[1]	SEMP	5CNC
叶绿素降解率	46.4±2.7[a2]	38.6±3.6[b]	34.3±3.3[b]
失重率	2.71±0.21[a]	1.97±0.19[b]	1.64±0.20[b]
硬度	78.7±3.1[a]	74.7±1.3[a]	76.5±4.4[a]
TSS含量	14.2±0.4[a]	14.0±0.7[a]	14.8±0.7[a]
TA含量	0.36±0.02[a]	0.35±0.06[a]	0.33±0.02[a]
乙烯释放速率	136±33[a]	106±11[a]	129±30[a]
CO_2释放速率	1.53±0.10[a]	1.12±0.30[a]	1.28±0.21[a]
成熟能力	5.28±0.05[a]	4.79±0.16[a]	6.55±0.66[b]

（a）

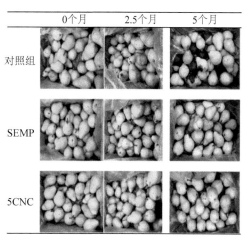

（b）

图 6-19　冷藏期间各处理组梨果的质量参数和外观照片 [55]

其中：（a）图是贮藏 2.5 个月时的数据，结果用平均值 ± 标准差表示，
同一行数字上的相同小写字母表示数据间差异不显著（P>0.05）

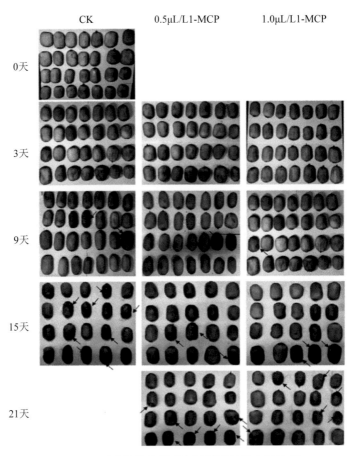

图 7-1　贮藏期间各处理组猕猴桃的外观照片 [7]

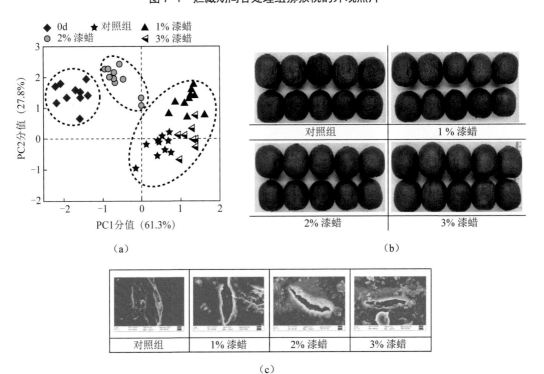

图 7-12　贮藏 15 天时各处理组猕猴桃中的滋味物质含量（a），外观照片（b）和表面电镜照片（c）[36]

贮藏时间	第1天	第7天
对照组	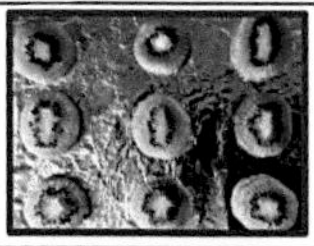	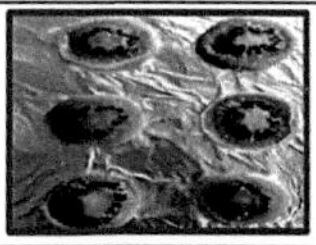
Al-1	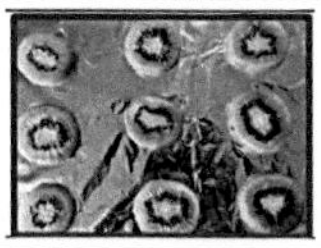	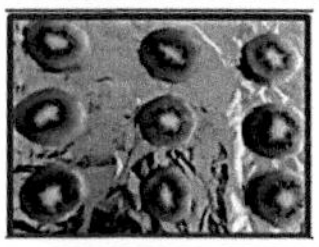
Al-2	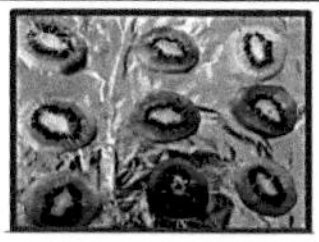	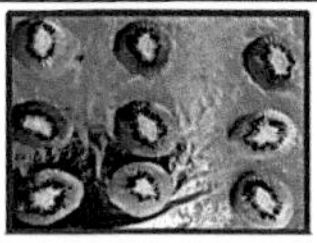
CMC-1	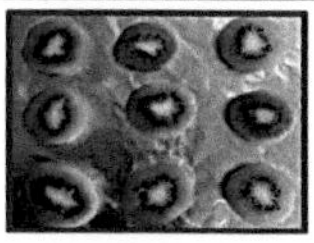	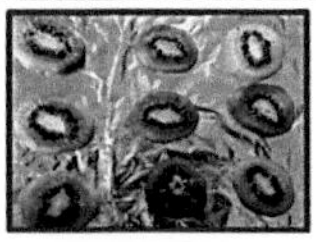
CMC-2	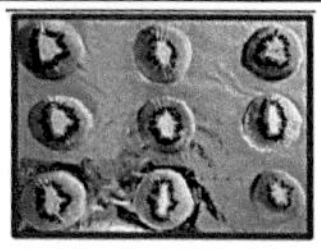	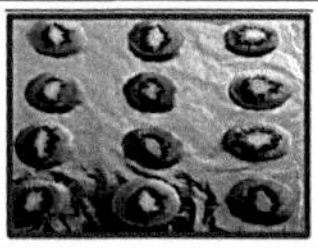

图 7-26 贮藏第 1 天和第 7 天时各处理组猕猴桃切片的外观照片 [67]

（a）　　　　　　　　　　（b）

（c）　　　　　　　　　　（d）

图 8-1　贮藏期间各处理组樱桃番茄的外观照片 [16]

其中：（a）等离子体清洗处理、未包装的果品：贮藏温度为 10℃，贮藏时间为 35 天；（b）等离子体清洗处理、包装的果品：贮藏温度为 10℃，贮藏时间为 35 天；（c）等离子体清洗处理、未包装的果品：贮藏温度为 20℃，贮藏时间为 14 天；（d）等离子体清洗处理、包装的果品：贮藏温度为 20℃，贮藏时间为 14 天

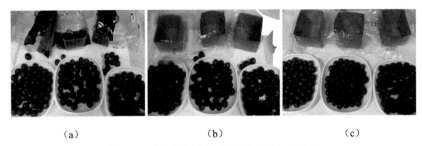

图 8-9 贮藏期间各组樱桃番茄的包装实物

其中：（a）是 NOR 处理组；（b）是 CTRL 处理组；（c）是 ACT 处理组 [46]

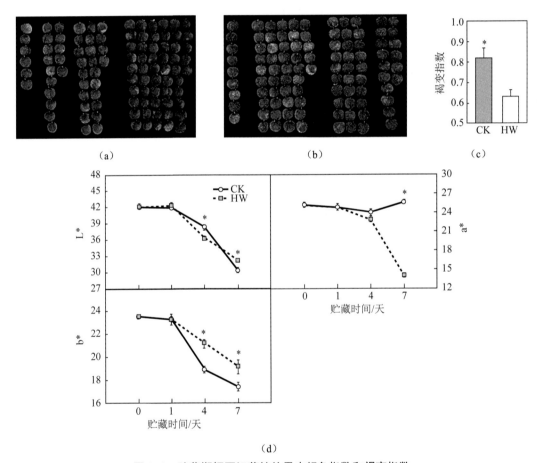

图 9-1 贮藏期间两组荔枝的果皮颜色指数和褐变指数

其中：（a）图是第 7 天时对照组荔枝的外观照片，（b）图是第 7 天时 HW 组荔枝的外观照片 [11]

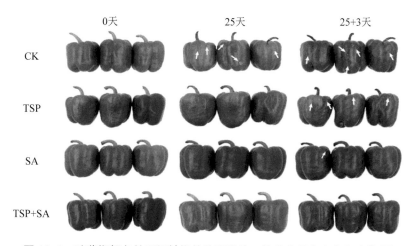

图 10-2　贮藏期间各处理组辣椒的外观照片，箭头表示有斑点和水泡 [18]

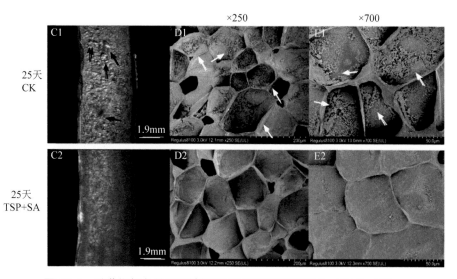

图 10-3　贮藏期间各处理组辣椒的切开微观显微镜照片（C1 和 C2）；

低温扫描电镜图（D1 和 D2，E1 和 E2）

其中：（C1）（D1）（E1）中的箭头分别表示间隙扩张、细胞膜塌陷和细胞内容物的渗漏 [18]

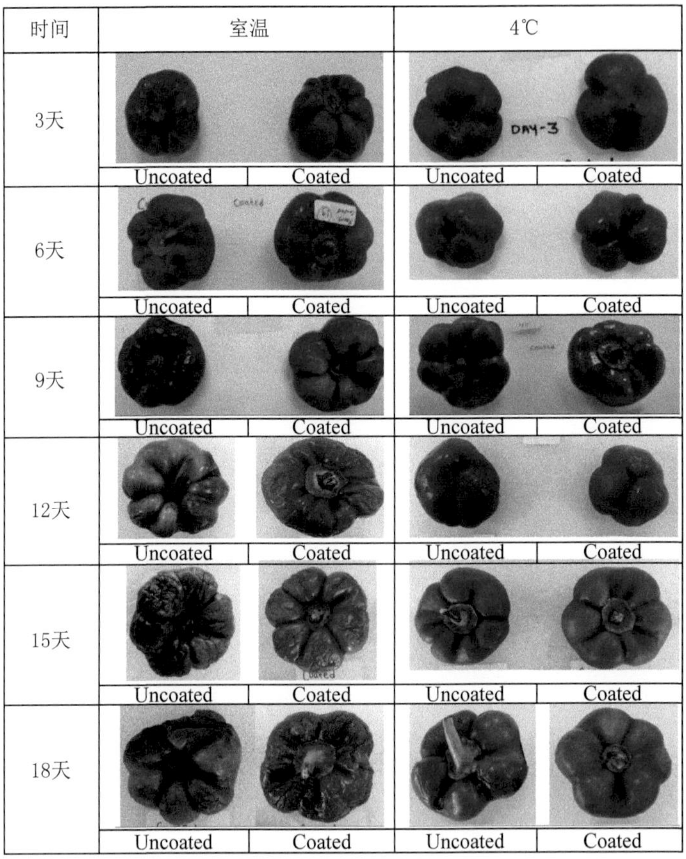

时间	室温		4℃	
3天				
	Uncoated	Coated	Uncoated	Coated
6天				
	Uncoated	Coated	Uncoated	Coated
9天				
	Uncoated	Coated	Uncoated	Coated
12天				
	Uncoated	Coated	Uncoated	Coated
15天				
	Uncoated	Coated	Uncoated	Coated
18天				
	Uncoated	Coated	Uncoated	Coated

图 10-15　贮藏期间各处理组辣椒的外观照片

其中：Uncoated 表示没有涂层处理；Coated 表示有涂层处理 [52]

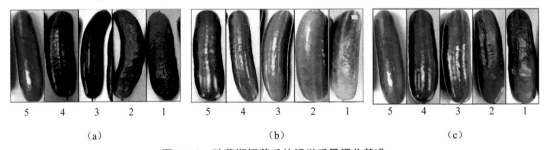

5	4	3	2	1		5	4	3	2	1		5	4	3	2	1
		（a）						（b）						（c）		

图 11-1　贮藏期间黄瓜的视觉质量得分基准

其中：（a）脱水；（b）颜色变化；（c）总外观质量 [23]

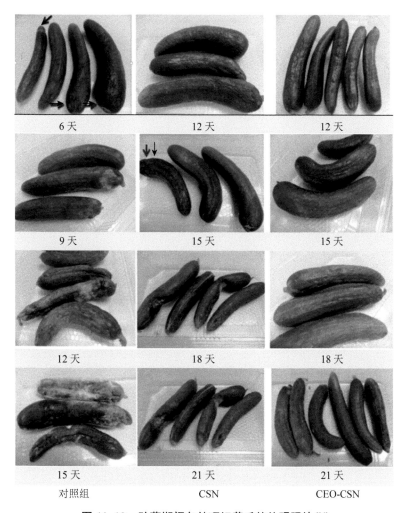

6 天	12 天	12 天
9 天	15 天	15 天
12 天	18 天	18 天
15 天	21 天	21 天
对照组	CSN	CEO-CSN

图 11-13　贮藏期间各处理组黄瓜的外观照片 [84]

对照组　　　　　5 mg L^{-1} 叶酸

0.5 mg L^{-1} 叶酸　　　7.5 mg L^{-1} 叶酸

1 mg L^{-1} 叶酸　　　10 mg L^{-1} 叶酸

2.5 mg L^{-1} 叶酸　　　12.5 mg L^{-1} 叶酸

图 12-1　20±1℃下，不同浓度叶酸处理的西兰花在贮藏 4 天后的照片 [14]

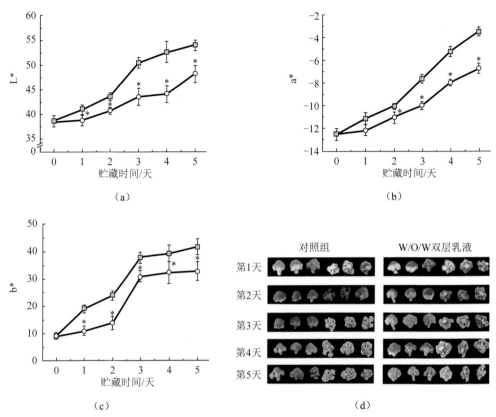

图 12-7　贮藏期间各处理组西兰花的颜色指数

其中：颜色（d）和外观照片；（a～c）＊表示各处理组间数据差异显著性（P<0.05）[46]

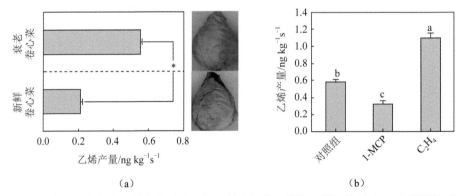

图 12-11　衰老过程中的乙烯产量（a），不同处理组卷心菜的乙烯产量（b）和外观照片（c）

（c）

图 12-11　衰老过程中的乙烯产量（a），不同处理组卷心菜的乙烯产量（b）和外观照片（c）（续）

其中：＊表示基于根据 t 检验的显著差异性；而不同的小写字母表示基于最小显著差异（LSD）检验，P=0.05

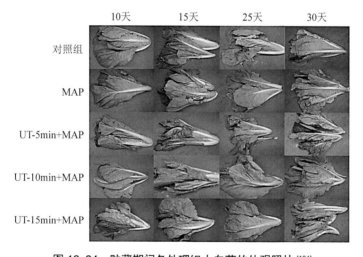

图 12-24　贮藏期间各处理组小白菜的外观照片 [104]

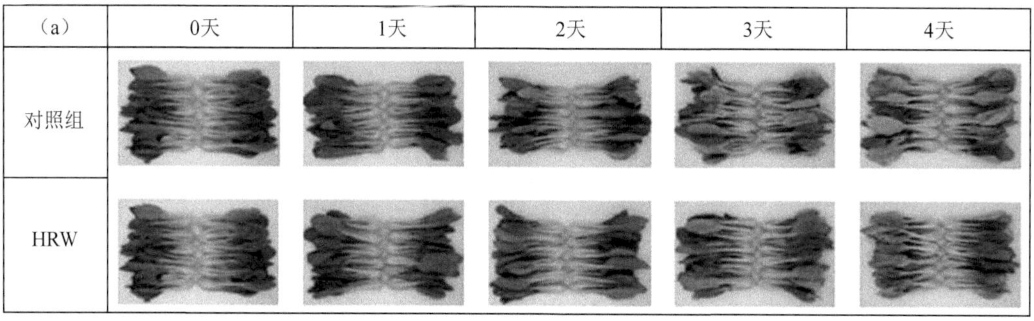

（a）	0天	1天	2天	3天	4天
对照组					
HRW					

图 12-25　贮藏期间 HRW 处理对小白菜的外观质量（a）和颜色指数（b、c）的影响

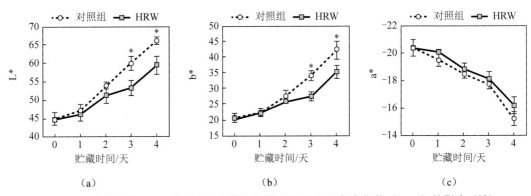

图 12-25　贮藏期间 HRW 处理对小白菜的外观质量（a）和颜色指数（b、c）的影响（续）

其中：＊表示基于 t 检验的数据差异显著性（P<0.05）[138]

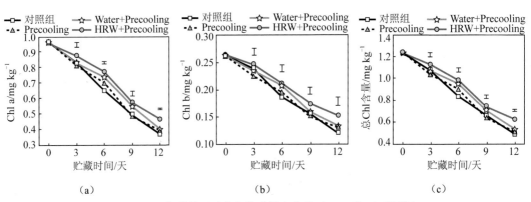

图 12-28　各种处理对小白菜叶绿素含量（a、b 和 c）的影响

其中：Ⅰ 表示显著水平为 5% 的 LSD 检验 [138]